U0274415

载人航天出版工程

总主编：周建平

总策划：邓宁丰

航天器电源系统
SPACECRAFT POWER SYSTEMS

［美］穆肯德·R·帕特尔　著

韩　波　陈　琦　崔晓婷　译

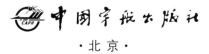

中国宇航出版社

·北京·

Authorized translation from English language edition published by CRC，part of Taylor & Francis Group LLC.

Spacecraft Power Systems. Edited by Mukund R. Patel

Copyright © 2005 by CRC Press

All Rights Reserved.

本书中文简体字版由著作权人授权中国宇航出版社独家出版发行，未经出版者书面许可，不得以任何方式抄袭、复制或节录本书中的任何部分。

著作权合同登记号：图字：01－2007－3253 号

图书在版编目（CIP）数据

航天器电源系统/（美）帕特尔（Patel，M. R.）著；韩波，陈琦，崔晓婷译. --北京：中国宇航出版社，2013

书名原文：Spacecraft power systems

国家出版基金项目

ISBN 978－7－5159－0583－9

Ⅰ.①航… Ⅱ.①帕… ②韩… ③陈… ④崔… Ⅲ.①航天器－电源 Ⅳ.①V442

中国版本图书馆 CIP 数据核字（2013）第 296173 号

责任编辑 刘亚静		**封面设计** 姜　旭	

出　版 发　行	**中国宇航出版社**		
社　址	北京市阜成路 8 号	邮　编	100830
	(010)68768548		
网　址	www. caphbook. com		
经　销	新华书店		
发行部	(010)68371900		(010)88530478(传真)
	(010)68768541		(010)68767294(传真)
零售店	读者服务部		北京宇航文苑
	(010)68371105		(010)62529336
承　印	北京画中画印刷有限公司		
版　次	2013 年 12 月第 1 版		2013 年 12 月第 1 次印刷
规　格	880×1230	开　本	1/32
印　张	23. 125	字　数	637 千字
书　号	ISBN 978－7－5159－0583－9		
定　价	128. 00 元		

本书如有印装质量问题，可与发行部联系调换

《载人航天出版工程》总序

中国载人航天工程自 1992 年立项以来，已经走过了 20 多年的发展历程。经过载人航天工程全体研制人员的锐意创新、刻苦攻关、顽强拼搏，共发射了 10 艘神舟飞船和 1 个目标飞行器，完成了从无人飞行到载人飞行、从一人一天到多人多天、从舱内实验到出舱活动、从自动交会对接到人控交会对接、从单船飞行到组合体飞行等一系列技术跨越，拥有了可靠的载人天地往返运输的能力，实现了中华民族的千年飞天梦想，使中国成为世界上第三个独立掌握载人航天技术的国家。我国载人航天工程作为高科技领域最具代表性的科技实践活动之一，承载了中国人民期盼国家富强、民族复兴的伟大梦想，彰显了中华民族探索未知世界、发现科学真理的不懈追求，体现了不畏艰辛、大力协同的精神风貌。航天梦是中国梦的重要组成部分，载人航天事业的成就，充分展示了伟大的中国道路、中国精神、中国力量，坚定了全国各族人民实现中华民族伟大复兴中国梦的决心和信心。

载人航天工程是十分复杂的大系统工程，既有赖于国家的整体科学技术发展水平，也起到了影响、促进和推动着科学技术进步的重要作用。载人航天技术的发展，涉及系统工程管理，自动控制技术，计算机技术，动力技术，材料和结构技术，环控生保技术，通信、遥感及测控技术，以及天文学、物理学、化学、生命科学、力学、地球科学和空间科学等诸多科学技术领域。在我国综合国力不断增强的今天，载人航天工程对促进中国科学技术的发展起到了积极的推动作用，是中国建设创新型国家的标志性工程之一。

我国航天事业已经进入了承前启后、继往开来、加速发展的关键时期。我国载人航天工程已经完成了三步走战略的第一步和第二步第一阶段的研制和飞行任务，突破了载人天地往返、空间出舱和空间交会对接技术，建立了比较完善的载人航天研发技术体系，形成了完整配套的研制、生产、试验能力。现在，我们正在进行空间站工程的研制工作。2020 年前后，我国将建造由 20 吨级舱段为基本模块构成的空间站，这将使我国载人航天工程进入一个新的发展阶段。建造具有中国特色和时代特征的中国空间站，和平开发和利用太空，为人类文明发展和进步做出新的贡献，是我们航天人肩负的责任和历史使命。要实现这一宏伟目标，无论是在科学技术方面，还是在工程组织方面，都对我们提出了新的挑战。

以图书为代表的文献资料既是载人航天工程的经验总结，也是后续任务研发的重要支撑。为了顺利实施这项国家重大科技工程，实现我国载人航天三步走的战略目标，我们必须充分总结实践成果，并充分借鉴国际同行的经验，形成具有系统性、前瞻性和实用性的，具有中国特色的理论与实践相结合的载人航天工程知识文献体系。

《载人航天出版工程》的编辑和出版就是要致力于建设这样的知识文献体系。书目的选择是在广泛听取参与我国载人航天工程的各专业领域的专家意见和建议的基础上确定的，其中专著内容涉及我国载人航天科研生产的最新技术成果，译著源于世界著名的出版机构，力图反映载人航天工程相关技术领域的当前水平和发展方向。

《载人航天出版工程》凝结了国内外载人航天专家学者的智慧和成果，具有较强的工程实用性和技术前瞻性，既可作为从事载人航天工程科研、生产、试验工作的参考用书，亦可供相关专业领域人员学习借鉴。期望这套丛书有助于载人航天工程的顺利实施，有利于中国航天事业的进一步发展，有益于航天科技领域的人才培养，为促进航天科技发展、建设创新型国家做出贡献。

周建平

2013 年 10 月

作者及出版者在本书的出版过程中进行了谨慎细致的准备，对本书引用信息的后果不承担任何责任。书中图表可能受到版权保护，但在此仅作图解例证使用。

谨以此书献给我的姐姐 Bhanumati Amin，她的爱将是我永远珍藏的美好回忆；同时将此书献给我的父母，尽管他们已 90 高龄，却仍不断给予我鼓励。

序

1957 年，苏联发射了第一颗人造卫星并成功进入低地球轨道。随后的几十年中，美国发射了大量的地球轨道卫星用于空间探索计划。第一枚商用地球同步轨道卫星——国际通信卫星 1 号（Sputnik Ⅰ）于 1965 年成功入轨。之后的 1969 年，NASA 的阿波罗 11 号（Apollo 11）成为第一艘登上月球的载人航天器。此后，许多国家都相继成功地开展了大大小小的空间计划。2003 年，太空迎来了第一位游客，同年，中国首次实现了载人航天飞行，成为继俄罗斯和美国之后的第三个将人送上太空的国家。2004 年，美国总统布什宣布了新的太空行动计划，拟于 2015 年重返月球，随后奔向火星。同年，中国和印度分别宣布将计划于 2010 年发射无人航天器登陆月球。在商用方面，目前的全球通信技术的发展已经使得卫星成为国家基础建设中不可缺少的重要部分。当今世界，已经有很多国家都拥有发射卫星和操控卫星的能力。

过去，美国政府为空间产业的发展提供了大量经费，而通信卫星却受控于非政府的市场化运作方式。20 世纪 90 年代，个人通信系统的发展、遥感范围的扩充以及允许出售遥感数据都可视为空间产业发展的里程碑。在 2000 年的国际通信卫星市场中，28 颗卫星的成本是 120 亿美元，其中约有 50％ 份额流向一些美国公司，此外还有发射保险费用以及约占发射和卫星成本 7％～15％ 的一年内轨道修正费用。据美国航天部门称，2003 年的发射次数为 90 次，2012 年预计为 150 次。这些计划象征着商用市场的进一步扩大。产业的发展推动着技术的发展。随之而来新的商业机会也会迅速出现，未来航天工业也会依托这些商业得到发展。

预计在 2012~2015 年期间发射的美国空军第三代 GPS 很可能是今后 20 年内最大的防御卫星计划之一。它将拥有 30 颗卫星,估计耗资 50 亿美元。新的大规模商用卫星,如欧洲的伽利略(Galileo)导航计划将有多个国家参与,其中极有可能会包括中国。一些科学任务也继续为我们提供新的宇宙知识。仅在 2001 年的春天,夏威夷的凯克(Keck)望远镜、法国的普罗旺斯天文台(Haute-Provence Observatory)和智利的欧洲南方天文台(European Southern Observatory)共发现了 11 颗新行星,从而使人类发现的其他恒星系中的行星总数达 100 颗之多。最近,科学家们发现了一个同我们的太阳系非常相似的恒星系。仅在我们所处的太阳系,就发现了 39 颗木星卫星、30 颗土星卫星,同时还发现了火星表面以下储藏着大量的冰。

商用和科学卫星在当今世界都占据着重要的地位,因而优化它们的技术性能并最终提高投资者的回报便显得尤为重要。卫星上都有着特定的资源——科学卫星上的仪器设备和通信卫星上的带宽,它们都需要电源。由此,本书重点针对科学、商用、国防等各应用领域的地球轨道、太阳系、深空探测等各类航天器电源系统的设计、性能和应用进行讨论。

航天器电源系统的设计随着系统元器件的发展和进步得到了快速发展。本书提供了渐进而深入的电源系统的数据和设计过程,以满足低成本、轻质量的航天器任务要求。2002 年卫星的平均发射费用低地球轨道为 10 000 美元/kg,地球同步轨道为 50 000 美元/kg。因此,电源系统的质量大小是设计时需要考虑的一个重要因素,电源设计时卫星任一部件细微的改变,都会对卫星整体造成某种不利影响,因此设计必须做到整体优化,以减小这些不利因素的影响。同时,工程技术人员应尽可能地应用最新的技术。卫星系统犹如一张蜘蛛网,牵一发而动全身,电源系统中的一个元器件的很小变化也可能会对卫星总体性能产生影响。所以,即使是针对传统的卫星最优设计,电源系统工程师所要考虑的问题也不仅仅是太阳电池阵和蓄电池。考虑到 1998~2002 年期间所发射的商用地球同步轨道卫星中，有 1/4 都存在电源问题，这些在轨运行问题产生的保险索赔额占据了 60% 的产业保险索赔额，卫星的电源设计就显得更加重要。

本书作者是航天器电源系统行业的一位公认专家。本书能为航天工程技术人员和管理人员提供包括航天器电源设计、研发、测试以及使用的可信赖的信息，所提供的详细资料还有助于工程技术人员在这一快速发展的行业范畴内保持领先地位。

亚得里(Yardley)
于宾夕法尼亚州

致 谢

　　若没有多方面的资料来源，仅凭一人之力而将航天器电源系统的各项技术融合起来编撰成书是不可能完成的任务。幸运的是，我得到了业内各组织机构和个人的全力支持。本书的形成直接得益于我针对 NASA 和一些重要承建机构的工程技术人员开设的继续教育课程。在此，非常感谢空间发射有限公司总裁马绍尔（Marshall）从1995 年以来便邀请我讲授该课程，同时感谢美国空间基金会对该课程的资助。

　　感谢 NASA、欧洲空间局、美国能源部和各国航天器制造商提供的最新空间电源技术数据和研究报告，感谢这些组织中各位专家学者们对我的大力帮助。特别感谢欧洲空间局电源系统部门主管杰姆（Jim）和 NASA 戈达德空间飞行中心（Goddard Space Flight Center）的高级工程师鲍勃（Bob）对本书的审阅以及所提出的宝贵意见和建议。

　　参加我课程的工程技术人员在他们各自的专业中具有更深的专业知识，他们极富创造性的讨论使我不断对空间电源知识进行补充。他们其中的一些人不但鼓励我及时编写该书，而且在编写过程中提供了大量的意见和建议。

　　同时感谢地处纽约的美国商船学院（U. S. Merchant Marine Acaderny）工程部主管约瑟（Jose）教授、院长沃伦（Warren）博士、监管人约瑟夫（Joseph）中将对我研究和出版的大力支持，并感谢其为我编写该书提供的休假。

　　最后，由衷感谢所有对我提供宝贵支持的人。

　　　　　　　　穆肯德·R·帕特尔（Mukund R. Patel）

关于本书

在过去的十年中，本书作者开设了一门为期 3 天的关于航天器电源系统的继续教育课程，在此基础上形成本书。书中的素材主要是基于作者在通用电气公司（General Electric）空间设计部门和洛克希德·马丁公司（Lockheed Martin）的空间系统部门所做的项目设计和深入研究。

航天器电源系统在最近十年中经历了巨大的发展，并将持续快速发展下去。适合工程技术人员使用的设计和分析方法已逐渐成为各个公司的需要。除了各种有限的会议出版物和一些零星书籍的部分章节涉及到这个庞大的学科之外，目前没有任何一本书可以覆盖整个航天器电源系统的内容。

电源系统的设计、分析和使用的各个方面都详尽地囊括在本书当中，这是其他书所不具备的。书中涵盖了能量转换、能量储存、功率调节、能量管理和运行操作的基础知识，这些都将帮助工程技术人员在进行各种航天器电源系统的设计和使用时占尽先机。

本书对航天器电源系统的设计和开发人员、机械和航空学工程师、总工程师和项目管理者都有重要的帮助，可以直接作为参考书进行查阅，也可以作为本科或研究生的教材。本书读者应具备大学以上水平的物理学和数学知识。尽管航天器电源设计往往和具体任务相关而具有特殊性，书中还是针对某一类卫星列举出了一些数据和曲线的代表值或平均值。

本书涵盖了航天器电源系统的各个方面，共 27 章，分为 4 篇。

第 1 篇：卫星概述、空间环境及其影响、电源系统的选择、光伏电池系统、电源系统要求以及迭代设计。

第 2 篇：太阳电池阵、化学电池、电源电磁学、配电电缆、过载保护以及辅助设备。

第 3 篇：电源管理、动态性能和稳定性、电磁匹配、电子静态放电、可靠性、降额、总装和测试。

第 4 篇：诸如用于星际、深空探测的放射性同位素温差电源等特种电源、具有交流发电机的高电压/大功率热动力系统、电推进、储能飞轮和超导、燃料电池及微波束能量卫星。

由于书中提供的数据有多种来源，所以同时使用了国际单位和英制单位。本书给出了详细的单位转换表以及空间领域常用的专业术语缩写对照表。

目　录

第1篇　电源系统综述

第2篇　太阳电池阵—蓄电池组电源系统

第3篇　电源系统性能

第4篇　特殊电源系统

缩略语

ACS	姿态控制系统
ADE	太阳电池阵电子驱动装置
AE	秋分
AIAA	美国航空航天学院
AMTEC	碱金属热电转换器
ANSI	美国国家标准研究院
AO	原子氧
APL	应用物理实验室（Johns Hopkins University）
APS	辅助电源
a－Si	非晶形硅（光伏电池）
AU	天文单位
AWG	美国导线规格
BCC	蓄电池充电控制器
BDCU	蓄电池双向充电放电装置
BCN	蓄电池充电网络
BCU	蓄电池充电装置
BCR	蓄电池充电调节器
BCVM	单体蓄电池电压监测器
BDN	蓄电池放电网络
BDR	蓄电池放电调节器
BDU	母线数据单元
BIU	蓄电池接口单元
BJT	双极结型半导体
BLU	蓄电池下泻装置
BOL	寿命初期

BPC	蓄电池功率转换器
BPM	蓄电池压力监测器
BSR	背反射面
BU	备份装置
BVR	母线电压调节器
CASI	加拿大航空航天局
CD	指令表
CDR	关键设计评审
C/D	充电/放电
CDU	指令译码器
CIGS	铜铟砷化镓
CMD	指令
C&DH	指令和数据处理
CNES	法国国家航天中心
COTS	商用成品（设备）
CPV	通用压力容器（装两个单体蓄电池）
c-Si	晶体硅（光伏电池）
DAR	双层减反射（涂层）
DARPA	国防先进研究项目机构
DCA	国防通信机构
DDCU	直流-直流变换器
DET	直接能量传递
DEU	展开电子装置
DIPS	同位素电源系统
DMS	国防气象卫星
DOD	放电深度
DoD	美国国防部
DoE	美国能源部
DPV	压力容器（蓄电池）

DPU	展开释放装置
DRL	德国 Deuche 航天中心
DSCS	国防系统通信卫星（负载小于 1 kW，(28±0.28) V，GEO 母线
EED	电子爆炸装置
EHD	电液动力
EHT	电热肼推进器
ELF	超低频率
EMC	电磁兼容性
EMF	电动势
EMP	电磁脉冲
EMW	能量—动量轮
EOL	寿命末期
EOS—AM	地球观测系统（负载功率 3 kW，(120±5) V，LEO 母线）
EPS	电源系统
EQX	二分点
ESA	欧洲空间局
ESD	电子静态放电
ESR	等效串联电阻
FBA	保险熔丝板组件
FESS	飞轮能量储存系统
FIT	失效率（10^6 h）
FMECA	故障模式影响及危害性分析
FPGA	现场可编程逻辑门阵列
GN&C	制导、导航和控制
GEO	地球同步轨道
GPS	全球定位系统
GRC	格伦研究中心（隶属 NASA）

GSE   地面支持系统

GSFC   Goddard 空间飞行中心（隶属 NASA）

HAJ   肼燃料电弧推进器

HEO   大椭圆轨道

HTSC   高温超导体

HV   高电压

IECEC   能量转换工程会议

IEEE   美国电器和电子工程师协会

IEMS   集成能量动量飞轮系统

IGBT   绝缘门双极半导体

INM   Inmarsat 卫星（负载功率 3 500 W，28 V 半调节母线，
           GEO 母线）

IMC   模块连接器

I/O   输入/输出

IPS   离子推进系统

IPV   隔离压力容器（用于 1 个单体蓄电池）

IR   红外光

I_{sp} 比冲

ISRO   印度空间研究机构

ISS   国际空间站

ISO   国际标准化组织

ITO   锡酸铟

JPL   喷气推进实验室

KOH   氢氧化钾（电解质）

LCP   聚光板

LEO   低地球轨道

LN   液氮

LISN   线性阻抗稳定网络

LV   低电压

LPC	负载功率调节器
MEO	中地球轨道
MBSU	主母线切换单元
MEP	主使能插头
M－G	电动机－发电机
MHD	磁－液动力
MIL－SPEC	美国军用规范
MIL－STD	美国军用标准
MMW	数兆瓦
MOSFET	金属氧化物半导体场效应管
MPG	多点接地
MTBF	故障之间的平均时间
MWA	动量轮组件
NASA	美国航空航天局
NASDA	日本空间研究与发展机构
NSSK	南北稳定保持
NOAA	美国国家海洋与大气管理局
NSTS	美国国家空间运输系统
OBC	机载计算机
OC	火工品控制器，也表示开环电路
PCDU	功率控制与分配器
PCE	有效载荷电子控制器
PCU	功率控制器
PDP	功率分配点
PDU	功率分配器
PEM	质子交换膜（燃料电池）
PEMS	功率和能量管理软件
PM	永磁铁
PMAD	功率管理和分配

PMCS	功率管理和控制软件
PME	推进模式电子装置
PPT	峰值功率跟踪
PRI	主装置
PRP	功率折返点
PRU	功率调节器
PPR	主电源回线
PRA	火工品电路延迟组件
PV	光伏电池
PWM	脉冲宽度调制
PYRO	火工品
RBI	远程母线隔离器
R - DET	全调节直接能量传输
RFI	射频干扰
RFC	可再生燃料电池
rms	均方根
RPC	远程功率控制器
rss	跟的平方和
RTG	放射性同位素温差电源
RTN	返回
RUL	残余寿命（蓄电池）
RUE	残余可用能量（蓄电池）
RWA	反作用轮组件
SA	太阳阵
S&A	安全支架
SAD	太阳电池阵驱动机构
SAPS	太阳阵位置传感器
SAS	太阳阵开关
SBA	分流升压组件

SBR	空基雷达
SC	短路
SD	分流耗散器
SDI	战略防御计划
SDV	分流驱动电压
SESB	单粒子事件二次击穿
SEU	单粒子事件反转
SEL	单粒子锁定
SLA	展开式聚光透镜太阳电池阵
SMC	安全模式控制器
SOC	充电状态
SPA	太阳能板组件
SPE	固体聚合物电解质（燃料电池）
SPG	单点接地
SPS	太阳能能源卫星
SPT	静态等离子推进器
SPV	独立压力容器
SP - 100	美国能源部的空间能源卫星
SR - DET	半调节直接能量传递
SS	夏至
SSA	太阳敏感器组件
SSU	顺序分流单元
SSM	开关分流模式
SSPA	固态功率放大器
SSPC	固态功率控制器
SSS	固态开关
TCS	热控系统
TDMA	时分多址复用
TDRS	跟踪与数据中继卫星

TE	热电
TEC	热电转换器
TF	传递函数
TLM	遥测
TPR	推力与功率之比
TPV	热光伏电池
TRDF	纹波失真综合因子
TSS	导电绳卫星系统
TT&C	跟踪、遥测和指令（测控）
TWTA	行波管放大器
USRA	宇宙空间开发联盟
USSF	美国空间基金
VE	春分
XIPS	氙离子推进系统
WCBV	正常工作状态下的恶劣母线电压
WS	冬至

下标符号

mp   最大功率点

oc   开路电压

op   工作点

sc   短路电流

涉及公司及商标

商标	公司
A2100	洛克希德·马丁空间系统公司
BSS – 702，BSS – 601	波音卫星系统公司
Bussmann	Cooper Bussmann 公司
Littlefuse	Littlefuse 公司
Microsheet	Corning 公司
Nomex，Kelf，Kapton	E. I. Dupont 公司
Kevlar，Mylar，Teflon	
SuperNiCd	Eagle Picher Technologies 公司
P600L Fuse	Mepcopal 公司
PADS A/D	Mentor Graphics 公司
PSPICE	Intusoft 公司

第 1 篇　电源系统综述

第1章 卫星概述

1.1 简 介

卫星由多个系统组成，以满足航天任务的具体要求。除最简单的卫星外，一般的卫星都需要一套如图1-1实线部分所表示的系统，复杂卫星则还包括图中虚线所表示的部分。这些系统可分为两大类：卫星的有效载荷和支持平台。卫星有效载荷指商业通信卫星的通信设备或科学卫星的科学仪器。除有效载荷外的设备组成了各个功能系统，用以支持有效载荷工作，统称为支持平台。电源系统是支持平台所包含的系统之一，包括太阳电池阵、蓄电池、

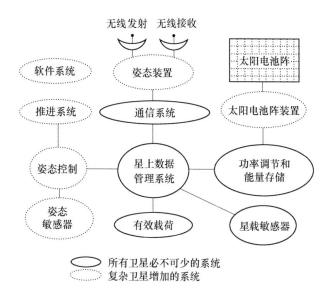

图1-1 卫星系统

功率调节电路、配电电缆，以及相关控制系统等部分。平台的其他重要系统包括接收指令和返回信息的数据处理系统，采集卫星工作状态的遥测敏感器和处理所有系统活动的中央计算机。此外，完成复杂任务的卫星还需要设置航天器姿态和轨道控制系统以及这些控制系统所需要的推进系统。

通常都会把卫星设计优化到最大程度，这样任何的改动都会导致更高昂费用的产生。然而，整个任务的费用是一个有多个自变量的复杂函数，电源系统费用亦然。产生每 W 电能所需要的费用 C 可以用一个有 4 个变量的函数表示（单位：美元/W）

$$C = f(x_1, x_2, x_3, x_4) \tag{1-1}$$

式中　　x_1——每发射 1 kg 电源系统所需费用；

　　　　x_2——每发射 1 L 体积电源系统所需费用；

　　　　x_3——电源系统每具有 1 W 能力所需费用；

　　　　x_4——与电源系统部件相关的姿态控制费用。

1.2　卫星系统

典型通信卫星平台包括下列系统。

1.2.1　通信和数据处理系统

通信和数据处理系统执行 3 个独立功能：接收和解调从地面站通过指令链路发射给卫星的信息；通过数据链路发送记录（遥控）数据或实时数据至地面接收站；通过遥测链路发送平台设备数据和其他遥测数据至地面站。

1.2.2　姿态和轨道控制系统

姿态和轨道控制系统用以确定卫星相对于当地法线的精准位置，为通信天线、图像敏感器和其他任务敏感器提供精确指向。姿态控制功能系统可以接受误差信号，据此基本的或精确的姿态确定功能系统通过 3 个反作用飞轮产生三轴姿态控制。基本的姿态确定功能系统从地球敏感器获取俯仰角和滚动角数据，从经太阳敏感器校正的陀螺仪获取偏航角信息，可提供精度在 0.1°内的基本三轴指向。精确的姿态控制函数可通过经 3 个恒星敏感器校正的陀螺仪实现精度在 0.01°之内的三轴指向。

1.2.3　跟踪、遥测和指令系统

跟踪、遥测和指令系统（测控，TT&C）接收来自航天器各系统的模拟、离散和数字化的信号，将其处理为连续数据流，然后直接传输至地面或在星上存储起来待以后传输。传输至地面的这些数据经分析和评估，可以判断航天器健康情况和运行状态。指令和控制功能是全数字化的，它提供了从助推器分离到转移轨道的发射制导，控制卫星在轨期间的姿态和工作模式。系统按地面站的指令和数据及卫星上其他系统的信号和数据实施控制，它的另一个关键功能是提供误差修正编码。

1.2.4　电源系统

电源系统在额定电压范围内产生、储存、调节、控制和分配电能，为所有平台和有效载荷供电，并在出现可靠性故障时对电源系统所有部件提供保护。电源系统基本组成有太阳电池阵、太阳电池阵驱动装置、蓄电池组、蓄电池组充电/放电调节器、母线电压调节器、负载开关、熔断器、配电器和电缆。电缆包括导线和连接各部件的电连接器。

在地球轨道上的卫星，太阳电池阵每轨道周期旋转一圈，以法相角或接近法相角跟踪太阳，这种旋转由速率－伺服系统控制。卫星计算机计算出星体信息和位置误差，以得到速率控制信号。正常的旋转率是 0.06（°）/s，使用滑环和碳刷提供太阳电池阵和卫星本体之间的旋转连接。特定速率旋转的控制信号来自于测控系统，它同时也确定旋转方向。

1. 2. 5　热控系统

热控系统在卫星正常和非正常的运行状态下，确保所有仪器的温度在规定的范围内。根据需要可提供被动冷却和主动冷却两种降温方法。该系统的典型组成部分包括：固定辐射器、热控百叶窗、多层隔热材料、热涂层、热控带、加热器、自动调温器、温度敏感器和控制电子电路。其中，热敏电阻被广泛用做温度传感器。热控系统部件的规格根据电源平均热耗、来自太阳的外部热量输入、地球反射的太阳光以及长波（红外）辐射热量确定。

1. 2. 6　结构和机构系统

结构和机构系统主要提供固定和连接各个机械部件的框架。入轨后吊杆、太阳电池阵和其他部件的展开机构通常也包含在该系统内。展开机构的电源电路和装置都采取了电磁屏蔽措施，以避免发生误展开。展开动作由装有弹簧的旋转机构完成，由充满黏性液态硅的旋转叶片阻尼器控制旋转速率。太阳电池阵展开机构一般还包括绳切割器和/或杆切割器，结构材料通常选用镁和铝，复合材料也很常见。需要时还会用一些钢，偶尔用铍。

1. 2. 7　推进系统

推进系统在星箭分离后产生三轴推进控制力矩，在任务过程中保持卫星的动量不超过最大值。它常使用高压氦或氮和液态肼的混和物，氦气或氮气和肼放置在高压圆柱形的钛合金筒中。通过推进系统卫星也可获得用于变轨和轨道修正的速度变量 Δv。

图 1－2 描述了全球导航定位卫星（GPS）的组成，它由美国空军的一系列中地球轨道通信卫星组成，其有效载荷天线朝向地球，通过太阳电池阵驱动装置，太阳电池阵吊杆保持南北指向。卫星主体南北面板中安装了蓄电池、电源调节器和电子控制设备。

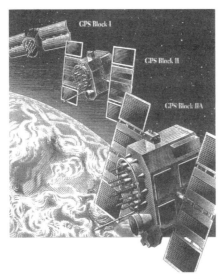

图 1—2　全球导航定位卫星的配置和进展（美国空军中地球轨道导航卫星）

1.3　地球轨道分类

　　地球是一个南北极微平的球体，它南北直径为 12 713.54 km，赤道直径为 12 756.32 km，两者相差 42.78 km。地面上大气层高达 160 km，以后逐渐稀薄进入太空。地球卫星根据其典型参数进行分类，如表 1—1 所示。

表 1—1　地球轨道分类

轨道类型	远地点/km①	近地点/km②	偏心率③	倾角/（°）④	周期⑤
地球静止	35 786	35 786	0	0	1 恒星日
地球同步	35 786	35 786	接近 0	0～90	1 恒星日
椭圆	39 400	1 000	高	62.9	1/2 恒星日
近地	多种	多种	0～高	0～90	>90 分

　　① 距地球表面最近的距离；

　　② 距地球表面最近的距离；

　　③ 近地点远地点之差与近地点远地点之和的比值；

　　④ 轨道平面和赤道平面的夹角；

　　⑤ 一个恒星日是 23 h56 min4.09 s。

轨道以下列缩写符号表示。

GEO 地球同步轨道　　　　　距地面 35 786 km

MEO 中地球轨道　　　　　　距地面 2 000～20 000 km

LEO 低地球轨道　　　　　　距地面 200～2 000 km

HEO 大椭圆轨道　　　　　　如莫利亚（Molniya）

通信卫星提供大面积的点对点、点对多点的互联和广播通信服务，同时它也能服务于固定或移动终端——在地面上、海面上、大气中或太空中。典型的卫星应答机从地面站接收上行信号，经频率转换后，放大并将其发射回地面。

在设置 LEO 和 MEO 轨道参数时，应避免地球周围（1.3～1.7倍地球半径以及 3.1～4.1 倍地球半径）辐射带，典型的 LEO 卫星高度为 500～1 500 km，轨道周期 1.5～2 h，在每个轨道周期，特定的地面站只有几分钟的时间能观察到卫星。典型的 MEO 卫星高度为5 000～12 000 km，轨道周期是几个小时。大椭圆轨道上航天器在大部分轨道周期时间里都可以看到两极区域。

GEO 卫星在 35 786 km（22 237 英里）的高度上从西向东运行，其设计的轨道周期是 24 h，因而相对地球保持静止。在赤道平面内相隔120°布置 3 颗这样的卫星，就能保持连续覆盖除极地外的整个地球。运载火箭助推器和它的末级火箭将卫星发送到转移轨道一个椭圆轨道，地球在其一个焦点位置，远地点在地球同步轨道上；在远地点启动发动机，使轨道达到地球同步轨道的高度。各轨道的主要特性描述如下。

1.3.1　地球静止轨道

地球静止轨道是一种非常特殊的地球同步轨道（事实上，它是独一无二的）。它是位于地球赤道平面内，半径为 42 164 km，倾角和离心率均为 0 的圆形轨道。放置在该轨道上的卫星与地球的旋转速率及方向（自西向东）同步同向，卫星相对于地球没有运动，因此从卫星上观察到的地球表面静止物体总是相同的。卫星轨道周期与地球自转周期相同，即 23 h 56 min 4.09 s。因此，卫星发送到地球的电波和地面站发送到卫星的电波的位置是固定的，这就大大简化了卫星和地面站的设计和运行要求。然而，达到并保持在地球静止轨道在同轨道高度中是最费燃料的。目前，置于该轨道上的卫星数目众多，因而很难找到一个可以避免周围卫星无线电频率干扰的理想位置。美国国防部的跟踪与数据中继卫星（TDRS）就是一个地球静止轨道卫星的实例。该轨道的卫星容易产生飘移而离开指定的位置，因此，需要定期进行在轨位置保持操作。

太空中的时间以恒星时来记录，即基于恒星为参照背景的地球自转时间。地球上使用的太阳时是测量以太阳为参照背景的地球自转时间。在相同的太阳时，同一个恒星并不在同一个位置，但是，在同一个恒星时，恒星却日复一日地在同一个位置。一个恒星日有24个恒星小时，是地球绕通过地心和遥远恒星连接的假想轴旋转一圈所需的时间。恒星时选取地球上的春分点作为测量参考点。尽管这一点没有明显的恒星标志。

地球静止轨道的周期就是一个恒星日，它比平太阳日24 h稍短一点，这是因为地球绕太阳公转，使太阳相对产生移动，地球旋转360°需365.24 d，即0.985 6 (°)/d。当地球相对于一个遥远恒星自转一次的时候，它已经沿着轨道西移，如图1-3所示。当地球开始

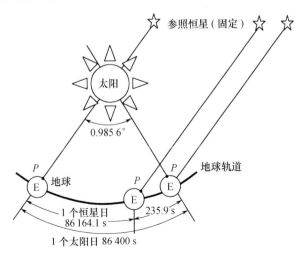

图 1-3　恒星日和地球平太阳日

旋转时,太阳在其位置东移 0.985 6°。于是,地球需要额外的时间东转与太阳保持一致。因此,地球在一个平太阳日必须旋转 360.985 6°,这样在从一个正午到另一个正午的 24 h 内(86 400 s),子午线就能调整正向太阳。地球旋转 0.985 6°的时间是 235.91 s,因而地球旋转周期是 86 164.09 s,或者 23 h56 min4.09 s,这比平太阳日少 3 min55.91 s。

1.3.2　地球同步轨道

大多数商业通信卫星运行在众多的地球同步轨道上,1.3.1 节所述的地球静止轨道是独一无二的地球同步轨道。两者的差别很细微,但却非常重要。除了倾角可以是 0°~90°之间的任意值之外,地球同步轨道同地球静止轨道非常相似。除 0°倾角以外,其他倾角都需要地面站跟踪天线。有时,这并不是一个缺点,因为地面站由于其他原因也要用到跟踪天线。可移动平台,例如飞机和轮船,也需要跟踪天线。地球同步轨道可以节省发射时所需的燃料并易于轨道维护。如果卫星被置于 $i°$倾角轨道,卫星正下方每天在 $i°$南北方向上振荡,以"8"字形向南北方向飘移,如图 1-4 所示。该形状角高度就是振幅±($\pi i°/180$) rad。远离赤道的运动导致理想卫星点和实际卫星点之间出现经度差。当卫星移向赤道时这一差别就显现出来。最大的经度偏离是($\pi i°/180)^2/4$,距离的变化是±($\pi i°/180) R_0$,R_0 是轨道半径。地面站必须与倾斜轨道卫星的南北向运动保持一致。

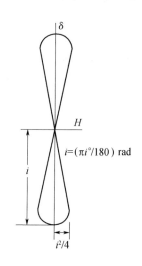

图 1-4　倾角 $i°$的地球同步轨道卫星运动

当太阳和月球不在赤道平面内时,它们合成的引力在地球南北方向的分量改变了地球静止和地球同步卫星的轨道倾角,速率是0.85 (°) /a。

为补偿这种轨道飘移，卫星需通过机动保持原有位置，需要耗费一些储存在卫星上的燃料。电弧推进可以提高推进效率并减少对燃料的需求。如果每年可以接受 0.85° 的飘移，则不必考虑电弧推进与位置保持所需的燃料；或在任务设计时就将其考虑进去，如 TDRS。作为交换，卫星每天需要几度的偏航机动以保持指向地面站。

1.3.3　大椭圆轨道

在各种大椭圆轨道中，Molniya 轨道是一条以一颗苏联通信卫星命名的特殊轨道，它的近地点为 1 000 km，远地点为 39 400 km。该轨道周期为 1/2 个恒星日，所以卫星到达的所有远地点的高度都相同。Molniya 轨道的优点在于它能很好地覆盖整个北半球，缺点是不能覆盖南半球。此外，它需要较多的卫星，且每个地面站需要两个跟踪天线。尽管 GPS 不在 Molniya 轨道，但由于它在圆轨道中选择的 MEO 位置，所以轨道周期也为 1/2 个恒星日。一些美国军用卫星使用倾角为 63.4° 的 Molniya 轨道，以便在 12 h 的轨道周期中有 10 h 可以侦察到俄罗斯。

1.3.4　低地球轨道

低地球轨道（LEO）是一个低高度的近似圆形的轨道。国际空间站（ISS）和 NASA 的航天飞机都在 LEO 工作。大多数通信卫星工作在 GEO，但最近规划和/或已布放的一些星座则位于 500～2 000 km、倾角为 30°～90°（两极）的 LEO。因为较之其他轨道更接近地球，所以一些更小、更简单的卫星可放在该轨道上。此外，双向通信在该轨道引入 0.02 s 的延迟，而地球同步轨道则引入 0.5 s 的延迟。所不利的是 LEO 通信卫星需要全方位天线，而为保证大范围的覆盖也需要许多的卫星。

1.3.5　太阳同步轨道

在太阳同步轨道上，卫星与太阳之间的连线和卫星轨道平面的夹角恒定，并且对太阳的视角恒定，一些特殊用途的卫星使用该轨道。

1.4　轨道力学

基于牛顿定律的开普勒行星运动三大定律适用于卫星环绕行星的运动。表述如下。

第 1 定律　卫星轨道是椭圆形的，行星位于椭圆的一个焦点上。

第 2 定律　卫星与行星的连线在相同的时间扫过的面积相同。如图 1－5 所示，如果时间间隔 Δt_1 和 Δt_2 相等，则扫过的面积 A_1 和 A_2 也相等。

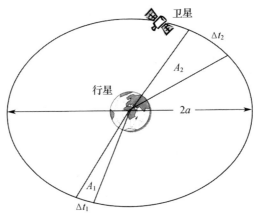

图 1－5　开普勒行星运动第 2 定律

第 3 定律　轨道周期的平方和半长轴的立方成正比

$$T_0^2 = \frac{4\pi^2 a^3}{\mu} \tag{1-2}$$

式中　a——轨道半长轴；

μ——行星引力常量。对于地球，μ 是 3.986×10^{14} $\mathrm{m^3/s^2}$ 或 3.986×10^5 $\mathrm{km^3/s^2}$。

对圆轨道而言，第 3 定律给出了轨道周期 T_0 关于轨道半径 R_0 的函数关系

$$T_0 = \frac{2\pi R_0^{1.5}}{\sqrt{398\,600}}\,(\mathrm{s})，或 T_0 = 2.764\,4 \times 10^{-6} R_0^{1.5}\,(\mathrm{h}) \tag{1-3}$$

轨道周期为 1 个恒星日，即 86 164.09 s。轨道半径一定是 42 164 km。减去地球表面平均半径 6 378 km，所以地球同步卫星的高度为 35 786 km，大约为地球半径的 6 倍。

圆轨道上卫星的速度由式（1—4）给出

$$v = \frac{2\pi R_0}{T_0} \qquad\qquad (1-4)$$

对 GEO 轨道，$v = 3.075$ km/s。地球围绕太阳公转的速度为 30 km/s，大约是前者的 10 倍。

1.5　卫星稳定法

卫星的在轨稳定可由下述主动或被动方法获得。

1.5.1　重力梯度

重力梯度是一种被动稳定方法，有时用于 LEO 小卫星。作用在卫星上最靠近和最远离地球的部件上的引力差形成一个力矩，该力矩维持卫星姿态与当地铅垂线一致。为得到足够的力矩，需在卫星上安装长杆。由于地球同步轨道上的引力差为零，故该法不适用于地球同步卫星。

1.5.2　磁稳定

磁稳定是另一种被动稳定方法，即利用带磁极的长杆与地磁场两极的相互作用来产生稳定力矩。

1.5.3　自旋稳定

自旋转稳定法是一种过去应用在大多数卫星上的主动稳定方法，至今仍用在小卫星上。当转速大于一定的最小转速时，两飞轮和旋转的顶部将保持稳定。同样卫星的稳定可通过星体上的旋

转体储存的角动量来维持。对于自旋稳
定，旋转轴上的转动惯量要大于其他正交
轴。小卫星整体旋转，使用复杂天线的大
卫星则分为两个部分，旋转柱体和不旋转
的天线。如图1－6所示，太阳能电池安装
在旋转体上，典型转速为30～60 r/min。
为维持稳定，大质量的卫星需要更高的转
速。自旋稳定卫星也称为双体旋转卫星或
陀螺仪卫星。

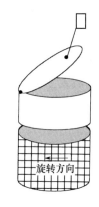

图1－6　自旋稳定
（陀螺仪）卫星

1.5.4　三轴稳定

三轴稳定或主体稳定是另一种主动稳定方法，广泛应用于现代
卫星。在该方法中，卫星有几个安装在星体内的动量轮，如图1－7
所示。由伺服控制增减动量轮的转动惯量来自动维持朝向。必要时，
推进器周期性开启来维持朝向。卫星通常是安装了南北朝向太阳电
池帆板（翼）的盒状体。表1－2比较了自旋稳定和三轴稳定卫星的
主要特征。三轴稳定通常可使卫星的净质量比较小，且太阳电池阵
功率大于几百瓦。因此，该法大量用于现代大功率的大卫星。

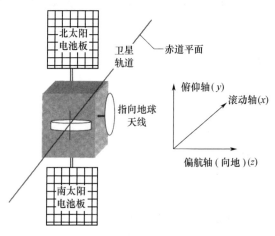

图1－7　三轴稳定卫星的姿态轴定义

表 1—2　　自旋稳定和三轴稳定卫星主要特征比较

自旋稳定	三轴稳定
转动惯量引起的固有刚性	偏置或零动量维持稳定
简单机械结构	复杂姿态控制
任一时间仅 1/3 太阳电池阵输出功率	任何时间太阳电池阵都可输出全功率
输出功率受星体尺寸限制	可通过增加太阳电池板提高输出功率
设计灵活性不足	设计灵活性很大
适用于小卫星	适用于大型卫星

　　一旦受到扰动，整个航天器会以接近于非稳定状态的特征模式振荡很长时间。这些模式的确定及由姿态和/或轨道控制系统引入适当阻尼对航天器重回稳定点很重要。燃料的晃动会加剧振荡，但通常由缓冲器加以控制。在空间参考系，有 5 个能保持稳定物体平衡的点。所有这些点均位于物体主要质量旋转的平面上。这些被称为拉格朗日（Lagrangian）或天平动（Libration）点，在地月型航天器中有潜在应用。

1.6　发射和转移轨道

　　通信卫星发射到地球同步轨道上需要两个主要的步骤。首先运载火箭将卫星送入低地球圆形轨道，称为停泊轨道。然后通过霍曼转移用最少的燃料将卫星送入最终轨道。首次加速将低地球圆形轨道改变为近地点为圆形轨道高度的大椭圆转移轨道；第二次加速在转移轨道的远地点上，将卫星送入最终的圆形轨道。在近地点和远地点当发动机点火时，猛烈的推力会使卫星翻滚并引起错误的入轨，因此需要一些稳定措施。

　　对于完全展开的在轨运行三轴稳定卫星，当太阳电池板仍收拢在卫星星体时，可在转移轨道使用自旋稳定法。应用反作用轮力矩可使卫星消除自旋，使之在转移轨道的末端处于无自旋的状态。消自旋过程大约持续 10 min。太阳电池阵完全展开前，仅在太阳电池板前面有热辐射，而展开后的电池板前后两面均有辐射热。此外，除了轨道机动期间，展开的太阳电池板的法线需指向太阳以产生最大的电能输出。为防止电池板向阳面的温度超过限制温度，卫星以 0.1～1 r/min的低速旋转。以如此低的速度自旋不是出于稳定的需要，仅是出于散热的考虑。自旋速度由陀螺仪控制。太阳电池板也可在转移轨道展开，但这样会增加机构和结构的复杂性，产生附加质量，降低可靠性，并提高了转移轨道上机动的难度。

1.7 运行轨道

当卫星环绕地球转动的轨道平面与赤道平面的夹角为 θ 时，赤道平面相对太阳的朝向随季节的改变如图 1—8 所示。地球自转轴的北极在夏至日向太阳倾斜 23.45°，在冬至日远离太阳倾斜 23.45°。在春分、秋分日，自转轴的倾斜度为零，因此昼夜平分。

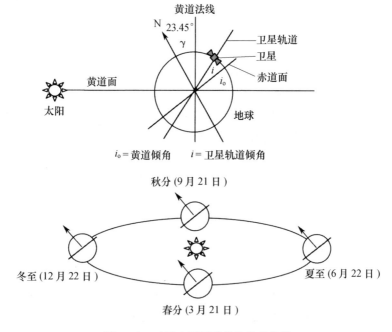

图 1—8 卫星在不同季节的地球轨道

1.8　地球的地影

由于黄赤平面间的夹角为 23.45°，太阳电池阵上日光的入射角在 66.55° ~ 90° 之间变化。相应的瞬时入射光通量从二至日的 91.75% 到二分日的 100%。但是，二分日也是一年中地球挡住射向卫星日光时间最长的两天。

在地球的地影中，卫星上太阳电池阵停止产生电能，温度也急剧下降。因此，预测地影持续时间的长短对航天器电源系统的设计很重要。对地球同步轨道卫星而言，最长的地影发生在春分和秋分日，此时太阳在如图 1-9 所示的赤道平面上。整个太阳被遮住的区间称为本影（由点状弧表示）。太阳被完全或部分挡住的弧段称为半影（$\overset{\frown}{ab}$）。考虑在地影期间地球轨道运动，半影与平太阳时成比例。本影期随季节变化，最长的为 69.4 min，发生在 3 月 21 日和 9 月 21 日左右。从几何角度考虑，如图 1-9 所示的地球同步轨道，半影时间为 73.7 min（1.228 h），本影时长比半影时长少 4.3 min。在这 4.3 min 的时间内，太阳电池阵的输出电压和电流也不能满足电源系统运行的需要，因此在电源系统设计中半影时段也当作地影处理。

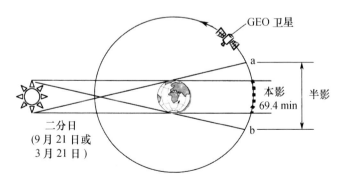

图 1-9　地球同步轨道上的地影——本影和半影

经过二分日后，随着太阳在赤道平面上或平面下运动，地影变得越来越短，当太阳倾角足够高的时候将变为零，如图1—10所示。地球同步卫星经历地影的天数和地影的时长如图1—11所示。

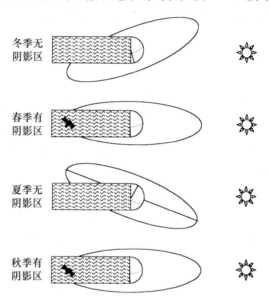

图1—10　GEO地影，只在春秋两季的每个轨道周期发生一次

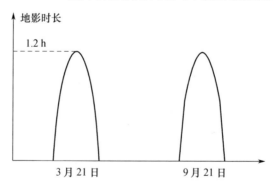

图1—11　最长的GEO地影发生在春分日和秋分日

卫星设计师很关心特定日子的地影时间，因为它决定了星体上所需要的维护和电池组。

在靠近赤道平面的圆形低地球轨道，地影在每个轨道周期发生一次，时长近似相等。地影时长由轨道高度、倾角和阳光在轨道平面上的入射角决定（见图 1－12）。它随 LEO 的两参数中的一个而变化。

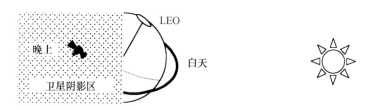

图 1－12　近赤道 LEO 上的地影，所有
季节一个轨道周期发生一次

对于圆轨道，地影时间（单位：h）由下式给出

$$T_e = \frac{1}{2} + \frac{1}{\pi} \arcsin \left\{ \frac{\left[1 - \left(\dfrac{R_{地球}}{R_{轨道}} \right)^2 \right]^{1/2}}{\cos\beta} \right\} \qquad (1-5)$$

式中　β——阳光在轨道平面上的入射角，即日地连线与轨道平面法线的夹角。

β 角随季节在 $\pm (i+\gamma)$ 间变化，i 是以赤道面为参考平面的轨道倾角，γ 为黄赤夹角（$23.45°$）。随着 β 的增大，地影时间缩短，电源系统负载能力提高。当 β 大到一定值时，地影不再发生。极地或靠近极地的近地轨道从不发生地影。最长的地影时间发生在 $\beta=0$ 时。

1.8.1　范　例

以半径 $R=6\ 343$ mi（1 mi$=1.609\ 3$ km）、$20°$ 倾角轨道上的卫星为例，由上述方程可推出 $T_e=0.63$ h 或 38 min 的地影时间（注意：arcsin 中的角度单位为 rad）。

对于圆轨道，一年中地影时间与地影的数量分别如图 1－13 和图 1－14 所示，最长的地影时间与最小日照时间的比值反映了电源系统工程师所面临的挑战，比值越大，地影期间电池的负载

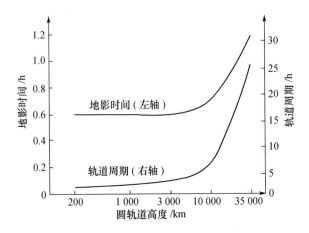

图 1－13　地影时间、轨道周期
与圆轨道高度的关系

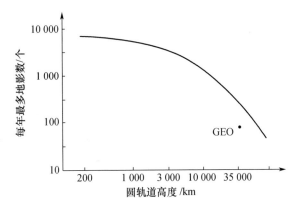

图 1－14　每年最多地影数量与轨道高度的关系

要求越大，同时也要求更大的太阳电池阵在更短的日照时间里获取所需的能量。在给有效负载充分供电的同时要将更大比例的电能用于电池组充电，这是 LEO 卫星的苛刻要求，如图 1－15 和图1－16所示。

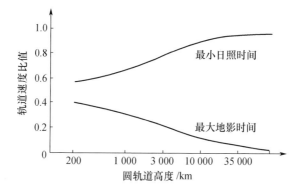

图 1-15　地球圆轨道上最小日照时间与最大地影时间

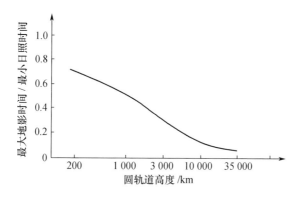

图 1-16　地球圆轨道上最大地影时间与最小日照时间之比

1.9　月亮的月影

除了地球会在卫星上引起地影时间外，月亮也同样会遮挡住太阳而引起月影。后者的发生不规则，每年 0～4 次不等，平均每年 2 次。一般而言，两次之间的时间间隔较大，但最坏的情况下，两次会发生在 24 h 之内。月影时间也从几 min 到超过 2 h 不等，平均为 40 min。如果因月亮引起的月影紧随因地球引起的地影，卫星会经历深度放电和降温。然而，在多数任务中，月影不会对设计提出附加的要求，但也需要进行充分研究和考虑。另外，在月影期间可临时关闭非关键负载，也能避免卫星的深度放电。

1.10　光通量

太空中，物体接收到的太阳能量的大小随其距太阳的距离的平方而变化。地球公转轨道是离心率为 0.016 72 的近似圆轨道。因此，距离的变化量在日地平均距离（一个天文单位（AU），1.496×10^8 km）的 ± 0.016 72 倍之间。光通量在年平均量的 $(1 \pm 0.016 72)^2$ 即 (1 ± 0.034) 倍之间。因这些微小的变化，地球在 1 月 2 日左右（近日点）离太阳最近，7 月 2 日左右（远日点）离太阳最远。多年平均来看，地球轨道上法线指向太阳的平面接收到的太阳辐射为 $1\,358 \pm 5$（W/m^2）。Frohlich[1] 的测量最高平均值为 $1\,377 \pm 5$（W/m^2），这个值现在被广泛接受。但是保守值 $1\,358 - 5 = 1\,353$（W/m^2）仍在广泛使用。

表 1—3 列出了分日、至日里季节性的光通量与年平均光通量的比值以及轨道倾角的季节性变化。卫星使用的是单轴跟踪太阳电池阵，故太阳角的余弦因子会使其产生的电能减少。最后一列给出了偏心率带来的光通量变化和余弦因子对太阳电池阵输出功率的综合影响。夏至日的输出功率比春分日的少 11%。地球同步轨道上太阳参数的季节性变化如图 1—17 所示。

表 1—3　光通量和入射角随季节的变化

日期	季节性通量/年平均通量	单轴跟踪架的入射角/（°）	太阳电池阵通量/太阳跟踪面年平均通量
春分（3 月 21 日）	1.001	0	1.001
夏至（6 月 22 日）	0.967	23.45	0.887
秋分（9 月 21 日）	0.995	0	0.995
冬至（12 月 22 日）	1.034	23.45	0.949

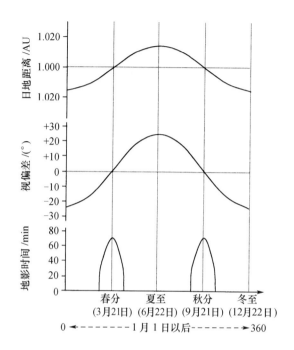

图 1-17 地球同步轨道上太阳参数在
一年中随季节的变化

1.11 β 角

β 角定义为当航天器靠近太阳时（轨道最高点），日地连线与轨道平面的夹角。它在 0° 到 $(i+i_0)°$ 之间季节性地变化。此处，i 为轨道倾角，i_0 为黄赤夹角，即 23.45°。

当 β＝90° 时，星体上有最大的光通量；β＝0 时，光通量为零。大多数卫星上都装有太阳电池阵驱动装置，它会驱使太阳电池阵始终对准太阳，因此 β 对发电能力的影响很小。但 β 角对热量控制系统的影响不可忽略：β 太小时，需要额外的加热器；β 太大时，则需要额外的冷却器。β 角影响太阳电池阵的温度，从而间接影响产生的电能。β 角对电源系统设计最大的影响来自地影时间，见式（1-5）。

当 β 角增大时，地影时间缩短，所需的电池组也更小，日照期所需的充电量也少。

注意区别 β 角和太阳角 θ。θ 常被用来定义太阳光对太阳电池阵的入射角。在 $\beta \neq 90°$ 时，可通过倾斜阵列来使太阳光直射。太阳角定义为太阳电池板平面与光矢量的夹角。电能的产生与 $\cos\theta$ 成比例，因此，当 $\theta = 90°$ 时，所产生的电能最大，当 $\theta = 0°$ 时，无电能产生。

电源系统工程师应从用户提供的对电源系统设计影响最大的轨道参数（主要包括轨道周期、地影时间和 β 角）入手设计。

1.12　航天器的质量

人类建造的成百上千个小型自旋稳定和大型三轴稳定卫星被布放在各种轨道上。GEO 卫星上的电能需求随卫星净质量的增加而稳步上升（见图 1—18）。新型太阳能电池技术的设计和改进使得现代大型通信卫星每 kg 质量获得的功率输出越来越大。以地影期间负载为 5～10 kW 的大型三轴稳定 GEO 卫星为例，电源系统（EPS）质量约占航天器总质量的 30%，有效载荷占 30%，其他结构和系统占 40%。

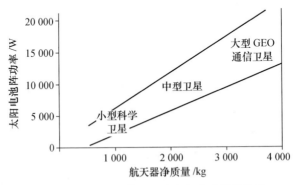

图 1—18　GEO 通信卫星功率与净质量的关系

2002 年订购的 16 颗商业卫星的平均质量为每颗 3 600 kg，这些只称得上是中等质量卫星。大卫星，如阿联酋的 Thuraya 卫星的发射质量为 5 200 kg。

参 考 文 献

[1]　FROHLICH R C. Contemporary Measures of the Solar Constant：The Solar Output and its Variations. Boulder，CO：Colorado Associated University Press，1977：93－109.

第2章 近地空间环境

2.1 简 介

近地空间环境（如热层、电离层）对空间系统的危害很大。航天器电源系统必须在从发射到寿命终结的整个任务阶段经受住空间环境的考验，达到各项性能指标要求。为达到此目的，空间研究机构如 NASA[1] 等已对通用设计准则进行研究并形成了文件。太阳电池阵直接暴露在空间环境中，故极易损坏。事实上，多数情况下，太阳电池阵的损坏情况决定了航天器的寿命。同时，环境因素也影响电源系统其他各个部件的总体设计。

2.2 发射和转移轨道环境

在发射和不同的火工品点火驱动展开等各个阶段常伴随有大的加速度、冲击和振动的产生。不同的运载工具产生量级不同的应力，对电源系统尤其是对太阳电池阵的设计都有影响。例如，航天飞机上的太阳电池阵需要承受 $3\,g$（g 为地球表面的重力加速度）的发射加速度，土星号（Saturn）运载火箭上则为 $10\,g$。火工品点火冲击会持续几毫秒，力量极大，冲击频谱一般也具有高频振动的特点。例如，阿里安（Ariane）运载火箭在有效载荷分离时的冲击峰值大约为 $2\,000\,g$，频率超过 $1.5\,\text{kHz}$。

在转移轨道上，虽然太阳电池板是收拢的，但它必须承受近地点的加速力和远地点的制动力。在温度方面，外层的太阳电池板必须承受住地球的热辐射、星体反照率和太阳辐射，并将温度控制在规定的范围内。

2.3　在轨环境

电源系统的设计主要受下列在轨环境因素的影响。

2.3.1　失重和真空

空间失重和真空对电源系统设计的影响很大。微重力和真空使得所有的航天设备不能采用地球上司空见惯的对流冷却方式进行散热。于是内热主要采用传导散热，或者在一定程度上采用辐射散热的方法。但要将热量散入太空就只能依靠辐射散热法。

真空会引起升华和排气作用，尤其对某些物质而言作用更甚。升华气体遇冷凝结，附着在电气元件表面会引起短路。因为锌有较高的升华率，某些聚合物有较高的排气率，因此，它们在航天设备中的应用受到了限制。真空中，太阳电池阵的导电滑环和电刷在高接触压力的作用下会产生冷压焊接的现象，因此使用具有较低升华率的润滑剂，或将其密封在压力容器里是十分重要的。

2.3.2　磁　场

地磁场 B 和由电流回路产生的磁偶极矩 M 相互作用在航天器上产生力矩 T，T（单位：N·m）是正交矢量 M 和 B 的叉积

$$T = M \times B \qquad (2-1)$$

式中　M 单位为 A·m²；

　　　B 单位为 T（特斯拉）。

磁矩由航天器电源的电流回路产生，磁矩定义为电流与回路面积的叉积，即 $M = I \times A$，其方向正交于回路面积，如图 2—1 所示。

在地球静止轨道，B 的法向分量为常值，约为 0.104 μT。径向分

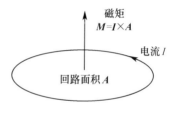

图 2—1　磁矩的定义

量随着卫星绕地球旋转在 $\pm 0.042\ \mu\mathrm{T}$ 间变化。在其他高度的轨道，磁场大小与轨道半径的立方成反比。在一个轨道周期内，**B** 的法向分量在赤道平面产生的力矩平均为零，力矩的两个分量均会影响卫星的姿态。电源系统产生的磁力矩来自于太阳电池板、蓄电池和连接系统各部件的线路。

可以通过设计和下列补偿方法使航天器上的磁矩最小化：

1) 合理铺设电流线路，使其产生回路的可能性最小；

2) 让两个相邻的回路方向相反，使之相互抵消；

3) 尽量使用双绞线来抵消邻近绞线的力矩。

使用一个或多个上述设计方法后，剩余的净磁矩由卫星组装完后的测试确定。在运行轨道上，一个将最终力矩限制在 $100\ \mu\mathrm{N} \cdot \mathrm{m}$ 以下的磁矩是可接受的。

2.3.3　流星体和空间碎片

固体冲击会损坏太阳电池阵。不够大的小颗粒虽不至于引起直接损伤，但在一段时间后会使电源系统的输出功率逐渐衰减。颗粒的质量和撞击速度（通量）取决于轨道。NASA 为预测地球轨道上流星体的通量而进行的几项研究得出了一致的结论：流星体通量的平均数与流星体的质量成反比，如下式所示

$$流星体通量 = \frac{1}{m} \qquad (2-2)$$

式中，流星体通量由每年每 km^2 中质量大于 m 克的颗粒个数表示。最常见的流星体是质量介于 $0.1 \sim 100\ \mathrm{mg}$ 之间的微流星体。给定平面在 y 年中被质量介于 m_1 和 m_2 之间的颗粒撞击 n 次的概率由泊松（Poisson）概率函数给出。在无精确信息的情况下，它们的质量密度设为 $0.5\ \mathrm{g/cm}^3$，平均撞击速度为 $20\ \mathrm{km/s}$。实际流量随轨道而变。例如，在 TDRS 所在的地球静止轨道，推测的 15 年任务期内的流星体通量如图 2-2 所示。其他轨道上的年通量如图 2-3 所示。

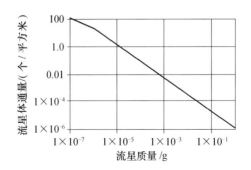

图 2—2　15 年内 TDRS 的流星体通量

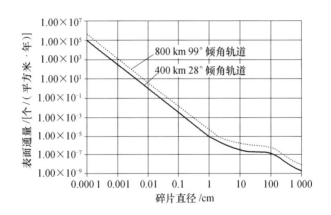

图 2—3　各种轨道上碎片的估计通量

　　除了自然微流星体外，人为形成的碎片直径在 1 μm 到 10 mm 之间，平均密度等于卫星和运载工具上广泛使用的铝的密度，它们相对于航天器的速度介于零和两倍轨道速度之间，平均约为 10 km/s。大流星体的撞击能量能立即损坏太阳电池阵的玻璃盖片和太阳电池，而微流星体会逐渐磨损玻璃盖片表面，使输出功率随时间逐渐衰减。

2.3.4　原子氧

　　原子氧存在于低地球轨道，它会严重侵蚀一些材料，如广泛用于太阳电池阵结构的银。相似的侵蚀也见于一些电绝缘材料，如太阳辐射外加 Kapton™ 和硅橡胶。这种侵蚀既源于化学反应，大部分也源于相对于航天器以每秒几千米的速度高速运动的氧原子。除了侵蚀（表面下凹）外，氧原子还会在金属表面形成稳定的氧化物。鉴于上述原因，太阳电池阵上采用裸露的银、电子线路采用硅或 Kapton™ 的绝缘材料都是不可取的。这个论题将在第 5 章详述。

2.3.5　带电粒子

太阳以可见光或不可见的红外线、紫外线、X 射线、γ 射线、无线电波、电子、质子和等离子（带电的热气体）的形式向外辐射能量。太阳辐射形成的大量带电粒子使太空成为一个恶劣的环境。随着时间的累积，这些能量粒子的撞击会引起表面损伤。下列术语广泛用于讨论空间环境中带电粒子的辐射。

1 兆电子伏特（1 MeV）：各种带电粒子的等价能量单位，定义为一百万个电子经过一伏特的电势场所放出的能量。电子带电量为 $0.159\ 2\times10^{-18}$ C，所以 1 MeV 等于 $0.159\ 2\times10^{-12}$ J。

通量密度：单位体积中带电粒子的数目。

通量：表述粒子流撞击表面的速度。定义为单位时间内撞击在单位面积上的粒子个数。即用粒子数/（$m^2\cdot s$）或 MeV/（$m^2\cdot s$）来衡量其总能量。通量随航天器在轨道上的移动而变化。靠近太阳一侧的通量比远离太阳一侧的大。通常引用的是轨道平均通量。

积分通量或流量：用来计算在轨一段时间内撞击在单位面积上的粒子的累积数目。单位是粒子数/（$m^2\cdot$ 年）或 MeV/（$m^2\cdot$ 任务期），用以计算表面必须承受的总能量。

吸收剂量：指定物质单位质量吸收的能量，单位是拉德或拉德（Si）。因为大部分微电子器件都由硅材料制成，所以常用拉德（Si）作为比较辐射能量的参考材料。1 rad 等于 1 g 指定物质吸收 100 尔格的能量。1 rad（Si）是 1 g 硅中产生 1.7×10^{13} 个电子空穴对的能量单位。

空间常见的带电粒子源有以下几种：

太阳辐射：主要由来自太阳的电子和质子组成。

太阳风：太阳辐射外加来自太阳带电粒子的爆发。主要由太阳辐射的电子和质子组成。在通常的太阳风时，它们在地球轨道附近的通量和能量水平较低。平均质子通量为 2×10^8 个/cm²，平均能量为几千 eV。但在太阳耀斑期间会达到 100 MeV，大爆发期间甚至高达 1 GeV。

宇宙辐射：主要来自外太空，有些来自太阳。由 85% 的质子，12% 的阿尔法粒子和 3% 的电子组成。质子能量达 GeV，但通量很小，大约为每秒每平方厘米几个微粒。

2.4　范艾伦辐射带

地球磁场遍及所有受地球磁场影响的环形空间，即磁层，它与来自太空的电子和质子发生相互作用。范艾伦辐射带是包含有大量粒子的一部分磁层。磁层通常是地球和这些粒子间的屏障。但是当太阳的扰动辐射出大量粒子时，有些粒子会抵达地球磁极附近的大气层，形成极光，最著名的极光是北极光（或南半球的南极光）。

地磁场随半径径向梯度的立方变化而变化，并汇集于如图 2—4 所示的磁极附近。太阳风将带电粒子带入地磁场。使这些粒子发生偏转的洛仑兹力 **F**，由下列矢量积所得

$$\boldsymbol{F} = q\boldsymbol{V} \times \boldsymbol{B} \qquad (2-3)$$

式中　q——粒子电荷；

　　　V——粒子速度；

　　　B——地磁场强度。

粒子以速度 V 沿径向向地球运动产生沿切向 V_ϕ 的切向力。合速度为 V_R，如图 2—4 中平面图所示。磁场径向梯度使粒子螺旋运动。当能量被吸收时，粒子的螺旋运动将停止，然后做下述的前后跳跃。

粒子在会聚磁场运动时会产生一个将粒子推入弱磁场的推力，（见图 2—5）使之以速度 V_z 飘移。当粒子向磁场较弱的赤道平面移

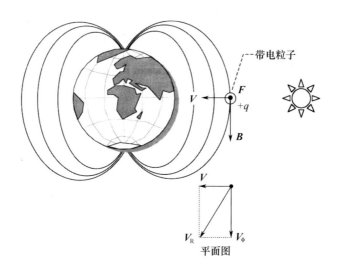

图 2—4　作用在地磁场中带电运动粒子上的洛仑兹力

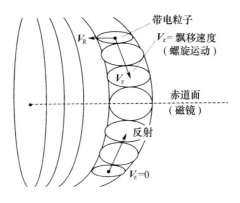

图 2—5　带电粒子在会聚磁场中的运动

动时，V_z 逐渐减小，V_ϕ 逐渐增大，保持动能守恒。最终粒子在 Z 方向停止运动，然后返回弱磁场，此时磁场又会聚在另一端，粒子再次反射回来。因此，会聚磁场将带电粒子限制在两面磁镜之间。以这样的方式，大多数粒子一直被俘获在一定的带状区域中。当然，当粒子有足够高的轴向动能时，它就会逸出禁带。

　　大多数粒子被俘获在两个环状的范艾伦辐射带中，它们是磁层的一部分。辐射带靠近太阳的一侧较远离太阳的一侧要强，如图2—6所示。俘获主要集中在如图2—7所示的两条带中：电子俘获带从2倍地球半径延伸到5倍地球半径，主要集中在3倍到4倍地球半径之间；高能质子深入到更靠近地球的地方，其俘获带从1倍地球半径延伸到2倍地球半径，主要集中在1.5倍地球半径附近。因为不同卫星轨道上的带电粒子通量是变化的，所以电源系统设计常用积分辐射通量（流量）。

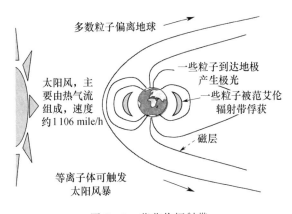

图 2—6　范艾伦辐射带

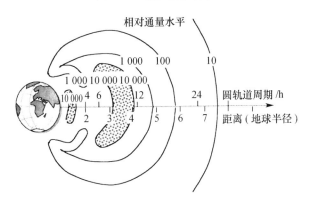

图 2—7　范艾伦辐射带在 NASA 的 AP—8 环境模型中的分布

太阳电池阵尤其需要采取措施来抵御辐射的损害。地球同步卫星的轨道在 6.6 倍地球半径处，远离内层质子带，在外层电子带的外层边缘处。因此，它们只暴露在小部分外层电子带中，但很容易受到太阳耀斑产生的高能质子的损害。

2.5　太阳风与太阳耀斑

由太阳产生并横扫太阳系的质子、电子和离子流称为太阳风，它非常稀薄，每立方厘米仅含 5 个带电粒子。太阳风的粒子流是恒定的，但并非均匀。这些粒子以 480 km/s 的速度经过地球，与此相对应的是地球的公转速度为 30 km/s，当这些粒子经过地球时，其中的一些会被地磁层俘获。

太阳耀斑会释放出由日冕产生的大量带电粒子所形成的等离子气体，它与周期为 11 年的被强磁场包围的太阳黑子有关。太阳耀斑爆发会引起地球极光和无线电信号干扰。等离子气体的温度很高（$>1\times10^6$ ℃），在如此高的温度下氢原子和氦原子均化为主要由负电子和正质子组成的稀薄的等离子气体。尽管等离子气体的质量可达 1×10^6 t，时速 1×10^6 英里，但它的密度很低，以至于仍可以看做真空，但它的作用却是摧毁性的，如图 2-8 所示。

太阳耀斑每 11 年爆发一次，上次爆发发生在 2000 年 11 月～12 月间。每个太阳周期都会有几次太阳耀斑爆发，其中 7 年为爆发活跃期，4 年为不活跃期。爆发强度有很大的不同。因此，在电源系统设计中，爆发的强度和概率须经卫星用户和制造者的一致确认。航天器设计师利用获得的太阳耀斑的质量和数量的数据，以及它对当时在轨航天器的影响情况，详细分析了 1989 年～1990 年爆发的相对较强的太阳耀斑。新建立的模型表明过去严重低估了 10 MeV 以下的质子流的作用，它导致光伏电池（PV）I_{sc} 的下降，但对 V_{oc} 影响不大。据估计，基于 1974 年 King 模型[2]设计的太阳电池阵有 20% 的概率不能满足功率输出需求，而基于 1989 年～1990 年爆发的 Feynman 模型的概率只有几个百分点[3]。

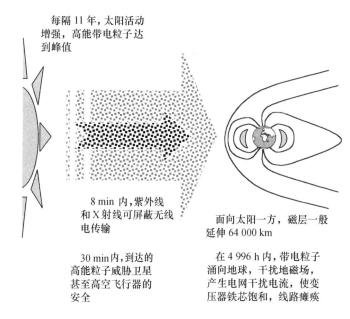

每隔 11 年, 太阳活动
增强, 高能带电粒子达
到峰值

8 min 内, 紫外线
和 X 射线可屏蔽无线
电传输

面向太阳一方, 磁层一般
延伸 64 000 km

30 min 内, 到达的
高能粒子威胁卫星
甚至高空飞行器的
安全

在 4 996 h 内, 带电粒子
涌向地球, 干扰地磁场,
产生电网干扰电流, 使变
压器铁芯饱和, 线路瘫痪

图 2-8　太阳耀斑及对地球的影响

　　表 2-1 列出了典型地球同步轨道上的年度总流量, 表 2-2 给出
了基于 NASA/JPL 模型的可信度为 80% 的 11 年周期中太阳耀斑质
子的积分通量。

表 2-1　典型地球同步轨道上的年度总流量/（个/cm²）

粒子类型	普通太阳耀斑	强太阳耀斑
被俘获电子	$\sim 10^{14}$	$\sim 10^{14}$
被俘获质子	可忽略	可忽略
高能太阳耀斑质子	$\sim 10^{7}$	$\sim 10^{10}$

注：电子能量从几 keV 到几 MeV, 质子能量在几百 MeV 左右。

表 2-2　11 年太阳周期内太阳耀斑质子的积分通量

能量/＞MeV	太阳质子/（个/cm²）
1	5.3×10^{11}
5	2.0×10^{11}

能量/＞MeV	太阳质子/（个/cm²）
10	1.0×10^{11}
30	2.3×10^{10}
50	9.7×10^{9}
70	6.6×10^{9}
100	2.5×10^{9}

注：基于可信度为 80％的 NASA/JPL 模型。

先驱者号和旅行者号等飞出太阳系的航天器在太阳系边缘经历了所谓的终极冲击波，终级冲击波所在的区域环绕在太阳系的周围，那里的星际空间填充着太阳风分解形成的稀薄气体和灰尘。

2.6　地磁暴

人们已充分地认识到太阳活动、地磁场扰动和对人造系统（如卫星、通信网络、防御系统、甚至地球上强大的电力网）形成的干扰之间存在的联系。分析表明，虽然人造系统在持续地发展和进步，但易受地磁扰动影响的弱点依然存在，甚至更加严重。

航天器电源系统在地磁暴中的情况，可以通过过去地磁暴对地面上的电力网的影响来考察。在地磁暴的作用下，地磁场出现扰动，在架空输电线上引起感应电流。由于距离远，与地球表面形成的回路面积大，因此，高压线会有很大的感应电流产生。这种低频、类似直流的地磁感应电流会进入到变压器，使之深度磁饱和，引起电压溢出和严重过热。1989 年 3 月 13 日的大磁暴使北美大部分地区长时间停电，影响到了加拿大魁北克六百万用户。当时未曾预料的共模电流使变压器铁芯磁饱和，影响了电压调节，导致系统设备出现了非预期延迟和其他易损目标，传输线上出现大电流并发生跳闸。1989 年 9 月、1991 年 3 月和 1991 年 10 月发生的强度稍小的地磁暴，进一步证实了地磁扰动会影响设备运行的事实。2003 年 10 月的地磁暴在

NOAA 预计时刻的几小时内抵达，它使卫星失效（如，日本的地球观测卫星 ADEOS－11），无线电通信中断，并导致瑞典停电。为防止带电粒子对飞机乘客的伤害，美国联邦航空管理局警告飞行员在极地附近飞行时，要将飞行高度控制在 25 000 英尺以下，以防过度辐射。

等离子数目和环流的空间研究模型、星际太阳风及地磁感应电流的实时监测以及极光带的跟踪可为 2010 年～2011 年开始的下次太阳风的极大值提供及时的信息。

太阳耀斑和地磁暴对航天器电源系统的主要影响如下：

1）使太阳电池阵产生的功率快速下降，虽非致命影响，但会缩短太阳电池阵的使用寿命。

2）共模 EMI 干扰会通过裸露电缆进入电源系统，会影响电源系统的正常工作，甚至会造成永久性损坏。20 世纪 90 年代，一些新型通信卫星的电源系统遭受损坏（如，加拿大阿尼克－E1 和国际通信卫星－K），据推测还有一些卫星是在强太阳耀斑下损坏的。深入调查表明，地磁暴引起的电火花造成了卫星太阳电池阵与数十个继电器的连接短路。

2.7　核威胁

一些防务卫星要能经受一定强度的人为核爆炸的威胁。核爆炸中释放的高能粒子有：核裂变电子、中子、γ 射线和 X 射线，它们的能量大小仅取决于被投放核装置的毁伤力，设计所依据的威胁水平取决于其概率和因果考虑，但核威胁等级一直是美国防务部门（DoD）秘密分类体系中的保密数据。

2.8　总辐射量

地球轨道上各种辐射源的自然辐射能量水平如下：

俘获电子	0.1～7 MeV
俘获质子	0.1～100 MeV
太阳耀斑质子	1～200 MeV
太阳耀斑 α 粒子	1～300 MeV
银河宇宙射线	>1 GeV

指定任务的总通量可利用用户给出的环境模型计算得出。例如，在 852 km，99°倾角圆轨道上，俘获质子和电子的积分通量分别如图 2—9 和图 2—10 所示，其中，y 轴表示通量，x 轴表示能量[4]。

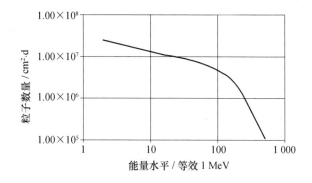

图 2—9　852 km，99°倾角圆轨道上的俘获质子

（来源：NASA/GSFC）

总通量可以 MeV/（cm² · d）表示，为能量（E）与数目（n）函数曲线的面积，包括电子、质子、太阳耀斑和其他一切自然或人造的辐射源，即

$$流量 = \int_0^\infty n\mathrm{d}E\, 电子 + \int_0^\infty 质子 + \int_0^\infty 耀斑 + \int_0^\infty 核 + \int_0^\infty 其他$$

$$(2-4)$$

由式（2—4）确定的积分通量决定了任务期内太阳电池阵和其他元件的损伤度。

最近完成的几项跨学科的科学与工程研究项目极大改进了对空间环境特性的认知，而航天系统用户则是这一研究发展的直接受益者。

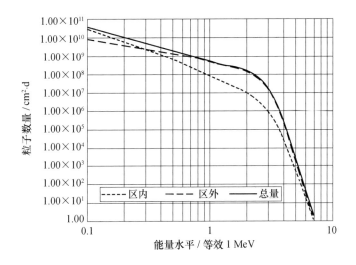

图 2-10　852 km，99°倾角圆轨道上的俘获电子

参 考 文 献

〔1〕　NASA . Space Vehicle Design Criteria（Environment）. Technical Report，No. SP－8005，1980.

〔2〕　KING J H. Solar proton fluence for 1977～1983 space missions. Journal of Spacecraft and Rockets，1974（11）：401－407.

〔3〕　FEYNMAN J. New interplanetary proton fluence model. Journal of Spacecraft，1990，27（4）：403－408.

〔4〕　STASSIONOPOULOS J M，BARTH J M，SMITH R L. METSAT Charged Particle Environment Study，Revised Edition，Method 2. NASA Report，No. GSFC X－600－87－11，1987.

第 3 章 电源系统的选择

3.1 简 介

早期卫星所需要的功率只有几 W。现在的通信卫星功率达几 kW，并且还在不断增长中。战略级防御航天器的功率估计为几百 kW，而一些概念级航天器的瞬时功率高达几百 MW。太阳辐射是外太空唯一的外部能源，任何不使用太阳能的电源系统都必须自带能源，如原电池、燃料电池、核燃料或化学燃料。

航天器电源系统的基本构成如图 3−1 所示，分别是初始能源、能量转换器、功率调节与控制器、可充能量存储器、分配与保护，以及负载。可选的初始能源包括太阳辐射能、放射性同位素、核反应器、电化学或化学燃料。能量转换器可以是光电、热电、动力发电、燃料电池或热离子发电。尽管 NASA 的格林研究中心（GRC）在研发储能飞轮技术，但能量储存仍首选电化学。

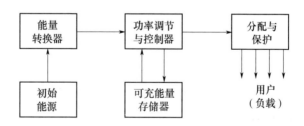

图 3−1 航天器电源系统的基本构成

卫星电源系统优化研究的目的，是从适合所给定任务和环境的多种可选方案中，找出能源、能量转换器和能量储存技术的最佳组合。其最终选择必须满足多项准则，但最主要的准则是小质量和低寿命期成本。电源系统优化选择很大程度上受如图 3—2 所示的功率需求与任务寿命的影响。各种选择之间只有大概的区分，还有很多的重叠。下面章节主要描述电源系统的各种选择和它们各自适用范围，其中一些常用选择的细节和性能在以下各章分述。

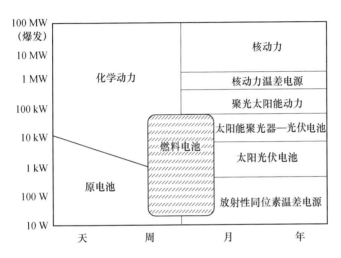

图 3—2　各种功率需求和任务寿命所对应的能源最优选择

3.2　原电池

原电池是一种应用在任务期为几天、所需功率仅为几 W 的小型航天器上的经济型能源。早期的短任务期航天器使用的就是原电池，如锌银电池和硫化钠电池。直至今日，一些低功耗、短寿命的卫星仍然会使用诸如 LiCFx 的原电池作为唯一能源，这样就可以省去太阳电池板和充电电池组。

原电池由两个浸在电解液中的电极组成，如图 3—3（a）所示。电池中的电化学反应在两电极上产生电势差，从而在外负载回路中形成了直流电，这样，原电池就将两电极板间储存的化学能转化为直流电能。原电池只能提供一定量的电能，单位是安时（A·h），化学

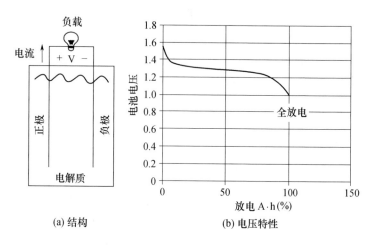

(a) 结构　　　　　　　(b) 电压特性

图 3－3　原电池结构和电压特性

能耗尽就没有了。电压与放电量间的关系如图 3－3（b）所示。原电池所发生的电化学反应是不可逆的，一旦放电完毕不能再充电，那时将被丢弃以减轻航天器的质量。

3.3　燃料电池

当功率超过几 W，任务期超过若干天或若干周的时候，原电池便不再适合，该使用燃料电池了。燃料电池是作为航天应用的中期电源系统进行开发的，最早用于登月车上，后来一直用于 NASA 的航天飞机中，目前，它还有其他应用。燃料电池是将燃料（如氢和氧）的化学能转化为电能［如图 3－4（a）所示］。因为能量从燃料中来，所以这种电池不会耗尽电能，因此它不用 A·h 来衡量其能量大小，而是用电能产生的速率来衡量。只要燃料能以要求的速率提供电能，电压便是恒定的［见图 3－4（b）］。因此燃料电池是使用自带燃料在几周内提供几百到几千 W 电能的最佳选择。

燃料电池是一种不需要改变电极或电解液就能产生直流电的静态电化学反应装置。理论上，氢、氧结合生成电能和水，这是电解水

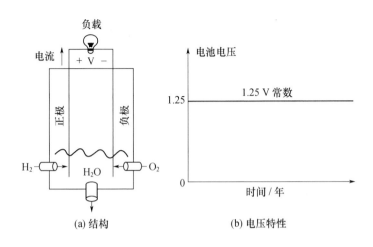

图 3-4　燃料电池结构和电压特性

的逆过程。载人任务的航天员可以使用这些水。燃料电池的燃料不是
在内燃机中燃烧，因此其工作原理不同于电化学电池和内燃机。由于
燃料电池避开了热能和机械能之间的转换，又是等温变化，因此转化效
率不受卡诺循环的限制，理论上其转化效率远大于内燃机。商用燃料
电池的转化效率基本上为 $70\%\sim80\%$，大约是内燃机效率的 2 倍。航
天用燃料电池的效率目前约为 10%，但具有很大的提升潜力。

3.4　太阳光伏电池

航天工业领域最有价值的突破之一可能就是应用于地球轨道卫星
上的将光能转化为电能的光伏电池。现在，工业上广泛应用的能量转
化技术为使用大功率通信卫星的信息革命提供了动力。太阳电池阵能
满足航天器寿命从几个月到 $15\sim20$ 年、功率从几十 W 到几 kW 的能量
需求。即使在地影期间，卫星也需要持续的电源提供给负载，因此需要
可充电池组与太阳电池阵配合使用。电池组在有光照时充电，在地影
期间给负载供电。为满足任务需求，常使用功率调节器和控制线路。

光伏电池能量系统的布局如图 3-5 所示。除太阳电池阵以外的所有器件均安置在卫星内部。卫星主体和太阳电池阵的朝向分别指向地球和太阳，主体通常以一个近似恒定的方向朝向地球，同时 α 驱动和 β 平衡架使太阳电池阵朝向太阳。卫星绕地球一周，α 驱动旋转 360°。β 平衡架转动 ±β 来补偿太阳角 β 的变化，同时也在有条件的情况下防止电池阵被遮挡。不是所有的卫星都有 β 平衡架，但几乎所有使用太阳能电源的卫星都有 α 驱动。在三轴稳定卫星中，α 驱动最普遍的形式是一个由太阳电池阵驱动的滑环，旋转功率变换器安装在回转仪上，结构弯曲引入的角误差常被 α 和/或 β 驱动补偿。

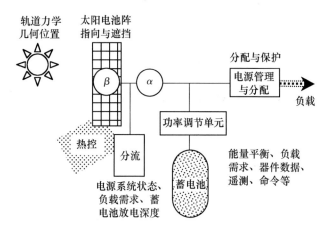

图 3-5   太阳光伏电池电源系统结构

位于 400 km（220 mi）高度，倾角为 51.6°轨道上的国际空间站（ISS）在一年内 β 角和地影时间长度的变化如图 3-6 所示。对于指定的系统设计，一年中电源的带载能力随 β 角因季节不同的变化而变化。在高 ±β 角时，地影长为零，因为无须给电池组充电，所以带载能力最大。对 ISS 而言，只有 β>71°时才能完全无地影，也就是太阳同步轨道。

光伏电池从一开始就是太空电源系统建设的瓶颈，它是在光照下产生电能的半导体组成类似二极管的结构，其性能在寿命初期

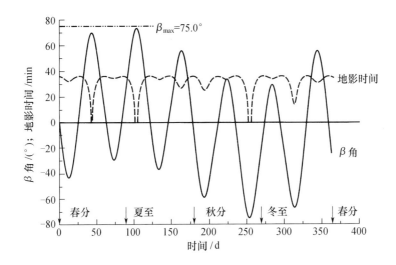

图 3-6　国际空间站的 β 角和地影随时间的变化

（BOL）由输出电压和电流表征，如图 3-7 中粗线所示的伏安特性曲线。曲线上两个特殊点：开路电压 V_{oc}，短路电流 I_{sc} 常作为性能指标。电池最大功率为 V_{oc} 与 I_{sc} 之积，对于给定的光伏电池，该值接近常值。光伏电池的伏安特性曲线随太阳电池阵上空间带电粒子通量的增加而下降，如图中细线所示，这种降低会导致输出功率的下降。随着 β 角的季节变化和带电粒子的逐年减少，任务期内太阳电池阵上的输出功率如图 3-8 所示。

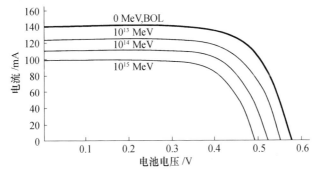

图 3-7　典型光伏电池在辐射下的 $I-V$ 特性

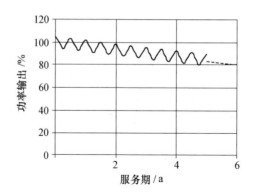

图 3－8　太阳电池阵输出功率的减少与工作年度的关系

3.5　太阳能聚光器——动力电源系统

太阳能还可以用于光伏电池以外的其他系统。太阳的能量可以用聚光器以热的形式收集，利用热能产生蒸气来驱动涡轮机旋转或活塞式发电机，两者都发生了动能转换。

动力电源系统是早期空间站设计中的主要备选电源，预计能满足 300 kW 的功率需求。其系统结构如图 3－9 所示。抛物面聚光器将太阳能集中在接收器上来煮沸流体。流体可以是合适的液体，甚至可以是液态金属，如氯化钾。接收器中产生的高压蒸气驱动基于兰金（Rankine）循环的蒸气涡轮机。流体也可为气体，如氦和氙混合物，分子量在 40 左右。加热的气体驱动布雷顿（Brayton）发动机。基于气体的系统能使磨损和液体传输中的晃动最小化。两者都使用高温高压的流体驱动涡轮机，再带动交流发电机，能量转换效率大约是太阳光伏电池系统的 2 倍。这样可以使得收集器的面积和近地轨道的气动阻力最小化。另一个间接优点是能量存储混合在系统中，无须额外开销。它主要存在于 1 000 K 左右高温相变时的潜热中。

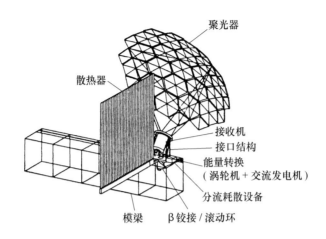

图 3-9　太阳能聚光器——动力电源系统

热循环中释放的有用能量取决于工作温度。最大热动力转化效率理论上可由高端温度 T_{hot} 和低端温度 T_{cold} 用卡诺循环效率公式表示

$$\eta_{Carnot} = \frac{T_{hot} - T_{cold}}{T_{hot}} \qquad (3-1)$$

这里的温度指绝对温度，高端工作温度越高，低端排气温度越低，太阳能量的转化效率越高。高温 T_{hot} 受制于工作物质的性能，低温 T_{cold} 取决于冷却方法和散热排气环境。

动力电源系统能储存能量几小时而性能不下降，时间更长也只有少许下降。这些特征使得产生满足峰值需求的高值电能成为可能。此外，与光伏电池系统相比，因为节省了昂贵的光伏电池和可充电电池组，故更为经济。该系统的涡轮交流发电机在效率和质量方面有重要优势，总耗资优于光伏电池技术。其效率优势源于高效率的发动机（30%），比硅太阳电池（15%）高；以及高效率的接收器热能储存（90%），比电池组（75%）高。

这种理念在未来的应用，尤其是大功率 LEO 任务中的应用已趋于成熟。在大功率的防御航天器中亦有应用，因为大的太阳电池阵列使之机动性差，且易被敌方发现和攻击。高效率可以减小太阳电池板的面积，从而减小了大气阻力，减小了对位置姿态、接近通道和实验观察角度的影响。阻力的减小很重要，因为它可以在一定的附加燃料和轨道衰减条件下使航天器飞得更低。对于接近 100 kW 的大功率天基雷达（SBR），太阳电池帆板的面积根本无法达到。太阳能动力系统在几 kW 到几百 kW 的宽范围内很经济，无论是 5～10 kW 功率范围的同位素动力电源系统（DIPS），还是 200～500 kW 量级空间站电源系统都可以适用。

3.6　核热电

行星际和深空探测因为太阳辐射太弱而无法有效使用光伏电池，因此航天器必须自带能源，如放射性同位素或核反应堆。前者是放射性同位素加热热电（TE）物质，如碲化铅（见图 3－10），产生电压。这个原理类似热电偶，只是转换效率更高。放射性同位素温差电源（RTG）常用于功率为几百 W 的太阳系内任务。核反应堆被视为 30～300 kW 范围的大功率能量电源。两种电源都有持续供电的优点，可以省去电池，从而无峰值功率需求。明显的缺点是必须在电器元件周围加上重重的防辐射罩。但是，安全、易于处理且只需少量防护的核燃料（如锔－244 和钚）价格极其昂贵，而价格便宜、易于获取的燃料（如锶－90）却不安全。

放射性同位素中，射出的高能粒子加热吸收物质是最主要的能源。热能辐射随剩余质量的减小成比例下降。同位素的质量以半衰减期 $T_{1/2}$ 为特征指数衰减。$T_{1/2}$ 很长，故电能的产生基本上能保持几十年。这使得核能成为长期星际任务的理想能源，它们大多需要几百 W 的功率。同时，它也用于一些在核威胁下有较高抗辐射能力的防务任务中，如功耗 30～300 kW 的空间力量－100（SP－100）。正是在 SP－100 的支持下，放射性同位素热电技术取得了长足发展，这将在第 22 章详述。

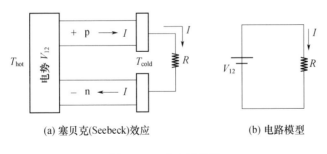

(a) 塞贝克(Seebeck)效应　　　　　　(b) 电路模型

图 3-10　热电转换器

3.7　核动力或化学动力

产生几百 kW 或几 MW 的功率需要化学或核反应器作为主要能源以驱动交流发电机。短期任务会考虑自带化学燃料，而长期任务需要核反应堆。反应堆中的能源如地面核反应堆一样来自核裂变，只是规模要小得多。核裂变材料如铀-235 作为热源使液态金属如水银或钠钾合金汽化。蒸气驱动基于布雷顿或兰金循环的涡轮发电机。斯特林（Stirling）循环适合 50 W 到 50 kW 范围的长期太空任务，布雷顿循环适合 50 kW 到 10 MW 范围的大功率。20 世纪 80 年代后期和 90 年代初期的战略防御提案 SDI 计划提出了使用核动力系统的理念。SDI 的理论设计功率在 30~300 MW，这些任务的基本要求是产生大功率脉冲或短时间内的触发模式，如任务期内满功率负荷工作几次，每次约 15 min。在任务期的其他时间，系统依靠惯性工作，静态的功率很小。这样的电源系统的设计是一个储能缓慢、巨大，而放能迅速的能量存储器，要结合飞轮、超导磁体以及其他因素一并考虑。几 MW 的核动力系统在第 22 章将作深入讨论。经 NASA 所属 GRC 的努力，用于太阳系内航行和太空防务任务，功率达几百 W 的核动力系统已经可以使用了。它使用放射性同位素作为热源，斯特林发动机和往复式发电机发电。如果需要直流电还可以有交直变换器。它有取代目前使用的放射性同位素温差电源的趋势。工作时流体高温为 1 000 ℃，低温 500 ℃，与放射性同位素温差电源相比，它具有更高的效率（20％）和更高的比功率，可达到更高的功率等级。适用于空间的，通过建造和测试 2 kW 单元来获得 10 kW 应用的技术已在 NASA 试验床上得到验证。这类似热气球中使用的技术，顶部有一个类似太阳能收集器，加热流体来驱动气球底部的斯特林发动机。

3.8　其他系统

在电源系统发展的不同阶段还有其他选择，它们在某些特殊应用中占有一席之地。要衡量任何新技术的应用潜力，首要考虑的是质量、费用、可靠性和技术风险。例如，使用任何液体的系统都有渗漏和晃动的可能，反过来使用固态件就可以有 3 个好处：高可靠性、无抖动、没有作用在平台上的力矩。

3.8.1　光伏热（TPV）

与现在使用的放射性同位素温差电源不同的是，在该方案中，放射性同位素或太阳热直接作用在光伏电池上。它的转换效率非常高，因此在可承受其高昂费用的项目中占有一席之地。系统外形可以是圆柱或平板，如图 3-11 所示。被加热的表面向对红外敏感的光伏电池辐射红外热，一部分能量转化成直流电，一部分被反射回去，以热的形式散失。能量转化过程不同于传统光伏电池，转换效率随辐射源的温度而变化，从 800 ℃ 的 10％ 到 1 100 ℃ 的 12％，取决于吸收的热能，但只有其中的 3％～4％ 取决于总入射能量。

目前大多数 TPV 使用对 1～2 μm 波段敏感的能级差小的光伏电池，如 0.55 eV 的铟砷化镓（InGaAs）或 0.73 eV 的锑化镓（GaSb）。能级差小导致开路电压小（0.25～0.45 V），本征载流子浓度高导致填充因子少。因此，电池必须在低温下工作，为获得足够的输出电压常使温度低于 60 ℃，这样需要更大的辐射体面积。温度对光伏电池性能的影响很大，温度升高，能量级差减小，光电流由于吸

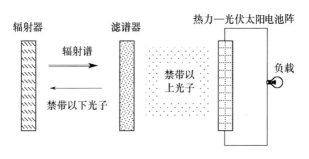

图 3-11　热—光伏转换器

收了额外的长波光子而增大，但开路电压随饱和电流指数的增加而
线性下降。

　　随着半导体技术的进步，TPV 有了新的应用。最近生产的低能
级差（0.50~0.55 eV）材料与 GaSb 基本晶格相匹配，这些进步使
TPV 系统在辐射体工作温度为 1 000 ℃时可获得合理的效率和密度
功率。当辐射体处于相对低温时，有许多切实可行的热源选择，实际
应用范围也很广，因此极富吸引力。据报道，在舱段温度为 30 ℃，
辐射体温度为 1 076 ℃时转换效率可达 11.7%，这是集成 TPV 系统
达到的最高效率，该效率定义为输出电功率峰值（负载匹配）与热
量吸收速率之比。TPV 电池的性能下降与 GaAs 电池类似，因此它
适用于经过高辐射带的地球轨道。

3.8.2　太阳—热电

　　在工作环境温度高的近日探测中，由于温度过高会引起性能的
严重下降，故电源系统不能有效使用光伏电池。在这样的任务中，太
阳热能可被引导作用在一组热电转换器（TEC）上。能量转换过程
与第 20 章所述的 RTG 相同，唯一的区别在于热源不同，RTG 使用
核反应热，而 TEC 使用太阳热。

3.8.3　热离子

　　在热离子转换过程中，热能通过热体发射电子转化为电能，称为

热电子发射或爱迪生（Edison）效应。阴极发射电子，阳极收集电子，经由通过负载的闭合回路返回阴极，无活动部件。热离子概念由来已久，随着高温材料的发展又引发了新的热潮。热离子转换器的基本原理和热发动机一样，以电子流作为工作流体，且服从卡诺效率限制，因此，工作的高温端大约在 1 800～2 000 K，低温端在 800～1 000 K。这会对备选材料及其寿命产生限制；另外，热离子转换器产生的电压非常低，需要外接电能转换且有很大的功率调节损耗。现在在美国国防部资助下有进一步发展，其中一个典型例子是热离子燃料整合了转换器和核燃料，已经能为长程太空任务提供几 kW 到MW 级的功率。转换器中充满了等离子气体，如铯蒸气，在内电极空间内，由于电中和作用而产生更高的比功率。

俄罗斯建设并成功测试了一个带核反应器的 100 kW 热离子电源系统，其功率可达 300 kW 甚至几 MW。太阳聚能器—热离子电源系统在实际应用中达到 100 kW。这项技术不适用于功率低于几 kW 的航天器。通用粒子被设计成 500 kW 的单元，太阳热被直接集中在阴极上使工作流体排出，当高端温度为 1 800 K 时，转换效率约为 10%，高端温度低于 1 000 K 时，转换效率约为 5%，比功率可达 700～1 000 W/kg。

3.8.4　碱金属热电转换器

碱金属热电转换器（AMTEC）是一种直接将热能转换为电能的转换系统。工作温度高端大约为 1 000 K，低端 600 K，效率 18%～20%，是一种适用于功率小于 100 W 的静态系统。它使用了导电陶瓷 β—氧化铝独特的碱金属特性[3]，是可传导钠离子的固态电解质，但它对电子绝缘。当钠在两种不同压力下的电解质中间时会产生电化学势，通过多孔不锈钢的毛细作用将钠离子从低压区转移到高压区，从而在转换器中形成回路。它无活动件，需要高档能量调节器来获取低电压。商业上使用氮化钛电极作为石油工业中的小型下行孔仪器。正在发展的适用于太空的 AMTEC 使用放射性同位素作为热源，可为行星际和深空任务提供所需的几百 W 范围的功率。

3.9　技术选项比较

　　航天器主要电源系统选项的使用限制和性能特征概括如表 3-1。尽管光伏电池电源系统是卫星上使用最广泛的系统，然而各种可替代电源系统技术也很多，且逐渐发展成熟，并且正在为满足各种任务而持续发展进步。表 3-2 综合了航天器电源技术选项的当前状况[4]，随着技术的进步，这些选项将在不久的将来有应用前景，还包括了一些将来有应用潜力的构想。

表 3-1　航天器电源系统选项的使用限制和性能比较

电源系统选项	使用功率限制/kW	净系统效率/%	比功率/（W/kg）
太阳-光伏	20	15~30	5~10
同位素-TEC	1	7~15	7~15
核-TEC	100	7~15	~

表 3-2　航天器电源系统技术选项和发展状态

技术选项	发展状态
光伏电池：将太阳光转化为电能	用于最长任务航天器供电。由于范艾伦辐射带的衰减作用，设计寿命一般限制为 15 年以内
TE 电池：将放射性同位素热能转化为电能	技术成熟，有飞行验证，功率几百 W，价格昂贵。太阳光加热 TE 可当作是经历范艾伦辐射带和/或核威胁的解决方案
AMTEC：利用碱金属 TE 转换器将同位素热能转化为电能	正在发展中，适用于行星际和深空探测及登月车等、功耗为几百 W 的系统
热离子：将热能转换成电能	太阳和核能加热热离子转化器已在实验室建成并测试，功率几百 kW，比功率高
核反应堆：将热能转换成电能	美国已制成样品，但未在空间验证。俄罗斯已发射许多这种单元，功率可达 MW 级

续表

技术选项	发展状态
燃料电池：将燃料化学能转化为电能	常用于宇宙飞船，考虑用于 ISS，未来可能有更多的应用
电池组储能	大多航天器使用后备电源，一些短期任务使用原电池，发展成熟
飞轮储能	正在为 2006 年～2007 年装备 ISS 积极准备，有望取代电池组
热—光伏电池：利用光伏型电池将热能转换成电能	正在发展，比功率低，但会有用武之地

　　研发工程师们持续不断地评估着将新技术整合成新设计的可能性，正如它们在实验中表现的那样。许多改变都带来了附加利益，将几项新技术同时整合到设计中可以博采众家之长。例如，DoD 和 NASA 资助了一个可产生比功率大于 100 W/kg 的太阳电池阵项目的研发和测试，一个因子比设计状态大 3 倍，一个因子比使用状态大 5 倍，这项设计整合了三项有前景的技术：可变形铜铟联硒化合物薄层光伏电池，形状记忆金属智能结构，多功能轻结构。新技术应用的一项重要评判标准是可拓展性和满足飞行状态要求[5]。新元件必须经历费时、昂贵的测试以验证他们能经受住发射和空间环境。

3.10　系统电压的选择

　　早期负载为几百 W 的航天器使用 28 V 直流电，主要是基于当时可方便用于航天电源的产品技术规格。以后，功率需求极大增长。因为功率是电压与电流之积，所以大功率需要高压母线以保证电流控制在合理大小范围之内，否则在配电元器件上的额外损耗和导体上的损耗会极大降低系统效率。现在航天用的典型母线电压在一定程度上由政府机构和生产商标准化，如图 3—12 所示，有 28 V、50 V、70 V、100 V、120 V 和 160 V。160 V 的限制主要源于裸露导体与空间等离子体的作用，特别是在低地球轨道。当电压大于 160 V 时，太阳电池阵溢出到等离子体中的电流会成指数增长，击穿电压为 180～200 V。

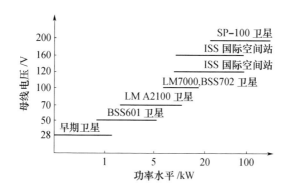

图 3－12　各功率水平的最优电压值

加有偏压的裸露导体可以收集等离子电流。NASA 格伦研究中心（GRC）的测试表明：地面等离子试验室中，一个孤立的导体由于针孔或涂层缺陷处的等离子电流引起的寄生损耗很小。针对几种缆式绝缘材料的实验表明：在几百 V 正压下的等离子电流仍然可以忽略。然而，当电压大于 200 V 时，孤立小孔表现出弹锁效应。如果导体电压高于等离子体，弹锁效应会使电子流剧烈增大，导致功率消耗。然而，不管航天器接地方案如何，航天器电势一般不会高于 100 V（不会高于等离子电势），故弹锁效应不会发生。ISS 的 160 V 太阳电池阵是个例外，等离子体电流接触器保持结构接近于等离子区的电势，但是电势最高的太阳电池阵末端会大于 100 V，因此太阳电池阵边缘会收集较大的电流，本质上增大了功率耗用，因此要求等离子接触器有更大的电流容量。对其他高压 LEO 航天器，如 200 V 的 SP－100，分析表明：电流流向其他表面所引起的功率损失较之总传导电流带来的损失要小，故其在效率损失百分比中也小。

根据经验原则，在 LEO 上，电压为正 100 V，每 m² 裸露导体上产生 1 mA 寄生结构电流是可接受的。因此，对 100 V 总线，表面积为

$100\ m^2$ 的有效载荷，电源系统容量只能允许 100 mA 的结构电流。以 100 V 传输的 10 kW 电源系统的电流是 100 A，相对而言可忽略不计。

高于 160 V 的电压时，在 LEO 上可使用如图 3－13 所示覆盖有防护层的绝缘电缆，所有连接件和电路板均须封装。NASA 为 ISS 选配了 120 V 分压系统，并配有为 28 V 硬件供电的降压器。在 ISS 设计初期，人们考虑使用 270 V 直流和 20 kHz/440 V 的交流电，但最终160 V太阳电池阵电压、120 V 分压入选。在 20 世纪 80 年代，在空间站的设计中基于多种好处，曾认真考虑过交流电，但由于功率下降和研发费用高昂而被放弃。

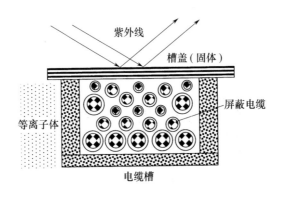

图 3－13　覆盖有防电击穿保护层的电缆槽

然而，高压设计会影响到元件的选择。另外，从空间环境考虑，对一个给定任务而言，电压值也有限制。对电压选择的影响因素有以下几点：

1）功率水平是主要驱动因素；

2）空间环境和空间等离子；

3）裸露导体间的最小击穿电压；

4）人身安全；

5）元件可用性，如半导体器件、功率配电和保护设备、钽电容等。

高达几百 kV 电源的设计问题将在第 22 章讨论。

3.11　功率水平

从可用选择中选择母线电压是技术层面的事，将在第 22 章讨论，同时还要考虑企业内部的设计继承。在无继承设计的新设计中，可用下列指导公式

$$最优电压 = 0.025 \times 功率需求 \qquad (3-2)$$

例如，一个 5 000 W 负载功率的电源系统的最优设计为 $0.025 \times 5\ 000 = 125$（V）。该电压值将转换成最接近的标准电压。如果电压值处于表 3-3 所列的电压带中，设计师可从其他广泛使用的航天设计（商业和政府的）中获得可用部件。

表 3-3　电压带

	低压/V	中等电压/V	高压/V
配电电压	28	70	120
太阳电池阵输出	38	80	160

对于一个给定任务的各种电源系统选项的顶级筛选，则可以以前类似的设计质量作为新系统设计质量评估的标准。经验公式为

$$新设计的质量 = 类似设计的质量 \times \left(\frac{新的功率需求}{类似设计的功率} \right)^{0.7}$$

$$(3-3)$$

例如，使用相同技术，新系统功率是原系统的 10 倍，则质量是原系统的 5 倍，等式表明，功率上升 10 倍，比功率将增加 1 倍。

对交流系统，电源系统质量既取决于功率又取决于频率。商业和航天工业的设计和建造推荐使用下述经验法则

$$交流系统质量 = \left(\frac{kW}{f} \right)^{\alpha} \qquad (3-4)$$

式中，指数 α 对几百 W 的小系统取 0.5，对几百 kW 的大系统取 0.75。

参 考 文 献

〔1〕　HOJNICKI J S，et al. Space Station Freedom Electrical Performance Model. NASA Glenn Research Center，1993.

〔2〕　BROWN E J，et al. Measurements of conversion efficiency for a flat plate thermo－photovoltaic system using a photonic cavity test system：proceedings of the 35th Intersociety Energy Conversion Engineering Conference，AIAA，2000，Paper No. 3029.

〔3〕　PANTALIN J E，et al. Advanced AMTEC converter development：proceedings of the 35th Intersociety Energy Conversion Engineering Conference，ASME，2001：519－524.

〔4〕　HYDER A K，et al. Spacecraft Power Technologies. London：Imperial College Press/World Scientific Publishing Co，2003.

〔5〕　MARSHALL C G，et al. Example of a prototype lightweight solar array and the three promising technologies it incorporates：proceedings of the 35th Intersociety Energy Conversion Engineering Conference，SAE，Paper No. 01－2550，1999.

第4章 太阳电池阵－蓄电池电源系统

4.1 简 介

太阳能的光伏转换是空间应用中最普遍的电源提供方法。太阳电池阵在日照期间给负载供电并给电池组充电，地影期间由电池组供电。如果太阳电池阵、电池组和负载以相同的恒定电压工作，则无须电压调节器，所有设备可搭接相同的母线。但是，在寿命周期开始和经历地影之后太阳电池阵较冷的几分钟，电池阵的输出电压较高；另外电池组放电电压比充电时低，因为系统需要在特定的电压调节范围内向负载供电，故在整个轨道期内都需要电压调节器来匹配各种功率元件的电压。

因此，太阳电池阵－蓄电池电源系统主要由太阳电池阵、可充电电池组和调节各种元件功率流以控制母线电压的功率调节器组成；另外，还需要使电池阵和电池组协同工作的元件如各种敏感器。整个电源系统通过接口与航天器内部和外部系统协同工作。本章描述了基本太阳电池系统顶层性能特征，元件级细节在后面章节讲述。

4.1.1 太阳电池阵

太阳电池阵由许多太阳电池串并联而成，以获得所需的电压和电流，它将入射光子能量转换成直流电压，在外围负载回路产生电流。在工作范围内，太阳电池阵更像是恒流源，它的终端电压、电流如图4－1所示 $I-V$ 特性曲线所示。寿命末期（EOL）曲线也必须满足性能需求，如图所示，特性曲线随温度和带电粒子辐射剂量的变化而明显变化。其电压电流之积的功率变化如图4－2所示。太阳电池阵输出功率最大值在拐点电压处，当系统工作在其他电压值时产生的功率均小于该点。另外，随着辐射剂量的积累，系统输出功率逐渐下降。太阳电池阵在寿命末期产生的功率小于寿命初期（BOL）功率。

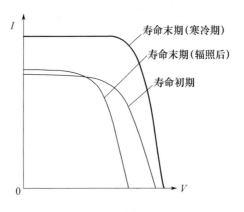

图 4-1　太阳电池伏安特性曲线

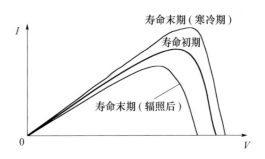

图 4-2　太阳电池阵电压功率特性曲线

4.1.2　电池组

电池组由可充电的电化学电池单元串并联而成，以获得所需电压和电流。终端电压主要取决于荷电状态（SOC），一定程度上也取决于工作温度。电池组电荷单位是 A·h，储存在正负极板间。电池组满充和完全放电时的电压分别为最大值和最小值，因为电池组在正常工作范围内更像恒压源，所以它的终端特性常表示为电压和充电状态的关系。如图 4-3 表示出了满充电池放电后再充电过程的电压，图中电压等级既代表镍镉电池又代表镍氢电池。电压随放电的进行而下降，再充电时又上升，充电时的平均电压高于放电时的平均电压。

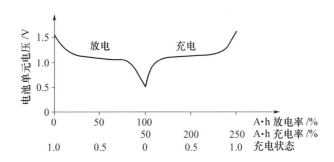

图 4-3　一个完整周期中，电池组电压与充放电的关系

4.1.3　功率调节

功率调节主要通过电池组充放电变换器、分流器和响应母线电压误差信号的模式控制器来实现，分流器如后所述，主要在光照期内控制母线电压。太阳电池阵（电源）和恒定功率负载有各自的伏安特性曲线，如图 4-4 所示，系统可以工作在 A、B 两个交点的任何一个，但是 A 点不稳定，因为负载斜率小于电源斜率；B 点是稳定的，若没有分流控制，系统会工作在 B 点，产生较低的功率。设计分流器将光照期电压定在 35 V，系统会通过分流多余电流到地线而从 B 点拉回到 C 点。在此工作模式下的分流电流为 I_{shunt}，等于 D 点电源电流与 C 点负载电流之差。

模式控制器响应参考母线电压和实际母线电压的误差信号来设定系统工作模式。依靠误差信号的大小和极性（正或负），模式控制器向分流器或充电调节器或放电调节器发送控制信号（见图 4-5），使得 3 个次级调节器中的控制母线电压在指定范围内，电池组放电调节器中下级模式控制器的细节描述如图 4-6。

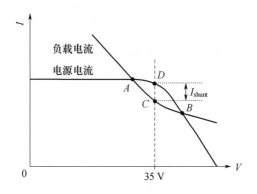

图 4-4　光照期内稳定工作点与分流控制

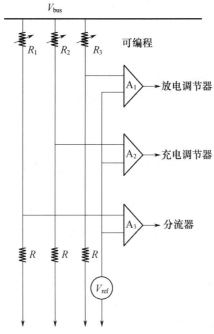

图 4-5　模式控制误差信号路线示意图

　　电源系统与其他系统的外部接口随任务的不同而不同，难以统一表述，图 4-7 描述了典型通信卫星的关键外部接口。

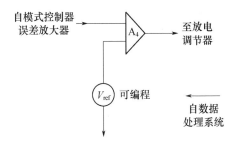

图 4－6　模式控制误差信号向电池组放电调节器的传输

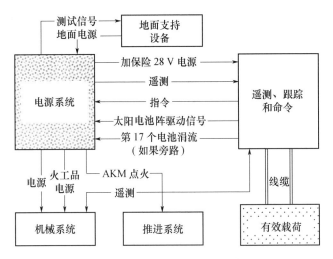

图 4－7　典型电源系统的外部接口

4.2　电源系统结构体系

以上描述的太阳电池阵、电池组、分流特性和负载电压需求在选择最适合的电源系统结构时非常重要。航天任务自身或衍生的需求也与电源系统结构体系的选择有关，对于一个给定的任务，太阳电池阵－蓄电池电源系统以下列结构体系之一配置最优化系统性能。

4.2.1　直接能量传输

直接能量传输（DET），即太阳能不经过连接元件直接传递给负

载。例外的是：1）滑环，提供对地指向航天器与对日指向太阳电池
阵列间的转动联结；2）由负载开关继电器和保护电源系统的熔断器
组成的功率分配单元。DET 可分为两级：1）全调节母线；2）光照
期调节母线（半调节母线），两种母线的元件和工作方式类似，只是
后者在功率调节单元（PRU）中无电池组放电变换器。

4.2.2　峰值功率跟踪

峰值功率跟踪（PPT），即将太阳电池阵的输出电压始终设定在
保持输出功率最大的电压值上。串接在电池阵和负载间的功率变换
器匹配电池阵输出电压和负载电压需求。考虑到这种体系结构的费
用问题，PPT 变换器中的功率损失必须始终小于系统工作在功率峰
值所带来的收益。

4.3　全调节母线

在完全调节能量直接传输母线（即通常的调节母线）中，母线
电压的变化量在整个轨道周期内仅控制在几个百分点之内。典型母
线电压变化量为正常电压的±2％～5％。这种母线的结构如图 4－8
所示，包括下列元件。

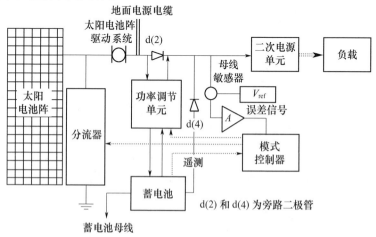

图 4－8　完全调节能量直接传输母线结构体系

4.3.1　太阳电池阵

太阳电池阵（SA）是由将太阳能转化为电能的太阳电池组成的阵列。大阵列一般分为许多并联的太阳电池串回路，各串彼此之间用绝缘二极管相连，以免损坏的太阳电池串耗散其他正常的太阳电池串的能量。每个阵列和独立串的未接地端用二极管与母线和电池组隔离，这些二极管可出于保护目的放在功率调节单元（PRU）中，也可放在暴露于太空中的太阳电池阵背面，其中一种情况有滑环，另一种情况没有。抑制静电放电引入的瞬态电压的缓冲电容可放在星体的内部或外部。电池阵负端通常接地，若正端接地也可以，只是要将 PRU 中传统的 NPN 元件换成 PNP 半导体元件，功率变换器设计也要相应改变。正极接地的好处之一是系统带负电，吸引氧原子的速度更低，能够减少常用于航天器结构的铝的阳极氧化。母线二极管 d（2）[典型的肖特基（Schottky）二极管] 可以在蓄电池充电器出现可能导致某段时间后清空的内部错误时进行防护，以防止母线的欠压。这些二极管又叫 DET 二极管，常用于国防气象卫星（DMS），但它们不是必需的，且会降低效率。没有它们时，应使用恰当的熔断器在充电器错误时保护母线。无论有无 d（2），清除充电器错误所需的电流也都来自太阳电池阵。

4.3.2　太阳电池阵驱动装置

太阳电池阵驱动（SAD）装置由滑环、电动机和电动机驱动电路组成，它使太阳电池阵在日照期间始终朝向太阳以获取尽可能大的功率。

4.3.3　分流器

在日照期，尤其是任务早期，该部件消耗满足负载功率和电池组充电需求后剩余的功率。

4.3.4　电池组

电池组以电化学形式储能，并在航天器整个寿命的地影期内向负载供电。20 世纪 80 年代中期以前，镉镍（Cd—Ni）蓄电池被广泛使用。在新设计中，它们被性能更好、质量更轻的氢镍（H_2—Ni）电池取代。

4.3.5　功率调节单元

功率调节单元（PRU）是太阳电池阵母线和电池组间的接口。电池组电压随电池电压在满充时的 1.55 V 和完全放电时的 1.0 V 间的变化而宽幅变化。地影期间，电池组电压通过放电变换器升压到母线电压上；日照期间，太阳电池阵电压通过充电变换器降压到电池组上。对于 GEO 任务，充电变换器额定功率远小于放电变换器额定功率，因此应分别设计充电、放电变换器，以满足各自的功率和需求。对于 LEO 任务，因为充、放电变换器额定功率差不多，故做成双向变换器更有利。以下概念可帮助在设计中进行选择：1 kW 电池放电变换器质量为 2～3 kg，1 kW 的 PRU 设计工作温度为 −25～60 ℃，可靠度为 0.999 75，质量为 6～7 kg，含充电器和专用支持电路。

4.3.6　功率分配单元

功率分配单元（PDU）保证除基本负载和核心负载外的所有负载经开关和熔断器供电。熔断器主要保护电源系统，避免来自用户设备的错误，而不是保护负载。

4.3.7　母线电压控制器

母线电压控制器（BVC）由母线电压敏感器、参考电压和误差信号放大器组成。母线控制器输出误差信号经放大后进入模式控制器，然后由模式控制器发送将母线电压调节在所需限制范围内的控制信号。

4.3.8　模式控制器

模式控制器（MC）响应如下文所述的误差信号，自动改变 EPS 工作模式。典型模式选择开关是一个磁保持继电器。

4.3.8.1　分流模式

日照期，如果太阳功率超出了负载和电池组充电需求，模式控制器打开分流器来耗散多余功率，否则母线电压会超出允许范围。在这种模式下，电池组可根据需要选择完全充电、部分充电或涓流充电速率。

4.3.8.2　减小充电倍率模式

在电池组快充满时，减小充电速度以控制电池组温度。此模式包括电池组达到 100% 充满时的涓流充电。减小充电倍率模式还可以应用在太阳功率超过负载需求，但达不到电池组所需充电电流的情况。在此情况下，电池组充电功率减小到可维持母线电压在许可范围内。

4.3.8.3　放电模式

地影期间，电池组放电以维持母线电压。随着放电的进行，电池组电压下降。放电变换器必须相应提高增压比例，PRU 通过提高放电变换器的增压比例来自动完成此目的。

4.3.8.4　旁路模式

当有负载发生问题时，熔断器应尽可能快地熔断使对母线电压下降的影响最小。PRU 控制回路响应延迟和 PRU 引入的附加阻抗会使熔断器熔断时间大大加长。为避免这一点，电池组通过旁路二极管 d（4）将电池组固连在母线上，这样可在负载有问题时迅速将能量导入熔断器，并且在其他任何时候都能阻止能量回流进电池组。

4.3.9　蓄电池组母线

蓄电池组母线实际上是直接从电池组引出的一个节点。在发射和入轨阶段，太阳电池阵尚未展开，电池组供给航天器所有能量需

求。例如，所有展开用的火工品（EED）都由高可靠性、低母线阻抗
（电源和负载间无阻抗）的电池组母线直接供电。

4.3.10　功率和能量管理软件

尽管功率和能量管理软件（PEMS）是软件系统的一部分，但它
专用于 EPS 的性能、状态监测、控制和保护。在紧急状况下，或在计
划任务运行中，如果出现电池组不能支持所有负载的情况，PEMS 会
按预定顺序关闭负载。电池组遥测数据由电池组电压、电流、温度、
电池单元电压和指定电池电压组成，一些遥测数据读数会进入
PEMS。

4.3.11　负　载

负载的概念包括所有载荷，如：有效载荷（转发器、接收器、科
学仪器等）和母线系统载荷。卫星上的大多数载荷是功率恒定的负
载，一些负载的能率比率较低，对所有负载而言，在计算太阳电池阵
和充电电池组大小时应考虑轨道平均功率需求。

4.3.12　地面电源

为在发射前测试和点火前的最后检查中维持电池组功率，星上
系统通过脐带式电缆使用外部地面电源。为进一步保护电池组，这
样功率输送尽可能在倒计时的最后时刻断开。

4.4　母线电压控制

在正常工作时，受控母线将母线电压维持在允许的上下限范围
内。带载 1 000 W 的 GPS IIR 型 28－V 受控 MEO 卫星母线的模式
控制方案设置如下：

分流模式：使用分流器调节母线电压。在此模式下，电池组完
全充电，电池阵的输出功率大于系统所需的功率，故应将多余电流分

流消耗掉。当分流驱动电压大于直流 2.5 V 时，该模式建立，且电池组充电电流不响应分流驱动电压。

电池组充电控制模式：使用电池组充电器作为线性分流回路来调节母线电压。在此模式下，太阳电池阵向电池组充电并向负载供电。当太阳电池阵的供电只稍大于系统负载功率时，必须限制电池组充电电流；当分流驱动电压在直流 1.1～2.5 V 之间时，该模式建立，且电池组充电电流在 0～3.6 A 之间线性响应分流电压。

放电模式：太阳电池阵的供电能力小于母线负载需求时，使用放电变换器调节母线电压。在此模式下，电池阵电流不能够满足航天器母线负荷要求，故需要电池组放电以满足功率需求。该模式在分流电压小于直流 1.0 V 时建立。

误差放大器可以测得 28 V 母线电压与参考电压之差。根据误差信号的大小和极性，发出驱动分流器、电池组充电或放电控制器的信号。这些模式是互斥的，很容易通过监测分流驱动电压信号来辨别。在各种模式下，PRU 的性能大不一样，但在每种模式下，随各种输入条件的变化却很小。

又如，在负载功率 3 000 W，EOS—AM 型全调节 120 V 的 LEO 卫星母线中，母线电压调节范围为 ±5 V，即保持在 115～125 V 之间。如图 4－9 所示，该调节范围被进一步细分为五部分，电压控制由模式控制器完成，使得电源系统按下列模式之一工作：

放电模式：母线电压低于指定值（a 点）；

死区（无操作带）：电压位于死区（a 到 b）；

充电模式：母线电压大于死区电压范围（b 点）；

分流模式：电池组完全充电，太阳电池阵输出功率超出负载功率需求（c 点）。

作为改进，控制方案可在充电模式与分流模式间有两个死区，一个将电池组设置为快充，另一个设置为慢充。如图 4－9 中的 122～124 V 之间区域。

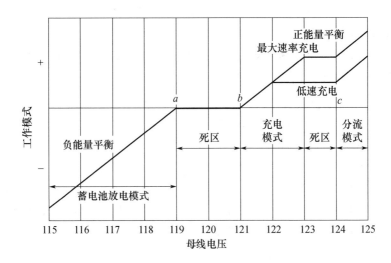

图 4-9　在 120±5 V 调节母线中，母线电压与工作模式的关系

母线电压可在特定母线检测点调节，一般设定在功率调节单元中。对于反馈控制回路的动态稳定性，模式控制放大器提供了 45°的最小相位裕度和 10 dB 的增益裕度。母线一般设计为电压降为标称电压的 90%～95%时，部分有效载荷停止工作，电压降为 75%～80%时只向主要载荷供电。

4.5　控 制 电 路

控制电路可以是模拟、数字的或者是两者混合的，如下所述。

4.5.1　模拟控制电路

模拟控制电路在航天器中已应用了几十年。主母线电压控制器的完全模拟控制回路对功率母线的瞬态有更好的动态响应。较宽的控制回路带宽使得它在减小噪声的同时能优化母线调节。

4.5.2　数字控制电路

数字控制电路是一种可以替代传统模拟控制电路的方案。数字分流调节器使用相对较小的分流器来提供母线的小信号控制。模拟分流器接近极限时，会转接到正/反计量器，以控制使用中的分流开关数目。虽然它会影响系统控制器的动态响应能力，但它对多种任务的适应性强，例如，简单改变软件表中的增益值就可以调整系统瞬态响应，也可以整合许多不同的电池充电体制，以通过地面的单一指令调节在轨充电速率。这种设计被许多太阳电池阵结构配置所采纳。采用标准模式太阳电池阵和电池组可使之适应性更好，从而降低费用。

4.5.3　模－数混合控制

在混合控制方案中，主母线电压调节器的大带宽模拟控制回路在保持低 EMI 的同时，对功率母线瞬态的动态响应更好。数字控制回路用于管理可接受低带宽的低级功能。可编程门阵列（FPGA）用于控制太阳电池阵分流器与母线的通断和电池组充电状态。FPGA采样电源系统参数、计算平均值和监测大速率改变，以便对太阳电池阵的分流和电池组充电状态做出必要调整。这种混合控制系统母线瞬态响应特性良好，同时具有实用性强、再编程能力高、带宽范围大和设计简单等优点。

4.6　部分调节母线

如果设计的目的是减少复杂性，那么最明显的方法就是从太阳电池阵和电池组直接给负载分配功率。尽管能量直接传输母线有时被称为"非调节母线"，但母线电压在日照期由分流器控制，只有在地影期间才是不调节的。因此，这种母线称为日照调节母线、半调节母线或部分调节母线（SRB）。典型 SRB 结构如图 4－10 所示。SRB与全调节母线唯一的不同之处在于 PRU。SRB 常用电池充电调节器

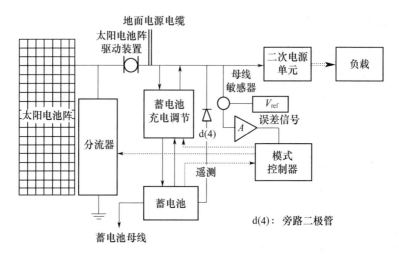

图 4-10　部分调节母线能量直接传输结构

来按指令在日照期调节电池组充电速率，但无放电调节器。在地影期间，电池组通过二极管"d"直接向母线放电，此时它不再称为"旁路二极管"，而称作"电池组放电二极管"，而且只允许从电池组放电，阻止任何非受控电流直接进入电池组。充电功能只经充电调节器完成。因此，在日照期分流控制器调节母线电压时电池组同母线脱离。这种结构是多电池组体系中用于日照期长、地影期短的GEO卫星最为有利的一种。

　　在此结构中，日照期的电压调节由分流控制线路完成。因为电池组不连接于放电调节器而是直接连于母线上，母线电压与电池组电压相同，因此，母线电压在地影期间随电池组的放电而下降，在日照期随电池组充电而上升。母线电压变化与电池组电压变化相同。一般情况下，标称 28 V 的母线电压在一个轨道周期内会在 22～35 V 之间变化。在无分流调节的情况下，太阳电池阵输出电压会落在图 4-4 中的自然稳定工作点 B，这点电压可能会过高，特别是在早期和阴影期后电池阵较冷的几分钟内。在任务期内的某些情况下，无分流控制的母线电压最大值与最小值之比接近 3，有分流控制的接近 1.5。

模式控制器按需要控制电池组充电和分流。功率和能量管理软件维持能量平衡，非关键负载由电池通过开关和熔断器供能。

4.7　全调节母线与部分调节母线

在电源系统设计中，日照期对太阳电池阵和地影期间对电池组的功率调节和分配同等重要。然而两种电源有完全不同的特性，这给设计带来了比较大的困难。太阳电池阵的本质是个恒流源，输出电压受控于太阳光伏电池的前向节点电压；而电池组是低内阻的恒压源，放电电压调节量大约为 10%，它的电流和容量较大，尺寸由地影期间的能量需求决定。全调节母线在负载功率大于 3 kW 的航天器（典型的 GEO 卫星）上有应用，而 SRB 主要用于负载功率小于 2 kW 的卫星，如 LEO 轨道上。

SRB 结构简单，因此更加可靠，但设计连接在此母线上的设备必须工作在 ±25% 的标称电压变化范围内。一些负载（如行波管放大器（TWTA））可以接受这种变化，但大多数设备在接受功率分配时需要外接电压调节器。SRB 可节约电池组放电变换器的费用，同时减少由其导致的功率损失。但是，全调节母线在电池组放电变换器上的功率损失也与 SRB 在电池组旁路二极管上的功率损失互相抵消。

全调节母线在付出复杂性和潜在低可靠性代价的同时也存在一定的好处。由于增加设备间的交叉耦合，系统低阻抗会引起电压变化，同时会增加电磁干扰，尤其是在时分多址（TDMA）模式时。其优点如下：

1）由于可采用更少、更大容量的电池单元，电池组质量轻、费用低。

2）无电池钳位问题因而太阳电池阵质量轻、费用低，钳位需要超尺寸的阵列，将在第 13 章中讨论。其一般节约量为 7%～10%，有时可高达 15%～20%。

3）因为主母线工作在恒压状态，功率分配器需要的电缆质量更轻。相反，SRB 需要更大质量的电缆以便在地影末期用低电压输送大电流。

4）因为输入为恒压，负载功率变换器质量轻。

在 SRB 中，如果电池组钳位发生在地影结束时，产生的母线电流理论上比全调节母线电流大 60％。然而由于地影期间热负载减少和出地影时可以利用充电电能，二分点时的钳位不是设计的动因。夏至是最严重的时期，母线在完全充电电池组的情况下，阵列超尺寸限制在 10％～15％ 的范围，尺寸超量也可以通过临时减少加热器负载来进一步减少。

连接两台设备的导线常设计成在最大负载电流作用下限制压降。允许的压降范围主要由母线电压决定，对于 28 V 母线允许压降为 100～500 mV，120 V 母线为 1～2 V。SRB 需要更粗的导体来限制地影末期大电流引起的压降。对于 5 kW 级别的负载功率容量，包括金属保护电缆和各种连接器在内的功率分配器电缆，在 SRB 中质量为 20～30 kg，在全调节母线中为 15～20 kg。

负载功率调节器（LPC）提供 EPS 母线和通信负载的无线电频率（RF）放大器之间的接口。LPC 的输出功率在 50～500 W 之间变化。一般地讲，SRB 配有预调节器和开关模式变换器，全调节母线配有线性调节器。LPC 的效率根据设计的不同一般在 90％～98％ 之间。然而，对于相近的额定功率，全调节母线上的效率比 SRB 上高大约 2％，全调节母线上的 LPC 质量比 SRB 上的轻 2～4 g/W。

全调节母线一般提供简洁的电源系统规格、简单设计接口、灵活的在轨运行方式、独立的负载和地影进入控制以及简单的用户端测试。在大于几 kW 的功率水平上，它也能在电源系统级或卫星级做到高效、轻质量、低成本。另外，它需要电池组放电变换器，由于每个设备都有与设计、文档、制造、质量控制和测试相关的费用，因此价格相对昂贵。

全调节母线在电池组单元的选择上也非常灵活。由于电池组电压可以为充放电变换器额定功率限制内的任何值，因此可选用较少的高容量电池。可通过选用一种标准安时容量电池来精确满足母线需求，以降低费用和工作量。另外，当 SRB 所需电池的安时容量落在两种标准容量电池之间时，这就迫使设计师选择更高容量的电池，因此将增加额外的质量和花费。

4.8　峰值功率跟踪

太阳电池阵在寿命初期和刚出地影的时候会以较高的电压产生较高的功率。只有在母线电压随在轨运行时间和温度变化时，才需要考虑最大功率的问题。对负载一般必须以低于峰值功率电压的恒压供电，如图 4－11 所示，在太阳电池阵和负载间接入一个合适的开关调节器就能弥合峰值功率电压和恒定负载电压之间的差值，串接的调节器输入电压依靠峰值功率跟踪器与峰值功率电压保持一致，输出电压通过改变所需的负荷比降到与负载所需的恒定电压的水平。峰值功率跟踪只在电池组需要充电或负载需求超出太阳电池阵输出时启动，否则，多余电能留在太阳电池阵中会使电池阵温度升高。当电池组完全充电时，接通电池组继电器。

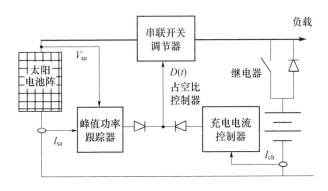

图 4－11　用于光通量和温度变化大的任务峰值功率跟踪结构

峰值功率跟踪（PPT）控制器按下列方式之一控制峰值功率点：
1）连续计算太阳电池阵输出功率（电压与电流之积），并反馈到峰值功率跟踪器。直到探测到峰值，电池阵工作电压才改变。

2）控制峰值点上母线的动态和静态（AC 和 DC）阻抗大小相等，见第 8 章。将一个脉冲注入太阳电池阵母线，连续计算动态阻抗 dV/dI 和静态阻抗 V/I，改变母线电压，使两者阻抗相等。

3）对任一太阳电池阵而言，V_{mp} 和 V_{oc} 的比值为定值，一般为 $0.70\sim0.75$，用 K 来表示。太阳能电池片与主电池阵所处环境相同，持续监测 V_{oc}，然后将主电池阵的工作电压调至 $K \times V_{oc}$ 来获取最大功率。

4）内部电压控制回路将太阳电池阵输出电压调制到 PPT 控制器中的参考值，PPT 控制器通过定期改变电压参考值来移动太阳电池阵工作点。在每个时间间隔，PPT 控制器通过测量到的太阳电池阵的电压和电流乘积来计算太阳电池阵功率斜率，如果功率斜率为正，PPT 控制器增大参考电压，直到测量到的功率斜率为负；反之亦然。这样，太阳电池阵的工作点被确定在峰值功率点附近，功率斜率为零。算法可写为

$$V_{ref}(n+1) = V_{ref}(n) + K \frac{\Delta P}{\Delta V} \tag{4-1}$$

式中，K 为适当常值。所得峰值功率电压反馈到串联开关调节器，串联开关调节器将太阳电池阵电压转换成为负载电压。图 4-12 是一个完整 PPT 装置。

峰值功率跟踪器在下列应用中特别有用，增加这个装置产生的质量增加、功率损耗和费用增加都是必要的：

1）小卫星没有指向机构，故太阳电池阵不是始终指向太阳。

2）卫星受到的太阳辐射和太阳电池阵温度变化范围很大，从而会间接改变了太阳电池阵电压。

对于 LEO 航天器，电池组必须在短时间内充满。每次地影后，太阳电池阵温度较低，PPT 允许有几 min 时间来俘获最大功率。没有 PPT 特征的结构（如 DET 母线）会浪费大量功率，如图 4-13 所示。如果 DET 系统设计成在 EOL 半照度条件下传输所需的功率，功

图 4-12　有峰值功率跟踪的功率调节器

高性能的 SA 功率调节

　　误差小于峰值功率的 1% 的峰值功率跟踪

　　调节效率≥96%

　　功率容量>1 500 W

　　母线负载变化 300~2 200 W

延长电池组寿命的充电控制

　　V/T 方法自主控制

　　16 条指令控制的充电终止曲线（温度、电流补偿）

全面冗余

　　4 选 3 功率调节器

　　电源/充电控制

　　火工品电路

　　RS485 串行数据总线

率损耗在 EOL 全日照时为 CD 瓦，在 BOL 全日照时为 BD 瓦，在 EOL 全日照冷却时为 AD 瓦。PPT 的设计可以通过利用所有产生的功率来消除这些浪费。

　　PPT 的主要好处是它使太阳电池阵的输出功率始终最大，它无须分流调节器和电池组充电调节器。然而，由于 PPT 变换器中的功率损

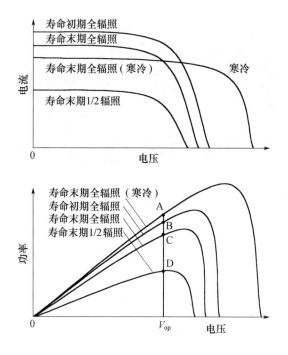

图4-13　一定条件下能量直接传输结构的功率损耗

失,它的系统效率低;另外,由于这种损耗丧失在航天器内部,所以它对热控系统有副作用。

　　PPT有3种结构:串联、并联和串并联,如图4-14所示[1]。串并联的输入输出功率转换在所有的工作模式下都由单一变换器处理,故系统效率更高。其工作模式见表4-1。

表4-1　PPT系统中串并联电池组放电调节器的工作模式

模式	串联调节器	电池组充电	电池组放电
阴影期	关闭	关闭	调节母线
PPT放电(部分日照)	PPT	关闭	调节母线
PPT充电(全日照)	调节母线	PPT	关闭
涓流充电	调节母线	涓流充电	关闭

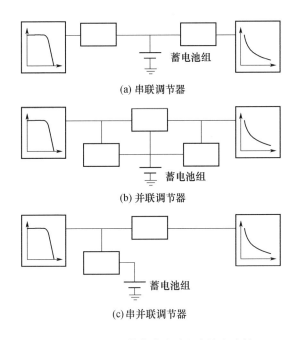

(a) 串联调节器

(b) 并联调节器

(c) 串并联调节器

图 4－14　PPT 结构中电池组充放电选择

现在已经研发出不需要电流敏感器、仅使用太阳电池阵电压信息来给出跟踪控制的 PPT 算法[2]，并经过了测试，这可减少波纹电流，使母线滤波电容更轻。

4.9　功率调节系统的拓扑结构

在备选的功率调节系统拓扑结构体系中进行选择的主要考虑因素是系统总质量、费用和效率。表 4－2 概括了各种拓扑结构的优缺点，最终的设计方案取决于任务细节，然而过去的经验表明：一般来说，PPT 拓扑结构用于功率小于 500 W、位于低轨道或不规则轨道的小卫星是有优势的；对于 1 000～3 000 W 而言，部分调节能量直接传输拓扑结构最有优势；对于超过 5 000 W 的而言，全调节能量直接传输拓扑结构较好，尽管受控母线需要额外的设备，但增加的质量可由负载上减少的变换器和调节器来抵消，而且电池组系统和太阳电池阵电压的非耦合性以及系统的恒压工作使太阳电池阵处在最优工作点。电池组电压可由电池容量和电池数目的最优化选择来确定。

表 4-2　各种拓扑结构的优缺点和最佳应用

系统	部分调节	全调节	峰值功率跟踪
优点	1) 太阳电池阵和电池组到负载的功率传输效率高 2) 电源系统元件少	1) 到负载的输入电压已调好 2) 简单、轻便，负载变换器效率高	1) 无须分流和充电调节器① 2) 最大限度利用入射太阳能
缺点	1) 负载变换器复杂 2) 电池组钳位 3) 太阳电池阵大	1) 需要更多的功率变换器 2) 电池组和负载间的串行功率损失	1) 在 EOL 的许多情况下效率比 DET 低 2) 更多热散失在航天器内
最佳应用	1) 负载变化小 2) 大部分太阳周期的光照变化小	1) 负载需要闭合控制 2) 电池阵输出电压变化大	1) 任务期内入射能量（光照）变化大

① 对电池组直接连到母线上的单电池组母线成立，对于多电池组系统或全调节母线，为进行有效的充电管理，每个电池组都必须有自己的充电器。

PPT 结构更适用于日照期相对较短的 LEO 卫星，也适用于对光通量、电池阵温度和太阳角变化较大的无太阳跟踪器的任务，它能够保证航天器在这些任务期间太阳电池阵一直可以得到最好的利用。

除上述的 DET 和 PPT 结构外，一些航天器使用混合结构，如采用两条电源母线，一个可全调节，一个可部分调节。还有的航天器使用专用电池阵而不是用电源母线对蓄电池充电。

当前正在使用的一些航天器功率调节的结构将在随后进行阐述。

4.10　国际空间站 160～120 V 母线

国际空间站（ISS）由 16 个国家和国际组织合作参与，是已建成的最大、最复杂的太空建筑。整体结构如图 4-15 所示，空间站质量为

图 4-15　ISS 太阳电池阵及其他舱段视图

一百万磅（1 磅＝0.454 kg），内部有 6 个实验舱，总容积相当于两架波音 747 客机，它比 30 层楼还高，比一个足球场还大。其姿态控制在 1°之内，稳定速度小于 0.1（°）/s。ISS 位于 335～500 km 和倾角为 51.6°的低地球轨道，轨道周期 90 min，地影期长 35 min。星上实验室为了人类加深对下列事物的了解提供了平台：

　　1）地球，观测覆盖面达 75％；

　　2）长期微重力对人体的影响；

　　3）生产新药物和材料。

　　像其他大型空间计划（如登月计划）一样，工程和技术的发展为人们在地球上的日常生活延伸出了很多附产品。

　　ISS 用面积接近 1 英亩的太阳电池阵产生 105 kW 的功率。地影期间，负载由 38 个 81（A·h）的 NiH_2 双向充放电电池组（BDCU）[3] 供电，由母线电压设定点自动控制。空间站上有两个互连电源系统，即美国建的 160/120 V 系统和俄罗斯建的向美国、欧洲和日本舱段供电的 120/28 V 系统，两个系统通常状态下是相互独立的，但经由直流变换器互连后，可允许功率双向传输。图 4-16 是美国电源系统的功能模块图，包括与俄罗斯电源接口的变换器。下面介绍美国的电源系统[3]。

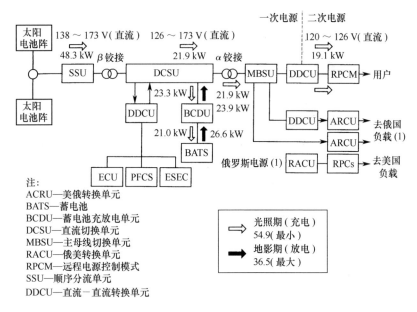

注:
ACRU—美俄转换单元
BATS—蓄电池
BCDU—蓄电池充放电单元
DCSU—直流切换单元
MBSU—主母线切换单元
RACU—俄美转换单元
RPCM—远程电源控制模式
SSU—顺序分流单元
DDCU—直流－直流转换单元

图 4－16　ISS 单通道功率流程图

　　太阳电池阵由 4 个模块（翼）组成，总功率 76 kW（设计状态下，特殊有利状态下则功率更高）。每个翼由中央伸缩套管天线杆两侧应力支撑的两块薄板组成，整个结构以 β 角转向机构为轴旋转，以保持始终朝向太阳。另一个正交旋转轴是 α 角转向机构，整个太阳电池阵则通过这个机构连接在空间站其余桁架上。美国系统的 76 kW 加上俄罗斯系统的 29 kW 共同组成整个站的 105 kW 容量。4 个太阳翼均由 82 个电池串构成，每串上有 80 个 8 cm×8 cm 光伏电池和防止带电粒子的玻璃盖片，光伏电池是寿命为 15 年、EOL 效率为 14.5% 的晶体硅。模块印刷电路是焊接在电池上用以提供结构串行互连的 Kapton/铜/薄板 Kapton，每 8 个电池单元使用一个并联旁路二极管，用来提高电池损坏时的可靠性，避免阴影期延长时出现的反向电流加热。太阳电池阵上的顺序分流单元（SSU）以 20 kHz 的开关频率工作。

　　季节性太阳指向由 β 角转向机构完成，轨道太阳跟踪由 α 角转向机构和旋转翼完成。对空间站规模的电流而言，旋转环比带接触摩擦的滑环能提供更好的功率传输性能，详见第 22 章。

160 V 的太阳电池阵输出电压，是考虑到可能发生等离子电弧放电和/或漏电流时的情况下，可用于 LEO 航天器的最高电压。160 V 的电压经额定功率 4.25 kW 的 DC/DC 变压单元（DDCU）变压至 120 V 后，供用户舱使用。DDCU 能提供 150% 的电流限制容量，出于人身安全考虑，也可在工作点和配电点之间提供 20 dB 绝缘。

国际空间站上的太阳电池阵面积和工作电压均比以前任何航天器上的都大。因此，位于高密度等离子区 LEO 上的 ISS 如采用单点接地将会面临电弧放电的问题。为防止电弧放电，将名为等离子接触器的装置安放在桁架上以便产生电离氙气羽状物，作为空间站与等离子体间的导电桥，它可防止电池阵和空间站上其他导电表面电弧放电、起凹坑或腐蚀。

电池组由 48 个电池块组成，每个电池块有 38 个容量为 81 A·h 的单压力容器氢镍电池（IPV NiH$_2$），放电深度（DOD）35% 的情况下设计寿命为 5 年，充/放电循环 40 000 次。实际工作时 DOD 为 15% 左右。两个电池块串联为一组，电池组电压在 95～115 V 间变化。电池组每 5 年一换，以保持功率裕度。对 15 年寿命期的空间站而言，5 年一换的电池组是笔庞大的续生成本。电池组最大充电电流为 50 A，也可降为 40 A，27 A，10 A，5 A，甚至 1 A 的涓流充电。电池双向均无旁路二极管，但紧密匹配。一个开路电池将会导致整串电池组失效。电池组的工作温度在 0～10 ℃ 之间。

无论有无电流限制设计，电池组均可由电流在 3.5～6 A 之间的 6 档固态远程电源控制器（RPC）实现开关和失效保护。RPC 可在不同的过流、过压、欠压点设定触发条件，尽可能地将失效隔离在问题设备处。固态电源控制器（SSPC）提供开关和保护，它们对关键负载进行自动重置，对非关键负载保留触发功能。对上游 160 V 电压段的失效保护应由更大的包含远程母线隔离器（RBI）的主母线开关单元（MBSU）实现。RBI 实际上是能断开高达 350 A 故障直流电流的大继电器。

电源系统的稳定性也备受关注，因为不断加载新科学仪器会使空间站的负载随之改变。因此，空间站规定了 DDCU 的输出阻抗和负载的输入特性，以保证增加任何预期负载时系统的稳定性，加入多样化负载的稳定性准则在第 14 章讨论。

冗余计算机管理单元经与 MIL－STD－1553 总线相连来控制 ISS 电源系统。计算机自动控制跟踪太阳、电池组能量储存和热量控制等诸多功能。空间站主要功能段之间的功率能量平衡由指令和控制系统来协调，该系统同时也提供各功能段之间的接口。

与 ISS 上电源系统有关的技术发展计划包括：1）用砷化镓（GaAs）太阳电池取代硅太阳电池来提高转换效率；2）使用高放电循环 NiH_2 电池组；3）使用可大幅度提高容量的储能飞轮。

4.11　大型通信卫星母线

为减少费用和缩短交货时间，各主要生产商都在发展无须较大改动便可满足各种功率需求的标准母线。为满足用户需求，标准母线需要有一定的改变弹性。下面简要介绍当今卫星使用的一些卫星标准母线。

4.11.1　100 V 母线

波音公司卫星部门提供的标准全调节 DET 母线，商品名为 BSS－702™，工作电压为直流 100 V，它的电源系统结构如图 4－17[4]。BSS－702母线为双电压母线，主母线 100 V 直流电压为大功率设备供电，次级母线 30 V 直流电压为低功率元件供电。它应用氢镍电池和三结结构硅太阳电池组结构。氙离子推进系统用于 N－S 站点维持，由 100 V 母线供电。

电池组每次放电后，任何电池组充电管理的基本功能是以最小过充量将电池组返回到最高可达到的 SOC。在 BSS－702 母线中，这

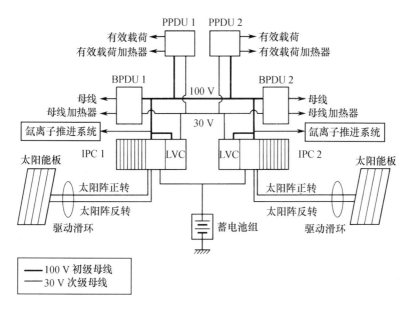

图 4－17　全调节 100 V 母线结构

点由下列状态监测和维持功能来实现：

1）监测和处理电池组电压、电流、温度和压力敏感器读数。

2）控制超温，防止因疏忽引起的过充。

3）根据不同的季节需要通过开关选择高、低和涓流充电速率来实现充电速度自动控制。

4）考虑镉镍电池的电压衰减和氢镍电池的压升来调整电池组偏压。

5）探测并报告低 SOC 状况。

根据航天器平衡布局的需要，每个电池组均分成多个块来分配质量和热量。每个块均有大量加热器、修复电路敏感器以及在电池失效时起作用的旁路二极管。敏感器检测电池电压、压力、温度和旁路，遥测备用电路状态。电池单元是直径 5.5 in 的氢镍电池，电极在两侧垂直安置。

太阳电池板仅用单轴跟踪太阳，所以全年内发电功率的季节性变化可能超过 10%。早期的太阳电池阵是带钩缝的反射板的集中型，两侧翼带有 GaInP2/GaAs/Ge 太阳电池,安装在蜂窝铝基底的石墨平板上。在发现与羽流相关的一些问题后,太阳电池阵又采用了传统平面通道阵列。

对负载的保护根据电流大小和负载性质进行选择,包括无熔断器保护、有熔断器保护、使用继电器或晶体管开关进行保护等形式。

4.11.2　70 V 母线

洛克希德·马丁公司的太空部门提供的标准全调节 DET 母线的工作电压为 70 V,商品名为 A2100™。在 2002 年和 2003 年上半年签订的 16 颗商业卫星中,有 5 颗使用的是 A2100 母线,其功率可达 15 kW,若使用多结 GaAs 太阳电池单元则可提升到 20 kW。电源系统结构如图 4—18 所示[5]。太阳电池阵根据功率需求选用 Si、GaAs 或多结太阳电池单元构成的平板组成。太阳电池的玻璃盖片涂有铟锡氧化物 (ITO),以防止静电放电 (ESD) 产生的电弧。石墨材质的蜂窝状载体质量比铝的要小,悬臂和连接架都由铝或石墨制成,每个太阳翼上都有一个带冗余电机绕组的太阳电池阵驱动机构 (SAD) 来提供大的扭矩裕度,以备紧急机动所需。电源滑环和信号滑环处在不同的部位。

电池组由氢镍电池组成,分两组组装,以满足能量储存需要。PRU 中的电池组功率变换器可以是定向的 (升压变换器、降压变换器分别工作) 或双向的 (需要时)。充电变换器有多种充电速率,电池组的数个热控区用多个冗余温度、压力敏感器来维持所需的温度。对于蓄电池开路保护,热触发开关优于旁路二极管,因为前者产生的功耗小。一般认为对氢镍电池进行重联没有必要。但在任务说明书中有需求时,电阻便会要么通过整个电池组、要么通过一个电池区域、要么通过每个电池单元连接在一起。第一个选择中,质量效率最高的是,用两个并联电阻来控制电池组,当电池组电压接近每单元

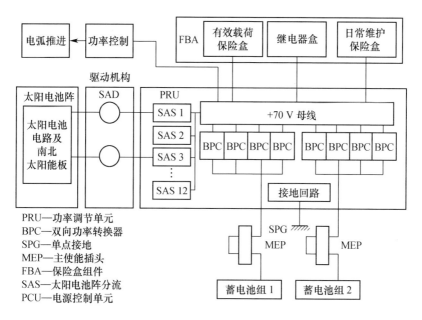

图 4－18　全调节 70 V 母线结构

1.0 V 时，通过指令将其中一个电阻关断来削减放电速率以防止电压反向；同样，当母线上电压斜率测量到峰值功率时，削减充电电流。

在充电周期中，电池组一般工作在 －5～0 ℃ 之间，在最长的地影末期，温度会上升到大约 20 ℃。太阳电池单元间和电池组单体电池间许可的温度梯度为 5～10 ℃。将电池组置于航天器外侧对在充电周期中将温度维持在 0～5 ℃ 是有利的。MEP 是电池组模块可用插头，展开用的火工品（EED）直接从电池组第 22 个抽头供电，且由 EED 使能插头的熔断器保护。

主电源母线结构整体提供负载分配、电流敏感器、电压敏感器和母线滤波器所需的功率。保险盒中装有保护熔断器和在需要时控制母线负载的负载功率开关。在负载功率有较大阶跃后，会有瞬态过压和欠压，例如接通电弧喷管（总功率大于 4 kW），需要对它们进行单独分析以保证满足母线纹波需要。

在 A2100 母线中，能量平衡分别受控于两个电池组，按下列步骤来管理：

   1）使用电流遥测，确定电池组充放电的总电流；

   2）确定电池电压；

   3）计算充电状态；

   4）控制电池组充电速率；

   5）如果电池温度超出所设限制，则减小充电速率；

   6）电池组放电电压低于设定水平则关闭负载；

   7）提供并行或串行电池组充电；

   8）防止所有电池组功率变换器开路；

   9）提供地面优先权限。

母线电压欠压保护由指令和关闭有效载荷功率变换器来实现。已关闭的负载只能由地面指令打开。

分流器经由每个太阳电池回路连接。分流开关要么全开，要么全闭。开关打开时将功率分流到地线，关闭时将功率导入母线。母线微调可用一个主动分流器来实现和保持，这种结构也使母线纹波电压最小。

4.11.3 50 V 以下母线

英国太空部门标准的 42.5 V 全调节和 28～42.5 V 部分调节母线已用于许多小卫星上。美国制造商提供 28 V 全调节和 22～35 V 部分调节母线，用于功率小于 2 kW 的小卫星。戴姆勒－奔驰太空事业部提供的这种母线装置如图 4－19 所示。

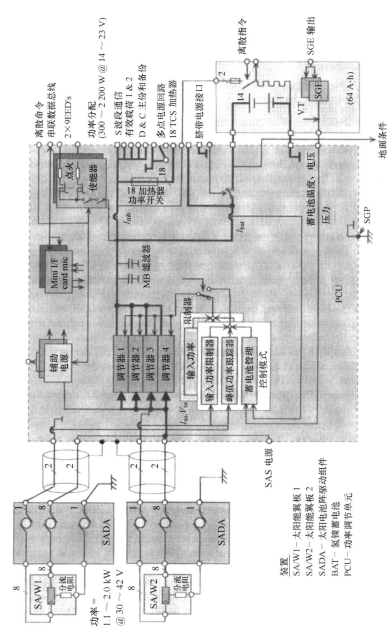

图 4-19　太阳调节低压母线结构

4.12　小卫星母线

小卫星电源系统常有下列典型特征：

1）用覆盖宽范围光通量和温度变化的太阳电池阵，以获得在伏安特性曲线上的宽幅振动。

2）采用功率峰值跟踪结构，没有太阳跟踪平衡架。

3）采用整体式太阳电池阵或 3 到 4 块太阳电池板，上面覆盖有 1～2 mm 铝绝缘层和优化玻璃盖片；或配有网状织物基板的可变形太阳电池阵，质量约为刚性质量的 5%。

4）在许可条件下为 1 个电池组；否则为 2 个，氢镍电池或镉镍电池，二者均有可靠的飞行历史。

早期小卫星是自旋稳定的，鼓形主体周围覆盖光伏电池。因为任意时刻用于发电的太阳电池数低于总数的 1/3，所以这种结构无法对电池进行充分利用。现在的航天器采用三轴稳定，太阳电池安装在垂直于入射太阳光的平板上。

PPT 更适用于大批量、多任务小卫星的通用结构。这种设计可以采取模块化方式、适应性强，无须元件重复设计，因此很经济。功率控制单元驱动太阳电池阵在大的温度、太阳倾角、光照密度变化范围内工作，在最大功率点将能量最大限度地输送给母线。跟踪系统除了具有灵活性外，还不消耗能量。它可根据需要调整电池阵工作点，然后将多余能量留在电池阵中。

成功应用的 PPT 母线有下列设计特征，可根据不同的任务来进行灵活修改。

太阳电池阵利用驱动机构连续跟踪太阳。光伏电池既可以是 8 mm 或 2 mm 厚的硅，也可以是 5.5 mm 厚的 GaAs。NiH_2 电池组使用 22 个电池单元。LEO 卫星用的电池组的最大放电深度（DOD）标称值为 30%，有一个电池损坏时为 35%。对于 GEO 卫星，分别为

70％和 75％。充放电速率维持在 LEO 卫星为 1.05 ，GEO 卫星为 1.2。

PPT 从电池组充电控制回路接收遥控信号，在每个 PRU 中，控制回路调制控制信号来驱动跟踪器。

作为太阳电池阵和母线之间的接口，PRU 将电池阵产生的总能量输入航天器母线。PRU 包含一个 PPT，它由带宽调制（PWM）调节器和电池组电压－温度（$V-T$）控制器组成的降压（Buck）变换器组成。PRU 接收电池组遥测信号并与所选 $V-T$ 充电曲线比较后，改变降压变换器的功率比，这会改变太阳电池阵工作点，从而减少输向母线的功率。所有功率调节功能和电池组充电控制都在 PRU 中被监测和控制。当标准生产线上的某些卫星需要不止一个太阳电池板在不同工作条件工作时，每个电池板都使用分立的 PRU。这使得 EPS 设计保持模块化，对于不同任务的通用性强。

4.13　微型卫星母线

负载功率为几瓦的微型卫星可使用如图 4－20 所示的简单结构。太阳电池阵、电池组和负载全都并联，电池组可在光照和地影期间自动充放电。一旦充满，电池组电压相对恒定，电池组像缓冲器一样工作，过流由并联在电池组上的分流电阻以开关方式吸收。

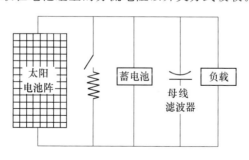

图 4－20　用于微型卫星的简单电源系统

　　仅在日照期需要能量的卫星上的两种简单结构如图 4－21（a）、
4－21（b）所示。并联电压调节器使电源像电流源一样工作。串联
调节器使之像电压源一样工作。串联接法的缺点是：没有并联调节
器，典型 GEO 卫星的电池阵输出电压会超出其 EOL 电压的 150％。
如果地影时间延长几分钟，冷却的太阳电池阵会产生高达正常值
300％的电压。

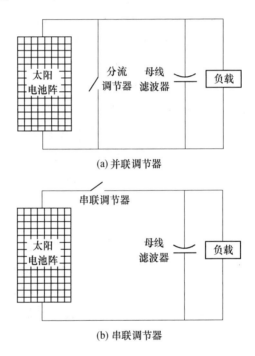

(a) 并联调节器

(b) 串联调节器

图 4－21　用于微型卫星电源系统的并联调节器和串联调节器

　　低压（7～15 V）曾被考虑用于负载几十 W 的卫星。但是，这
种低压因高昂费用而被放弃，因为它需要与标准 28 V 母线不同的元
件。例如，NASA GSFC[6] 设计的功率为几 W 的 ST5 航天器使用如
图 4－22 所示的以低压母线为主的电池组。为减少元件个数，提高可
靠性，减轻质量，它使用三结砷化镓太阳电池的体装式太阳电池阵、
锂离子电池组和简单电源电路。不采用传统的太阳电池阵调节和电

池组充电控制的电路。低耗二极管与太阳电池阵串联绝缘，以防止故障。母线电压等于电池组电压，其变化范围为每单元电池 2.7～4.0 V。大功率微型卫星上的设计可模块化，两模块可如图 4－22 所示予以串接。

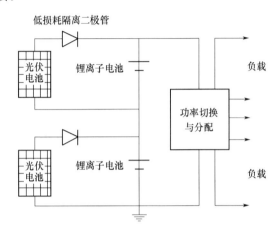

图 4－22　无调节器的微型卫星电源系统

参 考 文 献

〔1〕 CHO Y J，CHO B H. A novel battery charge-discharge of the regulated peak power tracking systems：proceedings of the 34th Intersociety Energy Conversion Engineering Conference，SAE，Parper No. 01－2445，1999.

〔2〕 VEERACHARY M，SENJYU，T ，UEZATO K. Voltage-based maximum power point tracking control of PV system. IEEE Transactions on Aerospace and Electronics Systems，2002，38(1)：262－267.

〔3〕 GIETL E B，GHOLDSTON E W，MANNERS B A，DELVENTHAL R A. Electrical power systems of the international space station－A platform for power technology development：proceedings of the 35th Intersociety Energy Conversion Engineering Conference，AIAA，Paper No. 35－AP－SS－1，2000.

〔4〕　HILL R. Boeing Satellite Systems 702 Electrical Power System:proceedings of the 36th Intersociety Energy Conversion Engineering Conference, ASME，Paper No. AT—59，2001.

〔5〕　SALIM A A. In-orbit performance of Lockheed Martin's Electrical Power System for A2100 Communication Satellite. proceedings of the 35th Intersociety Energy Conversion Engineering Conference，AIAA，Paper No. 1—AP—SP—1，2000.

〔6〕　CASTELL K，Wingard R. Recent advances in power system design at GSFC:proceedings of the 34th Intersociety Energy Conversion Engineering Conference，SAE，Paper No. 01—2534，1999.

第5章 环境影响

5.1 简 介

本章讨论空间环境中对各种电源系统元件有损坏作用的辐射和其他因素。撞击在航天器表面上的带电粒子减速并失去能量，能量积聚在材料中导致金属和半导体材料中的原子激发、塑料材料离子化，从而引起损伤。各种粒子在穿透表面时损失能量的速度不同，引起损伤的速度也不同。速度越快，损伤越大。航天器在范艾伦带上因所受辐射剂量最大而损伤最严重。尽管 LEO 与已十分拥挤的 GEO 之间可能存在一片有价值的轨道带，但由于在实践和经济上为普通卫星遮蔽带电粒子都十分困难，使之仍处于相对未开发状态。NASA 测量了多个轨道上的带电粒子，并建立和验证了计算机模型。2002 年，ISS 上的 9 名航天员都戴上了用于测量太空行走时辐射等级的硅芯片剂量仪，面积 0.04 in^2（1 in^2 = 6.452 cm^2）。地面上，相似的设备被医院广泛用于测量癌症患者接受放疗的辐射剂量。

5.2 太阳电池阵衰减

在太空辐射下，太阳电池阵是电源系统中最易受影响的元件。造成衰减的各种因素按照其重要性顺序如表 5-1 所示。太阳电池阵性能随粒子通量的增大而衰减，但不是线性关系。损伤在早期最严重。撞击粒子使得光伏电池的晶格结构产生缺陷。产生的缺陷降低了电池的电压和电流输出。低能粒子造成的损伤接近表面，会降低开路电压。高能粒子深入基区，减少了电子空穴对的寿命，因此会降低短路电流。辐射剂量随年度的累积而导致发电能力的持续下降。

当它低于指定要求时，太阳电池阵的寿命便终结了。图 3－7 和图 3－8 给出了粒子通量增加引起的 I－V 曲线的衰减，从而造成服务期内输出功率逐年降低。对于传统的硅电池，LEO 上的平均功率衰减为每年 1%，GEO 上则更少。因为 n 型晶格的辐射损失比 p 型少，N－P 型光伏电池的辐射阻抗大于早期卫星的 P－N 型光伏电池。现在所有工业上用的几乎均为 N－P 型光伏电池。光伏电池上的玻璃盖片，如熔融二氧化硅或掺铈微层（Microsheet™），用于抵御辐射。玻璃盖片提供的抵御辐射程度取决于材料的密度和厚度。例如，12 mil（1 mil＝0.025 4 mm）熔融二氧化硅玻璃盖片提供的保护与 10 mil 铈微层相同。通常，玻璃盖片裹有减反射材料，如一氧化硅涂层，可以减少阳光的反射，增大了光能吸收和电池电力输出。使用抗辐射太阳能电池可进一步提高辐射敏感性。较大的电池基板电阻率会使得在初期效率较低，但在长期任务航天器上会产生更高的 EOL 功率。

表 5－1　环境对太阳电池阵的影响

环境	影响
电离粒子	损害 P－N 结
微流星体和碎片	损害晶格活性区域、电池相互连接 增加晶格分流阻力
泄气和推进气体的污染	降低玻璃盖片的光学性能
空间等离子体	增加泄漏电流
等离子热滞弹射循环	焊接连接处的断裂
旁路二极管失效	晶格区短路，减小串电流
紫外辐射	降低玻璃盖片的光学性能

5.3　太阳电池阵的静电放电

太阳电池阵上因静电放电（ESD）引起的电弧已经确认会引起

LEO 和 GEO 卫星的电能损耗。小 ESD 因能量不够不会引起损伤，但在高压电池阵上损伤的风险就会增大，尤其在 LEO 卫星上。母线电压大于 120 V 时会因电流溢出和电弧放电而增大此风险。其损坏机制如下：正偏压的电池阵元件会从环境中收集大量电荷，而负偏压部分则有电弧放电。这种放电会损坏太阳能电池组件，产生电磁干扰。大多数电弧仅持续几微秒。电弧一般出现在玻璃盖片的边缘，一般认为它与导体中的电流有关。临近的光伏电池单元间的 ESD 电弧放电会产生密集的低阻抗等离子区，使得邻近的电池单元间产生太阳电池阵－驱动型电流耦合，电路模型见图 5－1 所示。由此产生的欧姆热会损坏导电线路，再受影响的线路可能引起永久短路。等离子电荷最终在空间放电，达到平衡电压。在高等离子区域轨道，这个电压也很高。

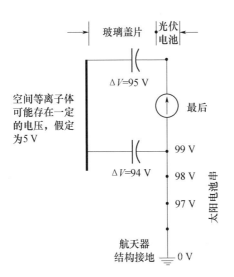

图 5－1 在等离子区的太阳电池阵电流模型

飞行试验表明：电弧放电速度很大程度上依赖偏压、等离子密度和存在的偏压阈值。电介质，如玻璃盖片或胶黏剂，必须靠近高负性导体或半导体，且两种元件都必须与空间等离子接触。GEO 卫星上的充电速率主要由能量大约为 30 keV 的电子通量决定。电弧放电速率对温度很敏感，大多数 GEO 卫星电弧放电仅发生在出地影后。一般认为高压太阳电池阵电弧放电的主要机理与差分充电有关。它触发电弧，随后在电池间引发更高能量的放电，并由太阳电池阵自身电能维持。如果太阳电池阵基板上的 Kapton 绝缘被碳化，会发生永久性的短路和电能损耗。可用在相邻电池间灌浆以提高放电触发门槛电压的方法来降低这种风险。

　　Crofton 和 Francis[1] 提供的图 5－2 显示了在日照、20 keV 电子枪条件下对太阳电池阵进行模拟测试的数据。正如预想的那样，基板和玻璃盖片可充至上千伏。数据采集开始于最大电流处，然后每隔几分钟减小一次电流后再采集。导电基板电压随时间迅速下降，但玻璃盖片的电压得以维持，因为充电电源移走后，玻璃盖片的阻抗长时间保持恒定。GEO 卫星上不断变化的电子、质子通量会激发这种差分电压。

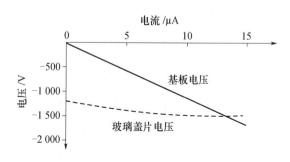

图 5－2　在日照和 20 keV 电子枪条件下
铝基底和玻璃盖片的充电

　　LEO 上航天器充电环境主要源于离子。它由低于 1 eV、密度在 $10^5 \sim 10^6$ 个/cm^3 的低能等离子组成。航天器的充电电压受母线电压和太阳电池阵面积影响。大面积玻璃盖片附近有几伏的等离子体电势附近充电。另一方面航天器结构体被反向充电至接近母线电压值。在此情况下，靠近结构地的电池单元在玻璃盖片和电池单元之间有

较大的电压梯度，引起玻璃盖片和电池连接件间的小空隙（小于
1 mm）产生电弧。电弧引发的相对密集、高导电型的等离子羽状物
在太阳电池阵中扩散，扫过电池单元。玻璃盖片—电池间的电容俘
获的电荷被释放到导电等离子区，引起电池间的电流直接耦合。由
电流和太阳电池串的电压驱动的电池—电池耦合会比玻璃盖片和电
池连接件间的电弧持续长得多的时间。如果可获得足够的串电流，
这种持续电弧会引起热损坏，导致永久短路和电能损耗。NASA 的
测试显示：电池—电池间持续电弧的阀值约为 60 V 母线电压和 1 A
的串电流。太阳电池阵电弧放电衰减的应对措施将在第 8 章讨论。

5.4　电源电子器件损伤

　　带电粒子与半导体元件的敏感区相互作用，使元件的性能降低，
甚至引发灾难性后果。随着辐射剂量的增加，光子、质子和电子都会
使元件的性能逐渐下降。空间环境也包含高能质子、中子和重离子，
它们在功率场效应管的敏感区引入高能瞬变，从而引发单粒子事件
置换损伤。这种效应可以是单粒子烧毁，单粒子门极损坏，或者单粒
子锁定。烧毁使得源极和漏极之间永久短路，使场效应管失效。门
极损坏会引起门极和漏极的永久短路。锁定可能是由于输入或输出
线上的瞬态电压，高温或不正确的电源供电偏压顺序引发。这些损
伤的各种机理如下：

　　离子损伤：元件的绝缘层或保护层离子化后产生电子—空穴对，
因此俘获的电荷降低了元件性能。

　　剂量速率损伤：短期离子化引发的电子—空穴对会产生电流瞬
变。由此激发的电压瞬变会干扰逻辑或记忆元件，引发锁定。

　　置换损伤：高能粒子撞击硅原子，取代其晶格中的原子，产生缺
陷，使元件电性能下降。

　　上述 3 种类型的损伤不是随着辐射剂量在元件上累积而顺序发生
的。所有 3 种类型可同时发生在某一元件上。损伤结果可分为两类：

1）宇宙射线单粒子效应引发的失效；

2）辐射剂量累积引发的渐近失效。

最恶劣的宇宙射线辐射会引起半导体元件下列类型的失效：

1）单粒子翻转（SEU）导致半导体存储元件状态的改变，但不会损坏元件。

2）单粒子锁定（SEL）引发大电流，遗失数据，功能失效，甚至烧毁。元件必须断电，然后再修复损坏的功能。

3）单粒子事件二次击穿（SESB），由功率场效应管中寄生晶体管的二次击穿引起的超大电流所致。

各种半导体元件在一定量带电粒子影响下导致的各种损伤归纳在表 5－2 中。在辐射效应下，二极管正向压降最大可减少 50 mV，漏电流最大可增加 10 μA。一般而言，带金属围栏的二极管无辐射损伤风险。但置于航天器外无保护时便会损伤，比如置于太阳电池阵上用作电池旁路或电池串绝缘目的的二极管。

表 5－2　带电粒子造成的半导体器件损坏类型

器件	离子损伤	置换损伤
二极管	正向压降减少 漏电流增加 齐纳击穿电压下降	正向压降的减少 漏电流增加 击穿电压下降
双极性晶体管	放大倍数下降 漏电流增加	放大倍数下降 漏电流增加 饱和电压降低

许多 DC－DC 调节器使用功率场效应管，因为它的开关速度大于二极管。场效应管有较低的热溢出风险，输入驱动要求简单。但功率场效应管在辐射作用下更易导致性能的下降和灾难性的故障。

Attia 等人[2]进行的辐射研究结果归纳在表 5－3 和表 5－4 中。研究表明：全剂量的辐射对降压、升压和 Cuk 调节器的影响不大，但所有调节器在最恶劣的单粒子事件中全部会失效。因此，太空中使用的调节器必须采用抗辐射的功率场效应管，它远比一般商用的昂贵。然而，通过改进线路设计在太空可以可靠地使用一般商用的场效应管，从而产生可观的经济效益。

表 5－3　在不同辐射剂量下调节器输出电压的减少

辐射剂量/krad	降压	升压	升－降压	Cuk
0	0	0	0	0
4	忽略	忽略	0	忽略
8	忽略	忽略	69%	忽略
12	忽略	忽略	100%	忽略

表 5－4　单一事件损坏后的调节器输出电压

变换器	输出电压
降压	等于源电压
升压	0
升－降压	0
Cuk	0

如在计算机存储器中发生单粒子翻转（SEU），它产生的错误数据被实时飞行程序传播后，将导致计算机系统的错误输出。

5.5　对其他元件的影响

紫外辐射改变了表面的电阻率、玻璃盖片的透光性、热特性和太阳电池阵上黏胶剂的结构。这将减少光照，增加温度，两者都会降低太阳电池阵输出功率。同时，带电粒子也会遮挡玻璃盖片，所以通常在性能设计上会允许 2% 的电能下降。

前往木星的太空探测器会遭遇超过 1 Mrad 的辐照，相当于范艾伦带的强辐射。用于木星探测器的 RTG 电源不能满足某些科学探测所需的峰值功率，电池组按照 2～10 A·h 的级别安排。在 NiH_2 电池组中，由于氢电极的压缩聚合物密封件中含抗辐射能力低的聚四氟乙烯，因此不适合这种任务。超级 NiCd 电池组抗辐射能力强，在测试中的抗辐射强度可以高达 20 Mrad。

　　玻璃介质电容是高可靠性元件，适用于能影响或破坏线路性能的辐射和高温（200 ℃）环境。经中子和伽马辐射环境的测试表明，它们有优良的抵抗瞬态和长期辐射的性能。它们抗辐射能力强，用于 MIL－C－23269 母线和 MIL－C－11272 母线来抵抗放射性辐射和瞬时高压时，其性能没有或很少下降。在高速中子流场中，它们与其他类型电容的性能对比如图 5－3 所示。玻璃电容可以工作的辐射强度是其他类型电容的 10 倍。另外，当暴露在接近 10×10^8 rad 辐射环境中时，玻璃电容的实时参数变化很小。它们的电介质吸收少，老化率为零，温度系数可逆。

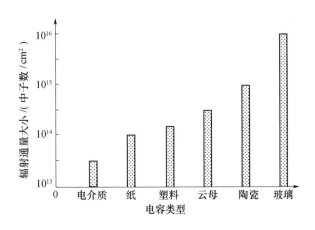

图 5－3　在完整的高速中子流下不同电容的辐射强度

　　太空的真空环境中材料的脱气会导致电介质在电压高于帕邢（Paschen）最小值时被击穿。要避免这种击穿，特别是在高压系统中，应正确选择材料和脱气量。任何材料，只要挥发物含量小于 0.1%，太空总质量损失小于 1%，均可用于太空。永磁体在辐射作用下也没有衰减。

5.6　原子氧作用下的质量损失

原子氧（AO）是 LEO 航天器所处环境的重要组成部分。它由氧分子经太阳光中的紫外线辐射光解而成，在 LEO 上无法复合形成臭氧，所以原子氧含量很高。原子氧会与许多航天器上常用的材料反应，导致其性能下降和航天器暴露表面的质量侵蚀。AO 会氧化、损坏表面，特别是沿航天器速度切向的表面，因为该方向上原子氧可等效为高能粒子流。挥发性氧化产物散失后，航天器表面将失去保护层，这会导致暴露导体产生静电放电。另外，化学活性高的离子会被带电表面吸引，其反应速度随能量增大而加快。这些考虑主要对低行星轨道很重要（如 LEO），对低火星轨道航天器也同样重要。

AO 对设计和材料耐用性的考量有很大影响。下列是 LEO 上 AO 的重要特性：

1）在 LEO 大气中含量最大（80％的原子氧，20％的氮）；

2）平均速度接近 8 km/s；

3）平均能量约为 5 keV；

4）粒子流密度（原子数/cm^2）取决于太阳活动性、速度矢量和高度；

5）与材料反应的机理尚未完全了解。

与材料反应速度取决于 AO 浓度、速度矢量和材料活性。材料抗腐蚀性由高到低分别为金属氧化物、金属、无机聚合物和有机塑料。因此金属氧化物（如氧化铝）的屏蔽，只要足以抵制微流星体的侵蚀，便也会对 AO 侵蚀产生足够的防护作用。

对于有负高电压表面的长期 LEO 卫星，喷溅也是一个值得关注的问题。可是 AO 作用下关于喷溅化学反应本质的可用信息很少。幸运的是在建立喷溅模型用于评估 LEO 卫星表面材料损失速率方面已有一些成果。对原子氧引起的低能喷溅的测量提供了一个理论模型。该模型一个显著的特征是喷溅无绝对的门限，但低能时的速率由表面材料原子速度分布的热尾决定。喷溅速度与表面电压关系很大。因为航天器电压常低于 1 kV，因此喷溅只是对任务期长、等离子浓度高的任务（如 LEO 卫星或低火星轨道卫星）才显得重要。如果当地环境等离子有足够高的浓度，在月球环境中喷溅也许是一个长期存在的问题。对高浓度等离子环境中的长期任务，表面应被绝缘以避免高势能导体与等离子体的直接接触。在较早的 ISS 设计中，工程师证明喷溅速度随离子在气孔处的聚集而急剧增大，这些气孔是由微流星体、太空垃圾或生产缺陷而在绝缘体上产生的。底层导体应有足够的厚度来抵御喷溅加速穿透。如果材料满足热、AO 和其他要求，即使有低速喷溅也可使用。对着喷溅孔的光学、热或其他特殊涂层会在长时间后被喷溅物质包裹，故不应将这些表面正对着可能会产生喷溅的表面。

LEO 上离子也可能引发喷溅。但每个入射粒子的喷溅概率约为 0.1，通量约为每秒 10^{12} 个/cm^2。而 AO 的反应概率为 1.0，撞击通量每秒 10^{14} 个/cm^2。因此，与时间量级为 10 年的喷溅相比，AO 下的衰减周期可能仅为几天。事实上，LEO 上破坏 1 mil 的高活性材料如 Kapton 只需几个星期。但并非所有材料均与 AO 反应。对于超过 1 周的 LEO 任务，表面必须使用不与高能 AO 反应的材料。

LEO 上航天器与 AO 撞击的能量约为 5 eV。撞击能量和与 AO 的高反应性都会导致大多数碳氢聚合物的氧化和腐蚀。腐蚀量常用每个入射氧原子带走的材料体积表示。这种测量方法为许多航天器和研究人员所采用[3]。

除了硅酮和包含产生非挥发性氧化物的金属原子的材料外，大多数聚合物的腐蚀速率在 $0.337 \times 10^{-24} \sim 6.3 \times 10^{-25}$ 之间变化。这种宽范围的变化使设计师很难在设计阶段精确知道候选材料的耐用性。另外，持续涌现的新材料由于太空测试昂贵而缺乏这方面的信息。根据碳氢聚合物的实质和结构来进行地面测试预测太空腐蚀速率的成功案例也很有限。

腐蚀速率 e 常用单位时间内表面厚度的损失（mm/年）来衡量。

$$e = \frac{\Delta M}{A\rho} \qquad\qquad (5-1)$$

式中　ΔM——质量损失；

　　　A——表面面积；

　　　ρ——材料密度。

侵蚀速度也受 AO 撞击方向的影响。大多数航天器的表面以各种角度暴露给原子氧。因此，测量各个方向撞击时的侵蚀速度很重要。Banks[3]等人研究了常用于太空的 40 种材料。

原子氧对太阳电池阵和导线上的硅酮绝缘材料也有不利影响。暴露在空气中时，硅酮会收缩、变硬，表面转化成二氧化硅。这会引起表面侵蚀，前端表面的侵蚀比后端的更为严重。像俄罗斯和平号空间站这样的长期航天器表明：在本不应含二氧化硅的表面有大量二氧化硅沉积。这种沉积使 UV 吸收率降低，改变了太阳光的吸收性能，降低了太阳电池阵的输出功率。硅酮主要有用于黏合玻璃盖片和太阳能电池的DC-93-500型和用于 ISS 上电池和基板间黏合的CV-1147型。聚四氟乙烯的辐射破坏最大，而 Kapton 要好得多。据最新报道，含银聚四氟乙烯在 ISS 轨道上的侵蚀速度为 1 mil/年。这个速度比原来估计的大 10 倍。包上其他含 Kapton 的固体或薄膜后，热扩散系数必须匹配，否则最后会开裂。对于 LEO 卫星，有以下两点值得推荐：1）在热控不是优先考虑因素的部位使用硫酸阳极电镀使之成为绝缘表面；2）在高电压航天器的其他所有外表面使用1 000 V绝缘强度的镀铝 Kapton 膜（Kapton 面朝外），防止 AO 侵蚀。

5.7　微流星体和太空碎片撞击

微流星体撞击的小坑或大面积散落在电池阵表面的颗粒会逐渐损坏太阳电池阵。当小坑的直径小于 2 mm 时，不会一下子破坏整个电池串，该电池仍可以工作，只是性能下降。如果是大面积损坏，则会破坏整个电池串，电池失效。过去，有些航天器在微流星雨中遭受了这种损害，其症状是航天器震动后紧接着输出功率突然下降。

　　微流星体和太空碎片的撞击可能穿透绝缘层、流体管线、压力舱和载人舱段。在航天器设计中应考虑到这种损害的可能性。对一定大小的微流星体和太空碎片的流量研究不可能十分确切，这主要是因为废弃的航天器产生的太空碎片的数量具有不确定性，使之偏离轨道的大气阻力模型也无法确定。SP－100 有足够的冗余来承受 1 cm 大小的碎片撞击。另外，ISS 也需要一个防护罩，来密封保护加压的载人舱段，防止 1 cm 大小的碎片撞击。

　　1998 年年底，地球经历了源于 Tempel－Tuttle 彗尾的狮子座流星雨。它持续了约 10 h，是几十年一遇的大流星雨。为防止可能的损伤，TDRS 和其他卫星都将太阳翼旋转到朝向流星雨的边缘方面，以减小正对流星雨的面积。即使如此，卫星在这 10 h 中仍至少有部分时间功率下降。

5.8　预测损伤

　　现在可相当精确地预测航天器元件的辐射损伤。例如，2000 年测试得出的和平号空间站太阳电池阵损伤与预测的辐射、微流星、热吸收性和热辐射性影响一致。和平号空间站太阳电池阵没有内部旁路二极管，只有电池串间绝缘二极管。光伏电池中有效硅为 14%，填充物为 76%。无电弧、焊接损伤以及开路。一些电池因微流星体穿透铈微层玻璃盖片而导致短路。太阳电池阵表面污染严重，其原因在于生产过程中的烘烤工序不到位。

　　对电源系统造成最大损坏影响的环境因素是太阳风暴。如果能事先预测出来这种风暴的强度，则可将损害减少到最小。NOAA建立了评定太阳风暴猛烈程度的新标准。风暴分为 1～5 级，5 级最为猛烈，其等级分类和它们对电源系统的影响见表 5－5。卫星所有者可在风暴来临时采取保护措施，包括减小易受攻击元件的功率水平。例如，太阳电池阵可通过旋转来减小辐射通量法向上的分量。这些预防措施可在预测到风险来临时采用。

表 5－5　空间环境对空间飞行器影响级别分类

种类	影响
S－5	太阳电池阵的永久性损坏、失控、严重的电磁干扰（包括共模噪声）
S－4	太阳电池阵的加速衰减，方向问题
S－3	暴露的元器件损坏，太阳电池阵电流的减小
S－2	单粒子事件可能产生的问题
S－1	无

商品名为 CEASE 的市售新型敏感器可监测当地环境辐射量，提供下列独立实时预警：

1）总辐射剂量和剂量速度；

2）表面带电；

3）单粒子事件影响；

4）太阳电池损伤。

敏感器可在任务受影响前向卫星操作员警告危险情况。操作员可在收到警告后重新确定操作的优先顺序，约束执行任何异常、敏感任务，如姿态控制调节或开始进行其他带有警告标志的操作。

参 考 文 献

〔1〕　CROFTON M W，FRANCIS R W. ESO measurement on solar cell coupons in a simulated GEO environment：proceedings of the 35th Intersociety Energy Conversion Engineering Conference，IEEE，Paper NO. 2634，1999.

〔2〕　ATTIA J O，et al. Radiation effects on dc－dc converters：proceedings of the 35th Intersociety Energy Conference Engineering Conference，IEEE，Paper No. 2696，1999.

〔3〕　BANKS B A，et al. A space experiment to measure the atomic oxygen erosion of polymers polymers：proceedings of the 35th Intersociety Energy Conversion Engineering Conference，IEEE，Paper No. 2695，1999.

第 6 章 电源系统需求

6.1 简 介

航天器总的任务需求由用户设定，并以任务书和工作说明的形式交给卫星承包商。用户在性能要求中只规定了发射、转移轨道和运行轨道的限制条件和整个任务期间有效载荷的功率需求和确定的功率裕度。这些决定了航天器的需求。航天器的总需求决定了母线上所有子系统的需求，各子系统的需求决定了系统部件的需求。设计、制造、组装和测试的需求流程如图 6－1 所示。

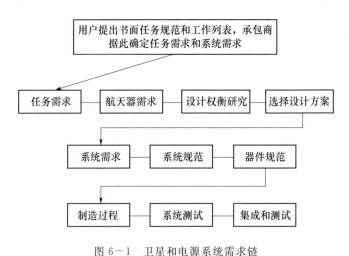

图 6－1 卫星和电源系统需求链

航天器需求说明书一般不对电源系统自身的需求做特殊的说明，仅做一般描述，如"电源系统必须产生、调节、分配和储存电能来满足各任务阶段航天器上有效载荷和母线各系统的需求"。要满足如此广泛的工作描述，几乎电源系统所有的需求都源于自身对设计的分析，同时基于卫星制造商可以采用的方法。

影响卫星一级 EPS 设计的基本参数是轨道高度、轨道倾角和任务周期，这些参数决定轨道周期、日照期和地影期的长度，以及轨道平面与日地连线的夹角——太阳角。电源系统设计由各任务阶段的负载功率需求决定，列举如下：

发射和入轨段：这个阶段从点火起飞开始到太阳电池阵俘获太阳结束，此期间由电池组供电。

转移轨道：在此阶段，太阳电池阵仍为收拢状态，地球同步轨道航天器从 LEO 转移到 HEO，最后转移到 GEO。只有暴露于太阳电池阵外侧的太阳电池能产生一部分功率，因此负载功率实行定量配给。此期间最好能保持能量平衡，但也不是一个刚性的要求。只要满负荷工作前电池组已经重新充满，那么在达到允许放电深度少量的能量缺口可从电池组弥补。

停泊轨道：通常指卫星被布放到运行轨道服役前为储存能量所处的轨道。

运行轨道：所有太阳电池板均已展开，产生全功率。在此阶段，所有需要的负载均处于工作状态。在每个轨道都应维持电池组充电和放电的能量平衡。

处置轨道：任务末期的处置方法可能是一定的，卫星在处置轨道可能需要确定的功率来完成相应的工作。

因此，航天器需要电源系统在任务的各个阶段及各种轨道（LEO，HEO，GEO）上完成工作。但是，轨道周期、最大地影期时长和运行轨道负载功率需求决定了太阳电池阵、电池组和其他元件的额定功率。功率的产生随辐射剂量的增大而减小，在通过范艾伦带的 LEO 和 HEO 航天器上更为严重。因此，对于给定负载功率，太阳电池阵面积需求随任务期的增长而增大。整个电源系统结构的选择是借鉴以前所采用的最经济最有效的方法满足相似卫星上的相似需求来实现的。

6.2　自身需求

如前所述，电源系统的需求不是来自航天器用户的任务书，它们源于航天器级的需求和关门比较研究。EPS 的自身需求是基于对电源系统设计的各种分析确定的。一般来讲，最终功率需求源于运行轨道分析，但其他轨道段也必须考虑在内，以确保设计需求能够应对最糟糕的情况。电源设计组通常要分析以下一些极端情况：

1）功率决定元件额定功率和散热要求；

2）能量平衡决定电池组额定功率；

3）各种设备终端电压；

4）寿命末期和寿命初期太阳电池阵的功率产生能力；

5）负载开关和故障响应，包括主熔断器熔断；

6）各种反馈控制回路的母线稳定性；

7）转移轨道的能量平衡；

8）瞬态 dV/dt 设定；

　　　　　熔断器熔断前电压下降；

　　　　　熔断器熔断后电压上升；

　　　　　组装和测试期间的突然掉电。

下面是电源系统的一些自身需求：

1）太阳电池阵的 EOL 功率；

2）对太阳定位时太阳电池阵的指向和旋转；

3）电池组容量，单位为 A·h；

4）电池组 DOD 和充电控制；

5）母线电压控制；

6）EMI/EMC 和 ESD。

6.3　系统规范

　　在 LEO、MEO 或 GEO 航天器上，电源系统需求在低功率（几百瓦）到大功率（几千瓦）之间宽幅变化。电源系统规范文件是基于进行性能分析、输入任务参数而生成的，这些文件在细节设计之前便已经完成，考虑到了整体复杂性，同时具有一定的细节描述。这种规范文件的典型轮廓如表 6-1 所示，完整的需求说明书有 100 到 200 页，各具体航天器各有不同。本节列举了地球轨道卫星上太阳电池电源系统的一些最基本需求。这种短规范说明常用于早期非正式或稍微正式的场合。下列空格代表需要输入的数字，由系统工程师进行任务分析后给出；一些空格已用斜体字填充，它们仅作为 50 V 或 70 V GEO 卫星母线的示例，随母线电压和任务需求的变化而变化。

表 6-1　电源系统需求说明——主题概要

① 航天器要求
② 应用文件
③ 电源系统需求
　　1）与其他系统的接口
　　　· 功能接口
　　　· 逻辑接口
　　　· 物理接口
　　2）EPS 特性
　　　· 负载能力
　　　· 工作阶段和模式
　　　· 电池组充放电管理
　　　· 主母线电压、常态和瞬态
　　　· 电池组母线特性
　　　· 空间站长期功率
　　　· 外部输入功率
　　　· 指令和遥测
　　　· 地面接口
　　　· 可靠性
　　　· 软件
　　3）主要元件特点和性能
　　4）设计和建造
④ 质量保证
⑤ 文件

电源系统在为期_____年的任务期内用于产生、储存、控制、保护和分配电力给航天器有效负载和日常管理负载。

运行轨道负载：日照期_____W，地影期间_____W。

附加峰值负载_____W，时长_____min，周期_____min。

附加脉冲负载_____W，时长_____s，能率比5%，开1 ms，关1 ms。

转移轨道负载：日照期_____W，地影期间_____W，太阳电池阵收拢，仅外侧曝光工作。

EPS应提供足够的容量来支持航天器转移轨道负载（太阳电池阵收拢）：1）从自转轴测量，入射太阳角在15°~165°之间时维持9 h供电；2）入射太阳角在40°~140°之间时30 h；3）入射太阳角在60°~120°之间时无限时供电。

发射期负载：_____W，分离和自转期：_____W，自转和太阳获取期：_____W。进入转移轨道的功率需求如图_____。

母线电压为：直流_____±_____V，可调节能量直接传输母线。

单点故障容错系统，不会将故障传给元件、子系统或系统。

故障时自动冗余切换。

EPS在整个任务期内可靠度0.95，包括地面和空间储存。

监测电源系统运行的遥测和控制如表_____。

除非地面指令强制干预，所有正常功能自动运行。

电源管理软件经1773数据总线控制电池组的充放电、温度、压力、$V-T$曲线、电池组与分流负载间的平衡状态。

每个非关键负载均可为保护EPS而被熔断。

母线瞬态特性遵从_____文件规定。

EMC遵从_____文件规定。

轨道环境遵从_____文件规定。

发射环境遵从_____文件规定。

抵御附加风险见_____文件规定。

元件降额见_____文件规定。

脐带电缆，将_____瓦地面功率送入 EPS 总线，充电电流_____A。

两个电池组，每个有_____个 NiH$_2$ 单元，容量_____A·h。

电池组 DOD 在最坏情况下的最大值：运行轨道为 70%，转移轨道为 80%。

电池组充电速度为 3 A 和 5 A，慢充为 0.5 A。

电池组温度维持在 −10～25 ℃之间，单元间最大温差 5 ℃，单元内部最大内部温度梯度 5 ℃。

火工品控制器由两个电池组独立供电，电压在 18～34 V 之间。

部署火工品控制器应包含从电池组经由独立线路切换到 EED 所需的继电器（使能、供给、点火），EED 用于展开结构的分离和远地点发动机的点火。

母线动态阻抗：500 Hz～20 kHz 时小于 200 mΩ，500 Hz 以下时大于 0.60 mΩ。

从直流到 400 MHz EPS 诱发纹波的电压，峰—峰值小于 50 mV（除了在 30～45 kHz 时纹波电压的峰—峰值为 250 mV），总的 RMS 纹波电压小于 120 mV。

峰—峰频率达到 50 Hz 情况下，有效载荷电流纹波在日常维护负载中产生的母线纹波电压小于 500 mV。

电缆线径不能细于 24 AWG，不可使用铝电缆。

给用户的最大压降：0.50 V，负载小于 75 W；负载大于 75 W；0.75 V，加热器和机械负载为 1.0 V。

在发生熔断器熔断瞬态或其他类似事件时，所有负载功率调节器必须间隔 10 ms 从母线向它们的负载供电。

航天器电源回线在功率调节单元处硬连接到航天器壳地。

电源分系统级和航天器系统级的应用应具有可测试性。

第7章 电源系统设计和迭代过程

7.1 简 介

电源系统设计过程中，首先是要分析轨道参数、负载功率需求以及在类似卫星设计和运行过程中可以继承的数据。设计要以最小的质量、体积和最少的费用并结合当前可行的、经验证明适用于太空的新技术来满足任务需求。设计过程开始于顶层等效分析——正式的、或非正式的——目的是选择电源系统拓扑结构以完成最优设计，随后进行细节设计和一些迭代设计，直到完全达到最优为止。只有当任意元件的微小改变都会在电源系统级或航天器级引起某种损失时，设计才完全达到最优化。

7.2 航天器级迭代

一般来说，电源系统与航天器其他系统间的接口如图7-1所示。电源系统工程师与总体工程师共同进行航天器级电源迭代设计，最终目标要达到航天器级的最小质量和最少费用，因此，设计电源系统时，电源系统工程师应对系统设计师和/或总体设计师给出的航天器总的质量、费用有全局观念。在某元件上减少1 kg，在另一元件上增加量少于1 kg，这便是有益迭代。在应用新的航天技术时，这种迭代将会得到持续关注。

下列因素对太阳电池电源系统的结构选择有很大影响，它们主要源于顶层任务需求，并不包括电源系统级迭代的要求，但了解它们对电源系统的影响可迅速选出最优的EPS结构。

1）随着卫星轨道高度的增加，轨道周期的延长，地影期——只

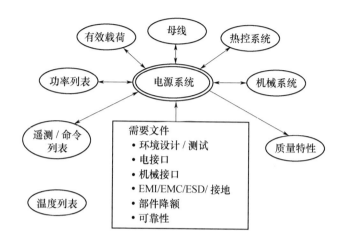

图 7-1 电源系统与航天器其他系统接口

是光照时期的一小部分——的减少，蓄电池组充放电需求下降。

2) 微流星体和轨道碎片在 $50°\sim55°$ 倾角 LEO 的影响比较严重。由于范艾伦带在南大西洋深入低空，故该轨道处的带电粒子辐射环境也更恶劣。在更大倾角的 LEO 上，当地球对太阳的反照率增大时，地球红外辐射下降。

3) 在日-地连线和轨道平面间的 β 角随季节变化，它在冬至和夏至日达到最大值，$\beta_{\max}=i+i_0$，其中 i 为轨道倾角，$i_0=23.45°$（黄赤交角）。随着 β 角的增大，地影期减小，太阳电池阵温度也下降。因此，在较大的 β 角下，EPS 在地影和日照期带载能力都更大。$\beta=0$ 时，地影期最大，当 β 角最大时，地影期最小，甚至为零。

4) 太阳电池阵指向偏离太阳时会减小光通量，增大玻璃盖片的反射，改变地球观测视角，影响太阳电池阵温度。一般地，在太阳定向上允许转向机构指向偏差 $3°$，太阳电池阵平面偏差 $2°$，这样总偏差为 $5°$。偏差在 $30°$ 以下时，功率损失满足余弦定律；$30°\sim80°$ 时，功率损耗大于余弦定律给出的理论值；超过 $80°$ 后无电能产生。一旦太阳电池阵偏离正常方向，便会对转移轨道机动产生影响。

5) 带双轴转向机构的太阳电池阵须在 β 角以内跟踪太阳。单轴太阳电池阵必须有一个倾斜角,大小等于 β 角的年平均值。聚能器太阳电池阵需要双轴太阳跟踪系统来维持光线垂直射入太阳电池阵表面。

6) 双翼设计在维持翼上光压平衡是有效的。单翼设计必须补偿质心与光压中心的偏差,否则,就需要额外的燃料来维持航天器姿态。

7) 由于地球公转轨道有 1.5% 的偏心率,故 LEO 和 GEO 上光通量的季节性变化大约为 3%,年平均为 $1\,358\pm5$ W/m² ,其中 5 W/m² 是许可测量误差。光通量在两分日接近平均值。接近冬至日达到最大值,接近夏至日时达到最小值。因此,冬至日太阳电池阵接收到的光通量约比夏至日多 6%,但产生的能量只增加 4%,因为随着光通量增加温度也会升高。周期为 11 年的太阳活动周期对光通量无影响。

7.3　电源系统迭代

航天器级迭代确定后,电源系统设计师便更加关注于 EPS 级内部的迭代来减少质量和/或成本。电源系统质量占卫星净质量的百分比,从 LEO 卫星的 25% 到 GEO 卫星的 45% 不等,这些质量将花费高昂费用来进行发射和入轨。电源系统即使只是减少百分之几的质量也将在航天器层面节约大量的费用。例如,电源系统对结构系统的影响,虽然不明显也不直接,但却很大。

电源系统工程师的首要任务是选择最优拓扑结构体系。如第 4 章所述,一般而言,能量直接传输部分调节低压母线是负载小于 2 kW 卫星的最优选择;对于大型的大功率卫星,全调节高压母线是最优选择;对于短期任务、轨道参数变化大的母线,峰值功率跟踪结构最好;对于行星际或深空探测,核动力为最优选择。设计时应综合考虑上述选项,以获得最优电源系统拓扑结构。

其次,母线电压、能量产生和储存技术应关联选择以优化电源整体结构。主要考虑因素是有效载荷功率水平、运行轨道参数、使用寿命、整体项目卫星数量等。对于源自卫星层面自身负载需求而言,选代研究用于为电源系统选择各种关键元件,如太阳电池、玻璃盖片厚度、太阳电池阵基板、充电池、功率变换器结构等。一个迭代的实例如图 7-2 所示。迭代从左到右进行,用连续线标出了所作的选择。因为太阳电池阵和电池组是占电源系统大部分质量和费用的两个主要部件,所以它们得到了更多的关注,技术进步也最快。它们不仅影响 EPS 设计,还影响其他航天器系统。

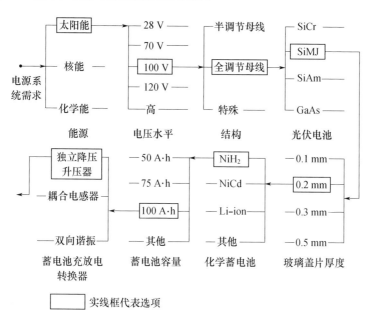

图 7-2　电源系统设计迭代流程图

7.3.1　太阳电池迭代

设计最基本的要求是在任务时间的末期也能产生足够的电能。太阳电池阵在带电粒子影响下造成功率输出的下降可以考虑用不超出系统边界的电源系统设计来迭代。太阳电池的选择取决于任务环境和设计寿命。某些电池(如低基区阻抗电池)的 BOL 功率较大,但衰减很快,其他的正好相反。轨道环境和任务时间的长短对电池的选择影响很大。高 BOL 功率的电源对短期任务较好，而抗辐射、EOL 功率高的电源对长期任务较好。图 7－3 便是迭代的例子。标为 A 的电池（基层电阻 10 Ω/cm）用于 15 年期、累计辐射大于 10×10^{14} MeV 的任务较好，它的 BOL 功率较低，但抗辐射能力强。对于短期任务，标为 B 的电池（基层电阻 2 Ω/cm，如用于 EOS－AM 航天器）因 BOL 功率高，故所需太阳电池阵面积更小，但抗辐射能力差。若使用相同的光伏技术，一般而言，BOL 功率高的衰减快，EOL 输出功率低。因此，任务时间在电池选择上扮演着重要角色。

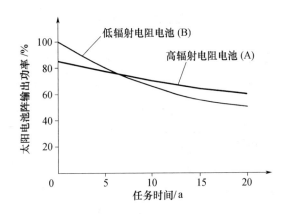

图 7－3　不同抗辐射性下的太阳电池选择

对于 LEO 或 GPS 型 MEO 卫星，10 年期间辐射产生的功率衰减约为：硅电池 40%～50%，GaAS/Ge 电池 25%～35%。为高抗辐射电池支付的额外费用可能会高于在如此高辐射轨道上执行长期任务所能够带来的回报。

为尽量减少长寿命卫星的质量，使用化学推进剂的姿态控制反作用发动机常被力矩杆和反作用飞轮所取代，但力矩杆性能受地磁场限制，飞轮性能受角动量储存能力限制。与此同时，也可能在大扰动力矩环境下需要反作用控制发动机为力矩杆系统提供补偿，特别是在阻力大的低停泊轨道上。在这种情况下，用于高效、小面积太阳电池阵的费用可能会大于无须反作用发动机补充力矩杆的补偿费用。

同时，电源系统必须提供可靠的功率来实现目标处置，特别是采用电推进器做机动操作来处置时。对于卫星的寿命末期处置，国际组织可对处置卫星按时间线、处置轨道、可靠性和不利条件等进行更严格的管理。太阳电池阵面板带来的大阻力会直接影响处置时间和可靠性，也可能使卫星失去姿态控制。

7.3.2　太阳电池阵迭代

太阳电池阵质量的减轻在卫星层面有多种好处，如阻力、惯性、燃料质量的减少等，这种双赢的迭代必须在设计初期就进行全面评估。太阳电池阵面积与所需功率呈线性比例关系，同时，它对推进和姿态控制系统影响很大。大太阳电池阵会增大作用在卫星上的阻力和力矩，在 LEO 卫星和同步卫星的近地停泊轨道上这种影响更甚。考虑到在相同阻力情况下可能会有更低的停泊轨道，对高效小面积太阳电池阵的额外投资是值得的。更低的停泊轨道允许火箭将更大的质量送入轨道，由此可减少有效载荷的单位质量发射成本。因为小太阳电池阵在转移轨道的初期阻力更小，故从停泊轨道到地球同步运行轨道的转移时间更短。考虑到大太阳电池阵卫星从 LEO 到 GEO 的转移可能会持续几百天，这也将产生更大的收益。将压力中心和卫星重心重合起来可减小阻力。

当 LEO 上需要窄轨道控制时，大太阳电池阵在长期任务中需添加大量推进剂，所花费的费用会比采用低效光伏电池而节省的费用更多。在 GEO，大太阳电池阵会因光压而引起轨道漂移。因此，在整个任务期内卫星需要更多地推进剂来维持 N－S 站保持在工作轨道上。

如果需要精确的姿态控制，在第一振动模式时需要太阳电池阵有较低的机械自然频率。小太阳电池阵的频率较高，而大太阳电池阵需要额外费用来增加结构刚度、去耦。力矩补偿硬件必须考虑到阻力和光压而量身定做。一般地讲，力矩用改变反作用轮的速度来抵消，然后用力矩杆使飞轮停下来。因此，大太阳电池阵会增加力矩杆和飞轮尺寸。

7.3.3　电池组迭代

LEO 和 GEO 卫星的电源系统需求相差很大。GEO 卫星发射费用高，但所需充/放电周期少。LEO 卫星发射费用低，而离子辐射大，电池组充/放电周期更要大得多。因此，这两种卫星的电池组的化学选择有很大不同。它也会影响到热控系统。20 世纪 80 年代中期以前，NiCd 电池组一直担负着太空工业的重任，以后便在 LEO 和 GEO 航天器中被 NiH₂ 电池组所取代。NiH₂ 电池工作温度范围很窄，只是 $-10\sim10$ ℃，这加大了热控系统的质量。现有许多源于 NiH₂ 技术的新技术已得到应用，如 IPV，CPV，SPV 和 DPV 电池，详见第 9 章。这几种类型的质量仅有微小差别。锂离子电池组近来也因其很高的比能而进军太空工业，在不久的将来有可能会取代 NiH₂，但它对过充和过放很敏感，这通常会在充电控制上增加质量。

7.3.4　母线电压迭代

对于通信卫星，选择一种由主要承包商提供的标准母线可能是最经济的选择。对于各种功率范围的负载，母线电压已经标准化，但对于某些特定的用于科学或防务任务的航天器的电压选择则是开放的。甚至在此情况下，母线电压有时也是由传统和优先数据库决定的。否则，迭代研究就要对所有可能用到的电压一一选择。对各种可行电压进行初步设计是达到最优解的唯一途径。每个元件的质量都在各种母线电压下进行估量，并加入到电源系统的总质量和体积中。至于费用，可认为费用与质量成比例，至少应近似。图 7-4 是 15 年期 2 000 W TDRS 型 GEO 卫星的迭代例子。要注意的是太阳电池阵质量没有表现在图中，但包含在总质量中。因为它是许多光伏电池的串并联组合，所以它完全独立于母线电压。在高电压母线中，光伏电池串联的多，并联的少，但产生一定功率的电池数目是相同的。如此例，图上表明：50 V 或 70 V 母线最优，100 V 母线减少了电缆质量，但极大地增加了电池组质量和体积。这是因为 100 V 母线上的电池组额定容量（A·h）小，以至于单位质量和单位体积所储存的能量下降很大。因此，100 V 母线与 50 V 或 70 V 全调节母线相比并未减少总质量。

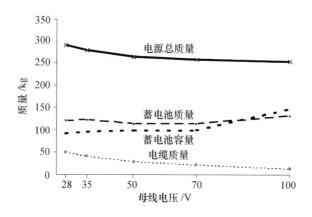

图 7-4 2 000 W GEO 卫星母线电压迭代实例

7.3.5 火工品电源迭代

如果选择了全调节能量直接传输（DET）母线，另一个顶层设计迭代是由调节母线直接向 EED 火工品电路供电，还是选择由蓄电池组绕开放电变换器直接供电，迭代设计如图 7-5 所示。它不是为了节省费用或减轻质量，而是为了 EMI 和提高可靠性。每个电池组的主变换器和备份变换器在运行轨道上均正常工作。发射时，如果火工品电路由主电池组母线供电，可关闭电池组放电变换器。但当火工品电路直接由主母线供电时，必须打开放电变换器。这种情况下，卫星发射时，备份变换器打开，主变换器关闭。发射时采用阶段备用模式的原因与设计相关：从主到备的切换是自动的，而从备到主的切换只能通过地面指令才能完成。

发射时的火工品点火通常是引起开关瞬态的高 EMI 源，它会对一些重要元件和敏感器造成干扰。在严重瞬态故障情况下，可能会关闭主要设备单元，系统会自动进入备用设备单元。一旦发生这种

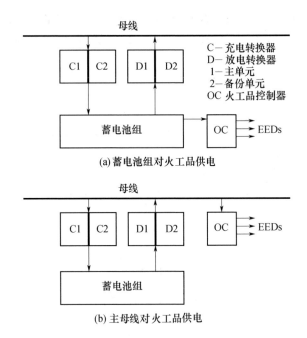

图 7-5　分别通过母线和蓄电池组向 EED 供电情况

情况，就无法切回主要设备单元，这相当于在关键功能上冗余失效。而用备用模式发射时，在瞬态电压故障下会自动切换进入主要模式，冗余依然有效。如果是以备用模式发射，那么在入轨后（在 3～4 圈时）要由地面指令将其切换到主模式。

7.4　负载功率概况

一旦卫星层面设计迭代确定，也就确定了 EPS 拓扑结构，设计过程的下一步便是汇总需要供电的各个元件的详细负载功率，也称功率预算或早期设计阶段的功率分配，设计清楚各个设备需要输入功率的开启时间、开启时的峰值功率、关闭时的静态功率以及散热细节。散热元件的散热在日照和阴影时期以及 BOL 和 EOL 期变化很大，应适当加以考虑。

各介负载设备的 $W-t$ 曲线可被简化成两个参数：峰值功率和能率比。能率比定义为：一段时间内，平均功率与峰值功率之比。对于明确的或开或关负载，能率比即为复载开启时间与周期总时间的比值，即

$$D = T_{\mathrm{ON}}/T$$

对于连续变化的负载，能率比定义为：

能率比 ＝ 一个轨道周期消耗的能量／（峰值功率 × 周期）

$$(7-1)$$

即

$$D = \frac{\displaystyle\int_0^T P(t)\,\mathrm{d}t}{P_{\mathrm{pk}}\,T} \qquad (7-2)$$

设备平均功率 $P_{\mathrm{avg}} = D \times P_{\mathrm{pk}}$。图 7—6 是一个典型地球同步卫星的通信负载工况。在转发器与地面通信的短时间内功率达到最大值。

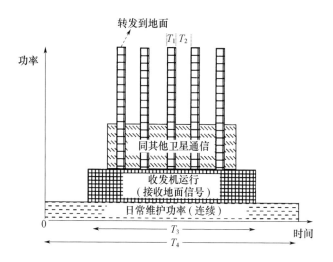

图 7—6　典型通信卫星的负载概况

平均功率用来确定太阳电池组和蓄电池组的等级。另一方面，设备在 5 个时间常数上的负载均值用来确定设备的额定功率、线路标

准和熔断器大小。大多数设备的峰值功率和能率比在发射、转移轨道和运行轨道上有很大的差别。它们也会在运行轨道上呈现明显的季节性变化。最恶劣的季节情况下供电环境有时可由过去类似卫星的经验得知。如无可借鉴的经验，考虑一年中最关键的 4 天，如表 7—1 第 1 列所示，这对地球同步轨道卫星而言已经足够了。在这 4 天中，产生的电能和加热功率需求都是不同的。既然在运行轨道上应始终保持能量平衡，这 4 天中的某一天最有可能成为设定电源系统容量时考虑到的最恶劣的情况。因为加热功率需求低时，电能的产生能力也低，所以对于电源系统的设计而言，到底哪天情况最恶劣并不明显。在无继承数据可用时，有必要对这 4 天都进行预设计，以确定最恶劣的情况，然后集中在最恶劣情况上进行细节设计。通常对 GEO 通信卫星负载功率而言，夏至日是最恶劣的一天。确定最恶劣日期后，设计过程便集中满足当天的负载功率需求。

表 7—1　随季节变化产生的电能和加热器功率需求

季节日	太阳能量[①]	太阳角/(°)	产生的电能[②]	热负载
春分	1.001	0	1.001	高
夏至	0.967	23.5	0.887	低
秋分	0.995	0	0.995	低
冬至	1.035	23.5	0.948	中

① 多年平均数；
② 随太阳光照通量和太阳高度角的季节性变化而变化。

　　接着确定转移轨道和运行轨道最恶劣情况下各母线系统和有效载荷元件的负载需求。表 7—2 和表 7—3 分别列出了一颗卫星在转移轨道和运行轨道上的负载特征。表中的负载功率值是电源系统必须向负载提供的输入功率。在负载不能完全确定的新设计中，功率估计应包含适当裕度。例如，对无须作任何更改的继承元件上可不留裕度，在经调整的继承元件上留 10% 裕度，对新开发的元件留 30% 裕度。

表 7 - 2　A 系统转移轨道负载功率概况

	器件 1	器件 2	器件 n	系统总量
数量	X_1	X_2	X_n	X_{TO}
峰值功率	Y_1	Y_2	Y_n	Y_{TO}
峰值散热	Z_1	Z_2	Z_n	Z_{TO}
占空比	D_1	D_2	D_n	D_{TO}
平均功率	P_1	P_2	P_n	P_{TO}
平均损失（耗散）	L_1	L_2	L_n	L_{TO}

表 7 - 3　A 系统运行轨道负载功率概况

	器件 1	器件 2	器件 n	系统总量
数量	X_1	X_2	X_n	X_{TO}
峰值功率	Y_1	Y_2	Y_n	Y_{TO}
峰值散热	Z_1	Z_2	Z_n	Z_{TO}
占空比	D_1	D_2	D_n	D_{TO}
平均功率	P_1	P_2	P_n	P_{TO}
平均损失（耗散）	L_1	L_2	L_n	L_{TO}

从表 7 - 2 和表 7 - 3 中得到的各系统负载集成的电源系统总负载预算如表 7 - 4 所示。所有母线系统均囊括在这个表中，包括有效载荷和电源系统自身的负载。

表 7 - 4　电源系统总平均负载和散热预算（分配）

系统	转移轨道	工作轨道	转移轨道散热	工作轨道散热
系统 A	P_{TO}	P_{op}	L_{TO}	L_{op}
系统 B	..	..	..	..
系统 Z	..	..	..	..
有效载荷	..	..	..	..
航天器总负载	$\sum P_{TO}$	$\sum P_{op}$	$\sum L_{TO}$	$\sum L_{op}$

7.5　太阳电池阵尺寸

上述负载功率概况用于决定太阳电池阵输出功率需求。例如，对于有效载荷 2 500 W 的通信卫星，太阳电池阵在两季和阴影期间的输出功率需求如表 7-5 所示。阴影时间最长的秋分日，对太阳电池阵的输出需求为 3 940 W，其中包括 5% 功率裕度和 5% 可靠性裕度。同时，还应为太阳电池阵遮挡和旁路二极管失效保留一定裕度。太阳电池阵必须在寿命末期也具有这样的电能产生能力，而寿命初期产生的电能会更大一些，具体情况由下列降级因数决定。

表 7-5　通信卫星太阳电池阵输出功率的尺寸实例（平均功率/W）

	秋分[①]	夏至[②]	最长阴影期
通信有效载荷系统	2 500	2 500	2 500
通信系统负载裕度（10%）	250	250	250
通信系统总负载	2 750	2 750	2 750
母线系统			
测控	50	50	50
姿态控制	50	50	50
热控	150	100	50
电功率	20	20	20
I^2R 传导损失	50	50	60
蓄电池充电	500	100	0
电源系统总负载	3 570	3 150	2 980
功率裕度（5%）	180	160	150
可靠性裕度（5%）[③]	190	170	165
EOL 所需电力	3 940[④]	3 840	3 295

① 非阴影季节接近 9 月 21 日；

② 阴影季节接近 6 月 21 日；

③ 典型 20 串电池串联电路，允许 1 串失效；

④ 太阳电池阵最小输出功率 3 940 W。

1）离子辐射导致的环境退化；

2）电池与电池间的电流不匹配（安装损耗）；

3）太阳偏离角（由太阳电池阵平整度、结构不准和太阳跟踪误差引起）；

4）其他因素，如微流星体、太空垃圾、污染、等离子体、紫外线辐射、玻璃盖片变黄、热循环等。

各个独立降额因数的具体情况将在第 8 章给出，总降额因数是所有上述降额因数的乘积。例如，总降级因数为 33%，则太阳电池阵必须产生 3 940/（1－0.33）＝5 880（W）的 BOL 功率来满足 EOL 时 3 940 W的负载需求。这个 P_{max} 必须在拐点电压 V_{mp} 处输送，并有适当的功率和电压裕度。P_{max} 与温度相关，故需要知道太阳电池阵的工作温度。可以通过使太阳电池阵前后的热量输入和输出相等来计算温度。太阳电池阵上所有电池的工作温度被设定为是相同的，热量输入有：太阳光辐射、反照、地球红外辐射、相邻太阳电池阵热量；热量输出有：能量转化成电能和热辐射。如果在不同温度下多块太阳电池板并联工作，选择的工作电压应比温度较高太阳电池板的 V_{mp} 小几伏，以避免较低温度的太阳电池板在 V_{mp} 上工作而导致输出功率的急剧下降。

假定上面计算的太阳电池阵输出功率是分流器接口的功率，即计算电压为 110 V（100 V 母线），则 BOL 设计功率为 5 880 W 时所需输出电流为 5 880/110＝53.5（A）。一旦太阳电池阵输出电流确定了，其设计细节详见 8.9 节。太阳电池阵上的行数和每行的电池单元数由下述方法确定：

1）每行电池单元串联个数＝太阳电池阵输出电压（如上例中的 110 V）/电池单元工作点电压；

2）太阳电池阵上的行数＝太阳电池阵输出电流（如上例中的 53.5 A）/电池单元工作点电流。

7.6　电池组尺寸

电池组详细的设计过程见第 9 章。在初步设计阶段，全环路能量效率可用于确定电池组的近似额定功率。镉镍电池和氢镍电池的环路能量效率均约为 70%。出于寿命考虑，最大 DOD 必须低于由寿命期内电池组充放电次数决定的某一特定值。基于上述考虑，电池组可以由以下几个参数来表达：

1）串联电池个数＝火工品或电源电路容许的最小电池组电压/EOL 放电后期电池单元的最小电压；

2）W·h 放电＝阴影期间负载（W）×阴影期时间（h）；

3）A·h 放电＝W·h 放电/1.25 平均电池电压×串联电池个数；

4）A·h 容量＝A·h 放电/所要求的循环寿命必须的 DOD；

5）W·h 充电＝W·h 放电/0.70 环路能量效率；

6）充电功率＝W·h 充电/日照期充电时间。

7.7　功率流分析

光照期收集的能量既要满足负载能量需求，又要给电池组充电，同时还要考虑到各元件上的能量损失。在轨道周期上出现阴影期的最恶劣情况时，也必须维持此平衡。考虑最简单的情况，即负载恒定（见图7—7），两阴影部分面积 A_1 和 A_2 必须在整个任务期的各个轨道周期内都相等。在临时轨道上短时间内对于如此严格的要求有微小偏差是可接受的，但必须全面考虑电池组 DOD，测试其可接受程度。

在维持能量平衡的同时，使电源对负载的功率输出最大化，便完成了设计最优化。能量平衡分析的起始点通常是阴影期的开始点。电池组 SOC 是在阴影末期由负载和功率的损失确定。然后，设计师在满足负载功率光照期内需求的同时，来确定电池组恢复为全 SOC 时所需的太阳阵输出。在整个轨道周期内，设计师还应确定各个元件的最大功率、电压或电流，然后设定元件功率、电压和电流等级。最优设计显然是对所有元件均留最小裕度，并能在设计或整体运行的不确定性上为项目组所接受。至少，系统不应受到蓄电池组功率或太阳电池阵功率的限制。一般来讲，几个百分点的裕度对于电池

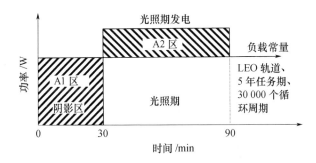

图 7-7 恒定负载在一个轨道周期内的能量平衡

组和太阳电池阵来说就已足够了。

图 7-8 说明了在光照期和阴影期间，功耗均为 3 000 W 的 EOS-AM 卫星维持能量平衡所需的功率流。也可用飞轮储能代替电池组，但不会改变其分析方法。除了电力产生（太阳电池阵）和能量储存（电池组）外，它还包含其他元件，如电源电子线路和配电电缆。在电源系统的不同点上根据需要使用不同的转换器来改变电压，同时应考虑它们在整个系统模型中的效率。控制线路中消耗的功率，如母线电压控制器、母线电压误差放大器等消耗的功率，也均包含在效率计算中。

功率流分析确定了整个电源系统的电压、电流，以及电源带载能力和各个元件的散热。根据标明的元件效率来计算流经各元件的功率。变换器效率、电缆阻抗和二极管压降在计算中均要考虑。配电电缆中的电流、电压和功率损失也在系统各部分中确定。

系统常有额外的电能产生，在 BOL 时更多。因此，分流器应将多余电能导入地线或将其留在太阳电池阵中。在 EOL 的设计计算中，分流功率应等于功率裕度加上可靠裕度。

3 000 W 负载功率的 LEO 卫星的能量平衡分析示例结果见图 7-8。由图下半部分可知，太阳电池阵应产生 5 893 W 的功率，电池组的储能应为 6 804 W·h。一个 80 个电池单元的 NiH$_2$ 电池组需要 69 A·h 的容量来承载阴影期间 3 000 W 的负载。该例用的假设条件列在图下部的表格中。表格中的算法源于本书各章节中提及的设计方法。

对于给定的 EPS 设计，这种对照表格一般也应用于下列两种分析：

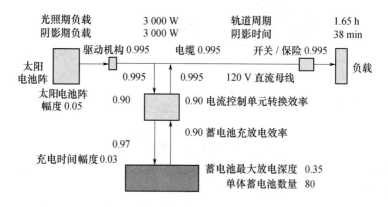

图 7-8 3 000 W LEO 卫星的功率流和能量平衡分析实例

能量平衡分析关键结论：

阴影期从 EW 放电的能量：2 381.2 W·h

母线需要的充电功率：2 779.8 W

日照期 PCU 负载（充电前）：3 030.2 W

日照期光伏电池阵负载（包括充电二极点）：5 839.2 W

系统元件需要的最小稳态等级：

包含裕度的太阳电池阵 EOL 能力：6 131.2 W

PCU 充电等级：2 489.3 W   PCU 放电等级：3 045.5 W

电池组充电功率：2 414.6 W   电池组放电功率：3 383.8 W

长阴影期放电深度：0.350 Pu   电池组能量存储等级：6 803.5 W·h

主要组成部分等级概况：

太阳电池阵输出功率等级   5 839.2 W

电池组 W·h 能量存储等级   6 803.5 W·h

80 个电池单元的电池组 A·h 容量等级   68.90 A·h

PCU 充电功率等级 2 489.3   WPCU 放电功率等级 3 045.5 W

1) 前项分析建立 EPS 负载能力，假定电池组在各轨道光照末期均充满；

2) 后项分析验证能否在不超过额定功率时承载给定的负载分布，其前提是在这个时间周期内，从太阳电池阵和电池组获得的能量应在允许的 DOD 内。这常用于评估带载期计划内、偶然运行或负载不稳定时的峰值功率容量。

7.8　设计分析表

在设计完善过程中，各种设计分析应当齐头并进，也可以对设计进行验证或改变以满足正常和非正常情况下的任务要求。表 7-6 列出了给定任务的典型分析过程。

表 7-6　一般电源系统设计需要的典型分析过程

设计分析
- 发射和入轨段功率；
- 转移轨道能量平衡；
- 运行轨道能量平衡；
- 元器件散热；
- 稳定性和瞬态分析；
—阶跃负载变化（开/关）引起的瞬变；
—故障及恢复（熔断器熔断）引起的瞬变；
—周期性负载脉冲引发的纹波分析；
—稳定裕度和敏感性分析
- 对部分调节母线的蓄电池钳位分析
以上各分析主要在以下情况下执行：
寿命初期
- 最小负载；
- 最大负载；
- 正常和故障条件
寿命末期
- 最小负载；
- 最大负载；
- 正常和故障条件

7.9　最恶劣情况下的误差裕度

各种输入参数的不确定性可能会在设计估计中产生误差。这种误差可通过提供足够的裕度来处理。在没有上级指导的情况下，保守的设计师可能会将所有单个误差求和来得到串联总误差。当然，这种总误差发生的概率相当小。在不用考虑人身安全的情况下，可使用平方根（RSS）的方法计算。

如果单个误差分别为 E_1，E_2，…，则串联总误差为

$$E_{\text{叠加}} = E_1 + E_2 + \cdots$$

但是，最可能的误差由 RSS 给出，即

$$E_{\text{RSS}} = \sqrt{\sum_1^n E_i^2} \qquad (7-3)$$

例如，某设计有 4 个可能误差源，均为±2%。那么总误差＝±8%，而 E_{RSS}＝±4%，即为前者的一半。两者之差随误差源个数的增大而增大。又如，如果估计集成电路在 3 种破坏因素（温度、老化、带电粒子辐射）作用下，预估性能发生的最可能偏差，其 RSS 的估计步骤如下：

1）估计元件在正常工作强度下的性能；

2）分别评估可能不确定源在最恶劣的情况下产生的性能偏差；

3）利用 RSS 方差法计算所有不确定因素共同作用下的性能偏差

$$\Delta_{\text{total}} = \sqrt{\Delta_{\text{radiation}}^2 + \Delta_{\text{temp}}^2 + \Delta_{\text{aging}}^2} \qquad (7-4)$$

如果计算值不能满足一定的裕度要求，就应通过降低温度或增加元件强度来使之满足要求。

7.10　设计过程阶段

在当今激烈的竞争环境下，很难确定设计出来的系统和设备能

满足高标准的性能和可靠性要求。高效和完善的设计必须同时考虑到制造的过程和预期的裕度。对一个全面、正确的设计而言，最重要的是维持项目进度和费用。下面这个十倍定律是设计师们必须牢记的：从设计到交付，若前一阶段的错误延续到了后一阶段，寻找和改正这个错误所发生的代价将以 10 倍的速度递增。这条定律给出了从设计到交付整个周期内各阶段改正错误的代价因子。

设计	生产	测试	发射场
1	10	100	1 000

　　工程师必须尽可能早地发现和改正制造和测试过程中可能出现的问题，应该以尽可能小，直至消除设计改动、测试失败、制造中断、故障和返工出现的可能性为最终目标。为了设计的经济性，所有工程师（设计、制造、测试）和现场工程师都应为了同一颗整星而紧密协作。

　　因此，只有并行设计团队才可以保证各分系统设计同其他任何一个分系统的设计相兼容，同时与生产和测试过程兼容。为此，设计过程中应包含各种审查，正如从合同的签订到产品的交付全过程中的一样。典型设计阶段的工作顺序列于表 7-7。

表 7-7　电源系统设计、分析以及评审阶段

1）需求分配和方案设计阶段：
  • 需求定义和分配；
  • 系统需求评审；
  • 顶层设计迭代和预设计
2）初步设计和分析阶段：
  • 部件规格；
  • 初步设计和分析；
  • 初步设计评审
3）详细设计和分析阶段：
  • 详细设计和分析；
  • 关键设计评审
4）支持阶段：
  • 支持部件和系统测试；
  • 外部支持供应；
  • 准备运营手册；
  • 支持发射
5）维持工作：
  • 航天器交付阶段费用及调度控制

7.11   大事记：从工厂到轨道

在整个设计过程中，设计师不仅要考虑电源系统在运行轨道上的需求，还要考虑在工厂测试、发射现场和入轨阶段的需求。下面是电源系统设计师在设计中必须考虑卫星几个阶段的典型功能和需求：

储存：因为某些不可预知因素，一个航天器可能会被储存一段时间，一般来说，一个航天器在受控环境下最长可保存 3 年。

地面测试：太阳电池阵和蓄电池组可能尚未安装，测试时需外部电源经地面插口供电。测试时可能用和飞行电池组性能不完全一致的备份电池组。

预备发射：使用外部或内部电源，飞行电池组已安装，太阳电池阵收拢。

发射：蓄电池组电源处于高放电速率状态，系统在冲击和振动的发射环境中工作。

转移轨道：太阳电池阵产生有限的功率，蓄电池组仅给母线和火工品负载供电，激活冗余管理。

太阳电池阵展开：展开后部分或全部太阳电池阵电力可用。只给母线和火工品负载供电。

运行前漂移轨道：产生全部电力，但负载仍很小。

在轨无工作：产生全部电力，但未打开全部负载。支持阴影和电池组充电。

正常运行轨道：产生全部电力，负载全部打开。在各个轨道维持阴影和电池组能量的平衡。

站点维持：产生全部电力，负载全部打开。另外，电池组支持 N－S 站点维持时的电弧喷射。

重新俘获：如果太阳电池阵旋转成背靠背模式 30 min 以上时，地面指令降低负载，太阳电池阵重新俘获太阳。

失去功能或离轨：电源系统的最后一项功能就是支持该动作。

此后，电源系统的使命就结束了。

7.12　电源系统超寿命期的功能

电源系统设计师也必须关注从预备发射到用户最终接收过程中卫星层面的主要事件。用于 DMSP 卫星的典型程序如下：

预备发射：当决定发射或取消发射时，航天器处在发射塔上。系统是典型的单向事件序列，因此，存在着潜在的单点故障。发射决策过程如下：

1）在发射前 10 min，电源系统打开，卫星依靠内部电源工作，太阳电池阵模拟器关闭。

2）在发射前最后 10 min 和入轨时，所有的蓄电池组均开启供电。直到卫星太阳电池阵展开并俘获太阳后才可以开始充电。

3）电源转换器打开，处于放电模式。硬件开关打开。软件控制的冗余一般关闭。

4）太阳电池阵驱动电路开启，但不驱动太阳电池阵。除被内部开关关闭外，所有直接从电池组获取电能的部件均开启。

入轨模式：电源系统工作，但相对预发射阶段无变化。

预备移交：切断各个太阳电池阵的两个固定杆，所有的连接杆都要被切断，电池阵才能展开。启动用于吊杆铰链和阻尼器的切割器，启动冗余太阳电池阵倾角拉手。

移交：按飞行期间调整的时间，航天器控制计算机开始移交数据信息。

在轨运行：电源系统维持各轨道上的能量平衡；卫星完全工作。

第2篇
太阳电池阵—蓄电池组
电源系统

第8章 太阳电池阵

8.1 简 介

太阳电池阵由许多单体太阳（光伏）电池经串并联组合而成，太阳电池经串联后可以获得太阳电池阵所需的电压，经并联后可以获得所需的电流。本章首先讨论太阳电池阵的基本组成单元，然后讨论太阳电池阵的结构、性能和设计。

8.2 光伏电池

光伏电池也称太阳电池，是利用光伏效应将太阳能直接转化成直流电能的半导体器件。1839 年，法国物理学家贝克勒尔（Antoine Henri Beequerel）发现了光伏效应。但直到 1954 年，贝尔实验室才研制出第一片实用型的硅太阳电池。1958 年，硅太阳电池首次应用于苏联卫星，紧接着应用于美国的航天计划中。从此，由于其单位质量输出电能高的特点，光伏电池成为卫星电源系统的主要能源。在空间应用发展成熟以后，光伏技术逐渐拓展到地面应用，无论是给偏远的乡村供电还是给电网供电。截至 2004 年，全球地面光伏系统发电的装机容量已经超过 3 000 MW。全球几乎 40% 的光伏电池发电系统是由美国制造。与其他使用涡轮或引擎驱动的发电系统不同，光伏电池阵发电是静态的，不会产生振动或噪声，并且不需要主动冷却。

光伏效应就是当两种相异的半导体材料之间的 P－N 结在受到光照后会产生电动势的现象，如图 8－1 所示。当 P－N 结吸收了光子，能量就被材料吸收，产生载流子（电解液中以电子－离子对形式存在；

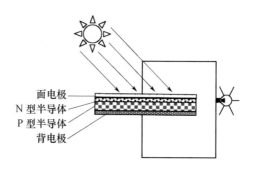

面电极
N 型半导体
P 型半导体
背电极

图 8-1　光伏效应将太阳能转化为电能

而在固体半导体材料中以电子－空穴对形式存在），在内建电场的作用下，这些载流子加速分离，分离后在电池的正负两端产生了光生电压，如果外电路闭合，就会形成电流。电功率是光能转化为电能的结果，没有转化为电能的能量将会留在电池中，进而引起电池温度的升高。

　　实际应用当中，太阳电池由两种半导体界面组成的 P－N 结或 N－P 结构成。太阳电池的物理原理非常类似于一个典型的二极管。光生电动势的起源在于两种半导体材料间一种名为费米能级的化学势的不同。当两种半导体结合时，它们之间形成的结将趋近一种新的热力学平衡，这种平衡只有当费米能级在这两种材料间相等时才会形成。费米能级不相等，电子就会从一种材料流向另一种材料，直到电势差在两种材料之间形成，即费米能级的初始差。硅太阳电池中光子能量的吸收使电子脱离原子留下一个正电荷空穴。自由电子通过外部电路在电势差作用下将能量传递给负载。

　　从固体物理学角度看，太阳电池本质上就是一个大面积二极管，其 P－N 结靠近顶部表面。早期太阳电池采用的是 P－N 结构，P 型层朝向太阳。由于范艾伦辐射带中，P－N 结构的太阳电池的性能受辐射影响会迅速下降，所以之后的太阳电池结构设计成 N－P 型来改善抗辐照性能。新型的 N－P 型太阳电池寿命可以达到 10 年以上。

　　太阳电池的基本结构如图 8－2 所示。P－N 结两端的金属电极收集由光子产生的电流。其中，背电极采用导电箔片或合金触片全覆盖在底层背光面的形式，而面电极位于顶层向光面的一侧。面电极的导电薄网面既要保证电流有效收集又要保证光线最大限度地通过。面电极栅线线宽的优化设计要同时使光的遮挡最小和电流输出的损耗最小。除了这些基本特征以外，对太阳电池表面结构也进行了一些适当的改进。例如，在电池的前表面镀一层抗反射膜尽可能多地吸收光，减少反射。为了防止高能粒子损伤表面，在电池的上表面使用透明黏合剂黏接抗辐照的玻璃盖片。

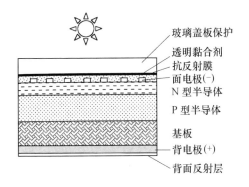

图 8-2　性能改进后的太阳电池基本结构

串联电阻是决定太阳电池光电转换效率的重要参数之一，它受收集电流栅极厚度（通常小于 $1~\mu m$）和半导体结构的影响。太阳电池制造商采用多种优化方式来实现最佳设计以减少串联电阻的影响。空间适用的太阳电池的光电转换效率用外层空间的 AM0 光谱来评价。电压的高低和光电转换效率的大小取决于结材料的特性和入射光的波长。

8.3　光伏（太阳电池）技术

衡量太阳电池性能的最重要的参数是光电转换效率和单位功率（W）的成本。这两个参数表明与其他发电技术相比，电池在经济方

面具有竞争优势。太阳电池的转换效率 η 定义为

$$\eta = 输出电功率／输入的太阳光功率 \qquad (8-1)$$

对于锗、硅、砷化镓3种常规材料，其理论最大能量转换效率分别是 16%，24%，29%。能量转换不同于能量吸收，不是所有被太阳电池吸收的太阳光都能转化为电能。太阳光谱的波长非常重要。不同材料的半导体有不同的截止波长，比如硅是 $1.1~\mu m$。大于 $1.1~\mu m$ 的长波光子穿过 P—N 结不产生电子—空穴对，最后被太阳电池底部吸收转化为热能。例如具有 3 eV 能量的蓝色光子，约 0.5 eV 转化为电能，而 2.5 eV 转化为热能。这部分热能必须辐射回空间，否则太阳电池会温度升高降低能量转换效率。镀在电池背面的高反射层可以有效地散热从而提高了能量转换效率。入射波长改变后的效应如图 8—3 所示，注意大约 2/3 的太阳入射光的波长在 $0.4\sim1.1~\mu m$ 之间。

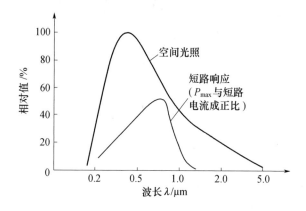

图 8—3　硅太阳电池对不同波长的光谱响应

为了达到高效低成本的目标，经过不懈的努力，如今已经研制出了许多新型的光伏技术。下面逐一讨论主要类型[1]。

8.3.1　单晶硅

单晶硅是一种广泛应用于航天工业的太阳电池材料。最常用的生产方法被称为切克劳斯基（Czochralski）法，它将硅的原材料先熔化并

在坩埚中提纯，然后放入籽晶，再慢慢地拉单晶，最后形成硅晶锭（见图 8－4）[2]。单晶的加工过程非常缓慢，能耗很高，导致原材料成本也很高。用金刚石刀片将硅晶锭切成 200～400 μm（5～10 mil）厚的晶片，再进一步切成长方形电池以便尽可能多地安装在长方形太阳电池阵上。太阳电池尺寸通常只有几个平方厘米，但是制造过程中原材料损耗却非常大。昂贵的硅结晶块几乎有一半损耗在切割过程和方形电池的制造过程中，用圆的硅晶锭制作圆片电池可以减少材料浪费，但这种电池用在卫星上并不经济，会产生附加成本。另一种降低材料损耗的方法是在板材上制单晶。一些美国公司建立了生产带状单晶的工厂，采用激光切割以减少材料的消耗。

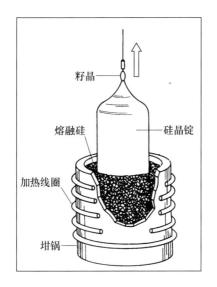

籽晶

熔融硅　　　　　　硅晶锭

加热线圈

坩锅

图 8－4　切克劳斯基法制造单晶硅晶锭过程

　　在制造过程中，必须保证高洁净度，随后要对各种可能出现瑕疵的晶片进行严格筛选，这使得空间用电池非常昂贵。制造初期进行的弯曲试验可以排除一些失效的晶片，而在下一步工序前，则要通过硅晶片的机械测试来减少电池碎裂的可能性。研究证明[3]，将同一个生产批次中所有的晶片进行双轴弯曲试验，可以剔除不合格的晶片，并且测试必须在晶片化学抛光之后和烧结之前进行。一旦电池在测试夹具上弯曲，较差的晶片就可能在之后的加工工序中或在使用时碎裂。内部无缺陷的晶片在成功承受弯曲测试后最终出现机械失效。研究表明，双轴弯曲试验对好的晶片不会引起附加的损伤。如果晶片好，测试不会产生使测试样品性能变差的缺陷。用统计法对试验结果进行分析，发现由表面缺陷引起失效的硅晶片双轴长度与维布尔（Weibull）分布有关。在验证试验中，缺陷尺寸在大气压强 215 MPa，260 MPa，310 MPa 下分别为 4.6 μm，3.1 μm 和 2.1 μm。

8.3.2　砷化镓

砷化镓（GaAs）太阳电池比硅太阳电池具有更高的转换效率，但价格昂贵。它的禁带宽度是 1.43 eV，受大范围温度循环影响小而且抗辐射性能好。现在的砷化镓太阳电池采用在单晶锗基上外延生长砷化镓薄膜制成。

8.3.3　半晶和多晶

将熔硅注入到长方形坩埚代替用籽晶制成单晶，控制这个过程的冷却速度可形成局部单晶和/或多晶。由此形成的长方形硅晶锭的过程无须晶锭的成形过程，因此消除了材料的浪费。之后的过程与制造单晶硅电池的基本步骤一致。对于生产厚结晶体的电池而言，这是比较快捷和价格相对低廉的方法，虽然转换效率低但成本更低，可以减少单位功率的成本。这样的太阳电池在地面应用中得到发展，但现在还不适合应用于空间领域。

8.3.4　薄膜电池

铜铟镓硒（CIGS）和碲化镉（CdTe）是薄膜材料，典型的厚度是几个微米甚至更小，直接沉积在玻璃、不锈钢、陶瓷或其他类似的基底材料上。铜铟硒电池的禁带宽度为 1.0 eV，镓的掺杂使禁带宽度增加到 1.4 eV，使得在太阳光谱峰值附近的光子收集更有效。采用薄膜技术使每单位面积电池使用的材料更少，生产单位功率的成本更低。这些市场上新型的薄膜太阳电池正在引起航天工业界的极大兴趣。

8.3.5　非晶硅

采用非晶硅技术，硅气相沉积在玻璃或不锈钢卷上（典型值是长 2 000 ft、宽 13 in）形成几个微米厚的非晶硅薄膜。生长过程中会形成随机结合的非晶结构，可显著减少载流子的迁移率。非晶硅电池的转换效率比较低，目前大约是 10%，但是与晶硅相比它只需要消耗 1% 的材料，更主要的是取代了从硅晶锭中获取单片电池的昂贵制造方法，显著地降低了单位功率的成本。非晶硅电池的效率大约是单晶硅电池的一半，所以不是目前空间电源的最佳选择。但是，单晶硅技术已经发展了几十年，进入了缓慢发展的阶段；另一方面，非晶硅技术是一项新兴的技术，预计很快将进入到快速发展的阶段。预计，通过提高效率、减少制造成本，非晶硅价格会急剧下降。在此前提下，1997 年美国有两家工厂开始大量生产地面用非晶硅，进行了空间测试，并在最初的空间飞行任务中有所应用。

8.3.6　多结电池

随着对航天器电源系统功率需求的增加，已经生产出了性能较好、抗辐射、低成本的双结和三结太阳电池。最近研制出与非晶硅电池结构很相似的串联多结砷化镓电池，它由 GaInP 隧道结连接两个砷化镓子电池，再由 AlInP 隧道结连接第 3 个 GaInP 电池。隧道结会引起少量的电压损失，多结电池则相反。

硅电池的 N−P 结只能将红光或红外线转换成电能，无法将蓝光和紫外线转换成电能。GaInP/GaAs 电池可以俘获红外线，从而大大提高了转换效率。Spectrolab 公司为美国能源部测量出的结果表明，空间用双结电池的转换效率可达 35%，三结电池可达 40%。理论上讲，三结电池转换效率最高不超过 50%，即最多俘获一半的太阳光线。目前，基于锗衬底的 GaInP/GaAs 多结电池已为越来越多寻求高效率和良好实现能力的航天器制造商所使用。

8.4　等效电路

太阳电池稳态等效电路如图 8－5 所示，显示出了复杂的物理特性。太阳电池相当于一个恒流源与理想的二极管并联组成。电路的参数为：串联电阻 R_s 代表电流流动时的内部电阻，它由材料的电阻

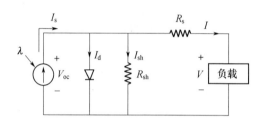

图 8－5　太阳电池等效电路

率决定。并联电阻 R_{sh} 代表流过 N－P 结的漏电流，它取决于 N－P 结的结深、掺杂浓度和接触电阻，R_{sh} 的值与漏电流成反比。一个理想的太阳电池 $R_s=0$（没有串联损耗），R_{sh} 为无穷大（没有漏电流）。典型的高品质 2.5 cm×2.5 cm 硅电池，串联电阻大约在 $0.05\sim0.10$ Ω 之间，并联电阻大约在 $200\sim300$ Ω 之间。在正常情况下，光电转换效率受串联电阻影响较大而受并联电阻影响较小。串联电阻的少量增长会明显减少功率的输出。由于二极管电流的大小、R_s 和 R_{sh} 电阻值随温度变化，电池的输出功率和光伏转换效率随温度上升而下降。

在等效电路中，流向外部负载的电流正比于光的强度，大小等于源电流（光电流）I_s 减去二极管电流 I_d 和并联电流 I_{sh} 之和。当负载电流为零时，得到电池开路电压 V_{oc}，可由下式给出

$$V_{oc} = V + IR_s \qquad (8-2)$$

二极管电流由二极管电流表达式给出

$$I_d = I_o \left[\exp\left(\frac{qV_{oc}}{AKT}\right) - 1 \right] \qquad (8-3)$$

式中　I_o——二极管反向饱和电流，即暗电流；

　　q——电子电荷（$0.159\ 2\times10^{18}$ C）；

　　A——曲线拟合因子；

　　K——玻尔兹曼常数（1.38×10^{-23} J/K）；

　　T——绝对温度（K）。

　　负载电流由下式给出

$$I = I_{\mathrm{s}} - I_{\mathrm{o}}\left[\exp\left(\frac{qV_{\mathrm{oc}}}{AKT}\right)-1\right] - \frac{V_{\mathrm{oc}}}{R_{\mathrm{sh}}} \qquad (8-4)$$

方程（8-4）中最后一项是漏电流。在实际的太阳电池中，由于漏电流和光电流、二极管电流相比很小，可以忽略不计。在无光、部分光照和完全光照情况下电流电压的特性曲线如图 8-6 所示。电压和光电转换效率的高低取决于 P-N 结材料和入射波长。在完全光照

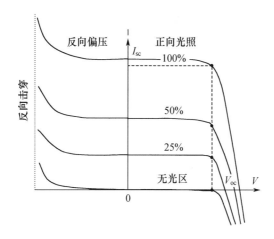

图 8-6　无光、部分光照和完全光照下 $I-V$ 的特性曲线

下，电池产生的最大功率等于图中由虚线组成的长方形的面积。最大功率的变化近似正比于短路电流的变化。正向光照时，电源功率的最大输出值是在电流电压特性曲线的拐点处，晶硅电池的典型电压值为 0.5 V，电流密度大约为 40 mA/cm^2，电池单位面积输出电功率大约为20 mW/cm^2。对于 GaAs/Ge 电池，这些典型值分别是 1.0

V、30 mA/cm² 和 27 mW/cm²。

　　二极管饱和电流可在无光条件下向电池施加开路电压并测量流入电池的电流得到的，这个电流通常被称为暗电流或二极管反向饱和电流。如果电池两端外加反向电压，即在系统出现瞬时故障时，电流输出仍保持平稳，由电池吸收能量。但是当超过某个负压时，电池结会像二极管中的结那样被击穿，电流会急剧上升。无光条件时，达到击穿电压时的电流为零，与光照条件下相同。

8.5　$I-V$ 和 $P-V$ 特性曲线

　　太阳电池有效工作区内的电特性可由第一象限的 $I-V$ 特性曲线描述，如图 8-7（a）所示。描述太阳电池电性能的两个最重要参数是开路电压 V_{oc} 和短路电流 I_{sc}。短路电流的测试是通过短接外部负载，测量完全光照条件下的终端电流。忽略外加电压为零下的 I_d 和 I_{sh}，短路电流 I_{sc} 即为光电流 I_s。在这种情况下的电流是电池所能输出的最大电流。电流电压特性曲线是根据在不同光照、温度和离子辐射下所得到的测试数据描绘的。当电流为零时，曲线与横坐标的交点是输出为开路情况下的开路电压。最大电压即开路电压是在开路情况下获得的。同样忽略漏电流，当电流为零时方程（8-4）所给出的开路电压为

$$V_{oc} = \frac{AKT}{q} \log_n \left(\frac{I_s}{I_o} + 1 \right) \qquad (8-5)$$

常数 KT/q 是绝对温度下的电压值（300 K 时为 0.026 V）。实际太阳电池的光电流比反向饱和电流高几个数量级。所以，开路电压是 KT/q 值的很多倍。在稳定的光照下，I_s/I_o 是太阳电池温度的函数，太阳电池的开路电压是负温度系数。

　　太阳电池阵的输出功率是电压和输出电流的乘积。图 8-7（b）描述了太阳电池阵输出功率随电压变化的情况。在电压为零或电流为零的情况下，电池输出功率为零，输出的最大功率点 P_{max} 对应于电

流电压特性曲线的拐点。这是太阳电池功率电路通常设计成工作点接近于拐点并稍微偏左的原因。所以太阳电池阵在电路分析中近似建模成恒流源。

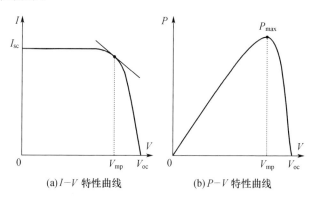

(a) $I-V$ 特性曲线　　　　　　　　(b) $P-V$ 特性曲线

图 8-7　太阳电池特性及最大功率点曲线

当工作点在曲线拐点左侧时，太阳电池作为恒流源工作，产生与负载电阻相匹配的电压。当工作点在拐点右侧，电压稍微上升，电流便迅速下降，此时，太阳电池类似一个有内部电阻的恒压源。

图 8-8 和图 8-9 是两种具有代表性的空间太阳电池的典型数据。按照美国空军提出的特殊要求空间用太阳电池的基本要求符合 MIL-STD-83576 标准。然而，通常空间用太阳电池的规格没有最终确定。ISO 技术委员会 C20 已经对 ANSI 认可的航空器发布了一个 ISO-15387 标准。NASA 喷气推进实验室（JPL）在 35 km 的高空对航空器和气球进行类似的标定，并计划在大约 500 km 高度的航天器上进行类似的标定，其中一片 2 cm×4 cm 电池的花费大约是 5 000 美元。

由不同组织进行的标定很难进行对比。例如，有 6 个组织参照 ISO-15387 做的标定，包括 JPL 的标定和 NASA GRC 的太阳电池测试，结果显示，同一片电池测试误差达到 3%。电池温度系数非常容易受太阳光谱的影响，有时会相差几倍，使得在测试中如何获得相同的光谱至关重要。因此，为了防止使用测试结果可能给电源系统的评估带来的误差，太阳电池工程师允许标准片有 3% 的裕度，对多结太阳电池裕度可以更大。

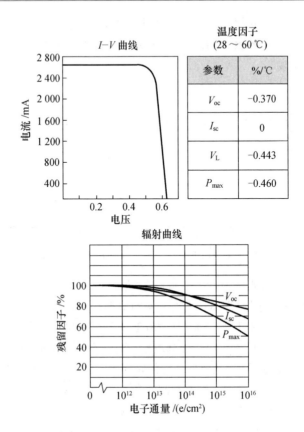

图 8-8　硅太阳电池的性能数据

典型的 8 cm×8 cm,

厚 8 mil, 背场反射 10 Ω · cm 衬底, AM0 理论效率 14%

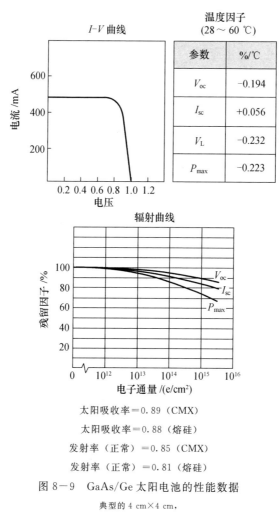

图 8－9　GaAs/Ge 太阳电池的性能数据

典型的 4 cm×4 cm,

厚 3.6 mil, 背场反射 10 Ω·cm 衬底, AM0 理论效率 19%

8.6　星体反射功率

反射率是指被行星反射的太阳光与其所吸收的太阳光之比。地球的反射光照射在太阳电池阵上会导致低电压功率输出, 太阳电池阵设计应注意考虑这些因素。NASA 测得的 LEO 卫星数据表明,安装在太阳电池阵背面的电池光电转换效率在地球反射光影响下大约为位于太阳光照射正面的一半,由于太阳电池阵背面的温度较低,太阳电池阵电流增长 10%~15%,电压增加大约 5%。然而,如果将太阳电池安装在电池阵的背面会大大提高单位功率发电的成本,大多数情况下是不经济的。对于全日照下叠加反射光照射的太阳电池,不会显著增加输出功率。通常为了简单起见,对于高轨道的 GEO 卫星,可以忽略星体反射效应。

8.7　太阳电池的背面光照

太阳电池有时安装在柔性基板而不是刚性蜂窝板上。柔性基板受到背面光照将输出更多能量,通过正面电池将之转化为有效功率输出。在背面光照下,用 10 块串联电池来代替国际空间站上太阳电池阵的柔性基板并在侧面和背面光照下进行测试,所用的电池是 8 cm×8 cm×200 μm,N-ON-P 型,带有 125 μm 厚抗辐照玻璃盖片的晶体硅电池,用硅黏合剂黏贴在 125 μm 厚的复合聚酰亚胺-玻璃板柔性基板上;电池之间由焊接到太阳电池背面的连接 37 μm 铜互连条而成,铜互连条占太阳电池阵面积的 31%;连接起来的电池的正面、侧面和背面,分别进行标准光照条件下的测试。随入射光角度的改变,会减小约 60° 的投影面积,太阳电池 $I-V$ 特性曲线也会随之改变;其他的机械性能也会显著改变,比如散射、折射、菲涅尔反射、光边缘效应、阴影效应和其他效应;这些测试的结果如下[4]:

1) 在相同的电压下,背光照电池产生的功率是正面光照电池产生功率的 41%;

2) 边缘光照下,背面光照电池产生的电压是正面光照电池产生电压的 70%。

在 BOL 期间上述数据是正确的。但有资料表明,国际空间站工作在相当于 1.5×10^{13} MeV/cm² 的辐照剂量下 11.6 年后,太阳电池背面光照效应仅会下降 10%。柔性基板上光照电池产生的电能是很大的一部分，在某些任务条件下，考虑这一因素可以避免由于过于保守而造成设计的太阳电池阵过大。

分析表明，背面光照的光源不是来自于太阳的直接照射，而是来自于地球、月亮和航天器本身微弱的反射光时，产生的功率极小。

8.8　太阳电池阵的构造

太阳电池阵由大量安装在基板上的太阳电池组成，本节将讨论不同结构的太阳电池阵。虽然太阳电池阵可能有不同结构，但其基本结构仍由安装在刚性平面帆板上的晶体硅太阳电池组成。

8.8.1　刚性蜂窝板

在这种传统的结构中，太阳电池安装在刚性铝质蜂窝基板上。基板表面由铝制成，但为了减轻质量，也常采用诸如石墨、Nomex™ 和 Kevlar™ 这样的纤维复合材料。铝蜂窝基板厚 1/4，1/2，3/4 和 1 in。用硅黏合剂把太阳电池固定在基板上。使用硅黏合剂时要极其小心，即使在电池生产安装过程中遗留了微量的硅黏合剂，都会明显地降低电池的输出电压。

为了减少空间环境的影响，太阳电池阵使用了抗辐射玻璃盖片，比如熔融石英薄层™ 等。减反射膜可以最大限度地减少电池表面的反射，提高电池对光的吸收率，增加输出功率。在太阳电池背面涂有适当的薄膜用于控制电池温度。为了克服 ESD，太阳电池阵的表面覆有 ITO 膜，但它会降低输出功率，因此必须采用更大的太阳电池阵面积和更厚的玻璃盖板来补偿。

单翼卫星的太阳电池阵的主要结构特性如图 8—10 所示。太阳电池的电路构形要环绕着整个太阳电池阵表面，最大限度地减小太阳电池阵电流产生的磁力矩。如果要考虑发动机羽流的影响，电池串应位于垂直于羽流的方向，以使羽流仅影响一整串电池组，而不会影响其他电池串。采用这种方法，假如一串电池组由于羽流过大而损坏，那么利用电池串内在的冗余满足所需功率。将所有电池串置于羽流的影响下会带来很大的风险。

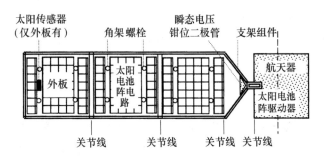

图 8-10　单翼卫星太阳电池阵结构完全展开状态

图 8-11 是基板典型的剖面示意图，图中列出了太阳电池和基板不同结构层的一般厚度。

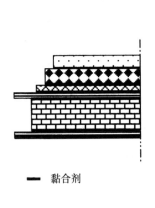

— 黏合剂

结构层（由上至下）	一般厚度/mm
熔融石英玻璃盖片	0.15～0.50
盖片黏合剂（DC93－500）	0.05～0.10
太阳电池	0.1～0.2
电池黏合剂（RTV－566）	0.10
Kapton 绝缘层	0.05
黏合剂（GRP－33A）	0.005
面板（铝材）	0.10
黏合剂（FM－300）	0.10
蜂窝基板（铝材）	6.2～12.5
黏合剂（FM－300）	0.10
面板（铝材）	0.10
背涂层（Z－306）	0.05

图 8-11　刚性铝蜂窝基板的太阳电池

发射时航天器上太阳电池阵的刚性基板未展开。当切断压紧杆和带有电爆装置的螺栓时太阳电池阵被展开。图 8-12 表示了单翼太阳电池阵的收拢、展开和完全展开的顺序。

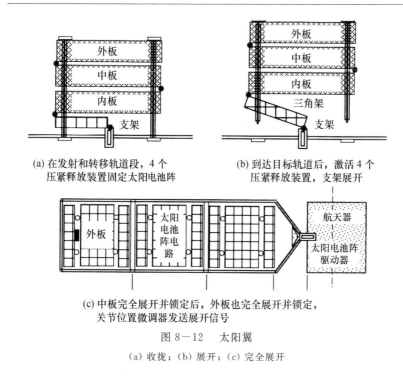

(a) 在发射和转移轨道段，4 个
     压紧释放装置固定太阳电池阵

(b) 到达目标轨道后，激活 4 个
     压紧释放装置，支架展开

(c) 中板完全展开并锁定后，外板也完全展开并锁定，
     关节位置微调器发送展开信号

图 8-12 太阳翼

(a) 收拢；(b) 展开；(c) 完全展开

8.8.2 体装式太阳电池阵

体装式太阳电池阵适用于小型科学卫星，如图 8-13 所示。太阳电池直接安装在航天器的表面，没有使用刚性铝蜂窝基板，可以大大减轻航天器质量。但缺点是与刚性蜂窝基板太阳电池阵相比，输出同样的功率需要增加大约 57% 的电池数。一般在下列情形中，体装式太阳电池阵体现出主要优势：

1）当航天器与太阳之间的距离、与太阳之间的角度或工作温度变化较大时；

2）平面展开的太阳电池板与仪器视线互相产生干扰时。

当体装式太阳电池阵旋转时，受到太阳光照射的电池串的电压为额定电压，而未受太阳光照射的电池串的电压为零。这就很容易在航天器舱体周围引起 ESD 泄放。解决的方法是使用流经隔离二极管的泄流电阻，如图 8-13 所示。通过泄电流来平衡受到太阳光照射的航天器舱体表面和未受太阳光照射的航天器舱体表面的电势，使之相同。

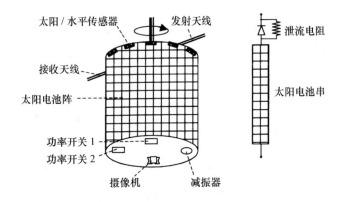

图 8-13　使用泄流电阻的体装式太阳电池阵

8.8.3　三翼或多翼的太阳电池阵

　　三翼的太阳电池阵，如图 8-14 所示，其优点与体装式太阳电池阵基本相同，展开的太阳电池翼不能干扰星上仪器。根据不同任务对功率的要求，太阳电池翼可以以不同的角度安装。这种结构最适合用于具有峰值功率跟踪系统的小型科学卫星。当太阳电池阵具有多个太阳电池翼时，每个翼都需要独立的 PPT 变换器和控制器，如图 8-15 所示，否则 PPT 控制器之间会发生干扰。

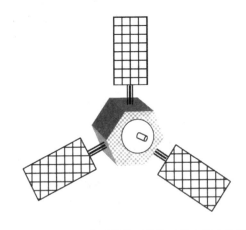

图 8-14　用于小型科学卫星的三翼太阳电池阵

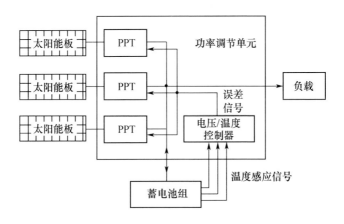

图 8-15　三翼分别使用 PPT 的太阳电池阵 EPS 结构

8.8.4　柔性太阳电池阵

将太阳电池安装在质地稀松或紧密的凯芙拉（Kevlar）纤维柔性基板上，可以减少太阳电池阵的质量。如图 8-16 所示，太阳电池阵收拢时呈折叠状，可以像折叠板那样展开或平铺开。这类太阳电池阵已经应用于第一代哈勃望远镜，EOS-AM，Olympus 和 ISS 等航天器。它们的设计性能能承受出阴影区时猛烈的热冲击。热冲击的产生是由于电池正面受到太阳光的照射而快速升温，而电池背面由电池正面传导过来的热量很少，仍然处于低温状态。于是电池内的温度分布呈一个较大的梯度，使得太阳电池与基板金属框之间的热膨胀系数不匹配，引起太阳电池阵正面弯曲，而柔性织物结构不能承受这种弯曲压力。柔性太阳电池阵的弯曲如图 8-17 所示，太阳电池阵的不平整会导致输出功率下降。出阴影后大约 30 min，太阳电池阵两面的温度达到平衡时，就会恢复平整。

下面举例推测输出功率的下降。假设柔性太阳电池阵一块宽 2 m 的柔性基板会弯曲 20 cm 左右，这时，图中角度 θ 约为 11.3°，这是整个宽度的一个粗略倾斜平均值。$\cos\theta=0.98$，意味着太阳电池阵在恢复平整前有 2% 的输出功率损失。对于每圈轨道而言，太阳电

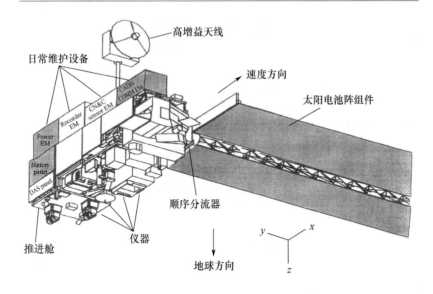

图 8－16　EOS－AM 卫星的可折叠柔性太阳电池阵结构

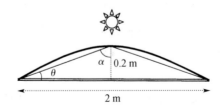

图 8－17　剧烈温差下柔性太阳电池阵的弯曲

阵恢复到平整状态大约需要 30 min。对于低地球轨道卫星，受到 1 h光照，损失的输出功率需要太阳电池阵面积比原来至少大 1％来予以补偿。

刚性铝蜂窝基板不产生弯曲，因为铝蜂窝基板将受到太阳光照射的电池正面的热量很快地传到其背面，使得铝蜂窝基板前后面的热量都很均匀。

8.8.5　卷曲型太阳电池阵

柔性太阳电池阵有两类：

1) 如上所述的由传统太阳电池构成的平面折叠型太阳电池阵；

2) 卷曲型太阳电池阵，通常呈气球形状，在 1 mil 或 2 mil 厚的基板上贴有几微米厚的非晶硅薄膜太阳电池。

卷曲型太阳电池阵是一种新的技术，已经完成研发和飞行测试。这种太阳电池阵的质量很小，而且可以被封装在很小的体积里。使用卷曲型太阳电池阵可减小航天器的尺寸或允许每次发射携带更多的卫星，以此来降低整个发射任务的成本。航天器发射时，卷曲型太阳电池阵安装着覆有柔性薄膜的光伏电池的柔性复合型基板是收拢压紧的，在空间用膨胀性气体展开。进入轨道后，无须其他的充气压力来维持太阳电池阵的结构刚性。

8.9　太阳电池阵的电性能

影响太阳电池阵电性能的主要因素有太阳光的强度、太阳入射角和太阳电池的工作温度。对这些因素分析如下。

8.9.1　太阳光的强度

如图 8-18 所示，太阳电池阵的 $I-V$ 特性曲线表明，随太阳入

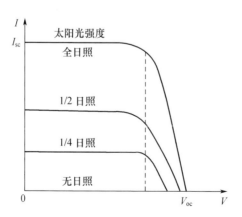

图 8-18　不同光照条件下的 $I-V$ 特性

射光强度的减弱，电压会有一个小的下降。但是，太阳电池的光电转换效率在实际的工作范围内对太阳入射光不敏感。图 8－19 表明，在实际工作范围内，光电转换效率在全光照（1 353 W/m²）和 1/2 太阳光照条件下相同，而小于 1/4 太阳光照（340 W/m²）条件时，光电转换效率开始迅速下降。这意味着光电转换效率在半阴影时是很高的。在半阴影情况下输出功率较低，是因为太阳电池接收到的太阳能很少。但是在半阴影情况下获得的输出功率由于电压较低而不能在实际应用中使用，通常在设计中被忽略。

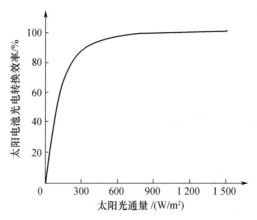

图 8－19　不同太阳光通量下的光电转换效率

8.9.2　太阳入射角

太阳电池输出的电流为

$$I_s = I_0 \cos\theta \tag{8－6}$$

式中　I_0——垂直（$\theta=0$）太阳光照下的输出电流。

当太阳入射角在 0°～50°之间时，太阳电池的输出电流基本符合余弦定律；当入射角超过 50°之后，输出的电流值明显偏离余弦值；超过 85°时，则太阳电池没有输出功率，尽管此时从理论上讲仍应有 7.5％ 的输出功率。实际太阳电池的输出功率随太阳入射角的变化曲线被称为凯利余弦（Kelly cosine），如表 8－1 所示。利用凯利余弦定律，可以精确估计变轨期间太阳电池在太阳光小角度入射时能够获得的功率。

表 8-1　硅太阳电池光电流的凯利余弦值

太阳入射角/ (°)	数学余弦值	凯利余弦值
30	0.866	0.866
50	0.643	0.635
60	0.500	0.450
80	0.174	0.100
85	0.087	0

8.9.3　温度效应

如图 8-20 所示，随温度的增加，太阳电池的短路电流会增加，开路电压会减少。由于电流的增加量远小于电压的减少量，所以，在分别对电流和电压进行定量评估后得到的净效应应该是输出功率的减少。I_0 和 V_0 分别表示在参考温度 T 下的短路电流和开路电压，α 和 β 分别是电流温度系数和电压温度系数，单位分别是 A/℃ 和 V/℃。如果太阳电池的工作温度增加 ΔT，那么新的电流和电压为

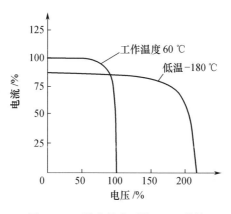

图 8-20　温度效应下的 $I-V$ 特性

$$I_{sc} = I_0 + \alpha\Delta T, \quad V_{oc} = V_0 - \beta\Delta T \qquad (8-7)$$

由于太阳电池的工作电流和电压的变化与短路电流和开路电压成近似相同比例，因此新的功率是

$$P = VI = (I_0 + \alpha\Delta T)(V_0 - \beta\Delta T)$$

上面的表达式忽略 $\alpha\beta$ 成积的小项，简化为

$$P = V_0 I_0 + \alpha\Delta T V_0 - \beta I_0 \Delta T$$

即

$$P = P_0 - \left[(\beta I_0 - \alpha V_0)\,\Delta T\right] \qquad (8-8)$$

对于典型的 2 cm×4 cm 单晶硅电池，$\alpha = 250\ \mu A/℃$，$\beta = 2.25$ mV/℃。所以，功率近似为

$$P = P_0[1 - 0.005\Delta T] \qquad (8-9)$$

式（8-9）说明太阳电池的工作温度每升高 1 ℃，硅电池输出功率就下降 0.5%。

图 8-21 给出了两个工作温度下输出功率与电压之间的特性曲线。从图中可以看出，低温时的最大输出功率比高温时大，因此低温有利于太阳电池输出更大的功率。然而，这两个最大功率点不在同一个电压下。为了在所有的温度下获得最大功率，太阳电池阵必须设计成较低温度下的输出电压可以增至 V_2，以便得到最大输出功率 P_{max2}；而在较高温度时太阳电池阵的输出电压可以减至 V_1，以便得

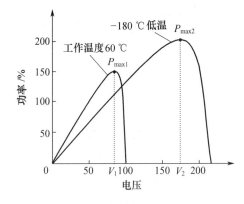

图 8-21　温度效应下的 $P-V$ 特性

到最大输出功率 P_{max1}。如果太阳电池阵在固定电压下工作，那么低温时所获得的最大输出功率就无法被负载利用，太阳电池产生的多余功率就必须以并联电路形式消耗，否则会引起太阳电池温度升高而损坏电池。在任意时间不同温度下，只有使用峰值功率跟踪系统才能够获得并利用峰值功率，否则输出功率便会随温度的不同而改变，如图 8－22 所示。

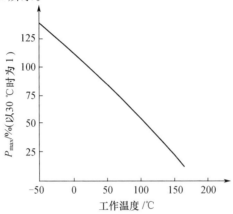

图 8－22　硅太阳电池的输出功率与工作温度变化特性

太阳电池阵在每个轨道都要经历很大的温度变化循环。受太阳光照射时，太阳电池正面的工作温度大约为 50～60 ℃，而太阳电池背面的温度大约为 40～50 ℃，有 10 ℃ 的温差。从太阳获得的升温可以用热模型计算。太阳电池阵的温度由下面的热方程决定

太阳光＋地球反射光＋地球热辐射＋

来自于航天器相邻组件的热量

＝输出的电功率＋辐射回太空的热量　　　　（8－10）

在轨道上不同位置时，航天器接受到的入射太阳光和其辐射的热量是不同的，如图 8－23 所示。太阳电池阵在高地球轨道和低地球轨道时的温度变化如图 8－24 所示。在高地球轨道阴影区，温度成指数下降，最低至－175 ℃。时间常数由太阳电池阵组件的质量大小决定，通常为 30～60 min。对于铝刚性蜂窝基板的太阳电池阵，在稳定的太阳光照射下，太阳电池正面和背面的温差大约为 5～10 ℃，出阴影区后温度急速

变化可达到约 20 ℃。目前可以使用不同的技术来控制航天器各部分的温度，图 8－25 给出了一些用于航天器热设计的被动热控技术。

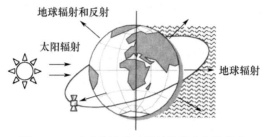

图 8－23　地球轨道中卫星的热输入与热输出

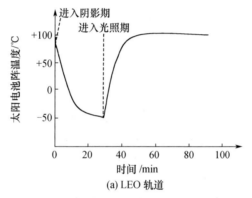

(a) LEO 轨道

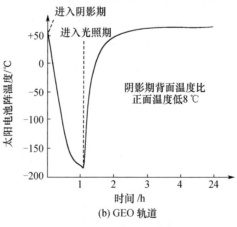

(b) GEO 轨道

图 8－24　太阳电池阵在低地球轨道和高地球轨道时的温度变化

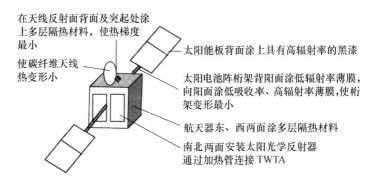

图 8-25　采用被动热控技术的航天器部件热控制

8.9.4　太阳光俘获

在太阳电池阵展开之后，太阳电池板必须对日定向以使太阳的入射光总是垂直于太阳电池阵表面。太阳敏感器就是用于这个目的，它由两片安装成 45°锲形的太阳电池组成，以串联方式反向接入到驱动电机，如图 8-26 所示。当太阳光线完全垂直于太阳电池阵表面，

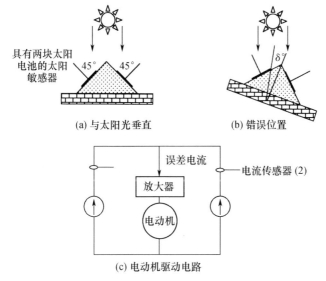

图 8-26　对日定向调节原理

两片电池产生的电流应等于 $I_0\cos45°$。由于它们是反向串联，驱动电机中净电流为零，太阳电池阵保持不动。但是如果太阳电池阵不是垂直于太阳光线，有一个偏差角度 δ，两片电池上的太阳光入射角是不同的，会产生不同的电流，即

$$I_1 = I_0\cos(45°+\delta), \quad I_2 = I_0\cos(45°-\delta) \quad (8-11)$$

马达中的电流

$$I_m = I_1 - I_2 = I_0\cos(45°+\delta) - I_0\cos(45°-\delta) \quad (8-12)$$

用泰勒级数表达式展开，得到

$$f(x+h) = f(x) + hf'(x) + \frac{h^2}{2!}f''(x) + \cdots$$

I_1 和 I_2 可以表示为

$$I_1 = I_0\cos45° - I_0\delta\sin45°$$

$$I_2 = I_0\cos45° + I_0\delta\sin45° \quad (8-13)$$

如图 8-26（c）中驱动电机的电流是

$$I_m = I_1 - I_2 = 2\,I_0\delta\sin45° = \sqrt{2}I_0\delta \quad (8-14)$$

式中，δ 的单位为弧度。

驱动电机自动转向，直到净电流为零，然后保持不动，这时偏差角 δ 为零，即太阳电池阵表面垂直于太阳。如图 8-26（c）所示，两个电流传感器也可作为光照/阴影区的双重检测器。

在国际空间站中，太阳敏感器通常被安装在太阳电池阵上。当太阳电池阵进入阴影区、太阳敏感器本身被遮挡，或者当航天器与航天飞机或其他航天器交会期间为避开发动机羽流而改变太阳电池阵方向的时候，太阳敏感器可以显示太阳电池阵偏离了正确指向。

8.9.5　太阳跟踪

当航天器绕地球飞行时，需要用太阳跟踪器使太阳电池阵始终指向太阳。通过电动机太阳跟踪器就像向日葵一样跟踪太阳。太阳跟踪器有两种类型：

1）单轴跟踪器，在日照区它可以由东向西跟踪太阳。

2）双轴跟踪器，在日照区它可以由东向西跟踪太阳，并由北向南随季节变化。双轴跟踪器由两个线性驱动电机驱动，对准精度可在 1°之内（见图 8-27）。

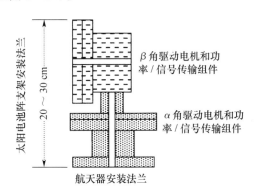

图 8-27　双轴跟踪器

EPS 提供了一种航天器俯仰轴独立定向、并能旋转已展开的南北太阳电池阵的太阳跟踪方式。太阳电池阵展开之后，地面控制中心调整角度对日定向。一旦对日定向成功之后，太阳电池阵即可通过时钟而无须地面控制来保持太阳电池阵的对日定向。

即使在太阳敏感器垂直俘获太阳光或者用 SAD 跟踪太阳，也难以避免对日定向偏差。太阳电池的平整度允许有 2°的对日定向偏差，跟踪器允许有 3°的对日定向偏差，总共 5°的偏差，太阳电池阵设计时必须考虑。$\cos 5° = 0.996$，意味着 5°对日定向偏差将减少 0.4% 的输出功率。

8.9.6　峰值功率的获得

跟踪器驱动电机驱动航天器对日定向装置以获取最多的太阳入射光，但是这样做本身无法确保航天器输出功率最大。正如前面所讲的，在特定条件下，航天器必须在与峰值功率点相对应的电压点上工作。现在就峰值功率追踪操作的原理进行说明。

一些负载例如有恒定电阻的加热器，其功率随电压平方变化。另一方面，卫星的许多通信负载都是恒定功率负载，在较低的电压下需要较大的电流。

　　任意一个功率系统的工作点总是功率线与负载线的交点。如果电源的 $I-V$ 特性曲线和 $P-V$ 特性曲线如图 8-28 所示，功率输出给负载电阻 R_1，那么它的工作点在 A_1 点。如果负载电阻为 R_2 或 R_3，那么工作点将分别移到 A_2 点或 A_3 点。当负载电阻为 R_2 时，航天器获得最大输出功率。为了从太阳电池获得最大功率，负载与电源必须匹配。

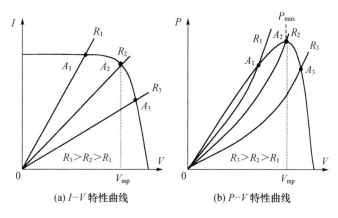

(a) $I-V$ 特性曲线　　　　　　(b) $P-V$ 特性曲线

图 8-28　恒定电阻的太阳电池的工作负载特性

　　恒定功率负载 P_1 和 P_2 的工作曲线如图 8-29 所示。负载曲线 P_2 与电源线有两个交汇点，用 B_1 和 B_2 表示。只有 B_2 点是稳定的，任何一个微扰将产生复原功率使工作点重新恢复到 B_2 点。所以，系统将

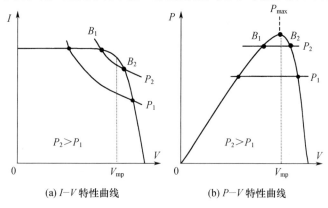

(a) $I-V$ 特性曲线　　　　　　(b) $P-V$ 特性曲线

图 8-29　恒定功率负载的太阳电池工作负载特性

稳定地在 B_2 点工作。太阳电池阵性能稳定工作点的必要条件是

$$\left[\frac{\mathrm{d}P}{\mathrm{d}V}\right]_{负载} > \left[\frac{\mathrm{d}P}{\mathrm{d}V}\right]_{电源} \tag{8-15}$$

如果太阳电池阵以 $I-V$ 特性曲线的电压 V 和电流 I 工作,那么输出功率是 $P = IV$(W)。如果工作点远离该点,那么电流是 $I + \Delta I$,电压是 $V + \Delta V$,新的功率是

$$P + \Delta P = (V + \Delta V)(I + \Delta I) \tag{8-16}$$

忽略小项之后,式(8-16)简化如下

$$\Delta P = I\Delta V + \Delta IV \tag{8-17}$$

ΔP 在峰值功率点应是零,峰值功率点在图中处于一个平滑的区域。因此,在峰值功率点的式(8-17)可表示为

$$\frac{\mathrm{d}V}{\mathrm{d}I} = -V/I \tag{8-18}$$

需要注意,$\mathrm{d}V/\mathrm{d}I$ 是电源的动态阻抗,V/I 是静态阻抗。从不同模型中获取峰值功率的方法描述如下。

8.9.6.1 阻抗法

第一种方法。将一个小信号电流周期性注入到太阳电池阵母线中,测得动态母线阻抗 $\mathrm{d}Z = \mathrm{d}V/\mathrm{d}I$ 和静态母线阻抗 $Z_s = V/I$。增大或减小工作电压,直到 $\mathrm{d}Z = -Z_s$。

8.9.6.2 功率梯度法

第二种方法,只要 $\mathrm{d}P/\mathrm{d}V$ 是正的,则工作电压就会增加,即如果要获得更多输出功率,电压必须增加。如果 $\mathrm{d}P/\mathrm{d}V$ 是负的,那么工作电压就会减小。如果预先将 $\mathrm{d}P/\mathrm{d}V$ 控制在其值始终接近零的范围,那么工作电压保持不变。

8.9.6.3 电压比率法

第三种方法是利用大部分太阳电池的最大功率点电压与开路电压的比值($V_{\mathrm{mp}}/V_{\mathrm{oc}}$)近似为一个常数 K。例如,对于高效硅电池 $K = 0.72$。一个无负载的太阳电池安装在太阳电池阵上,在同一工作环境下可以测得其开路电压。太阳电池阵工作时的工作电压要不断地调整

在 KV_{oc}，以便获得最大功率。

8.9.6.4　电流退化法

第四种方法是利用对给定太阳电池拟合大量测试数据，统计最小方差回归曲线。例如，在很大的温度范围（$-120\sim140$ ℃）内的不同光照条件下（$50\sim2\ 500\ \text{W/m}^2$），通过对 GaAs 电池进行大量测试，喷气推进实验室发现短路电流随入射光呈线性变化，如下式所示

$$I_0 = a_0 + a_1 T + a_2 I_{sc} \qquad (8-19)$$

式中　T——摄氏温度；

　　　V_{oc}——随 $\lg I_0$ 成线性变化。

8.9.6.5　功率退化法

喷气推进实验室在测试中还发现，可以建立如式（8-20）所示的 PPT 算法。这种方法至少可以作为软件程序的备份使用。

$$P_{max} = b_0 + b_1 T + b_2 I_0 + b_3 TI_0 (\text{W/m}^2) \qquad (8-20)$$

根据喷气推进实验室进行的大量 GaAs 电池测试，Gluck[5] 发布了上述方程中所有 a 和 b 值的测试结果。

8.9.7　阴影效应

太阳电池阵由许多太阳电池单元串并联组成。串联电池组件如图8-30 所示。一个大型的太阳电池阵有可能其结构会遮挡住部分太阳光。如果串联电池中的一片电池被完全遮挡，它将失去光伏特性，但其他工作电池的电流仍流过它。由于其本身不产生电压，因此并不能产生输出功率。此时，受遮挡的电池变成一个负载，产生了 $I^2 R$ 的热损耗。电池串中其余的电池就必须产生更高的电压来补偿受阴影遮挡电池所造成的电压损失。从串联太阳电池 $I-V$ 特性曲线中可以看出，正常电池工作在较高的电压时意味着串联电池中的电流比没有电池受到遮挡时要小，如图 8-30（b）中的虚线所示，其中电流损失与阴影面积并不成正比。如果遮挡的面积较小，且遮挡的强度较低则损失的电流可以忽略不计。但是，如果更多的电池受到遮挡，超出了极限，电池串的工作电压会变得非常小，直到电池串电流

为零，使得电池串的输出功率为零。

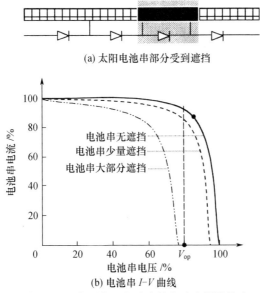

(a) 太阳电池串部分受到遮挡

(b) 电池串 $I\text{-}V$ 曲线

图 8－30　大型太阳电池阵的电池串阴影效应

通常用于消除由于阴影效应引起的电池串功率损失的方法是将电池串分成带旁路二极管的几个部分，如图 8－31 所示。在受到阴影

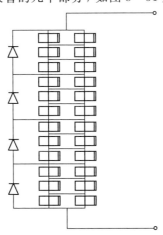

图 8－31　阴影效应强烈时使用太阳电池串旁路二极管减小功率损失

效应影响时，旁路二极管起到电流导通作用。这会引起电池串损失一定比例的电压和电流，而无须损失整个电池串的输出功率。现在的一些太阳电池用自带旁路二极管来代替在太阳电池阵背面使用的独立二极管。图 8-31 还示出了相邻电池组的交叉连接，常用于改善开路电池的可靠性，但与改善阴影效应无关。

如果在部分轨道上太阳电池阵部分被遮挡，那么轨道光照条件很差时由太阳入射光减少引起的能量减少，必须在能量平衡时予以考虑。由下式给出

$$E_{sun} = \frac{1}{T_{sun}} \sum_i (1 - \text{shadow}_i) \cos\theta_i \Delta t \qquad (8-21)$$

式中　T_{sun}——太阳光照持续时间；

　　　θ_i——在步长 i 时间内太阳入射光线与太阳电池阵法向的夹角；

　　　shadow_i——在步长 i 时间内受遮挡部分的太阳电池阵；

　　　Δt——步长时间间隔。

8.10　太阳电池阵设计

在寿命末期，太阳电池阵产生的能量必须有足够的余量以满足所有负载的供电、功率损失以及蓄电池充电需求之和。通常，寿命末期的太阳电池阵在最苛刻使用情况下的输出功率按照所预测的负载大小，必须有 3%～7% 的余量。LEO 卫星的太阳电池阵必须在光照期短时间为蓄电池充电。考虑到不同轨道的特殊需求，太阳电池阵 BOL 和 EOL 输出功率的比值是不同的，LEO 卫星约为 2.0，GEO 约为 1.1。

太阳电池阵由多片电池串联和多条电池串并联组成，如图 8-32 所示。在太阳电池阵各段有适当的余量时，以下各式近似成立。余量大小随方案设计的深入直到最终阶段而不断变化。

$$N_{每组串联电池中电池数} = \frac{太阳电池阵电压}{V_{mp}} \qquad (8-22)$$

$$N_{串联电路} = \frac{I_{电路}}{I_{mp}} \qquad (8-23)$$

$$N_{并联电路} = \frac{太阳电池阵电流}{I_{电路}} \qquad (8-24)$$

式中 N——数量;

V_{mp},I_{mp}——太阳电池在峰值功率时的工作电压和工作电流。

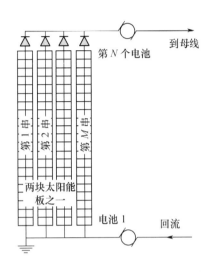

图 8-32 带隔离二极管和滑环的太阳电池阵分段

每路输出电流经由隔离二极管和滑环到母线。为防止单点故障设计了一个额外电路以提供冗余。滑环数量与电路并联数相同。太阳电池阵分段的目的是使电路电流低于 5 A,其降额电流由标准的 SAD 滑环来保证。太阳电池阵基板用隔离滑环接地,信号滑环与功率滑环保持分离。

基板应选择能适应太空环境、使用寿命超过任务时间的材料。太阳电池阵不同材料间的不同热膨胀系数对于避免太阳电池阵在热弹性应力下的热循环有重要的意义。否则,安装在基板上的电池会脱开,将导致太阳电池阵永久失效。从机械方面考虑,通常要求具有几千瓦输出功率的大型太阳电池阵在收拢式构形下的基频超过 20 Hz。对于展开式构形,弯曲模式下要求的基频为 0.10 Hz,扭力模式下为 0.5 Hz。这可能需要在电池上有支撑点,还要对基板进行选择。

以下因素直接或间接地影响太阳电池阵设计中总的电池数量。其中一些因素将在本章进行讨论，另一些在其他章节有所涉及：

1）环境辐射；

2）盖片防护；

3）衰减因子；

4）工作温度；

5）I_{sc}，V_{oc} 的温度系数；

6）适合制造的电池尺寸；

7）磁偶极距最小化；

8）功率分流方法。

至于太阳电池类型，硅电池已在工业领域应用了几十年。GaAs/Ge 太阳电池虽然主要用在防务型航天器上，但在需要大功率和高抗辐射条件时也有应用。与硅电池相比，GaAs 电池每平方米大约多提供 40％的功率，使用刚性铝蜂窝板时每 kg 多提供 20％的功率。但是，GaAs 电池材料成本远大于硅材料。太空级刚体结构硅电池阵的费用在 2002 年是每瓦 400＄～500＄，GaAs 的成本大约是其 3 倍。在有体积和/或质量大小限制的电源系统中，当其他因素可以降低成本时也可以考虑采用 GaAs 电池。最近，多种其他太阳电池，如双结和三结电池已经开始用于航天器电源的设计，这种技术仍将得到继续发展。设计中，仍由电源系统工程师决定最佳太阳电池的选择。

8.10.1　衰减因子

太阳电池阵性能的衰减来自以下两组不同的因素：（1）在 BOL 的初期衰减是由制造缺陷和公差产生的；（2）到 EOL 时，由于多种环境因素的影响，衰减产生累积效应。

（1）在 BOL 时的初期衰减：

1）电池装配不匹配损失；

2）电池间线缆损耗；

3）太阳电池阵在基板和构架间的线路损耗；

4）等离子效应，导致电池阵与空间之间产生漏电流。

（2）到 EOL 时的累积衰减：

1）由带电粒子累积辐射导致的损伤；

2）紫外辐射，改变了玻璃盖片和电池的光学性质；

3）热弹性应力循环，导致焊接点裂开；

4）微流星体和残骸的影响，减少电池产生功率的有效面积；破坏导体，尤其是焊点；

5）废气，改变玻璃盖片和电池的光学性质；

6）旁路二极管失效，使电池串电流减少。

表 8－2 列出了主要衰减因子的数值。由式（8－25）给出了衰减效应的关系：

$$总衰减 = BOL 衰减 + 到 EOL 时的工作衰减 \qquad (8-25)$$

表 8－2　MEO 轨道上 69°倾角、10 900 mile、15 年寿命、900 W 卫星的衰减因子

I_{sc}因子	
• 自然辐射①	
• 装配不匹配损失（BOL）	0.98
• 盖片带电粒子	0.99
• 盖片涂层（BOL）	0.98
• 紫外线	0.97
• 推进剂污染	0.98
• 宇宙微流星体损伤	0.98
V_{oc}因子	
• 自然辐射①	
• 盖片带电粒子	0.99
P_{max}因子	
• 自然辐射②	
• 太阳电池片间的线缆损耗（BOL）	0.98
太阳电池线缆电压降（$0.05\sqrt{P_{BOL}}$）	1.50 V

① 由寿命期内的辐射通量决定；

② 近似值等于 I_{sc} 和 V_{oc} 衰减因子的乘积，仅适用于顶层计算；详细计算要分别考虑 I_{sc} 和 V_{oc} 的因子。

8.10.2　辐射损伤

在空间环境下，不同带电粒子的质量和运动速度不同，具有相差很大的能量等级。质量大的粒子产生的损坏局限在粒子轨迹附近，因此对于特定能量的物质而言其破坏性更大。具有相同能量的不同粒子对 I_{sc} 和 V_{oc} 的损伤效应不同，因此将它们的损坏效应都转化为 1 MeV 的等效能量来表示。即当以 e 表示电通量时，2×10^{15} e/cm^2 的能量等同于 1 MeV 的能量。通量等级对于 I_{sc} 和 V_{oc} 来讲是不同的，两个中较高的一个适用于 P_{max} 点。

估算 P_{max} 衰减的一个方法是得到 I_{sc} 和 V_{oc} 衰减的乘积。这样的近似计算在某一些情况下可能不够准确。对于硅电池，V_{oc} 和 P_{max} 的等效通量是相同的，即 V_{oc} 和 P_{max} 的衰减是相同的。但对于 GaAs 电池，V_{oc} 和 P_{max} 的等效通量是不相同的，不同粒子导致 GaAs 电池的 V_{oc} 和 P_{max} 的衰减也不同。

在不同通量水平下通过测试大量电池得出衰减曲线。许多常见的衰减因子来源于 NASA/JPL 手册，如 PUB82－69 是最早公布硅电池数据的出版物，20 世纪 90 年代初期又增加了 GaAs 电池的数据。像宇航公司这样的机构公布了三结电池的衰减曲线。一些具有代表性的硅电池衰减曲线如图 8－33 至图 8－37 所示。辐射不只影响 I_{sc} 和 V_{oc}，还影

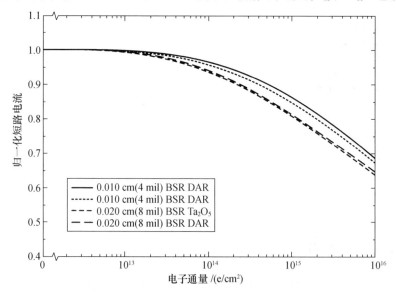

图 8－33　2 Ω·cm 硅电池 1 MeV/cm^2 等效通量对应的归一化电流 I_{sc}

响温度系数，如图 8-38 和图 8-39 所示。在图 8-38 中 I_{sc} 因数值代表的是 4 cm×6 cm 规格的电池，除以 3 就得到 2 cm×4 cm 规格的电池 I_{sc} 因数值。

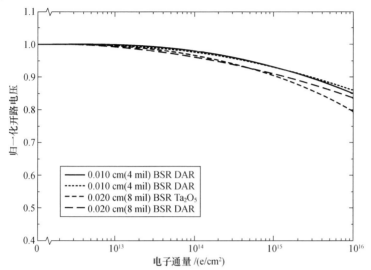

图 8-34　2 Ω·cm 硅电池 1 MeV/cm² 通量对应的归一化电压 V_{oc}

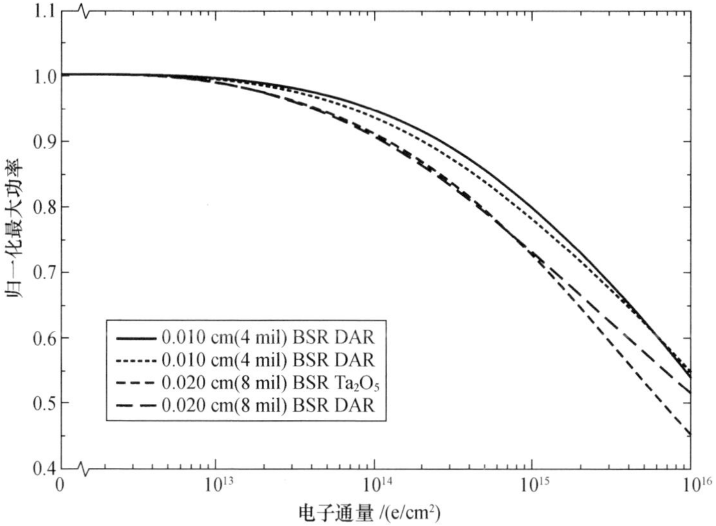

图 8-35　2 Ω·cm 硅电池 1 MeV/cm² 通量对应的归一化最大功率 P_{max}

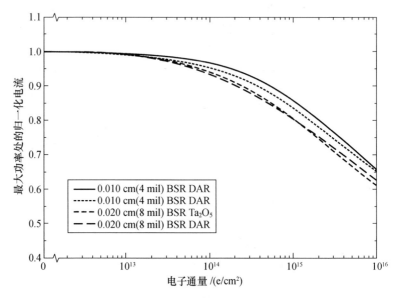

图 8-36　2 Ω·cm 硅电池在最大功率下对应电子通量的标准电流 I_{mp}

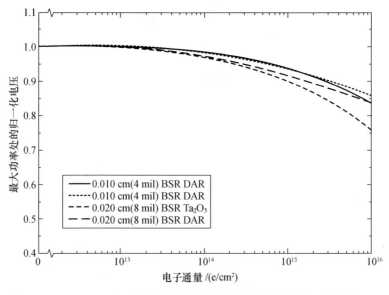

图 8-37　2 Ω·cm 硅电池在最大功率下对应电子通量的归一化电压 V_{mp}

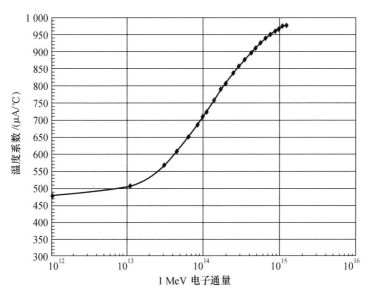

图 8-38　2 Ω·cm 硅电池对应电子通量的电流 I_{sc} 的温度系数

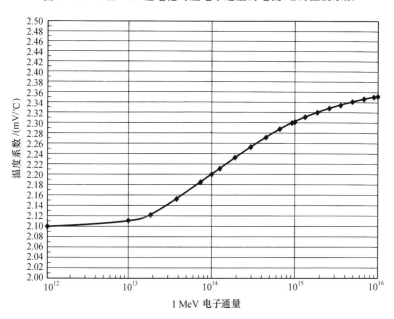

图 8-39　2 Ω·cm 硅电池对应电子通量的电压 V_{oc} 的温度系数

玻璃盖片用于保护电池免受辐射损害。只要节省下来的太阳电池阵的质量大于玻璃盖片增加的质量，那么玻璃盖片的厚度就可以增加。这也为包含有玻璃盖片的最小质量的太阳电池阵提供了理想的玻璃盖片厚度。举个例子，GaAs/Ge 电池的不同厚度玻璃盖片在GPS 轨道自然辐射下的电池参数估值如表 8-3 所示。具有不同厚度的玻璃盖片太阳电池（硅或其他电池）的参数曲线如图 8-40 所示。随着玻璃盖片厚度的增加，盖片质量将增大。但玻璃盖片厚度增加后使得辐射通量减小，而使电池获得更好的保护，从而使得太阳电池阵质量和玻璃盖片数减少。太阳电池阵的质量以抛物线形式变化，把抛物线最小值处的玻璃盖片厚度选作设计值。

表 8-3　GPS 轨道上的自然辐射[①]　($0.075 \ g/cm^2$ 厚度的 GaAs/Ge 电池：1 MeV)

玻璃盖片/mm	I_{sc}	V_{oc}	P_{max}
0.10	9.0×10^{14}	9.7×10^{14}	9.7×10^{14}
0.20	7.2×10^{14}	7.3×10^{14}	7.3×10^{14}
0.30	6.2×10^{14}	6.2×10^{14}	6.2×10^{14}
0.50	4.8×10^{14}	4.8×10^{14}	4.8×10^{14}
1.00	3.0×10^{14}	3.0×10^{14}	3.0×10^{14}

① 未考虑核辐射对 I_{sc}，V_{oc} 和 P_{max} 的影响。

在具有典型的玻璃盖片厚度的一般 GEO 通信卫星中，有玻璃盖片的硅电池受到的自然辐射通量大约是 3×10^{13} MeV/a。在这样的辐射条析下，卫星寿命期间，太阳电池阵发电能力的衰减如图 8-41 所示。自然辐射状况随轨道高度和倾角的不同而不同。图 8-42 中 K4 和 K6 所示的是两种传统硅电池在 45°倾角、不同高度情况下的轨道辐射量和所需的 EOL/BOL 的功率比。

8.10.3　通量计算

通常在计算总辐射通量时要考虑以下参数：

1) 轨道高度、倾角和任务持续时间；

2) 俘获电子模型，如 NASA 的 AE7 模型；

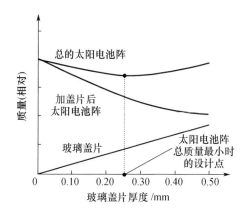

图 8－40　辐射保护产生的最小质量太阳电池阵的最优玻璃盖片厚度

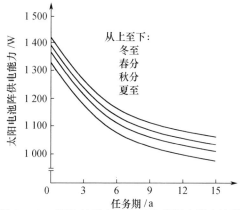

图 8－41　GEO 轨道上卫星任务期间太阳电池阵

发电能力衰减情况（带有 6 mil 玻璃盖片硅电池）

3）俘获质子模型，如 NASA 的 AP8 模型；

4）太阳耀斑模型，由用户指定；

5）是否有特殊的核威胁产生的裂变电子和中子；

6）包含电池结区的正面和背面材料厚度和密度的太阳电池阵截面；将所有前后保护层的表面质量密度转化成总的表面质量密度（g/cm^2）；包括正面层在内，但蜂窝板的影响忽略不计。

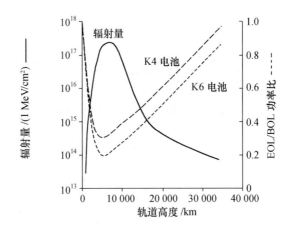

图 8－42　3 年任务期 45°倾角轨道上的辐射通量和
太阳电池功率衰减与轨道高度的关系

　　可以按等效 1 MeV 的辐射计算出不同设计辐射的损害程度（例如，不同的设计采用不同太阳电池类型和玻璃盖片厚度），如表 8－4 所示。

表 8－4　辐射影响 I_{sc} 的一组数据①

粒子	正面厚度	背面厚度	总辐射通量
质子	7.08×10^{10}	0.00	7.08×10^{10}
电子	8.30×10^{14}	2.65×10^{14}	1.09×10^{15}
耀斑质子	2.49×10^{14}	6.90×10^{13}	3.18×10^{14}
耀斑 α 粒子	1.22×10^{13}	8.30×10^{11}	1.30×10^{13}
核裂变电子和中子	待确定	待确定	待确定
总和	1.09×10^{15}	3.35×10^{14}	1.42×10^{15}

　　① 下述值对 I_{sc} 的影响条件为 10 mil 硅电池（0.061 g/cm²），8 mil 氧化铈玻璃盖片，10 Ω·cm 基板，2 mil×20 mil 铝表面板，1 in 蜂窝板，GPS Ⅱ卫星轨道，寿命期超过 14 年。

8.10.4　太阳偏置

　　太阳电池阵在寿命初期可以产生过剩的功率。航天器在轨运行的很长时期并不总是需要满负载功率，例如在轨储能阶段。人们期望在这些时候将太阳电池阵偏置太阳法向方向，可以减小离子辐射的损坏，从而增加太阳电池阵的寿命。这种预期的条件是太阳电池阵的带电粒子入射角小于 90°。然而，因为带电粒子的入射方向与衰减效应没有关系，偏置对这种情况没有作用。粒子流就像同质气体云或液体流，使太阳电池阵浸入其中，GEO 和 MEO 尤为如此。太阳电池阵的浸入面积才是问题。但在 LEO 中，一些迹象表明入射方向可能会对衰减效应有影响，但并不重要。

如果内置太阳电池板一直保持几年不展开，直到有任务需求时才展开，那么太阳电池板的辐射损伤就会减少。然而，这种损伤的减少并不明显，每两年才减少 1%。如前所述，辐射粒子就像气体云，太阳电池阵浸入其中。不管展开或不展开，带电粒子进入太阳电池阵就会造成破坏。

8.10.5 磁 矩

卫星的磁矩主要由太阳电池阵电流回路和线圈产生；不论回路形状如何，它都是一个矢量，定义为 $\boldsymbol{M}$＝电流×回路面积（A・m²）。矢量方向符合右手法则。对于一个平面内的回路电流来讲，磁矩垂直于该平面。在地球磁场 $\boldsymbol{B}$ 中产生的磁矩 $\boldsymbol{T}$（N・m）由式（8－26）的叉积得到

$$\boldsymbol{T} = \boldsymbol{M} \times \boldsymbol{B} = \boldsymbol{M} \times \boldsymbol{B}\sin\theta \qquad (8-26)$$

储存在回路中的势能 U（J），由点积得到

$$U = \boldsymbol{M} \cdot \boldsymbol{B} = \boldsymbol{M} \times \boldsymbol{B}\cos\theta \qquad (8-27)$$

磁矩随电流的增大而增加。由于电流与太阳电池阵面积成正比，而太阳电池阵面积又与功率成正比，因此磁矩大致与功率的平方成正比。

$$\boldsymbol{M} = k P^2 \qquad (8-28)$$

式中 k——比例常数，一般从相同设计的测试值中得到。

扭矩方向可以这样设定，其盘绕方向（偶极）与磁场 $\boldsymbol{B}$ 平行，从

而势能减少，总是处于一个稳定的位置。这样，如果偶极子以角速度 ω 转动，势能降低输出的功率为 $T\omega$。当需要改变姿态（位置和方向）来保持所需轨道时，姿态控制系统必须通过消耗额外的燃料来抵消这个力矩。任务期内所需的额外燃料与 $T\omega$ 的时间积分成正比，即

$$\Delta\,燃料 = \int_{任务期} T\omega\,\mathrm{d}t \qquad (8-29)$$

可以通过减少回路面积来减少太阳电池阵的磁力矩。这样不仅能够减小额外燃料的需求量，而且还能减小对有效载荷，尤其是对磁场敏感的仪器的影响。

8.11　光伏技术的进展

光伏（太阳电池）技术在以下领域不断得到发展：

1）制造成本的降低；

2）效率的提高；

3）光谱响应的改善；

4）采用低电阻率基底；

5）应用新型半导体材料；

6）抗辐射能力的提高；

7）薄膜和多结电池的研制；

8）抛物线和线性聚光电池；

9）非晶电池。

由于大多数现有光伏技术采用的是晶体半导体材料，类似于集成电路的芯片，因此制造成本很高。太阳电池制造过程是能耗密集型的，在太阳电池发电之前，每平方厘米的电池已消耗了几千瓦时的能量。然而，随着新生产工艺的不断出现，制造电池的能量消耗也在稳定下降。正在研发的新生产工艺正在不断降低每平方厘米成品电池的能量消耗。在目前电池的制造过程中，电池的正面和背面分开扩散，制造时间为 1～3 h。Georgia 技术研究所正在考虑采用快速热加工技

术。这项工艺在几分钟内同时形成电池正背面，通过丝网印刷连接金属。这不但减少了加工时间，还降低了制造过程所需温度和能量。

最近，双结和三结 $GaInP_2/GaAs/Ge$ 电池在航天器电源系统设计中的应用有所进展[6]。$N-ON-P$ 的设计提高了对辐射的抵抗强度，用砷扩散在 P 型 Ge 衬底上，在衬底上沉积和形成活性结，便很容易实现这种设计。隧道结用于连接以单个 Ge 为底部、GaAs 为中部和 $GaInP_2$ 为顶部的电池。典型的三结电池 $I-V$ 特征曲线如图 8-43 所示。在实验控制条件下测试的三结电池转换效率可达 40%，用于航天器的产品电池为 30%，期望长期目标能达到 40%。然而有资料显示，电池的衰减比预期要快。目前 30% 转换效率的电池，其电池级成本为 $12\sim15$ \$/cm^2（$350\sim450$ \$/W），太阳电池阵成本为 $800\sim1\,200$ \$/W。

喷气推进实验室正在开发一种新的转换效率为 46% 的电池，他们用效率 40% 的三结电池作正面，用效率 10% 的热电电池作背面，以便利用废热。如果可能的话，这种新型电池的最大理论转换效率在实验室条件下是 47%，产品电池是 37%。

多结 c-Si 电池可以显著地提高效率，而 a-Si 电池可以明显地降低材料的成本。a-Si 电池的缺点是初期转换效率低，在稳定之前的头几个月受阳光辐射还要衰减大约 20%。然而，由于它的 P-N 结很薄，随后受到的辐射损害较少。当 γ 射线穿透超薄结时，也不会导致损坏。制造光伏电池时，较好的结晶性意味着较高的效率，但同时也意味着电池要承受更大的辐射损害。排列完好的晶体结构即使遭到轻微的损害，也会导致输出功率的减少。非晶电池的无序原子结构不会产生不一致，因而性能不会下降。

非晶硅的制造成本极低，抗辐射能力强，高温性能较好。地面应用的这种大型电池，成本为 3 \$/W，目前的年生产能力达到数十兆瓦。对于空间应用来讲，其效率比 c-Si 电池低很多。将多结薄膜 a-Si 沉积在薄的柔性基体上是一项新兴技术，可用于太空。薄膜电池有几微米厚，涂在几千分之几 in 厚的铝片上。三结电池是将加强

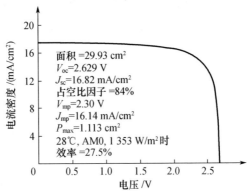

图 8—43　典型大三结电池的 $I-V$ 剖面图
及其特性曲线

的等离子化学气体混合物沉积在以银/锌氧化物材料为背反射器的基体上而制成的。顶层电池用 1.8 eV 带宽的 a—Si 合金捕捉蓝光，中层电池用 1.6 eV 带宽的 a—SiGe 合金捕捉绿光，底层电池用 1.4 eV 带宽的 a—SiGe 合金捕捉红光。未吸收的阳光从背面以一个倾斜角多径散射回去。沉积在电池上的铟锡氧化物，既达到了 ESD 控制，又可作为减反射膜涂层。顶层银栅收集电流。假定转换效率为 9%，Guha[7] 估算出不锈钢基板厚度 0.5 mil 的电池的比功率是 770 W/kg，1 mil Kapton 基板的比功率为 2 750 W/kg。在地球 AM1.5 光谱下小型三结 a—Si 电池的转换效率已经达到 13%。由于空间 AM0 光谱在蓝波长范围很丰富，三结电池的组件厚度可以得到优化。NASA GRC 实验室在 AM0 辐射条件下测试了空间优化电池，结果显示：初期稳定状态后的 BOL 阶段，$0.27\ cm^2$ 的电池效率为 12%；$11\ cm^2$ 的电池效率为 10.8%。关于太空优化 a－Si 电池，Guha 有如下报道：

1）20～70 ℃的范围内，温度每改变 1 ℃所导致的功率衰减为 0.2%～0.3%，是传统晶体硅电池功率衰减的一半。出于这个原因，a－Si 电池在 LED 和 GEO 的高温条件下应有较好的性能。

2）如果电池在合适的温度下经过热处理，则辐射导致的功率衰减更低。热处理温度为 70 ℃时，在剂量为 1 MeV1×10^{15} 个电子/cm^2 辐照下，功率衰减 5%；热处理温度为 110 ℃时，在剂量为 1 MeV1×10^{16} 个电子/cm^2 辐照下，功率衰减 16%。在相同剂量的辐照下，晶体硅电池会丧失大部分功率。

3）在－110 ℃和＋150 ℃之间，温度以 80 ℃/min 的速率变化时，经过 33 000 多个热循环后，性能没有显著改变；在剂量为 1.3×10^{20} 个原子/cm^2 的原子氧辐照下，性能也无明显改变。

在表 8－5 中，Guha 将薄膜三结 a－Si 电池与传统 c－Si 电池的 EOL 性能进行了比较。a－Si 电池的突出优点是成本低，质量小。

表 8－5　空间应用的晶体硅和非晶体硅太阳电池的比较

性能	晶体硅	非晶体硅
寿命初期效率	14%	9%
温度影响	－20%	－8%
辐射造成的衰减	－25%	－3%
寿命末期效率	8%	8%
成本	高	低
7 kW 太阳电池阵所能节省的质量	见参考文献	50 kg
内部互联性	见参考文献	很低
刚度	坚硬	柔性
技术状态	已得到验证	测试中

为了进一步降低电池成本，瑞士技术联盟（Swiss Federatin of Technology）最近研发出转换效率为 33% 的氧化钛电池。待技术成

熟后，它的成本将与相同厚度的玻璃一样。

一种正在兴起的电池是薄膜铜－铟－硒电池，它被黏合在轻薄的柔性基体材料上，展开前能保持平展。形状记忆型弹簧将太阳电池阵结构架展开成电池帆板。在太阳电池阵级别上，这种帆板的比功率能达到 100 W/kg。

100 kW~1 MW 的大功率薄膜柔性太阳电池阵（成本是 100 \$/W，质量比功率达到 1 000 W/kg），使地球向月球、火星移民成为可能。对于传统航天器而言，单片电路聚合体基体上的薄膜必须要有至少 15% 的转换效率才能在重量和成本方面具有竞争性。薄膜用几微米（<5 μm）厚的半导体材料，大多数是非晶或多晶的，单结或多结形式。地球上用的电池一般用玻璃基板，但太空用电池用铝、不锈钢或聚酰亚胺基板。薄膜电池是可替换电池（非单片），规格通常以几英寸×几英寸的矩形尺寸表示。目前薄膜电池的比功率大约是硅电池的 2 倍。由于带电粒子无法同时破坏薄膜电池中的薄膜板任意排列的非晶和多晶结构，因此薄膜电池的抗辐射性能很好。

表 8-6 总结了现在市场上应用的主要太阳电池技术。

表 8－6　　多种太阳电池技术的比较（典型代表值和相对值）

太阳电池单体	效率（寿命初期）	W/m^2	\$/W[1]（寿命初期）	辐照强度	CIC[2] kg/m^2	成熟度
晶体硅	12%~14%	150	100	低	1	成熟
GaAs/Ge	18%~19%	225	300	中	1	成熟
GaInP$_2$/GaAs/Ge	24%~26%	300	300	中	1	新应用
非晶体硅	8%	80	≪100	高	0.1	未准备好
CuInSe	10%	135	≪100	高	0.1	研发中
×100 太阳光强度	32%~34%					GaAs 串列
×150 太阳光强度	30%~32%					GaInP$_2$/GaAs 串列
×1 000 太阳光强度	36%~38%					GaInP$_2$/GaAs/Ge 三结

① 2004 年的成本估值；

② CIC＝单体＋互联条＋玻璃盖片。

海军研究实验室（The Naval Research Laboratory）和 NASA Glenn 曾经合作制作了一个行李箱大小的太阳电池，在 ISS 上进行了试验。其目的是对现有和新开发电池一年内的电压、电流和温度数据进行监测和补充。试验的重点是评估现有电池的长期性能和未来多结太阳电池技术。

8.12　聚光太阳电池阵

为了提高光电转换效率，可以利用低成本透镜把太阳光聚焦，使光照强度增加几十倍或几百倍。聚光电池的主要优势是，与普通电池相比，这种电池只需要很小的有效面积，当用于产生能量的有效面积相同时，这明显降低了太阳电池材料的需求量。除了功率大、体积小和所需电池数量少之外，聚光电池还有一个优势，就是阳光被聚焦到焦点时会增加电池效率。例如，Krut[8] 指出，一个 GaInP/GaAs 双结电池在 1 个太阳光强度下转换效率为 29%，在 2 个太阳光强度下效率增加到 30%，在 100～500 个太阳光强度下效率增加到 34%。只要将热量辐射到太空保持电池冷却状态，电池效率就会得到改善。Krut 认为在航天器中使用聚光太阳电池阵要考虑以下几个问题：

　　1）需要改变传统平板装配和展开方式；

　　2）因为光学仪器的受光角度小，必须增加太阳跟踪精度；

　　3）缺少可用的空间聚光器材料；

　　4）电池工作温度更高，会导致效率下降；

　　5）采用任何新技术带来的技术问题、成本和研制周期风险。

GaAs 聚光电池的技术数据见图 8－44。聚光硅电池已得到了应用，但 GaAs 聚光电池的使用却相对滞后，其部分原因是要得到高效率就需要更高的聚光度。硅电池的峰值转换效率在几十倍太阳光强下就能达到，而 GaAs 电池则要数百倍太阳光强[9]。对于第 27 章讨论的太阳能卫星来说，高聚光 GaAs 电池要求聚集器聚光倍数超过 1 000，也可能在 5 000～10 000 倍范围内，这样电池面积就会非常小。

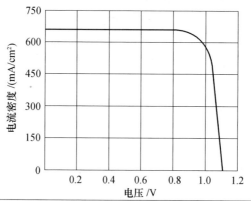

温度系数

$I_{sc} = +24.0 \ \mu A/cm^2$

$V_{mp} = -1.9 \ mV/℃$

$V_{oc} = -1.8 \ mV/℃$
$P_{mp} = -3.9 \ mW/(cm^2 \cdot ℃)$

辐射衰减*

参数	1×10^{13}	1×10^{14}	1×10^{15}	3×10^{15}
I_{sc}/I_{sc0}	0.99	0.95	0.84	0.69
I_{mp}/I_{mp0}	0.99	0.95	0.83	0.67
V_{mp}/V_{mp0}	0.98	0.94	0.90	0.87
V_{oc}/V_{oc0}	0.98	0.95	0.90	0.87
P/P_0	0.98	0.90	0.74	0.58

通量*/(e/cm²) 1 MeV 电子

热性能

Alpha（球形）=0.82（CMX）

热辐射（正常）=依系统而定

图 8-44 GaAs 聚光电池性能数据（20 倍太阳光照，转换效率 22%）

在转换效率相同的情况下，高效的小面积电池比大面积电池更易于制造。另一方面，聚光电池的主要缺点是需要聚光设备，这将导致成本增加。

图 8-45 所示为两种可供选择的聚光电池。在圆锥形聚光器中，电池位于覆盖着 15 mil 透明硅透镜的铝圆顶杯中央。由于圆透镜有高聚光性，指向稍微出现偏差都会使功率大大下降。具有圆锥形聚

光器的薄膜可膨胀太阳电池阵正处于研发阶段，一旦成功将会用于航天器天线，正在考虑应用到能源系统，尤其是用作高效率电推进系统[10]。线聚光器的聚光性相对较差，但对指向错误不敏感。

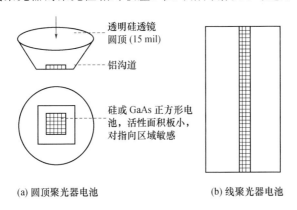

(a) 圆顶聚光器电池　　　　　　　　　(b) 线聚光器电池

图 8-45　太阳聚光电池结构

聚光太阳电池能大大降低电池成本，聚光太阳电池阵的成本是普通太阳电池阵的 35%～45%。然而，有两个重要问题对高聚光度的电池设计有影响。一个是串电阻的最小化，另一个是如何对太阳电池阵进行冷却，消除没有转换为电能的能量。装备结构可以是蜂窝结构的刚性板或柔性基体。刚性板相对于柔性基体增加了一些质量，但其展开性能好，能在轨道转移时把太阳电池放置在最外部的太阳电池帆板上。

聚光技术的第一个优点是单位功率的成本低，可以用较便宜的光学表面材料替换太阳电池活性面积。第二个优点是封装的电池能防止空间辐射和等离子体损伤，使其适合于高电压场合应用。测试表明，在 400 V 的工作电压下其电介质的承受能力是 1 000 V。电池级的比功率已达到 200 W/kg。空间用聚光器的聚光率为 3～10 倍，而地面用聚光器的聚光率为 100 倍左右。在设计聚光太阳电池阵时需要注意以下问题：

1）光学衰减。

2）聚光条件下电池的热控问题，尤其是在出阴影区时。然而，由于电池为薄型结构，因此热梯度应相对较小。

　　3）太阳电池阵对太阳的定向误差。聚光能力越强，定向发生偏差时损失的能量就越多。

　　有两个原因限制了聚光电池在传统空间领域的应用。一是减少的活性电池面积可以降低材料成本，但定向误差可能抵消这个优势。再是聚光面积相同，基体质量大小也相同。当聚光率大于 10 的聚光电池应用到空间时，其优势会降低。太空应用需要太阳电池阵产生 500 V 或更高的电压。在高电压下，它的漏电流很小，这是一个明显优势，例如在电子推进中。

　　太阳电池聚光技术主要表现在以下 3 个方面。

8.12.1　展开型聚光透镜太阳电池阵

　　展开型聚光透镜太阳电池阵（SLA）技术使用可伸展硅薄膜菲涅尔（Fresnel）透镜将太阳光聚焦到光伏电池上，光伏电池一般为三结光伏电池。这种线型聚焦硅透镜能为辐射冷却的光伏电池提供 8～10 倍的聚光率。透镜由 200 μm 厚的硅片制成，覆盖在 75 μm 厚的氧化铈玻璃盖片上，起到支撑与防紫外辐射的作用。叠层透镜就像由拱形两端支撑的展开的薄膜，如图 8－46 所示。附在 190 μm 厚的复合材料片上的光伏电池，就像两个边缘间伸展的薄膜。复合材料片有很高的热传导性，能够通过热辐射冷却光伏电池。这种透镜结构具有可折叠

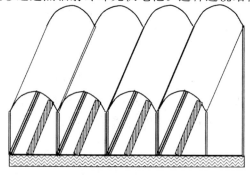

图 8－46　展开型聚光透镜太阳电池阵原型板

性，可以适应发射情况，就像平板太阳电池翼那样。太阳电池阵的质量密度大约为 1.5 kg/m²，包括透镜和光伏电池的电路导线、复合材料基板、铰链，支架及展开装置。NASA Glenn 测试发现，在 25 ℃时整个太阳电池阵的功率转换率为 27.4%，相当于 375 W/m²。在工作温度为 80 ℃的 GEO 轨道上，效率为 300 W/m²或大约 200 W/m²。对日跟踪定向误差的极限为标准轴方向大约±2°。

伸展透镜技术有以下优点：

1）高转换效率，高比功率；

2）线型聚焦聚光器的透镜制造成本低，可以批量生产，有效太阳电池面积仅为常规太阳电池面积的 1/8；

3）只需在一个轴上实施对日跟踪调整；

4）为太阳电池提供内在保护，防止带电粒子冲击，因此十分适合在高辐射轨道与受核威胁情况下工作的防务卫星；

5）具有抵抗空间高能等离子体冲击的能力，表现为能经受环境作用最小时相对于空间等离子体 500 V 的偏压；

6）高偏压下与等离子体的最小作用为 500 V 高压条件下的电推进提供了潜在的用途。

以 Ge 为基底的 GaInP/GaAs 多结电池，由于其转换效率高和制造精度高，在展开型聚光透镜太阳电池阵中得到越来越多的使用。商用的双结与三结电池在空间 1 个太阳光强、28 ℃和 AM0 时的转换效率大约为 30%，在多倍太阳聚光率下的转换效率将会更高。图 8-47 所示

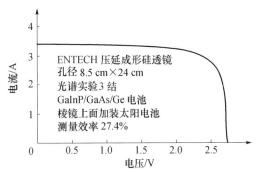

图 8-47　AM0 时伸展透镜太阳电池阵模型 $I-V$ 测试结果

为 8.5 cm×24 cm 的针孔透镜电池的 $I-V$ 特性曲线。光谱响应的改善可以提高转换效率。在曲线下降段，为保持低工作温度以实现输出功率最大化，要求电池阵把热能向空间有效地扩散与辐射。另一个缺点是太阳定向误差会产生潜在的功率损失。然而，正如 Krut 和 Karam 指出的，这些电池明显具有软角依赖性，如图 8—48 与图 8—49 所示[6,8]。试验模型在 α 面（软角面）±8°内的传输功率超过了峰值功率的 97%，在 β 面（硬角面）±4°内的传输功率为峰值功率的 97%。这样一来，电池可以承受上述的定向误差而不产生明显的功率损失。

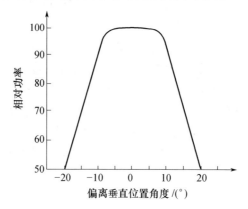

图 8—48　α 面（软角面）10×晶体硅电池的偏位性能

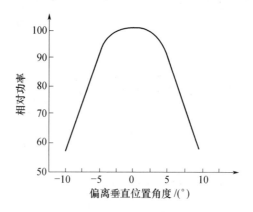

图 8—49　β 面（硬角面）10×晶体硅电池的偏位性能

Ballistic Defense 组织和 NASA Glenn 正在努力研发具有折射线性技术特点的太阳聚光器电池阵（SCARLET）。首次飞行试验采用了先进的光伏电池和电子试验设备（APEX），随后在 1995 年的彗星－流星号航天器上又用了线型和抛物线型 GaAs/Ge 电池太阳聚光电池阵。试验结果公布在 Jones[11] 等人的报告中。这一技术特别适合于高电压太阳电池阵。它也在 NASA/JPL 的 2 500 W 深空 1 号航天器和离子推进器上进行了试验。结果表明圆锥透镜的比功率分别为 200 W/m² 和 45 W/kg[12]。

8.12.2　聚光板

在聚光板（LCP）技术中，一对隧道形状的光学平面板将太阳光反射到光伏电池上，如图 8－50 所示[13]。使用这种反射器后，聚光

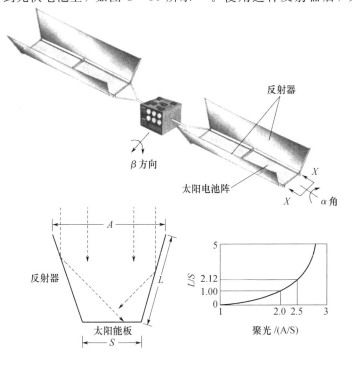

图 8－50　聚光板装置

比的上限达到了 2.75。反射器面板可以采用硬质铝材料或氟化聚胺膜。氟化聚胺膜的反射面是将铝真空镀在聚胺基面上。氟化聚胺膜反射面板有较轻质量。在变换轨道时，反射器卷起并收在折叠起来的光伏板两旁，只留下一块面板以产生电能。一套由滑轮和电缆组成的系统用于光伏电池面板展开，同时确保支撑悬臂互相平行。当光伏电池面板展开后，支撑悬臂中的弹簧使反射器处于受力状态。每隔一个光板上的悬臂支撑，并拉紧反射器。悬臂的末端能够旋转至与光伏电池面板垂直的位置，使反射器能够照到整个光伏电池阵，即使是地球同步卫星也能够满足太阳光照的要求。在太阳电池阵的 β 角不为 0 时，电池上也无阴影区。光板的长度至少是宽度的 2 倍，这样折叠效果最好。反射器的底平整度对于避免形成局部高热点至关重要。据估计，这种聚胺薄膜的沟道聚光器设计，用 30% 转换效率的光伏电池能够产生的比功率为 180 W/kg。

2000 年 7 月发射的 Mightsat Ⅱ 印证了聚光板技术[14]。它的设计使用轻质合成镜面带形成的矩形沟状镜面栅格聚焦太阳光。反射到太阳电池上聚光率大约为 2.75∶1。电池片安装在涂有 Kapton 膜的高传导性的叠层合成板上。聚光镜与电池安装在热传导性良好的基片上以便散发热量。光伏电池相连接在涂有 Kapton 膜的柔性导线层上。

聚光板取代了传统帆板上的蜂窝结构的盒状太阳电池阵，提供了必须的结构钢度。光伏电池的活性区域现在也减少到了原来的 1/3。根据 Stern 和 Bonebright 的预测，使用聚光板技术后太阳电池阵的成本将减少 40%[14]。

波音公司的 BSS－702b 卫星最初采用的太阳电池阵设计是聚光板技术，用于安装在整流器内的太阳电池阵产生最大的电能。这一设计采用的是在铝蜂窝基板石墨层表面安装 GaInP2/GaAs/Ge 光伏电池，形成太阳电池翼，在翼的两侧太阳反射面板呈一定角度安装。当所有的拉杆都释放后，平板像手风琴一样打开，太阳翼顺序展开，如图 8－51 所示。然后反射器以相同方式展开打开。BSS－702 的聚光器主要是由以一定的角度安装在太阳板两边的镜片组成，与面板

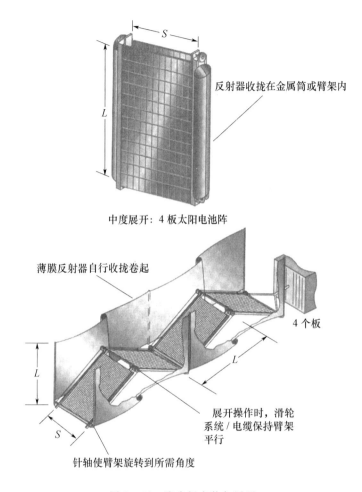

反射器收拢在金属筒或臂架内

中度展开：4 板太阳电池阵

薄膜反射器自行收拢卷起

4 个板

展开操作时，滑轮
系统 / 电缆保持臂架
平行

针轴使臂架旋转到所需角度

图 8－51　聚光板安装与展开

呈 U 型对日光进行反射，能多产生大约 30％的功率。然而，波音公
司通过对 2000 年和 2001 年发射的一些 BSS－702 卫星进行检测发
现，卫星在早期有功率损失，每年平均损失 6％的功率，损失速率与
卫星的使用有关。有关人员怀疑问题出在航天器排出的气体污染物
污染了聚光器，使镜面聚光能力下降。虽然尚不确定确切原因，但可
以肯定的是航天器上使用的氙离子推进系统并不是问题的所在。但
是波音公司仍用传统的平板设计取代了聚光板技术。在不使用聚光

器的情况下要提高功率，波音公司转而使用三结而非双结太阳板电池，并增加了太阳电池阵上的电池数量。

BBS-702 隧道结构太阳电池阵的持续线性功率损失的根本原因，在 2003 年朴斯茅茨（Portsmouth）IECEC 会议上有人做了解释，认为是一种挥发性可凝固的物质污染了聚光器，同时还与聚光器的几何形状相关。这两个因素结合在一起导致了反射性能减弱，减小了光的传播，最终由于额外收缩导致机械故障。排出气体沉积在隧道结构的面板上形成污染。平面太阳电池阵很少积累污染物，且始终在低温状态下运行。此外，多结电池对污染物更为敏感。测试已排除了离子推进器与紫外光减弱对聚光器造成的影响。

8.12.3　抛物面聚光器

如图 8-52 所示的抛物面聚光器技术，是通过旋转的抛物面反射镜面将太阳能聚集在一个很小的区域内。根据图 8-53 所示的几何图形，从镜面中心反射的太阳射线在焦平面上形成一个光斑。它的直径为 $d_i = 2f\tan\phi$，式中 ϕ 是太阳的观测锥角，从地球上观测时锥角为 $0°0'32''$；f 是聚焦长度，这里给出的是 $d_i = 0.0093f$。从镜面边缘反射的光束在焦平面上形成一个椭圆形光斑，这一变形就是所谓的像差造成的。光的强度经过第一次成像后没有改变，但在像差边缘将降为 0。所有聚集的能量都集中在这个像差图像中。在第一次成像中聚集的总能量的分式为

$$\eta_i = \left(\frac{1+\cos\theta}{2}\right)^2 \tag{8-30}$$

式中　θ——图 8-53 中所示的角度。

抛物面的聚光率 C_i 可定义为

$$C_i = \frac{\text{在第一次成像的能量密度}}{\text{从阳光中得到的能量密度}} \tag{8-31}$$

显然这里有两个聚光率，一个是第 1 次成像的，另一个是像差图像的，它们的值可以由下式得到：

$$C_i = 46\ 100(\sin\theta)^2 \tag{8-32}$$

$$C_0 = 11\ 550(\sin2\theta)^2 \tag{8-33}$$

式中　C_0——像差图像的聚光率。

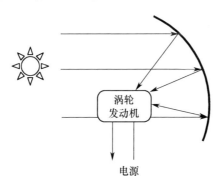

图 8-52　用于电源系统的抛物面聚光器

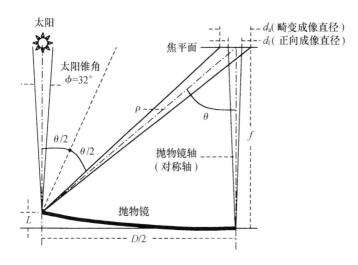

图 8-53　抛物面聚光器几何结构

因此，在正向成像中，有可能达到上万倍的聚光率，在地球轨道上将产生每平方米十兆瓦以上的能量密度。

由于存在制造公差，聚光器的实际值会偏离理论值一点点，这种

偏差可能来自于不完全的抛面、出现过度曲率点、不对称或与镜面轴出现偏差等。实际的镜面常由完全指数定义

$$\lambda_i = \frac{C_i \ 实际值}{C_i \ 理论值} \qquad (8-34)$$

对于光学品质意义上的反射镜，λ_i 接近 1。然而实际中的 λ_i 大约为 0.5 或更小。

若太阳射线与镜面轴线之间有一个偏差，成像将相对于轴线产生移动，并且发生变形。成像中心的侧向位移或边长能够通过图 8-53 得到

$$\delta = \left(\frac{\Delta \bar{\omega}}{57.3}\right)\left(\frac{2\rho - f}{\cos\theta_m}\right) \qquad (8-35)$$

式中　δ——成像从 0 偏差位置开始的位移；

　　　$\Delta\bar{\omega}$——角度的偏差。

参 考 文 献

〔1〕　CARLSON D E. Recent advances in photovoltaics：proceedings of the 30th Intersociety Energy Conversion Engineering Conference，ASME，1995：621－626.

〔2〕　COOK G，BILLMAN L，Adcock R. Photovoltaic Fundamental. DOE/Solar Energy Research Institute，Report No. DE91015001，1995.

〔3〕　CHERN P C ，LEIPOLD M H. Stress Fiat and Proof Testing of Silicon Wafers. Jet Propulsion Laboratory，Report No. NASA TSP－5，1987.

〔4〕　DELLEUR A M，KERSLAKE T W ，SCHEIMAN D A. Analysis of direct solar illumination on the backside of space station cells：proceedings of the 34th Intersociety Energy Conversion Engineering Conference，ASE，Paper No. 01－2431，1999.

〔5〕　GLUCK P R ，BAHRAMI K A. A simple algorithm to compute the peak power output of GaSs/Ge solar cells on the Martian surface：proceedings of the 30th Intersociety Energy Conversion Engineering Conference，ASME，1995 321－325.

[6]　KARAM N H, et al. Development and characterization of high efficiency GainP/GaAs/Ge dual and triple junction solar cells. IEEE Transactions on Electron Devices, 1999 (7): 2116－2125.

[7]　GUHA S, et al. Low cost and light weight amorphous silicon alloy solar array for space applications: proceedings of the 34th Intersociety Energy Conversion Engineering Conference, ASE, Paper No. 2553, 1999.

[8]　KRUT D D, et al. High efficiency space concentrator with soft angular dependence and related cell technology: proceedings of the 36th Intersociety Energy Conversion Engineering Conference, ASME, Paper No. AT － 90, 2001.

[9]　ALGORA C , DIAZ V. Influence of series resistance on guidelines for manufacturing of concentrator p － on － n GaAs solar cells: progress in PV Research and Applications, John Wiley and Sons, 2000, Vol. 8: 211－225.

[10]　LAUG K K , HOLMES M R. Paraboloidal thin－film concentrators and their use for power applications: proceedings of the 34th Intersociety Energy Conversion Engineering Conference, SAE, Paper No. 2552, 1999.

[11]　JONES P A, MURPHY D M, PISZCZOR M. A linear refractive PV concentrator solar array flight experiment: proceedings of the 30th Intersociety Energy Conversion Engineering Conference, ASME, 1995, Vol. I: 309－314.

[12]　O'Neill A, et al. The stretched lens array (SLA): an ultra light concentrator for space power: proceedings of the 36th Intersociety Energy Conversion Engineering Conference, ASME, 2001: 79－84.

[13]　BROWN M A , MOORE. J. Solarcon concentrator solar array: proceedings of the 36th Intersociety Energy Conversion Engineering Conference, ASME, Paper No. AT－38, 2001: 75－78.

[14]　STERN T G , BONEBRIGHT P. Flight tests of a solar array concentrator on Mightysat II: proceedings of the 35th Intersociety Energy Conversion Engineering Conference, ASME, Paper AT－37, 2001: 69－74.

第 9 章　化学电池

9.1　简　介

储能系统不仅要满足航天器在阴影期的负载需求，而且能随时满足超出发电装置输出功率的电能需求。应用最为广泛的储能装置是以电化学形式储存能量的化学电池，包括以下两种基本类型：

1）原电池：所发生的电化学反应不可逆。完全放电后废弃，不能循环使用。原电池一般用作短期空间飞行任务的主电源。相对于二次电池，其比能量高一个数量级。

2）二次（可充电）电池：所发生的电化学反应可逆。放电后，可通过外部直流电源充电。二次电池用于长期空间飞行任务，由另一独立电源周期性地对其充电。大部分的卫星都采用二次电池供电。

9.2　化学电池

电池组由若干化学电池单体串联或并联组成，以满足相应的电压与电流需求。单体电池的典型内部结构如图 9-1 所示，包含正极、负极、电绝缘隔膜以及化学电解质。正负极组分别与安装在外壳上的接线柱（极柱）连接。电池在较低的电压下储存电化学能。单体电池电压仅取决于其电化学体系，而与物理尺寸无关。通常使用的电池充满时电压在 $1.5 \sim 3.5$ V 之间。电池电容以符号 C 表示，取决于电池的物理尺寸。电容的定义为室温下电池放电至其截止电压（为完全充电时电压的 2/3）时所放出的能量（A·h）。电池组容量能以 C 安培放电 1 h，或以 C/n 安培放电 n 小时表示。电容表示输出的安时数，而不是输入或储存在电极间的能量。电压为 1.5 V 的单体电池放电至 1.0 V 时就已放出了其全部能量。放电至 0.1 V 时的安时数比放电至 1.0 V 时仅高几个百分点。

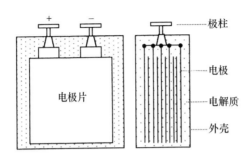

图 9-1　化学电池单体的典型结构

电池组额定电压指的是放电期间的平均电压。电池组电压越高，所串联的单体电池个数越多。额定电压与安时容量的乘积是额定能量，表示电池组在完全充满状态下能给负载提供的能量，单位为 W·h。

充电或放电速率以电容的分数来表示。例如，若以 10 A 的速率对容量为 100 A·h 的二次电池充电，则充电速率为 $C/10$。若该电池以 $C/2$ 速率放电，则表示以 50 A 电流放电。在该速率下，两小时即可使电池完全放电。电池的充电状态（SOC）定义为

$$SOC = \frac{电池组剩余安时容量}{额定安时容量} \qquad (9-1)$$

充电状态影响电池电压、密度以及电解质的冰点。完全充电后电池中的电解质密度大、冰点低；相反，完全放电后电池中的电解质冰点较高。由此可以看出，在低温环境下保持电池组完全充电状态的重要性。

电池组放电深度（DOD）定义如下

$$DOD = \frac{完全充电电池组放出的安时容量}{额定安时容量} \qquad (9-2)$$

显然

$$DOD = 1 - SOC \qquad (9-3)$$

当前用于空间领域的二次电池包括镉镍电池（Cd－Ni）、氢镍电池（H$_2$－Ni)以及锂离子电池（Li－ion）。NASA 和美国先进电源协会正分别致力于研究用于空间和地面（包括商用电子产品、电动汽车、大功率公用设施以及可再生电源系统等）的新型化学电源[1]。锂－聚合物电池（Li－poly）和金属氢化物－镍电池（MH－Ni）就是两种已经商品化的电池。

在为某一应用选择电池时，需考虑性能与成本的最优化。通常从以下几个方面来比较不同电池体系的性能。

1）比能量：定义为质量能量密度，指单位质量电池所储存的能量，单位为 W · h/kg。

2）能量密度：定义为体积能量密度，指单位体积电池所储存的能量，单位为 W · h/L。

3）比功率与功率密度：分别指每千克质量或每升体积电池实际产生的功率。有时，与功率相关的一些参数也必须考虑。因为在实际设计限制的范围内，电池产生的工作电流受电池内阻的限制。

4）循环寿命：在维持电压不低于截止电压的前提下，电池所能进行的充/放电（C/D）循环次数。

9.3　电池种类

镉镍电池从最开始就是航空航天工业的常规储能电源，当前仍在使用。然而，从 20 世纪 80 年代中期开始，氢镍电池逐渐取代了镉镍电池。相同循环寿命下，氢镍电池的放电深度大，因此可以降低电池的安时容量，即电池质量较轻。目前，储能电源的最新发展方向是锂电池，它的比能量是氢镍电池的 2～5 倍。当然，没有任何一种电池能满足所有空间任务的要求。为了实现质量与成本的最优化，各种电池都将继续得到应用。本章将着重介绍其中应用最为广泛的几种电池性能及其结构。

9.3.1　镉镍电池

镉镍电池是一类成熟的化学电池。直至 20 世纪 80 年代中期，几乎所有卫星的储能电源都采用镉镍电池。镉镍电池采用全密封矩形壳体，正负极使用烧结镍基板。正极浸渍氢氧化镍活性物质，负极浸渍氢氧化镉活性物质。为避免短路，极板冲切圆角、边缘压筋。负电极表面一般浸渍薄层聚四氟乙烯（Teflon），该工艺可以促进氧复合、减缓镉迁移，延长电极使用寿命。正负电极间用隔膜隔开，隔膜一般为无纺尼龙布或石棉布，现在采用的是 Pellon 2536。电解液为氢氧化钾溶液，电池壳体材料为不锈钢。

镉镍电池比能量相对较低，对温度敏感、循环寿命短。同时，由于镉具有毒性，它的使用必须通过相关环保法律的审查。出于上述原因，大部分空间用镉镍电池已被氢镍电池取代。

9.3.1.1　记忆效应

镉镍电池的主要不足在于其记忆效应。记忆效应指的是镉镍电池“记”住了其最近、最频繁使用的放电深度。在随后放电过程中，当放电深度超过这个值时，电池性能下降，相当于损失了一部分容量。例如，如图 9－2 所示，若镉镍电池反复充电并放出其容量的

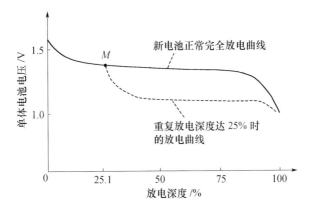

图 9－2　镉镍电池的记忆效应

25%至 M 点，它就会"记住"该点。若随后放电超过 M 点，电池电压将大幅下降，低于其正常电压值，如图 9-2 中虚线所示。反复浅放电的最终结果是部分容量的损失，这就好像人很长时间没有锻炼后，肌肉会萎缩一样。

9.3.1.2　再调整

为了消除化学电池记忆效应对容量的影响，将电池容量重新恢复到全充满状态，可进行"再调整"。再调整是指将电池组完全放电至接近于 0 V，再完全充电至每个单体电压达到 1.55 V。对于航天器电源系统，每年在适当的时间要做两次在轨再调整。在地球同步轨道上航天器的再调整可在两次阴影期之外的时间段进行。而在低地球轨道上，航天器必须搭载额外的电池组用于再调整，这大大增加了电源系统的质量和成本。相对镉镍电池而言，其他类型的二次电池记忆效应很小，几乎可忽略不计。

电池组的在轨再调整是通过电池调整装置完成的。该装置可以通过专用电阻以超过 1 倍放电速率的电流使电池组以单体或整组形式完全放电。后者要求每个电池组都有其独立的调整电阻。通常，再调整的初始放电速率较高，约为 $C/50$。只要有一只单体电压达到 0.5 V后，电池调整装置发出指令，断开一路放电通道，电池组继续以 $C/100$ 的速率放电。任一电池单体电压达到 0.1 V 后，电池调整装置切断所有放电通道，终止放电。完全放电后，采用正常充电控制模式使电池组重新完全充电。电池组电压监测装置提供再调整过程以及整个飞行期间的单体电池的电压信息。飞行期间单体电池的电压并没有直接的用途，因为即使发现异常，能采取的补救措施也极其有限。不过在以下几个方面，这些数据对用户是有用的：

1) 预计电池组寿命；

2) 考虑服务性航天器的替代电源；

3) 若有必要，并在可行的前提下，减小负载；

4) 为未来的航天器设计新电池组。

9.3.1.3　改进后的镉镍电池

除了在寿命和比能量等性能方面的一些微小改进外，几十年来，镉镍电池系统一直相对稳定。例如，最近已经采用利用减小电极负载的方法来减小导致电池性能衰退的电极内应力。但是，尽管采取了一系列改进措施，镉镍电池目前仍然无法与其他电池系统相媲美。

在美国国防基金的支持下，对镉镍电池进行了重大改进。该方案采用电化学浸渍镍电极和镉电极、改进隔膜体系以及用特殊的充电控制方法提高大放电深度下的循环寿命，并消除记忆效应。符合空间应用的此类电池并不多，其中一种电池的商品名通常被称作超级镉镍电池（SuperNiCd）。在 1 ～2 kW 的功率区间，超级镉镍电池甚至可以和氢镍电池竞争，而且电池组质量大小可以减轻一半或更多。同一放电深度下，超级镉镍电池寿命是传统镉镍电池的 2 倍；或者说在同样的循环寿命下，超级镉镍电池放电深度是传统镉镍电池的 2 倍。最终大大减小了电池组的质量。LEO 模拟测试表明在 20℃、40％ 放电深度下，三洋（Sanyo）公司 35 A·h 改进型的镉镍电池循环寿命超过35 000周。

对于一些低功率、特别是防务用途的航天器，改进后的镉镍电池能与氢镍电池竞争。它的记忆效应很小，可忽略特定放电深度下的循环寿命是传统镉镍电池的好几倍，也略高于氢镍电池[2]。截至 2000 年，5～50 A·h 的超级镉镍电池已用于 50 多次空间飞行，比如 NASA、美国海军和空军的低地球轨道小卫星[3]。这些电池组都没有进行再调整。对于 5～12 年的 GEO 任务来说，设计的电池 DOD 为 75％ 左右；对于 1～8 年的 LEO 任务，设计的电池 DOD 为 10％～20％。改进后的镉镍电池容量只有在 50 A·h 以下时，其性能才优于传统镉镍电池，在高容量时可以与氢镍电池媲美。容量限制的根本原因是极片放热困难。尽管镉镍电池充电初期是吸热反应，但荷电状态达到 75％～80％时，则变为放热反应。

9.3.2　氢镍电池

在过去的 20 年间，不论是 LEO 还是 GEO 卫星都广泛使用了氢镍电池。已经有 100 多颗卫星携载 10 000 多个氢镍电池作为电源系统。它们累积安全飞行近 10 亿小时，具有高可靠性。氢镍电池结合了两类电池体系中最为先进的技术，即镉镍电池中的镍电极和燃料电池中的氢催化电极。氢镍电池可以承受一定程度的过充和过放。但也还存在以下方面的不足：

1）能量密度（W·h/L）低；

2）压力容器的破裂、操作和安全问题；

3）自放电率高，约为 0.5%；

4）储存期间容量损失大。

使用最为广泛的氢镍电池设计是独立压力容器（IPV）结构，即每个容器里只有一只电压为 1.25 V 的电池。图 9-3 为 IPV 电池结构简图。正极是经水溶液浸渍制成的烧结镍电极，负极由金属铂制成。电极由通过中心孔的导杆成对排列。正极每侧贴有隔膜。电解液为 26%或 31%的氢氧化钾（KOH）溶液。此外，氢镍电池采用陶瓷－金属封接的一体极柱、两个防震极堆支架（非悬臂）以及延长寿命的氧化锆隔膜。测试结果表明，放电深度 60%循环寿命可达 42 000 周[4]。

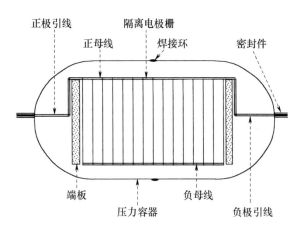

图 9-3　氢镍电池结构简图

每片负极的背面有一层塑料扩散网，以使气体扩散至负极背面。为了达到所要求的安时容量，若干带有隔膜的电极对置于同一个压

力容器内。完全充电后，电池内压达到 1 000 psi（1 psi＝6.894 76×
10^3 Pa）。为了承受如此高的压力，压力容器由经强化的 Inconel-718
制成。其所能承受的压力必须满足 MIL-STD-1522 要求，至少为
满荷电状态下最大运行压力的 2.5 倍。压力容器由两部分组成，中间
为圆柱体，两端为半球体。压力容器中间接口处采用电子束焊接。
由于耐高压的设计要求，压力容器质量占据了电池总质量的很大一
部分，约为 40% 左右。

目前使用的两种正极都采用烧结镍基板，不同的是一种采用水溶
液浸渍工艺，另一种采用乙醇溶液浸渍工艺。在性能方面，两者几乎是
相同的。通常，GEO 卫星使用 30 mil 厚的电极；LEO 卫星使用 35 mil
厚的电极。35 mil 厚的电极使用寿命更长，放电电压也稍高，但由于采
用了较重的电极，而且采用了双层隔膜，无疑增加了电池的长度和质
量。有的电极制造商在水溶液中加工生产镍电极，有的则用乙醇溶液，
但两者在浸渍后都需清洗。乙醇溶液浸渍体系生产出的镍电极性能稍
优，但在潮湿放电状态下储存时，存在容量损失。即循环了几百周再生
后的电池组，不能恢复到其初始容量。因此，电池组在潮湿状态下储存
时需要涓流充电。使用水溶液浸渍体系生产出的电池不存在此问题，
在湿态储存 3 年后，首次充电即可充至其初始容量。

电池技术正在迅猛发展。Britton[5] 对近年来如何提高氢镍电池
比能量的一些技术作了综述，其中包括避免 KOH 凝结的催化回流壁
以及采用轻质多孔镍毡代替电极中的传统烧结镍基板。所有因素中，
正极是提高氢镍电池循环寿命、电压稳定性及延长储存时间的关键。
正极基板厚度通常为 0.75～1 mm，活性物质载量约为 1.5 g/cm^3。

电池容量是正极活性物质载量、KOH 电解液浓度和温度的函
数。早期氢镍电池采用 21% 的 KOH 溶液和双层氧化锆隔膜。为了
减轻质量，GEO 卫星采用单层氧化锆隔膜。而对 LEO 卫星，为了满
足较长循环寿命的要求，仍然采用双层氧化锆隔膜和较厚电极。

很长一段时间内，3.5 in 是氢镍电池的标准直径。但是，当容量
超过 100 A·h 时，3.5 in 的直径使得电池整体过长，降低了效率。

4.5 in 氢镍电池在保持极堆长度的同时，直接按比例扩大了常用的
3.5 in 氢镍电池的直径。目前，许多卫星应用的是 35～150 A·h 容
量范围，直径为 3.5 in 和 4.5 in 的电池。为了进一步扩展安时容量，
又开发了直径为 2.5 in 和 5.5 in 的电池，并已用于很多卫星。如图
9－4所示，氢镍电池的比能量随额定容量和其他设计参数而变化，如
隔膜、电解液浓度以及解决催化回流壁等问题的方式。

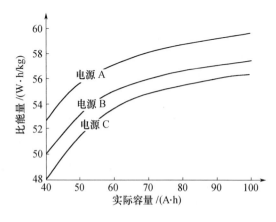

图 9－4　氢镍电池的比能量范围

在评估了包括再生燃料电池在内的多种选择后，国际空间站最
终选用了氢镍电池。电池采用干烧结镍电极，烧结浸聚四氟乙烯铂
黑氢电极，31％ 的 KOH 电解液以及氧化锆（Zircar™）隔膜。正极
生产工艺采用乙醇－水溶液电化学浸渍。电池单体含两个背对背电
堆，电堆由若干电极对组成，电堆放在两个半圆柱形不锈钢壳体中，
壳体外壁在轴向中心处沿环向焊接。

与镉镍电池相比，镉镍电池体系充/放电循环寿命长、内阻小。另
一突出优势在于氢镍电池的充电状态与内压为线性关系，可通过安装
在外壁的压力应变片测量。温度补偿的压力应变片与桥路准确连接，
采集的信号需经放大器处理，二阶调节器为桥路提供稳定功率。应变
片的固定使用黏性保形材料，柔性基底使用符合空间标准的低脱气材
料制成。每个单体电池上的压力应变片都必须单独校准。

虽然氢镍电池没有明显的记忆效应，但是很多电池设计工程师认为镉镍和氢镍电池都需要再调整，事实上所有镍正极的电池都需要再调整。因此，根据镉镍电池的经验，此前的氢镍电池也都进行了再调整。而迄今为止所积累的飞行数据表明，根本没有必要进行再调整。大部分的用户也不再提这方面的要求，因此，大多数的电源系统在设计时也不再考虑此功能。然而，氢镍电池上通常仍然安装有调整装置，用于装箱、发射前容量测试以及储存前放电。由于以上原因，如果未安装电池调整装置，则需设另一独立的装置完成上述功能。

电池构件质量分配如图 9－5 所示。压力容器所占比例最大。为了承受高压下的环向应力，压力容器必须使用较厚的器壁。同时，由于电池的圆柱形外壳体积大，在功率为 $15\sim20$ kW 的卫星里安装如此大体积的电池十分困难。图 9－6 展示了一个单体电池垂直放置的氢镍电池组。

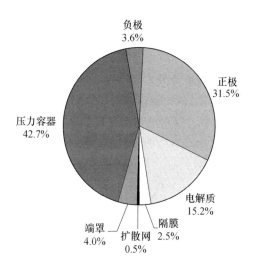

图 9－5　氢镍电池的质量分配

在过去的 10 年中，电池制造商为了减小电池组的质量和体积，对以下方面进行了改进设计。

图9－6　22个垂直装配的圆柱单体组装成的50 A·h氢镍电池组

9.3.2.1　通用压力容器和单一压力容器

将两个单体置于同一压力容器内（通用压力容器，CPV），或将所有的电池置于单一压力容器内（SPV），可以减小容器质量在IPV电池总质量中的比例。CPV电池外形与IPV类似，但是内部连接不同（见图9－7）。CPV电池中，两个单体电池串联，端电压为2.5 V。电池组的组装与其他电池一样，只是单体电池数减半。CPV电池降低了测试

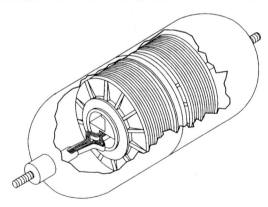

图9－7　通用压力容器氢镍电池

与维护费用，已经在 NASA/JPL 项目中得到广泛应用。然而，一个容器的泄漏会损失两个单体电池，这在某种程度上抵消了其在质量与体积方面的优势，并降低了可靠性。

SPV 电池将所有的单体置于一个压力容器内。已经有超过 100 组 SPV 电池组成功用于 NASA/JPL/海军/空军的各种飞行任务。铱星（Iridium satellite）即采用 50 A·h 的 SPV 电池组。为了能承受环向应力，SPV 的器壁较厚，一定程度上抵消了总质量减小的优势。总的来说，SPV 确实减小了质量和体积，但其可靠性的降低也不容忽视。气体泄露或内部电堆膨胀起拱可能导致整个电池组的失效。而且，SPV 电池组中没有检测单体电池电压的设备。通常在 IPV 电池组中使用的失效单体电池保护旁路的设计也无法解决该问题。

以下是常用的商用氢镍电池：

1）直径 2.5 in IPV，用于小卫星　　　　　　2～20 A·h

2）直径 3.5 in IPV　　　　　　　　　　　　20～100 A·h

3）直径 4.5 in IPV　　　　　　　　　　　　100～330 A·h

4）直径 5.5 in IPV，用于大卫星　　　　　　200～400 A·h

5）直径 4.5 in CPV，2.5 V　　　　　　　　 60～100 A·h

6）直径 5.5 in CPV，2.5 V　　　　　　　　 100～200 A·h

7）直径 10 in SPV，用于小卫星　　　　　　15～50 A·h

表 9-1 给出了常见 IPV 电池的参数。

表 9-1　空间应用的氢镍电池

速率 20 ℃/(A·h)	设计 类型[①]	直径/ in	极柱间 距长度	质量/ kg	寿命初 期压力[②]	10 ℃ 容量/(A·h)	72 h OC/(A·h)[③]
25	BB	3.45	9.2	0.830	500	33	24
50	BB	3.45	10.8	1.450	625	53	37
110	BB	4.67	11.4	2.760	600	120	88
160	BB	4.67	13.3	3.625	850	167	112
200	BB	4.67	14.4	4.700	1 000	208	134
250	BB	4.67	17.5	5.900	1 000	260	170
25	Re	3.45	9.30	1.000	500	25	18
55	Re	3.45	11.1	1.700	700	55	39

续表

速率 20 ℃/(A·h)	设计 类型①	直径/ in	极柱间 距长度	质量/ kg	寿命初 期压力②	10 ℃ 容量/(A·h)	72 h OC/(A·h)③
110	Re	4.67	12.1	2.975	600	120	88
160	Re	4.67	14.4	4.100	850	167	112

注 额定值：放电速率 $C/2 \sim C$，充电速率 $C/20 \sim C/2$，涓流充电速率 $C/100 \sim C/200$，$26\% \sim 31\%$ KOH，工作温度 $-10 \sim 30$ ℃，最佳操作温度 5 ℃，非工作温度 $-20 \sim 40$ ℃。

① GEO 使用的背对背形式电池有单一的隔膜，LEO 使用的循环型电池有双隔膜；

② 内部压力用 lbf/in^2 （1 lbf=6.897 76×10^3 Pa）；

③ 20 ℃、72 h 开路自放电后的安时容量。

9.3.2.2 压力容器

压力容器（DPV）使用的是曲棍球形扁平状电池[6]。每个压力容器内只有一块单体电池，器壁较薄，两侧壁为平面。壳体材料使用 SS－304，激光焊接，常规尼龙加压密封。单体电池常用无纺聚合物隔膜，26% 的 KOH 电解液，微纤维镍电极，二元催化剂氢电极。最大工作压力大约为 IPV 电池的 2/3。电池夹在两端板之间，端板由 4 条拉杆压紧固定（如图 9－8 所示）。完全充电的单体电池因相邻电池的挤压而保持结构上的平衡，这不仅减小了电池组的体积，而且保持了与 IPV 电池同样的高可靠性。和 IPV 一样，DPV 电池组也设置一块热备份单体电池，以补偿失效的电池。同样负载下，DPV 电池与 IPV 电池的电性能相同。但 DPV 电池的比能量稍高，能量密度则明显高于 IPV 电池。理论设计估算结果表明，采用 DPV 电池可节省 30% 的质量和 50% 的体积。然而，DPV 电池也存在以下几个问题：

1）一个单体电池压力泄露引起的挤压作用可能会产生连锁性反应，损坏所有的电池。为了解决这个问题，设计中设置了一支架，用于支撑单体电池，避免电池失效时对临近电池产生挤压（见图 9－9）；

2）放热集中，需要复杂的热控设计；

3）大多数卫星制造商不习惯必须购买整个电池组；

4）在棒球形的电池上很难校准压力应变片，没有可靠的压力数据，在判断电池组的充电状态方面，DPV 不具有镉镍电池的优势。

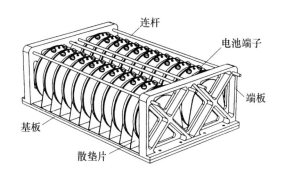

图 9－8　DPV 氢镍电池

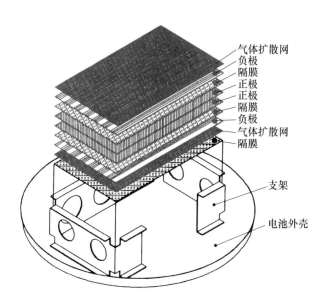

图 9－9　DPV 内部支架

因此，DPV 电池与 IPV 电池相比，不具有明显优势。在可预见的将来，空间应用的可能性不大。

9.3.3　MH－Ni 电池

镉镍电池的中对 Cd 的使用和处置引起的关注，使得人们对金属

氢化物—镍电池（MH—Ni）的应用越来越有兴趣。通常，MH—Ni
电池体无毒、健康，不存在安全方面的问题，主要原因是它的电极材
料是无毒的。MH—Ni 采用金属氢化物做阳极，取代了对环境影响
不好的镉。此外，MH—Ni 电池的比能量比镉镍电池高，且记忆效应
可以忽略。然而，MH—Ni 电池无法提供高峰值功率，自放电率高，
对高温很敏感，并且耐过充性能差。针对电动交通工具领域开展的
大量研究表明，虽然目前，MH—Ni 电池的价格仍高于镉镍电池，随
着未来电动交通工具领域大量使用 MH—Ni 电池，其价格会显著下
降。至于空间应用方面，日本、欧洲和美国已有一部分飞行任务使用
了 MH—Ni 电池系统。

　　从电化学角度看，MH—Ni 电池与氢镍电池基本类似，不同之处
在于氢是以金属氢化物而不是氢气形式存在。由于无须承受内压，
MH—Ni 电池可以制成棱柱形，大大提高了能量密度和安全性。此
外，MH—Ni 电池体积小，需要的结构支撑件少，因此比能量也得到
了提高。MH—Ni 电池的不足之处在于，氢压与充电状态的线性关
系将不复存在。空间用密封 MH—Ni 电池在 50% 放电深度下，已成
功完成了数千次充/放电循环测试。Sanyo 公司的 37 A·h MH—Ni
电池在 40% 放电深度下，完成了 15 243 次充/放电循环。但在 0 ℃
时，MH—Ni电池的容量损失远大于镉镍电池。

　　MH—Ni 电池外形为棱柱形，工作电压与镉镍电池相同。因此，
这两种电池可以互换。不同的是，MH—Ni 电池充电期间放热，而镉
镍电池则是吸热的。

　　与氢镍电池相比，MH—Ni 电池有以下主要优点：

　　1）质量能量密度（W·h/kg）有所提高（10%～20%）；

　　2）体积能量密度（W·h/L）有大幅提高（约 100%）；

　　3）温度敏感度小，降低了热控成本；

　　4）内压小，安全性大大提高。

　　如果内部产生气体积累，有可能导致电池胀裂，这是一个潜在的
危险。因此，设计 MH—Ni 电池时应考虑设置气阀。通过控制电池

过充期间产生的氢气量，可以将气阀排气导致的风险降到最小。与其他镍基电池一样，由于镍及其化合物是致癌物质，MH－Ni 电池也存在健康隐患。

9.3.4　锂离子电池

采用新技术制造的锂离子电池比氢镍电池拥有高得多的比能量和能量密度。棱柱形外形设计（如图 9－10 所示）使得锂离子电池具有更高的能量密度，而其较高的比能量主要是由于锂原子的原子量仅为 6.9。

图 9－10　35 A·h，3.6 V 棱柱形锂离子电池

锂离子电池广泛用于笔记本电脑、数码相机及其他商业用途。其正极为 $LiNiCoO_2$，负极为两份石墨与一份 PVDF 黏合剂的混合物，电解液是 $LiPF_6$ 盐溶液。锂离子电池采用不锈钢棱柱形壳体，两极柱间有安全气阀。与氢镍电池相似，极柱与壳体间采用聚合物密封绝缘。小型锂离子电池采用圆柱形结构，而大型锂离子电池采用

四棱柱形结构。棱柱形外壳设计使锂离子电池耐冲击与振动。

锂离子电池是非水溶液体系，不存在电极腐蚀问题。负极一侧的金属锂活性很高，必须用昂贵的石墨包裹其分子，增加稳定性。锂电极会与电解液反应，生成一层钝化膜。电池每次充放电，覆有钝化膜的锂都会发生分解，露出的活性金属锂与电解液接触，又在表面形成钝化膜。为了补偿损失的这部分锂，一般增大电极的厚度，否则，会降低电池的寿命。

锂离子电池的放电截止电压为 2.7 V，充电终止电压为 4.2 V。同镉镍电池和氢镍电池的平均放电电压 1.25 V 相比，锂离子电池的平均放电电压为 3.5 V，因此对当电池组电压一定时，采用锂离子电池组成所需的电池数，只是镉镍电池和氢镍电池数的 1/3，大大降低了装配与测试成本。

锂离子电池的充电效率很高，完全充电时，库仑效率为 100%。同时，锂离子电池具有高额定容量，大放电深度循环寿命长；温度敏感性低，能在很大的温度区间内工作；内阻小，50 A·h 的单体电池内阻小于 1 mΩ，充放电速率高。此外，能瞬时输出大功率而不影响其循环寿命。这些特点使得锂离子电池成为合格的空间用储能电池。

此外，锂离子电池耐用性好，且有望达到 150 W·h/kg 的比能量和 400 W·h/L 的能量密度。目前，锂离子电池的成本较高，但相同体积时其成本仍可和氢镍电池竞争。过充或出现其他电池问题时，锂离子电池很容易被损坏。因此，锂离子电池需要复杂的充电电路和大量的过充保护。二次电池组通常需要涓流充电，锂离子电池尤其如此。每个单体电池都需要充电控制装置，大大增加了所需的电子设备。

对于空间应用，迄今锂离子电池仍存在以下问题：

1) 循环寿命仍相对较低；

2) 过充与过放的耐受性差；

3) 低温时内阻大。

锂离子电池能否达到 GEO 卫星的长使用寿命和 LEO 卫星的长循环寿命要求，还有待足够的长期空间任务予以验证。到目前为止，在 25％放电深度时，35 A·h 的单体电池已经能稳定地完成 6 000 次充放电循环。锂离子电池组需以 $C/50 \sim C/100$ 涓流充电，自放电率仅为氢镍电池的百分之几，但随着温度的升高会增加。锂离子电池的内阻较小，但随着温度的降低会增大。这两点在设计锂离子电池时必须加以考虑。

当前，由 NASA 和美国空军支持资助的锂离子电池研究计划要达到以下目标：

1）$20 \sim 200$ A·h 电池容量；

2）50％ DOD 时，循环寿命 30 000 周；

3）40％ DOD 时，循环寿命 40 000 周；

4）温度范围在 $-40 \sim 80$ ℃之间；

5）充电速率在 $C/5 \sim C$ 之间；

6）放电速率在 $C/2 \sim 2C$ 之间。

2001 年，火星着陆器（Mars Lander）上的电池组测试结果显示，其比能量大约为 150 W·h/kg[7]。另外还测试了额定容量为 5 A·h 的电池在不同温度下以 1 A 速率放电时的容量。电池充放电压在 $2.4 \sim 4.1$ V 之间。测试结果显示，低温下，容量衰减明显，-30 ℃时容量仅为 60％。25 A·h 电池组在 10 ℃，充放电速率为 5 A 下的热测试结果表明，随着电池逐步达到完全放电，极化程度增加，生成的热量在放电末期达到最大。充电末期由于充电电流降低至零，放热量减小。

-20 ℃时，100％放电深度的循环测试结果表明[8]，充放电 600 周后，10 A·h 电池组的容量损失为 6％。Fellner[9] 报告了锂离子电池应用于 GEO 和 LEO 卫星的循环测试数据。

1）LEO 卫星：20 A·h 电池，40％ DOD，以 0.5 C 速率充电 1 h 至 4.1 V，以 0.8 C 速率放电 0.5 h；

2）GEO 卫星：20 A·h 电池，100％ DOD，以 1 C 速率充电 3 h 至 4.1 V，以 $C/5$ 速率放电至 2.5 V。

给定充电状态下，电池初次放电测试数据表明，内阻随温度的降低呈指数形式增长。

过充时，锂离子电池可能放出锂蒸气或火焰，因此需要有效的过充控制来防止危险的出现。于是，在设计飞行器电源系统时，必须考虑将最大充电电压和最小放电电压维持在合适的值。过充与过放耐受性差是锂离子电池与氢镍电池在足够的长期空间任务中的最大区别。由于电池组是由若干单体电池串并联组成的，单体电池之间容量衰减率、阻抗增大率以及自放电率之间的差异在充放电循环中逐次累加，因此造成单体电池间性能的不平衡。为了达到充电平衡，已经开发了诸如换向电容和电阻以及感应平衡器等多种技术。

锂离子电池在 $-20\sim40$ ℃ 间的低温性能良好，它甚至可以在 -40 ℃ 时工作，但有一定的容量损失。低温下，电解液黏度增大甚至凝结，锂在电极内的扩散速率减小，造成电池性能下降。2001 年火星着陆器上使用的锂离子电池组，在 100% 放电深度时的循环寿命为 2 000 周次，它由 8 个 25 A·h 单体电池组成，工作时便需要这样一个低温区间。电池设计工作电压为 3.0～4.1 V，截止电压为 2.5 V，充电速率为 $C/10\sim C/5$。Bruce 和 Marcoux[10] 报告了在不同温度下，最大至 100 A·h 电池的设计和制造特性。对飞行器所用的锂离子电池的主要关注在于温度升高时，正极性能衰退引起电池容量的损失无法恢复。空间使用电池的关键在于储存寿命和循环寿命。

9.3.5　锂－聚合物电池

锂－聚合物电池体系与锂离子电池类似，不同之处在于锂－聚合物电池的电解质为用于镶嵌电极的固态聚合物。金属锂电极与固态聚合物电解质薄层黏合在一起组成锂－聚合物电池。固态高聚物同时充当电解质与隔膜，从而提高了电池比能量。与锂离子电池相比，这种电池结构可燃性低，提高了安全性。此外，金属与固体电解质的反应活性要小于与液体电解质的反应活性。锂－聚合物电池种类很多，性能差异很大。NASA 正在开发一种适合空间用及民用的改进型锂－聚合物电池，该项目的目标如表 9－2 所示。其中，25%

放电深度，35 000 周循环寿命可满足 LEO 卫星的需求，而 100％放电深度时，2 000 周循环寿命可满足 GEO 卫星的需求。

表 9-2　NASA 锂离子单体电池研究目标

性能参数	锂-聚合物电池（目标）	目前锂离子电池	目前氢镍电池
比能量/（W·h/kg）	200~250	125~150	50~65
能量密度（W·h/L）	350~400	300	—
100％DOD 循环寿命周期	2 000	1 000	—
25％DOD 循环寿命周期	35 000	—	

　　从安全角度来说，锂离子电池体系相对稳定，可靠性高于当前的锂电池体系。即使相对某些锂-固态聚合物电池，锂离子电池也有许多性能优势。然而，锂离子电池存在电解质外溢的可能性，这是其劣于锂-聚合物电池之处。此外，锂离子电池使用一些有毒致癌材料，如锂、镍和砷化物，甚至钴、铜和聚丙烯等。

9.3.6　锌-银电池

　　锌-银二次电池（AgO-Zn）比能量高，但是循环寿命短，适用于充放电循环周次少的短期飞行任务，如军用飞机、航天器、运载器以及水下应用。锌-银电池的比能量在 125~250 W·h/kg 之间，能量密度在 200~600 W·h/L 之间。棱柱形锌-银电池的安时容量范围很宽，包括高倍率（HR）和低倍率（LR）两种类型。由于 AgO 电极电阻随充电状态的变化很小，所以锌-银电池能提供稳定的电压，直到电池容量耗尽。

　　锌-银电池按其储存状态分为干荷电态和干放电态。干荷电电池的电极在生产车间充电，但在发射基地才加注电解液。干放电态锌-银电池在发射基地加注电解液并充电。两种电池在电解液注入一段时间后，全充满时的开路电压达到 1.86 V。在之后的充放电循环中，充电端电压为 2.05 V，开路电压下降到 1.86 V。是否达到满充状态可由电压以及电解液的比例来确定。

9.4　电路模型

电池组相当于内阻很小的电压源，其电路模型如图 9－11 所示。其中，E_i 为内部电压，R_i 为内阻，分别与电池放电深度呈线性递减和递增关系。即相对于完全充电状态时的电压值 E_0 和内阻值 R_0，部分放电状态时的电压降低，内阻升高。定量表达式为

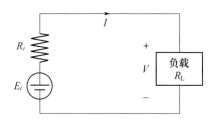

图 9－11　电池组电压和内阻的等效电路

$$E_i = E_0 - K_1 \cdot \text{DOD}$$
$$R_i = R_0 + K_2 \cdot \text{DOD} \qquad\qquad (9-4)$$

式中　K_1，K_2——电化学常数，可通过拟合测试数据得到。

负载工作时，端电压随负载的增大而降低，工作点 P 是电池线与负载线的交点，如图 9－12 所示。

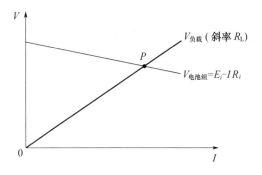

图 9－12　电池组与负载电压线交汇于工作点

9.5　属性和性能

电池电性能与体系的电化学性质及其他因素成高度非线性关系，这是电池设计成为电源系统中工程师难度很大的任务。本节将以得到广泛应用的氢镍电池体系为例，讨论二次电池的主要特征和性能。

9.5.1　充电/放电特性

电池电压在一般的充放电过程中会发生变化，如图 4—3 所示。充放电特性取决于充放电速率、温度以及电池的新旧程度。图9—13所示即为 LEO 卫星二次电池电压的变化曲线。

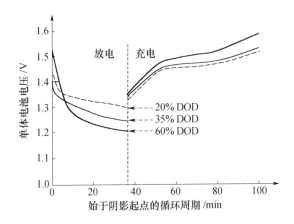

图 9—13　LEO 卫星氢镍电池不同倍率充放电电压曲线

氢镍和镉镍电池的典型平均电压值如下：

1）满荷电态电压：1.55 V；

2）平均充电电压：1.45 V；

3）平均放电电压：1.25 V；

4）80% 放电深度电压：1.10 V；

5）完全放电电压：1.00 V。

　　在放出一定安时容量后，要达到满荷电态，所需要输入的电量应多于放出的容量。充/放比定义为满荷电状态下输入安时数与输出安时数之比。该比值取决于充放电速率和温度，如图 9－14 所示。例如，充/放比为 1.1 时，即表示为了将电池恢复到满荷电状态，所需输入电量比放出的电量多 10%。LEO 卫星充电速率一般比较大，相对 GEO 卫星的低充电速率而言，效率更高。因此，LEO 飞行任务只需电池的充/放比为 1.05～1.10，而 GEO 卫星则需 1.1～1.2 充/放比的电池。高充/放比导致镍电极过度腐蚀，而生成大量的氧在与氢电极反应时，会产生过热或鼓泡。相反，充/放比过低将导致可用容量减小、放电电压过低以及容量衰减。

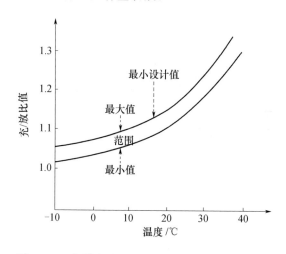

图 9－14　氢镍电池充放电倍率与温度之间的关系

　　新电池在－20 ℃下充电比在 20 ℃下充电所储存的安时容量要高20%（如图 9－15 所示），但经过 100 周循环后（相当于 GEO 卫星运行 1 年），能量只高出 10%。最高充电电压也随温度发生变化（如图9－16所示）。即使已经在 LEO 卫星上工作几年，经过了多次充放电循环，但氢镍电池的充电与放电的端电压也相当平稳，而镉镍电池一般做不到这一点。

　　以低速率充放电时，电池能获得较好的性能。快速放电会导致电压快速下降，向负载输出的安时容量减小。所以，工作在低充放速

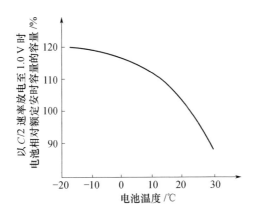

图 9-15　电池安时容量与温度之间的关系

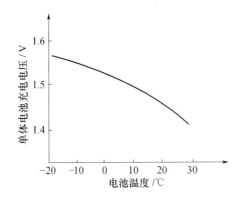

图 9-16　以 $C/10$ 速率充电 16 h 的满荷电电压

率和高充放速率情况下的电池需考虑不同的设计。

电池完全充满后，充电效率下降至零。任何过量的充电都将转换为热。如果长时间以高于自放电率的速率过量充电，可能导致电池过热而存在电池爆炸的危险。过充电产生的气体会冲刷电极片，长时间的高速冲刷会产生多余的热量，使电极耗损，缩短电池的寿命。因此，二次电池充电电路需要使用充电控制器，一旦电池完全充满，迅速转为涓流充电。涓流充电时电池内产生的气体量很小，并能保持电解液不断混合，使二次电池达到完全荷电状态。

9.5.2 内阻抗

电池的内阻抗由电阻、电感和电容组成。电阻主要来源于电极和电解液；电感来源于电池内部与外部的导线；电容来源于两块电极片。充放电过程的功率损失，可视为由电池内阻 R_i 所致。R_i 的值取决于电池容量、工作温度及充电状态。电池容量越大，电极越大，则内阻越小。R_i 随充电状态的变化如式（9－4）所示。同时，如图 9－17所示，R_i 也随温度变化。10 ℃下，50 A·h 与 100 A·h 氢镍电池的内阻和电感值如表 9－3 所示。

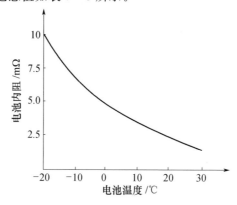

图 9－17　满荷电状态下 50 A·h 氢镍电池内阻随温度变化的关系

表 9－3　IPV 氢镍电池的阻抗近似值

参数	50 A·h 电池	100 A·h 电池
电池电阻	4.5 mΩ，1 kHz	2.25 mΩ，1 kHz
	20 mΩ，10 kHz	10 mΩ，10 kHz
电池电感	0.70 μH，1 kHz	0.60 μH，1 kHz
	0.35 μH，10 kHz	0.30 μH，10 kHz

9.5.3 充电效率

充电效率，亦即库仑效率，定义为电池充电时用于活性物质转化的电能与充电时所消耗的总电能之比。它与能量效率不同。库仑效率是电池充电状态、充电速率及工作温度的函数，通常大于 97%。电池在荷电为零的状态下充电时，充电效率几乎可达 100%，即所输入电量全部变为化学能储存在电极片中；随着充电逐渐接近满荷电状态（SOC＝1），充电效率逐渐下降至零。充电效率开始下降的拐点位置取决于充电速率和温度（如图 9－18 所示）。例如，若以 $C/2$ 速率充电，荷电状态为 75% 时，充电效率几乎一直为 100%；而以 $C/2$ 速率充电，荷电状态为 70% 时的充电效率仅为 50%。

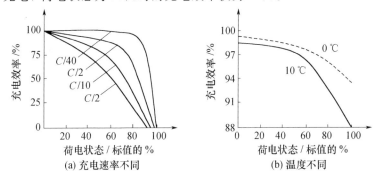

图 9－18　氢镍电池充电效率和荷电状态之间的关系

9.5.4　能量效率

在充电和放电过程中，总有一小部分能量转化为热。一次完整的充放电循环的能量效率定义为二次电池输出能量与两电极间的输入能量之比。若一电池组容量为 C，室温下平均放电电压为 1.25 V，平均充电电压为 1.45 V，充/放比为 1.10，则能量效率的计算过程如下：

1）完全放电时，能量输出 $1.25 \times C$；

2）使电池恢复到满荷电状态需输入的能量为 $1.45 \times 1.10C$。

因此，每次循环能量效率为

$$\eta_{能量} = \frac{1.25 \times C}{1.45 \times 1.10C} = 0.78 \qquad (9-5)$$

以上计算表明，每次充放电循环中，都有 22% 左右的能量以热的形式损失掉了。能量的损失大部分发生在放电阶段。每次循环的能量效率与很多因素有关，但氢镍电池能量效率通常为 75%～80%，镉镍电池为 80%～85%。

9.5.5　V-T 性质

大多数化学电池体系的充电终止电压与温度和电池的使用时间有关，如图 9-19 所示，其中节数表示将任务期均分后得到的时间段。电池的充/放比也存在类似的关系，如图 9-20 所示。第 13 章将

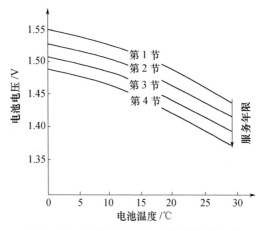

图 9-19　氢镍电池的 V-T 温度补偿曲线

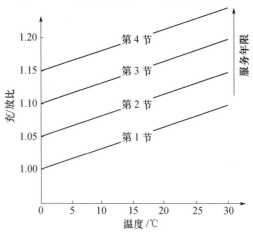

图 9-20　氢镍电池的充/放比温度补偿曲线

进一步讨论充电终止电压与温度曲线（$V-T$）在在轨能量管理中的应用。对于氢镍电池，可选用压力－温度（$P-T$）曲线，该曲线与电池使用时间也存在类似的关系。能量管理软件根据二次电池使用时间，在轨自动切换工作点。

9.5.6　自放电

　　二次电池即使未接负载，在开路放置时，也会缓慢地自放电。为了保持二次电池满荷电状态，需要持续为电池涓流充电以抵消自放电的能量损耗。正常工作状态下，大部分化学电池的日自放电率通常小于 1‰。如图 9−21 所示，氢镍电池的自放电率与内压的减小量成比例。电池完全充满后，充电效率下降至零。任何过量的充电都将转换为热。如果长时间以高于自放电率的速率过充电，可能导致电池过热而存在爆炸的危险。

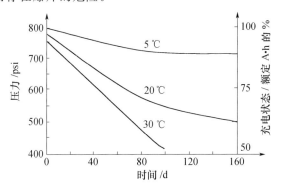

图 9−21　氢镍电池开路自放电率和时间的关系

9.5.7　自　热

　　二次电池充电初始阶段，内部热量产生速率为负值，即该阶段电化学反应为吸热反应。随着电池接近满荷电状态，电化学反应转为放热反应。此阶段电池温度上升的幅度取决于所采取的散热方式，如传导散热、对流散热或辐射散热。

　　电池内部的功率损耗引起电池自热。自热是影响电池温度的主要因素。充电过程中产生的总热量为活性物质（am）充电反应与过充电反应（or）产生的热量之和。即

$$H_c = H_{c,\,am} + H_{c,\,or} = -I_c \eta_c (1.45 - E_c) + I_c(1 - \eta_c)E_c$$

$$(9-6)$$

式中　I_c——充电电流；

　　　η_c——瞬时充电效率；

　　　E_c——充电电压。

　　1.45 是焓以焦耳为单位时的比例系数，相当于氢镍电池或镉镍电池的法拉第常数。上式可简化为

$$H_c = -I_c(1.45\eta_c - E_c) \qquad (9-7)$$

充电开始阶段，η_c 接近于 1，E_c 很小，$1.45\eta_c > E_c$，H_c 为负，即电池吸热自冷却。充电末期，随着 η_c 接近于零和 E_c 的上升，电池产生热量并自热。

　　放电期间热量产生速率如式（9-8）

$$H_d = I_d(1.50 - E_d) \qquad (9-8)$$

式中　I_d——放电电流；

　　　E_d——放电电压。

　　由式（9-7）和式（9-8）可知，计算电池热量产生速率所需的参数包括电流、电压以及瞬时充电效率。放电期间，大约有 15% 的能量以热的形式损耗掉，5% 用于压容功及副反应，80% 用于生成电能。即在放热模式下的放电不仅产生电能，还释放出热量，因此电池温度升高。相反，充电过程中，由于化学电池的反应为吸热反应，所以电池温度下降，电池充满后（电压在 1.55 V 左右）化学反应停止，所有输入的能量全部转变为热能，二次电池可能迅速升温并引发爆炸。

　　在过充电及涓流充电期间，电池产生的热量与输入功率相同。因此，充电效率取决于涓流充电速率，而涓流充电速率又取决于充电速率、温度和充电调节器的工作状况等。通常在阴影期开始前，电池

需要有足够的充电时间。如果采用 $V-T$ 限制充电方式，充电会进入渐变充电或过充电状态。在此期间，过量输入的电能将全部转变为电池内热。因此必须设计热控装置维持二次电池的温度在可行的工作温度范围之内。

图 9－22 是 GEO 卫星氢镍电池组的功率损失曲线。该电池组有

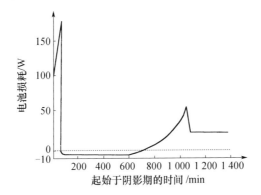

图 9－22　GEO 卫星阴影期，电池功率损耗和时间之间的关系

负载 1 200 W，充放比为 1.2

22 个 40 A·h 单体电池，在阴影期为 1 200 W 负载供电，放电深度 65%，充放比为 1.2。图 9－23 是 LEO 卫星氢镍电池组的功率损失

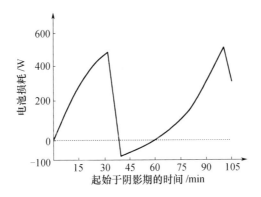

图 9－23　LEO 卫星阴影期，电池功率损耗和时间之间的关系

负载 3 000 W，充放比为 1.1

曲线。该电池组含 54 个 50 A·h 单体电池，为 3 000 W 负载供电，最大放电深度 35％，充放比为 1.1（EOS－AM 电池组，每个电池组有 54 个 50 A·h 单体电池，平均负载 1 500 W，电池组平均电压 80 V）。其中，充放比越小，90～98 min 之间的功率损失就越小。需注意的是，随着放电深度的增大，内阻增大，导致放热量增大。为避免可能产生的电池电压的差异，可增大充放比。然而，这将增加在轨平均损耗。对于氢镍电池而言，将充放比从 1.05 增大到 1.1，在 35％放电深度下，LEO 电池在轨平均损耗增大 10％；在 70％放电深度下，在轨平均损耗增大 15％。

　　不同化学电池产生内热的速率不同。可用放电期间的绝热升温来比较不同种类电池间的放热量，表达式为

$$\Delta T = \frac{W \cdot h_d}{M \cdot C_P}\left[1 - \eta_v + \frac{E_d}{E_o}\right] \qquad (9-9)$$

式中　　ΔT——电池绝热升温，单位℃；

　　　　$W \cdot h_d$——放出能量，单位 W·h；

　　　　M——电池组质量；

　　　　C_P——电池组比热，单位 W·h/（kg·℃）

　　　　η_v——放电电压效率因子；

　　　　E_d——放电期间每库仑电量电池的平均熵，即放电期间，平均每安培功率损失，单位 W/A；

　　　　E_o——平均开路电压，单位 V。

　　完全放电时，上式中的 $W \cdot h_d/M$ 值就是比能量。这表明，比能量越高的电池，放电期间升温越大，需要更好的冷却设计。图 9－24 给出了短接完全放电后，不同化学电池的绝热升温值。

　　电池的热性能，例如产热率、导热率以及比热容对电池的热分析与热设计非常有用。镉镍电池比热与纯铝接近，大约为 1 000 J/（kg·℃）；氢镍电池比热为 1 200 J/（kg·℃）。下式根据安时容量给出了比热（A·h·J/℃）的一次近似表达式

$$C_p = 200 + 25 \qquad (9-10)$$

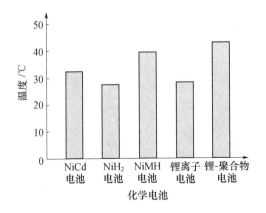

图 9-24　不同化学电池完全放电后的绝热升温值

电池温度通常指外壁温度。氢镍电池外壁与极堆的温差一般为 2~3 ℃。

9.6　循环寿命

只要一只单体电池失效，输出整个电池组就将失效。理论上电池失效的定义是：室温下，电池在输出额定容量前电压低于某一低值。正常电压为 1.25 V 的电池的低值通常取 1.0 V。电池从 1.0 V 降到 0 V 所能输出的安时容量只占总容量的百分之几。然而，这只是电池失效的一个保守定义。电池组失效不像电灯，其性能是逐渐衰减的。若有一只单体电池的电压低于 1.0 V，其他高于 1.0 V 的单体电池可以补偿失效单体电池，电池组整体上仍可以提供负载所需要的最小电压。如果电池组的电压低于全负载所要求的电压时，只要减少负载使得放电深度降低，电池组仍可以在短时间内提供负载要求的电压。

电池组寿命末期的定义为：在充放电循环过程中的任意一点，通常是放电在末期，一个或者多个单体电池的电压降至 1.0 V 以下。单体电池失效可能是随机的，也可能是最终能量耗尽造成的。单体电池失效可能是开路失效、短路失效、或者中间的某些地方失效（软短路）。软短路最终会发展成为硬短路。在低电压电池组中如果有一只短路单体电池，任何充电模式都有可能导致电池组和/或充电调节器的损伤；但是，在有很多单体电池串联而成的高电压电池组中的短路单体电池仍可以工作很长时间。但短路电池会降低电压并耗费安时容量，因此可以看做是正常单体电池的一个负载。如果是开路单体电池，则会造成串联电池的整体失效。

　　航天器的电池组很少出现随机失效。失效的主要模式是由不断充放电循环造成的电极损耗。电池组的寿命是电极损坏之前所能放电和充电的次数。电池寿命主要由电池的电化学体系、放电深度和温度决定的。图 9-25 给出了镉镍电池和氢镍电池的循环寿命特性。电池寿命还在一定程度上取决于电解液的浓度，电极的孔隙率和充放电速率。电解液质量浓度的不同造成氢镍电池循环寿命的明显不同。电解液质量浓度为 26% 的电池比电解液质量浓度为 31% 的具有更长的循环寿命。电池寿命的第一组影响因素是和应用情况相关的，其他的则和结构有关。

　　卫星上电池的充放电循环次数和在轨期间遇到的阴影次数相同，而且低地球轨道卫星的次数要比高地球轨道卫星的次数至少高出一个数量级。LEO 要求的如此长的循环寿命，只有通过在设计时降低低地球轨道卫星上电池组的放电深度才可能达到。同高地球轨道卫星 80% 的放电深度相比，低地球轨道卫星的放电深度通常仅为 30%。显然，这样的设计需要相应比例的大电池组。在给定放电深度和工作温度条件下，要想延长电池组的循环寿命，就必须直接减小电池组的质量。

　　从图 9-25 可以明显看出，电池给定温度下的寿命是放电深度的反函数。如果在 50% 放电深度下电池的寿命为 100 个单位，那么在 25% 放电深度下电池的寿命会在 200 个单位左右。这使得失效前的循环次数和放电深度乘积的近似值保持不变。大部分化学电池的循环寿命和放电深度的乘积随着温度的升高而降低。这意味着在给定的温度下，不论充放电深度是多少，电池组可以提供的循环次数与全

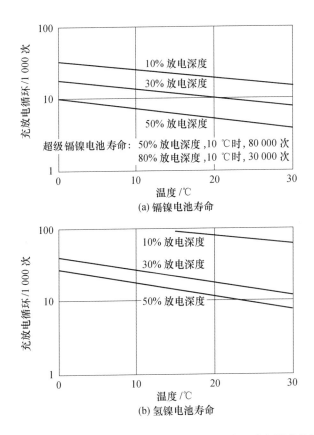

图 9—25　镉镍电池和氢镍电池的循环寿命与温度和放电深度的关系

充次数相当。换句话说，电池组寿命期限内所能提供的总能量是个近似常数。每次循环所用的能量越少，电池的寿命就越长。对于设计阶段比较不同体系电池的成本来说，这种考虑是非常有用的。

电池在废弃前性能一直很稳定。它的容量保持为一个常数，直到寿命末期才会迅速地衰减，如图 9—26 所示。

由于电池的循环寿命主要受放电末期放电深度和温度的影响，所以电池寿命预测模型的构建要通过拟合在轨电池工作温度下的循环寿命和放电深度的指数曲线完成。诸如充放电速率和电解液浓度

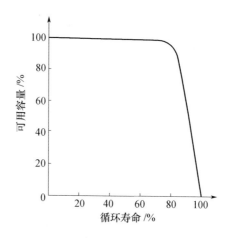

图 9-26　电池寿命期和容量衰减之间的关系

等因素不包含在这一模型中，但实际的测试和以前的经验表明，这些因素会对单体电池寿命产生一定影响。可以将串联的单体电池、旁路二极管和电池的其他组件作为一个整体考虑，再结合预计的电池寿命和随机故障率来估计电池失效前的平均寿命。

　　电池寿命的测试一般都是在加速循环条件下进行的。例如，Smith 和 Brill[11] 报道了镍氢电池的测试数据。高地球轨道卫星运行一周是 24 小时，但电池的测试是 8 小时/周。由于实际循环测试和加速循环测试中存在一些电化学的差异，很多航天器设计工程师还是认为不能够完全采用这种方法。

9.7　瞬时大功率能力

　　在要求电池快速放电的情况下，诸如在需要满足脉冲功率的需求时，电池可能需要在很短的时间输出尽可能多的功率。电池可以输出的峰值功率可以通过电路学中的最大输出功率定律来计算。这个定律表明，当电源内阻和负载的总电阻相等时，电源输送给负载的功率最大。即当 $R_L = R_i$ 时，电池可以向直流负载输送最大功率。如

下式所示

$$P_{\max} = \frac{E_i^2}{4R_i} \qquad (9-11)$$

由于 E_i 和 R_i 随着充电状态的变化而变化，因此 $P_{\max}$ 也会发生相应的变化。电池内耗功率等于 $I^2 R_i$，其值和输送到负载的 $P_{\max}$ 相等。如果电池可以输出理论上的最大功率，则实际输出功率也只有 50%。这样差的效率短时间内对最大负载造成的影响不大。镉镍电池和氢镍电池都可以承受几毫秒的脉冲放电和充电。即使在脉冲负载下，电池的电压也可以按照预期的那样随负载而变化。持续时间短于几个毫秒的峰值功率主要来自电极片之间的电容。

9.8　性能比较

图 9-27 比较了各种化学电池的比能量和能量密度。电压随放电深度而变化，中等放电速率下，60% 放电深度的电池电压范围为 1.22 ～ 1.26 V。表 9-4 列出了平均充电和放电电压。表 9-5 和表 9-6 概括和比较了不同类型电池的其他特征性能和性质。为满足不同负载水平、使

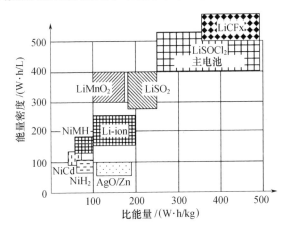

图 9-27　各种化学电池的比能量和能量密度

用寿命和放电深度的要求，所有设计因素和硬件包装要考虑的镉镍电池和氢镍电池的质量如图9—28所示，其性质差异列于表9—7。以镉镍电池为比例标准，要满足电源系统的性能要求，由不同单体数量组成的电池组的质量如图9—29所示，其寿命和成本的比较见表9—8。

表9—4　空间用各种化学电池的电压特性

电化学体系	截止电压/V	放电电压/V	充电端电压/V	备注
Cd—Ni	1.0	1.25	1.55	有记忆效应
H$_2$—Ni	1.0	1.25	1.55	无记忆效应
MH—Ni	1.0	1.25	1.55	对温度敏感
Li—ion	2.7	3.50	4.20	安全，不含金属锂
锂—聚合物	2.7	3.50	4.20	含金属锂
银—锌	1.3	1.50	2.05	需要良好的环境管理来限制自放电速率

表9—5　各种化学电池的能量和功率特性

电化学体系	比能量/ (W·h/kg)	能量密度/ (W·h/L)	比功率/ (W/kg)	功率密度/ (W/L)
Cd—Ni	40～5	50～100	150～200	300～500
H$_2$—Ni	45～65	35～50	150～200	200～300
MH—Ni	50～70	140～180	150～200	300～500
Li—ion	90～150	150～250	200～220	400～500
锂—聚合物	100～200	150～300	＞200	＞400

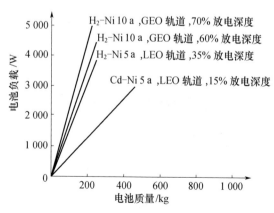

图9—28　镉镍电池和氢镍电池的质量与负载和寿命的关系

表 9－6　各种化学电池的热性能

电化学体系	工作温度范围/℃	过充裕度	热容/[W·h/(kg·K)]	质量密度/(kg/L)	放电热熵/[W/(A·cell)]
Cd－Ni	−20～50	中	0.30	1.7	0.12
H_2－Ni	−10～50	高	0.35	1.0	0.10
MH－Ni	−10～50	低	0.35	2.3	0.07
Li－ion	10～45	很低	0.38	1.35	0
锂－聚合物	50～70	很低	0.40	1.3	0

表 9－7　镉镍电池和氢镍电池的特性差异

化学电池	优势	劣势
Cd－Ni	棱柱形单体电池需要的结构支撑部件较少；工作温度较低，因此热控要求简单	电池性能很难提升到高额定安时容量；对高温过充敏感；需要保持在−5～10℃的温度范围内；记忆效应需要定期调整，导致全自主运行困难
H_2－Ni	对过充不太敏感，寿命较长	柱状单体电池能量密度低，支撑结构质量较大，冷却性能差，自放电速率较高

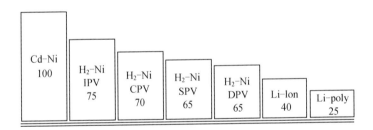

图 9－29　各种化学电池相对于镉镍电池的质量比例

表 9－8　各种化学电池的寿命和成本比较

电化学体系	25℃时全放电循环寿命/次	日历年寿命/a	25℃时每月自放电百分比/%	相对成本/($/kW·h)
Cd－Ni	1 000～2 000	10～15	20～30	1 500
H_2－Ni	2 000～4 000	10～15	20～30	1 500
MH－Ni	1 000～2 000	8～10	20～30	2 000
Li－ion	500～1 000①	①	5～10	3 000
Lithium－polymer	500～1 000①	①	1～2	＞3 000

① 研发中。

9.9　电池设计

电池的设计始于在任务要求和已有数据库的基础上，选择合适的化学电池和单体电池的数量。下列因素对化学电池的选择有很大的影响：

1）比能量和能量密度；

2）循环寿命、容量和电压的稳定性；

3）循环能量效率；

4）质量和体积限制；

5）温度对性能的影响；

6）可用的额定安时容量；

7）再充的简易性和快速性；

8）自放电速率；

9）安全性问题。

尽管单位质量氢镍电池有较高的能量储存能力，但镉镍电池和氢镍电池都在寻找应用领域。根据具体任务的要求，某种电池可能具有其他电池不具有的优越性。例如，镉镍电池更适合于低功率任务，因为它的容量范围比较宽，甚至可以产生不足 1 A·h 的容量。氢镍电池一般更适用于大功率的卫星，低于 25 A·h 容量的电池在质量和成本上都不划算。

从电池组的数量来说，一般高地球轨道卫星都使用两组电池组，每组承担阴影期时卫星所需最大能量的一半。对于小型的低地球轨道卫星，例如铱星，使用一组电池更为有利，因为一个大电池组的质量和成本总是比各自担负一半容量的两个电池组要少些。从商业角度上来说，无论有没有资料论证，都应该考虑用户的要求。

一旦确定了化学电池的类型和电池组数量，电池的设计就取决于下列航天器电源系统的参数：

1）母线电压和负载电流；

2）充放电速率和持续时间；

3）充放电期间的环境温度；

4）充放电循环次数（寿命）。

在确定电池额定容量前，首先需要考虑的是电池寿命。即使小容量电池能够满足负载要求，电池容量还是要大一些，以便满足循环寿命的要求。例如，对于相同的功率负载，要达到 2 倍充放电循环次数，电池组需要大约双倍的容量。

电池组设计按照下面的步骤进行：

1）确定串联的单体电池数量，以满足电压要求；

2）确定放电容量，以满足负载电流要求；

3）确定允许的最大放电深度，以满足充放电循环次数的要求；

4）用所需要的放电容量除以允许的放电深度来确定电池组总的安时容量；

5）考虑电池安装及其他因素，来确定并联电池组的个数；

6）确定电池的升温情况和热控制要求；

7）确定需要的充放电速率控制。

工作温度下，每个电池组的实际安时容量由下式给出

$$A \cdot h_b = \frac{P_e \cdot T_e}{N_b \cdot \eta_{dis} \{ (N_c - 1) V_{cdis} - V_d - V_{hdis} \} \cdot DOD}$$

$$(9 - 12)$$

式中　$A \cdot h_b$——每个电池组的容量；

　　　P_e——负载在阴影期时的功率需求；

　　　T_e——阴影期持续时间，h；

　　　N_b——并联电池组的数量；

　　　η_{dis}——放电转换效率；

　　　N_c——每个电池组串联单体电池的数量；

　　　V_d——单体电池失效时旁路二极管上的压降；

　　　V_{cdis}——单体电池平均放电电压；

　　　V_{hdis}——从电池组到 PRU 上的压降；

DOD——阴影期时允许的最大放电深度。

公式（9－12）采用了单冗余设计，即允许每个电池组有一个单体电池失效。失效的单体电池可以利用旁路二极管形成电流路径，如图9－30所示。通常充电线路上有一个旁路二极管，放电线路上有3个旁路二极管来限制漏电流。如果没有旁路二极管，当两个电池组中的有一个电池组失效，负载可以使用的能量将大幅度减少，电离子火箭也将无法工作。卫星需要携带更多的燃料来防止上述情况的发生。相比旁路二极管，一些用户更倾向于使用开关继电器来最大程度地减少功率损失。

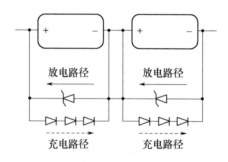

图9－30 单体电池充放电回路的旁路二极管设计

在一个单体电池失效的最坏情况下，电池组循环能量效率由下式决定

$$\eta_{\mathrm{b}} = \left[\frac{(N_{\mathrm{c}}-1)V_{\mathrm{cdis}}-V_{\mathrm{d}}-V_{\mathrm{hdis}}}{(N_{\mathrm{c}}-1)V_{\mathrm{cchg}}+3V_{\mathrm{d}}+V_{\mathrm{hchg}}}\right] \cdot \left[\frac{AH_{\mathrm{dis}}}{AH_{\mathrm{chg}}}\right] \quad (9-13)$$

式中　N_{c}——串联电池个数；

　　　V_{d}——一个二极管上的压降；

　　　V_{cdis}，V_{cchg}——放电和充电期间的单体电池电压；

　　　V_{hdis}，V_{hchg}——放电和充电过程中电路连线上的压降；

　　　AH_{dis}，AH_{chg}——放电和充电安时数。

在全调节DET母线中，单体电池的额定容量通常需要在两种选择之间进行权衡。一种是使用多个小容量单体电池来提供接近母线的电压, 另一种是使用几个大容量的单体电池提供比母线低一些的电压。大容量单体电池组成的电池组有较小的质量和体积, 可靠性较高, 可以节约质量和成本, 但要求电池调节器有更强的电压提升能力。任何情况下, 电池组电压都可通过功率负荷比来调节, 而且调节器的质量和效率不随电池电压的变化而变化。通常的原则是将单体电池串联, 使电池组的额定电压在放电时为母线电压的 80%, 充电时为母线电压的 93%。在没有严重影响到电池调节器的电压提升转换设计的前提下, 减少电池数量可以节省得更多。

设计电池时还要考虑其他的因素, 例如充电末期和放电末期的电压, 在氢镍电池中它们基本上保持不变, 但镉镍电池中的这两个电压会在寿命期内逐渐降低。另外, 如果电池的电压不能满足母线电压要求, 在最深放电后不能再完全充满, 或者在进入阴影期时电池容量已有部分损耗, 那么需要考虑将已确定好的电池额定容量向上调整。

所有串联的单体电池的额定容量之间的差异应控制在一定的百分比内, 以防止单体电池反极引起整个电池组失效。因此, 选择单体电池时, 必须现场测试其额定容量。室温下, 单体电池放电到 1 V 输出的容量必须与铭牌额定值相匹配。容量差异平均幅度在 ±3% ~ ±5% 之间的单体电池才可以选为飞行用电池组。因为电池组的真正容量受限于单体电池的最小容量, 所以整个电池组的容量比单体电池平均容量之和少了 3% ~ 5%。选择电池组的单体还要考虑它们之间的电压差异, 可以通过磁性特征来精确检测单体电池的内部情况, 但必须选择稳定的电池。新制的氢镍单体电池完全充电态的压力很低, 但是几周充放电循环后就趋于稳定了。

典型 5 ~ 10 kW, 100 V 高地球轨道通信卫星的电池组特征参数如下所示:

1) 全充电状态压力为 800 psi 的电池, 应在 1 350 psi 的压力下不发生永久性的变形, 从全充到全放的压力测试循环不少于 5 000 周次, 2 400 psi 压力下的安全测试不出现电池破裂;

2）1 000 V 的直流绝缘阻抗测试为 50 MΩ；

3）每个单体电池 FIT 为 30，寿命超过 10 年，可靠性为 0.985；

4）超过 10 年任务期的辐射剂量为 5×10^5 rad；

5）可承受发射期间的动力学环境。

9.10　发射和入轨段的电源

一般来说，二次化学电池组主要用来满足在轨负载和能量平衡的需求，但它也被用作航天器在发射和入轨阶段的电源。在这段时间内有可能出现的情况通常按照下列方式处理。

情况 1：发射时，满充的电池组足以满足发射/入轨段的能量要求。大部分卫星发射时都是这种情况，电源系统工程师不需要采取其他措施。

情况 2：发射时，满充的电池组可以提供的能量比发射/入轨段要求的能量稍微少一点。解决这种情况通常采取的措施是，发射前用冷空气或者液氮预先冷却一下电池组，将电池组的容量增加几个百分点或更多，以满足需要。

情况 3：发射/入轨段的能量需求超出了电池的容量，且情况 2 的补救措施也不能奏效。尽管情况罕见，因为成本昂贵，几乎无法增加星上电池的容量。此时，用质量比、能量比较高的一次电池来满足需要。入轨段后，这些电池将被抛掉。广泛应用于空间飞行器的一次电池是 $LiCF_x$，比能量为 350～500 W·h/kg，比通常使用的二次化学电池组高一个数量级。

9.11　热设计

有时，二次电池安装在航天器外部背太阳一侧的铝质蜂窝防护罩里，通过 G—10 玻璃纤维与航天器蜂窝板保持绝缘，利用多层隔热毡避免辐射，再包裹在铝质蜂窝微流星体的防护罩内。防护罩前面的一部分作为散热器,上面涂有镀银的聚四氟乙烯层,其他部分用多层隔热毡隔离。电池组把热辐射到散热器,然后通过它把热散到太空。不论是冷却或加热,对电池进行全面热控制是极其重要的。因为电池组的温度过高,会导致电解液蒸发、效率降低,并最终引起电池失效。而单体电池之间较高的温度梯度会导致电流分布不均匀。工作温度会在以下方面对电池多项性能指标产生影响:

1) 温度超过或低于某一温度范围时,电池容量下降,尤其是当接近电解液凝固温度时,电池容量急剧下降。在 $-20\ ℃$ 充电时,电池容量显著增加。循环时,低温下获得的额外容量要比 $10\ ℃$ 时获得的更加稳定;

2) 温度升高时,电池电压和充电效率下降;

3) 自放电率随温度升高而增加;

4) 温度下降时,电池内阻增加。

表 9—9 列出了镉镍电池的温度敏感性。表 9—10 说明了最佳工作温度的确定过程。表中的竖线表明,不同属性需要的适合工作温度范围也不同。综合考虑所有的属性,最佳的工作温度是所有合适范围的交集部分。例如,如果想把自放电率降至 1.0% 以下,充电效率达到 90% 以上,那么最佳工作温度范围应该是 $-10\sim25\ ℃$(表中第一列细线标注部分)。考虑设计和操作的余量,实际工作温度在 $-5\sim10\ ℃$ 之间(表中粗线标注部分)。

表 9—9 镉镍电池温度敏感性

温度/℃	充电效率/%	放电效率/%	自放电速率(每天放电容量百分比)/%
-40	0	72	0.1
10	94	100	0.2
60	75	100	8.0

表 9－10　镉镍电池最佳工作温度的确定

工作温度/℃	充电效率/%	放电效率/%	自放电速率（每天放电容量百分比）/%
－40	0	72	0.1
－35	0	80	0.1
－30	15	85	0.1
－25	40	90	0.2
－20	75	95	0.2
－15	85	97	0.2
－10	90	100	0.2
－5	92	100	0.2
0	93	100	0.2
5	94	100	0.2
10	94	100	0.2
15	94	100	0.3
20	93	100	0.4
25	92	100	0.6
30	91	100	1.0
35	90	100	1.4
40	88	100	2.0
45	85	100	2.7
50	82	100	3.6
55	79	100	5.1
60	75	100	8.0
65	70	100	12
70	60	100	20

　　因为任务的独特性，必须对每次任务进行详细的热分析。热控系统的主要功能是控制电池温度。热控系统通常需要专门的散热器、传导途径、加热器、隔热毡、温度传感器和控制电路。多层隔热毡用来防止过热或者过冷，从而使电池温度保持在轨道平均温度范围内。

如果电池组变冷，将外部散热器的一部分表面盖住，可以降低对加热器功率的需求。选择何种化学电池对热系统的质量和成本有很大的影响。虽然化学电池成本比较高，但是从卫星整体的角度看，化学电池对工作温度不很敏感可以抵消较高的成本。

　　电池组中单体电池之间以及单体电池与底板之间都是电绝缘的。要求电绝缘的同时，还要保持电池之间有良好的导热性，从而使单体之间、单体与底板之间的温度梯度较低。最大温度必须在设定值以下，以防止对电池造成损害或者缩短电池的寿命。最低温度也不能太低，否则会降低工作模式下的电池效率。在休眠模式中，电池温度要保持在电解液的凝固点以上，防止电池组失效。

　　圆柱形的 IPV 和 CPV 氢镍电池冷却比较困难。此外，与棱柱形电池组相比，它们的体积大幅度增加，降低了电池到散热器的热传导效率。图 9－31 是棱柱形镉镍单体电池或者锂离子单体电池组成的电池组。圆柱形氢镍电池通常采用下列 3 种结构组装成电池组。

图 9－31　棱形镉镍单体电池组装的电池组

9.11.1　平　装

　　平装即将单体电池平放在能够提供最大冷却面积的散热板上。电池组几千瓦功率的通信卫星上采用的就是这样的设计。然而，它需要较大的焊脚，而且对发射时的冲击和振动承受性差。

9.11.2 竖 堆

竖堆是现在氢镍电池最常用的组装方法，如图 9－6 所示。单体电池都竖立着，和散热板只有一个圆顶接触点，因而导热性差，但可通过导热填料增加导热面积，如图 9－32 所示。楔型设计可以降低热传输所需要的质量，填料可以是铝或者石墨纤维复合材料，从而使得质量较轻。

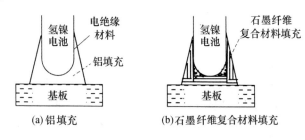

(a)铝填充　　　　　　　(b)石墨纤维复合材料填充

图 9－32 　竖堆氢镍电池组导热材料填充结构

9.11.3 酒架结构

圆柱形 IPV 电池有时会按酒架结构进行组装。这种设计中，单体电池温度可以达到 15 ℃；寿命末期，单体电池之间的温度梯度最大可以达到 7 ℃。使用金属纤维材料可以改进单体与单体或者单体与电池组固定架之间的温度，单体之间的温度梯度可以降低到 2 ℃，单体的最大温度可以降低到 8 ℃。

表 9－11 比较了氢镍电池的 3 种组装结构。表 9－12 列出了大型通信卫星采用的氢镍电池的热设计参数。

表 9－11 　氢镍电池结构组装模式及相关性能

组装结构	酒架结构	平装	竖堆
优势	焊脚和体积小，质量轻	质量最小，焊脚最大，冷却较好	冷却性能最好，焊脚和体积适当
劣势	冷却性能差	焊脚大	金属冷却套筒质量较大

表 9−12　大型通信卫星采用的氢镍电池典型热设计参数

	最大温度梯度或单体电池温度/℃
电池外壳至单体间温度梯度	5
电池外壳任意两点间温度梯度	7
充电时电池内任意两单体间温度梯度	7
充电时任意两个/组电池间平均单体间温度梯度	8
充电时在转移轨道期间	30
下一个阴影区再充电期间	15
涓流充电期间	30
EHT 或电弧点火期间	35
再调整下降期间	30
再调整二次充电期间	15
电池最低温度	−10
电池组单体堆寿命期间平均温度	15
验收试验（不包含 EHT/电弧点火）	−10/30
鉴定试验（包含 EHT/电弧点火）	−15/45

9.12　安全性设计

电池设计和操作需要考虑特定的安全性。最重要的是要保证电池不过充。任何高于涓流充电速率的过充都会转化成热量，如果温度超过极限，就可能引起电池爆炸。对于阴影期工作时间比较短或者很少有阴影期的小科学卫星而言，当二次电池不经过充电调节器而直接由专门的光电模块充电时，这一点尤其重要。这种情况下的首要准则是，太阳电池阵的尺寸应限制在安全范围内，即太阳电池阵的额定电流值一定要保持在小于电池组可以承受的连续充电电流。

设计电池组时，必须在避免引起污染、腐蚀、爆炸、着火、损伤或故障等安全危害的前提下考虑单点失效模式。在整个任务期间和地面操作阶段都要遵守此原则。下面列举了主要的电池失效模式，任何一个或者多个电池失效都可以导致有毒物质、腐蚀性物质和/或具有起火和爆炸危险的易燃物质的泄漏：

  1）自放热或者环境温度过高导致电池过热；

  2）电池组内部或外部电路短路；

  3）随意充电导致的电流反向；

  4）过放引起的单体电池电压反向；

  5）电解液或者气体的泄露；

  6）过充或过热引起的过压。

  设计电池时应采取适当的方法避免以上任何情况的发生。如果真的发生了失效，首先应该阻止失效电池的泄漏。如果失效比较严重，无法采取有效的措施阻止泄漏，那必须确定这种泄漏不会影响到飞行任务。电池运输的安全性主要取决于电池是否已被活化。如果电池已经活化，为保证运输安全，电池制造商要按照运输条例控制材料的反应活性和充电状态。

  Govar 和 Squires[12] 报道了市场上海军使用的 9 V 锂离子电池安全测试的结果。测试表明，两个 9 V 电池并联的电池组比较安全，没有反应激烈的现象。相反，由 30 个 9 V 电池构成的电池组在某些情况下会发生泄露、冒烟和起火的现象。

9.13　充电控制

  出于安全考虑，防止电池在任何时候的过度充电都是极其重要的。过充会导致电池内部产生气体，会造成开口电池电解液的损失和极片性能的过早衰减。充电控制器允许电池以最大速率充电，直到有气体产生，然后充电速率减小到涓流充电速率，这样电池就可以平缓地达到满荷电状态。

  在电池组充电期间，能量管理软件监控充电状态、电池整体是否正常以及安全终止标准，同时监控的还有工作电压、电流和温度。在初始化检查顺利完成后，充电计时器开始工作。如果软件发现有违背临界安全标准的异常情况出现，充电就会被暂停（但不重置）。如果异常情况持续时间超过了一定的时间限制,充电计时器就会停止工作。

正常的充电过程包括以下 3 个阶段:

1) 快速充电,输入已使用容量的 80%~90%;

2) 降额充电,充电速率逐渐减小,直至剩余容量充满;

3) 电池完全充满后,涓流充电以抵消自放电损失。

电池管理软件里的快速充电和降额充电终止标准是根据电池电化学体系和系统设计参数预先输入的。例如,镉镍电池和金属氢化物镍电池通常在 75%~85% 的光照时间内恒流充电到 95% 的荷电状态。然后,充电电流逐渐减少,逐步或者分几步达到涓流充电速率,如图 9-33 所示。当连续监测到的 ΔV 值为负值时,终止主要充电过程,采取涓流充电。相反,对过充敏感的锂离子电池,可以用恒压充电,然后逐步减小到所需要的充电电流。

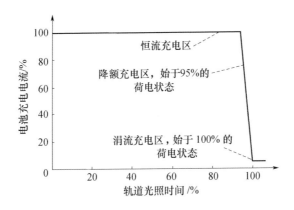

图 9-33 电池充电过程与轨道光照时间的关系

镉镍电池和氢镍电池一旦满充,都会出现电压突然下降和温度突然上升的现象,即 dV/dt 为负,dT/dt 为正(如图 9-34 所示)。这两个特性可用来判断电池的充电末期。镉镍电池和氢镍电池每个单体电压下降幅度大约在 20~30 mV 之间。但金属氢化物镍电池的 ΔV 很小(每个单体 3~5 mV),而且温度呈稳步上升趋势,于是难以判断充电末期。充电末期电压的突然下降是由于氧气和氢气反应产生的温升造成的。某些化学电池电压的突然下降很明显，而有些则相当平缓。当单体电池在−20 ℃条件下过充时，电压的突然下降呈现波纹状，先是一个小电波峰，紧跟着是一个大波峰。

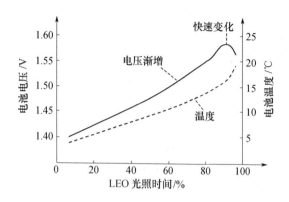

图 9−34　充电末期蓄电池电压和温度呈现突变

　　电池应避免过充过程中氧气和氢气的快速反应。在某些情况下，快速反应可导致出现听得见的爆音、负极气体扩散网孔的软化以及热量在中心和正极板上的积聚。在极端情况下，甚至可以吹走隔膜，造成短路。正极板膨胀厉害的单体电池容易诱发氧气和氢气的快速反应，并对电池的组成造成损害。膨胀也会引起活性物质的脱落和正极板间空隙的减少，最终的结果是导致放电末期的电压下降。发生严重膨胀的正极板可以吸收更多的电解液，相应地，隔膜吸收的电解液数量将减少。

　　利用限压逐渐减小电流的方法或者恒流容量恢复方法，电池组可通过下面 3 种方式中的任一种进行充电。

9.13.1　多速率充电

　　这是最好的一种充电方法，电池组通过多个步骤平缓地进行充电。首先，电池以满充电速率充电至电池容量的 80%～90%；然后，充电电流逐步减少，直到电池组充满。此时，将充电电流进一步减小到涓流充电，使电池保持满充状态，直到为下一个负载提供能量。这种方法要求充电控制器至少有 3 种充电速率。

9.13.2　单速率充电

这种方法使用的是简单的充电控制器，成本低，可以开启，也可以关闭，只有一种充电速率。当充电截止电压测量值表明电池组已充满时，通过一个继电器关闭充电器。当电池组的电压低于充电预先设定值时，再次启动充电器，全力充电。由于这种方法不是平缓地充电，所以电池很难达到并保持满充状态。可与这种方法交替使用的是多脉冲充电，即电池全电流充电直到达到预先设定的即将产生气体的电压，这时，暂时关闭充电器，让电池里的化学物质得以混合，电压得以降低。当电压降到预先设定的低位时，再次连接充电器，全电流对电池进行充电。

9.13.3　无控制充电

成本最低的方法是不使用充电控制器，由专门用来充电的太阳电池阵模块直接对电池组进行充电。充电模块可以保证由特定数目单体电池构成的电池组安全地充电。当二次电池完成充电后，通过一个短路开关（变换器）将太阳电池阵与底板短接（挂起）。此时，电池组的电压必须比太阳电池阵上的电压略低一点，这样就可以继续进行涓流充电；但电池组的电压不能过多，以防过充。当电池组电压低于某一值时，分流调节器再次开启。隔离二极管将防止电池组对太阳电池阵供电，或者在阴影期将太阳电池阵挂起。

如果并联的两组电池组中的一个单体出现短路，这两个电池组将会有不同的终止特性。对这样的两组电池组进行充电或者放电，可能导致电流极不均匀，结果是其中的一个电池组将出现过热。可以通过两种方法避免上述情况出现。一种方法是两个电池组分别用单独的电流控制充放电，每个电池组承担各自额定的负载份额。另一种方法是立即更换失效的单体电池，但在空间这是不可能实现的。通常，对每个电池组进行单独的充放电控制是最佳策略。这种方法允许用其他不同的化学电池或者寿命不同的电池来替代任一电池组，用来替代的电池允许有不同的负载能力。国际空间站使用的电池组就可以在寿命期间进行多次更替。

锂离子电池组需要额外线路来平衡各单体电池，以便达到电池组的最优性能。不同设计采用的平衡电路各不相同。一种方法是使用具有多插座的直流－直流变换器保证单体电池之间的能量平衡。另一种方法是使用一种被称作跨线电容器的电容器开关技术把小份额的能量从高电压单体转移到低电压单体。法国的 Saft 公司经常使用能量分散方法来降低最高充电状态的单体，从而和最低充电状态的单体相匹配。另外，Sack，Croydon 和 Reynolds[13] 报道了使用分割充电器的另一种方法。其设计理念是将电池组的充电器分割成单独的单体电池充电器。在美国军方的资助下，这一设计理念已经在 26 V，45 A·h 锂离子电池上进行了测试。

9.14　电池管理系统

电池组管理系统包括电池组监测器和控制器，其主要功能是监测电池组的状况，通过调整充电过程来优化它的性能。系统监测电池组的电压、电流、充电状态和温度。如果管理不当，电池组性能就会下降，寿命就会缩短，下面是一些电池组可能出现的性能问题：

　　1）低充电效率导致低荷电状态；

　　2）保持额定安时容量充电的容量损失；

　　3）过早失效导致载荷能力下降；

　　4）过充时产生大量气体和自热导致寿命下降；

　　5）正极板腐蚀缩短寿命；

　　6）分层和硫酸化降低性能。

在电池管理过程中采取下列措施可能会避免以上问题的发生：

1）温度补偿充电，如果电池组的温度高于参考温度，充电过程就会提前终止；

2）如果有两组或者更多的电池组并联充电，将采取单独充电控制；

3）准确设定充放电模式的起始点和终止点。

现代电源系统中的电池组是通过专门的计算机软件来进行管理的，主要监控以下性能和参数：

1）电压和电流；

2）温度和压力；

3）电池输入和输出的安时容量；

4）充/放电状态；

5）充/放电速率；

6）放电深度；

7）充放电的循环次数。

通过大量的测量和限定来确定以上参数，包括以下手段：

1）限定最小充电电流；

2）限定截止电压；

3）绝对截止温度；

4）温度变化率 $\Delta T/\Delta t$；

5）峰值电压后单体电压下降量 ΔV；

6）电压变化率（$\Delta V/\Delta t$），包括峰值和峰形；

7）实际充电时间。

市场上已有容量测试仪，它可以实时检测电池输入和输出的容量，并将需要的信号输入模式控制器。

镉镍电池和氢镍电池的容量、电压和充电末期压力随着使用时间的延长而下降。这些变化可以通过修改航天器上监控软件而及时调整。另外需要考虑的是单体电池之间的电压差异，特别是在轨再调整之后。

最大充电电压和充电状态的温度补偿可以改善电池组的管理水平，尤其当环境温度较低时。低温时，电池组可以被充入更多电量，因此温度补偿允许环境温度较低时对电池进行额外充电。低压警示也是一个重要的特性，因为当电池过度放电后的电压低于极限值时会导致单体电压反向，引起电池组失效。低压警示可以将非关键负载从电池组上屏蔽掉，从而防止电池组失效。电池电压监测装置可以对整个电池组状况进行全面的检查。发射前这种全面检查很重要，因为此时还可以解决出现的问题。一个由 22 个单体电池构成的电池组的电压监测器自重为 $200\sim300$ g，但却需要增加许多的遥测电线。

9.15　动态模型

阻抗指的是流经单体电池的交流电的变化与所引起电池电压变化之间的比值。如下式所示

$$Z = \sqrt{R^2 + X^2} \tag{9-14}$$

式中　R, X——电池的电阻和电抗。

本节所讨论的动态阻抗特性适合于所有的化学电池。例如，它适用于某一给定的荷电状态，即没有直流电和能量转化的状态。内阻决定了电池组在充放电期间对涓流、噪声和瞬时现象的响应。由于大容量单体电池的极片面积较大，内阻的变化和容量成反比。图 9—35 所示为 50 A·h 氢镍电池阻抗和频率的关系。在 10 Hz 之前，电池阻抗基本保持恒定，当频率继续增大时，阻抗迅速增大，这表明存在一个强烈的电感成分。电池组的 R 和 X 是通过单体的对应值乘以串联单体的数量而获得的。一个简单的拉普拉斯（Laplace）阻抗 $Z(s)$ 的动力学模型如图 9—36 所示。

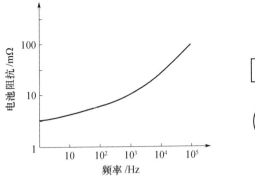
图 9－35　50 A·h 氢镍电池阻抗
和频率的关系

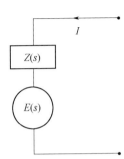
图 9－36　电池的动态
阻抗简化模型

由电化学家建立的复杂电池模型并不是用电势、电阻、感抗和电容来表示的，因此，它们不适合电气工程师的日常应用。电气工程师们需要的是用电路术语表示的电化学体系模型。Ceraola[14] 用有两个支电路的电路模型来表示电池的非线性行为，如图 9－37 所示。主电路用下标 m 表示，旁路用下标 p 表示。E_m 和 Z_m 分别是电池内部电动势和内阻。它们都是以拉普拉斯算子、电解液温度、θ 和充电状态为变量的函数。旁路模拟是对主可逆反应没有贡献但需要少量电流的不可逆反应。E_p 表征的能量最终转化为电能或其他形式的能量，比如充电末期的气体释出或者水的电解。实部 Z_m 和 Z_p 表示转化成电池

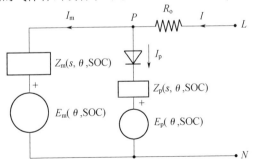
图 9－37　包含主旁路分支的电池动态电路模型

自热的能量。R_o 在两个支路中都表示从极柱到极片的电阻。

　　为了使用这个模型，需要确定 E 和 Z 对 s，θ 和 SOC 的函数依赖关系，以及用来确定电解液温度的电池热模型。Z 对 s 的依赖性可以通过采用等效的 R，L 和 C 值来确定。对已知具体的操作条件，这个模型可以进行简化。例如，在充电的起始阶段，充电效率接近 1，那么模型中的旁路可以忽略。然而，在充电末期，旁路几乎占用了全部输入电池的能量。由于电感很小，可以被忽略，则在充电和放电期间都有效的电池模型如图 9-38 所示。

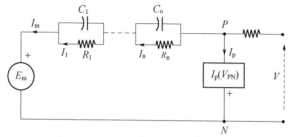

图 9-38　电池充放电期间的动态电路模型

　　电池的容量在某一最佳的温度下是最大的，非最佳温度都会使容量减小。如果电池组工作温度小于最佳温度，在给定电解液温度和放电电流时，电池容量随温度的升高和放电电流的减小而增加。放电电流（I）和温度（θ）不变时，二次电池容量可以用下式表示[14] 为

$$A \cdot h(I, \theta) = A \cdot h_0(I) \left\{ 1 - \frac{\theta}{\theta_f} \right\}^{\alpha} \qquad (9-15)$$

式中　$A \cdot h_0$——电池组在 0 ℃、放电电流为 I 时的容量；

　　　　α——经验常数，$\theta > \theta_f$，θ_f 为电解液的凝固温度（比如 -40 ℃）。

　　式（9-15）给出了电解液在凝固温度下、电池不能工作时的预期容量（$A \cdot h = 0$）。$A \cdot h_0(I)$ 可以用温度 I_r 和经验常数 K，β 表示为

$$A \cdot h(I, \theta) = \frac{KA \cdot h_0(I_r) \left\{ 1 - \frac{\theta}{\theta_f} \right\}^{\alpha}}{1 + (K-1) \left\{ \frac{I}{I_r} \right\}^{\beta}} \qquad (9-16)$$

式（9－16）表明：对每一种电解液的不同温度和荷电状态，都必须确定回路模型中参数的数值。实际上，它们可以通过这两个参数的几个离散值就可以确定，中间值可以通过插补获得。第一次确定这些参数时需要大量的分析和测试，然而，完成前期的工作后，建立新电池模型就可以通过修改与之相类似的电池模型数据来进行。

9.16　循环寿命模型

如前所述，电池组的循环寿命主要与放电深度和工作温度有关。循环寿命可以通过充放电循环次数为自变量、放电深度和温度为因变量来进行表述。在构建电池寿命统计模型时，必须首先选择一个数学表达式来精确表达变量之间的关系，然后选择一个最符合测试数据的统计分布。电池的物理特性也是选择建模时需考虑的因素，例如，放电深度增大和温度升高可以使电池的循环寿命降低。通常用来分析寿命测试数据的各种关系类型都可以表达这样的关系。在这些关系类型中，诸如指数关系、反功率关系和阿仑尼斯（Arrhenius）公式等，不止一个可以很好地和测试数据相吻合。其中，阿仑尼斯公式与寿命测试数据符合得最好，它表明化学衰退是限制工作寿命的根本原因[15-16]。即

$$L = C_1 T^{-C_2} \cdot e^{-C_3 D} \tag{9-17}$$

式中　L——第一次失效前的平均循环数；

　　　T——温度（℃）；

　　　D——每一次循环的放电深度；

　　　C_1，C_2，C_3——由多级衰减曲线拟合确定的关系常量。

基于物理学的能量耗尽模型，在给定放电深度和温度下，代表寿命期的统计分布围绕式（9－17）推导得到的平均值有一个逐渐增加的风险函数。风险函数是一个条件失效率，它表明在给定循环次数（L）后依然正常使用的失效率。另外，分布曲线应该有一个很好的形状与数据相符。能满足这些要求的两种分布是对数分布和韦伯分

布。通常采用韦伯分布来表达寿命测试的数据分布。它表述为

$$F(L) = 1 - \exp\left[\left(\frac{L}{\alpha}\right)\beta\right] \qquad (9-18)$$

式中　$F(L)$——截止到 L 次循环时失效总数的比例；

　　　正参数 α、β——等级和外形参数，一般可从测试数据中得到。

　　参数 β 可以假设为常数，α 为放电深度和温度的函数。如果所有样品的失效时间都可知，利用最小二乘法就可以很简单地进行曲线拟合。然而，在通常情况下，电池测试数据包括下列样品：1）在一段时间间隔内而不是在某一特定的时间失效；2）在测试末期很多样品还没有失效。这样检测到的数据只有通过不完全寿命测试数据统计技术才能分析[17-18]。该统计技术使用最可能的方法为每个未知参数选择一个与给定测试数据最符合的数据作为估计值。计算是基于样品的对数分布进行的，对数分布一般是模型未知系数（C_1，C_2，C_3）的函数。通过在计算机上反复迭代得到系数的估计值，根据这些估计值的变化可以大体获得可信度的置信区间。

　　当对一系列测试数据采用上面所描述的模型进行分析时，预测寿命就与模型中的系数 C_1，C_2，C_3 相关联。假如电池组在工作期的每一次循环都以同样的方式工作，那么采用上述方法对电池寿命的估计可以相对简单。但如果电池在使用方式上有很大的变化，有时用这种方式，有时又用另一种方式，这样情况就变得很复杂了。这时可以利用 Milner 的累积损害理论[19-20]来估计电池组的寿命，这个理论经常用于研究金属和其他材料的断裂和疲劳度。该理论使用循环率作为测量损害的主要依据，并根据两个自变量对电池寿命进行预测，如图 9—39 所示。具体描述如下：如果电池在 D_i 放电深度、T_i 温度下，循环 C_i 周，且根据寿命关系估计电池在 T_i 和 D_i 条件下寿命为 L_i 周，那么这段时间内电池寿命的损害率 PD_i 为

$$PD_i = \left\{\frac{C_i(T_i, D_i)}{L_i(T_i, D_i)}\right\}^{\alpha} \qquad (9-19)$$

这里 α 是从相关可获得的寿命数据和经验中估计的正常数。当累积

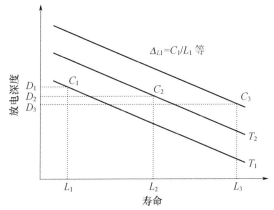

L_1: 同一温度 T_1、每周期同一放电深度 D_1 时
　　失效前循环次数
C_1: 温度 T_1、放电深度 D_1 时的工作周期数

图 9−39　失效周期寿命模型与放电深度和温度的关系

的损害总量等于 1 时（即当 $\sum PD_i = 1.0$ 时），可判断电池失效。指数 α 的值可以从大量的电池数据中获得，这些电池与被评估电池的比例因子应该非常接近。

这个理论累计每段时间内电池寿命损耗的增量，寿命损耗的增量取决于在这段使用期内使寿命衰减的主导因素。该理论还可以用来估计电池剩余的寿命，即

$$\text{电池剩余寿命} = 1 - \sum PD_i \qquad (9-20)$$

Milner 的累积损害理论从判断和经验方面提供了以下用途：

1）当累积的损害总量达到极限值 1.0 时，电池的寿命终结；

2）短时间高倍率使用和长时间低倍率使用对电池寿命的消耗相同。

尽管本节介绍的寿命模型目前还不能直接用于判断电池寿命，但它具有未来应用的潜力。希望这里提出的理论可以为定义、计划和分析本领域的未来研究提供指导。

9.17　一次电池

一次电池中，锂聚氟化碳（LiCFx）电池的比能量最高。自 20 世纪 70 年代早期起，它便一直应用在载人航天器、导弹、陆地和海上设备，积累了一套安全可靠的数据库。尽管 LiCFx 电池有很多种，但只有很少的几种能够满足 NASA 和空军的使用要求。许多 LiCFx 电池已经应用在航天飞机和航天器上。估计每个 MILHDBK－217 的可靠性范围为 1.6×10^{-6} 到 10×10^{-6} FIT。LiCFx 电池对冲击、振动、被动充电和被迫反极都不敏感，很多电池可以在不开启单体电池排气阀的条件下承受外部短路。低抗热率的高倍率电池在内部突然短路后可能会打开排气阀。然而，一般认为突然的短路是不太可能发生的，因此单体电池的可靠性在 90% 可信度的情况下高于 0.999 9。40 A·h 空间用 LiCFx 电池的装配质量要比其他电池增加60%～70%。

9.18　先进电池技术

电池设计方面的进步从未停止过。很久以来，镍基电池就使用质量较大的粉末烧结镍基板作为活性物质的载体。镍电极是任何镍基电池（例如氢镍电池、镉镍电池和金属氢化物镍电池）中最关键也是质量最大的部分。粉末烧结镍基板占电极大约一半的质量。轻质多孔的纤维镍基板可以减少50%的电极质量，同时通过增加可以使活性物质沉积的面积来增加电极的容量，这样可以提高电池比能量。此外，使用较厚的镍电极也可以达到此目的。少量较厚的镍电极可以减少其他结构的数量，比如氢电极和隔膜，从而减轻电池整体的质量。

为了找到性能更好的电池，人们不断地评估全新的或者已得到时间验证的化学电池性能。下列特性最终决定了电池的质量大小和成本，也是电源系统设计工程师最关注问题：

1）比能量和能量密度；

2）充放电循环的能量效率；

3）工作温度和放电深度下的循环寿命；

4）更大的工作温度范围；

5）更好的外包装。

近年来，锂离子电池已经成为一种商业用高性能电池——广泛用于移动电话、笔记本电脑等。同碱性的镉镍电池和金属氢化物镍电池相比，它有很明显的优势。空间用电池通常要求较大的电池工作温度范围（−40~65 ℃）、较长的循环寿命（在低地球轨道的循环寿命大于 30 000 周）和较长的使用寿命（在高地球轨道的使用寿命大于 10 年）。NASA 已经批准商用锂离子电池为航天飞机和国际空间站的外围电子设备提供电源。2004 年 3 月登陆火星的勇气号和机遇号探测器，就是由可以在−20 ℃条件下循环 200 周的锂离子电池在其阴影期提供电能的。

现在看来，锂离子电池似乎可以最终取代氢镍电池而广泛应用于空间[21]。当然还有其他的电池，例如可再生燃料电池和惯性飞轮。在雄厚的资金资助下正在加快研发惯性飞轮系统，并计划于 2006 年在国际空间站上使用。可以替代氢镍电池的电池之间的相互比较如表 9−13 所示。

表 9−13　可以取代 50 W·h/kg 氢镍电池的电池

替代电池	Li-ion	Li-Poly	惯性飞轮	超 NiCd	NiMH	硫化钠	H_2/O_2 RFC
W·h/kg	130	150	研发中	50	65	120	75
W·h/L	200	300	研发中	115	200	250	50
循环寿命	>10 k	>10 k	高	>45 k	>10 k	>3 k	>2 k
空间使用经历	自 2000 年起使用	未使用	未使用	自 1990 年起使用	1992 年试验	试验	未使用
研发阶段	可用	可用	计划在 ISS 上使用	已在 30 多架航天器中使用	两架航天器中使用	未使用	拟在 ISS 上使用

参 考 文 献

[1]　PAREZ M E, et al. Energy storage for space applications: proceedings of the 36th Intersociety Energy Conversion Engineering Conference, ASME, 2001: 85—89.

[2]　RAO G M, A HMAD A , CHETTY P K R. Super nickel cadmium battery operation and performance on—board the Sampex spacecraft: proceedings of the 30th Intersociety Energy Conversion Engineering Conference, Vol. I, ASME, 1995: 111—116.

[3]　PICKETT D F, HAYDEN J W, LUCERO D , JOHNSON Z. Comparison of advanced NiCd space cell technology with other technologies in consideration for LEO and GEO orbit and planetary missions: proceedings of the 35th Intersociety Energy Conversion Engineering Conference, AIAA, Paper No. 2989, 2000.

[4]　BROWN R. Nickel hydrogen life modeling: proceedings of the 35th Intersociety Energy Conversion Engineering Conference, AIAA, Paper No. 2991, 2000.

[5]　BRITTON D L. Progress in the development of lightweight nickel electrode for NiH_2 cell: proceedings of the 34th Intersociety Energy Conversion Engineering Conference, SAE, Paper No. 2537, 1999.

[6]　GARNER J C, BRAUN W R, LOO D V , BOWERS D. 90—Ah dependent pressure vessel NiH_2 battery: proceedings of the 34th Intersociety Energy Conversion Engineering Conferece, SAE, Paper No. 2590, 1999.

[7]　PUGLIA F, GITZENDANER R, EHRLICH G M , MARSH C. Advancing Li—ion technology for aerospace applications: proceedings of the 34th Intersociety Energy Conversion Engineering Conference, SAE, Paper No. 2637, 1999.

[8]　CROFT H, STANIEWICZ R, SMART M C , RATNAKUMAR B V. Cycling and low temperature performance operation of Li—ion cells: proceedings of the 35th Intersociety Energy Conversion Engineering Conference, AIAA, Paper No. 27—AP—B1, 2000.

[9]　FELLNER J P , LOEBER G J. Li—ion performance testing and ac impedance characterization: proceedings of the 34th Intersociety Energy Conversion Engineering Conference, SAE Paper No. 2591, 1999.

[10]　BRUCE G , MARCOUS L. Large lithium—ion batteries for aerospace and aircraft applications. IEEE AESS Systems Magazine, 2001, 16 (9): 24—28.

[11]　SMITH R , BRILL J. Updated life cycle test results for flight qualified NiH₂ cell design: proceedings of the 36th Intersociety Energy Conversion Engineering Conference, ASME, 2001: 55—59.

[12]　GOVAR C J , SQUIRES T L. SADETY tests of lithium 9—volts batteries for navy applications. IEEE AESS Systems Magazine, 2001, 16 (9): 34—37.

[13]　SACK T T, CROYDON T , REYNOLD R. Segmented battery charger for high density 28—V lithium ion battery. IEEE AESS Systems Magazine, 2001, 16 (9): 15—18.

[14]　CERALOL P. Dynamic model of the electrochemical battery: proceedings of the 36th Intersociety Energy Conversion Engineering Conference, ASME, Paper No. X001, 2001.

[15]　HAHN G J , SHAPIRO S S. Statistical Models in Engineering. New York: John Wiley & Sons, 1967.

[16]　KENDALL M G , STUART A. Advanced Theory of Statistics. Vol. 2, New York: Hafner Publishing Co: 1961.

[17]　HAHN G J , NELSON H B. A Comparison of methods for analyzing censored life data to estimate relationship between stress and product life. IEEE Transactions on Reliability, 1974, R—23: 2—10.

[18]　NELSON W. A survey of methods for planning and analyzing accelerated tests. IEEE Transactions on Electrical Insulation El—9, 1974: 12—18.

[19]　MINER M A. Cumulative damage in fatigue. Journal of Applied Mechanices, 1945 (12).

[20]　MADAYAG A F. Metal Fatigur—Theory and Design. New York: John Wiley and Sons, 1969: 170—203.

[21]　GROSS O, FOX C, ROLLER D , SHIMANEK L. Lithium—ion polymer batteries for space applications: proceedings of the 36th Intersociety Energy Conversion Engineering Conference, ASME, 2001: 61—68.

第 10 章　电源电磁元件

10.1　简　介

　　航天器中的电源电子器件主要用来控制母线电压，并且将其转换为与不同设备工作电压相符的等级电压。这些功能由作为可控开和关的固态半导体元器件以较高频率开和关的方式实现。当开关被切换到电源时，电容器和电感器用来储存能量。开关闭合后，释放所储存的能量，并持续为负载提供能量，必要时应使用变压器。以下是用于航天器的主要电源电子设备：

　　1）分流调节器用于日照下的母线电压控制；

　　2）电池充电调节器（降压型调节器）；

　　3）电池放电调节器（升压型调节器）。

10.2　开关设备

　　多种固态元件都可以用作可控开关。然而，通常在空间使用的开关主要有以下几种：

　　1）金属－氧化物－半导体场效应晶体管（MOSFET）；

　　2）双极结型晶体管（BJT）；

　　3）门极绝缘双极型晶体管（IGBT）。

　　根据需要的电压、电流和开关频率选择开关设备。这些设备的共同特征是它们都是三接线端的设备，其常见的电路符号如图 10－1 所示。两个功率接线端 1 和 0 与主电路相连。栅极 G 连接到辅助控制电路。在一般应用中，接线端 1 的电压通常要高于接线端 0。开关设备主要用于按需开关电源，它的功能由一个门控开关控制。若没有门控信号，电源接线端之间的设备电阻相当大，其功能相当于一个打开的开关。反之，若出现门控信号，设备电阻接近于零，其功能相当于一个闭合的开关。

　　开关由一系列适当频率的门信号周期性地触发。单独触发（启动）电路产生无过冲和鸣音的矩形波、三角波或锯齿波门控信号。MOSFET 的门电路比双极晶体管的简单。尽管控制电路各有各的特点，设计也不同，但通常还是要与主电源电子器件组件相匹配。通常晶体管开关的开、关频率很高，在 $50\sim200$ kHz 之间，有时会更高。开关占空比 D 定义为

$$D = \frac{开通时间}{开关周期} = \frac{T_{on}}{T} = T_{on} \times 开关频率 \qquad (10-1)$$

不同的开关设备其电压、额定电流和门触发的要求各不相同。目前已有的开关设备的额定值如表 $10-1$ 所示，但并不是所有表中所列的都符合空间需求。其他电源电子器件如高频开关设备将随后讨论。

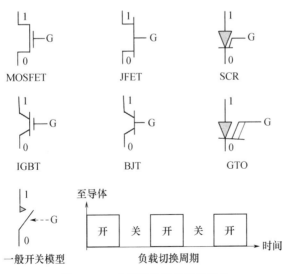

图 $10-1$　空间用半导体开关设备

表 10-1　半导体开关的额定电压和额定电流

设 备	额定电压/V	额定电流/A	备　注
MOSFET	1 000	100	提供更高的开关速度、更简单的启动电路
BJT	1 500	200	需要更大的电流信号来驱动
IGBT	1 200	100	集合了 BJT 和 MOSFET 的优点

10.3　分流调节器

　　一般情况下，光照期太阳电池阵的输出功率会大于负载和电池充电需求的总和，尤其在电池寿命的初期更是如此。为了控制母线电压，超额的功率必须在流入母线之前被分流。用作分流的负载可以是电阻，它把超额功率转换成热能，这部分热量会给航天器舱体内的热控系统造成额外负担。为此，可将太阳电池阵电流的部分电池组结构接地。这将使太阳电池阵在短路情况下工作，并得到零伏特下的 I_{sc}。在这种分流模式下，没有能量被传输到负载或者结构地。光子能量依然聚集在太阳电池阵内，太阳电池阵的温度升高，并最终将超额功率以热的形式发散到空间。实质上讲，太阳电池阵在这里被用做散热器。

　　分流调节器还可以用在一些小型专用太阳电池阵模块中，这些模块可以不通过蓄电池充电控制器而直接给蓄电池充电。当电池被充满电以后，通过闭合开关，电流从太阳电池阵模块被分流到结构地。这样，电池受到保护从而免于过度充电。

　　图 10-2 所示的是一种典型的晶体管开关分流调节器。当产生超额功率时，母线电压上升并超过额定电压，这一现象可以作为分流调节器的门信号来打开所需分流的太阳电池串的分流开关。因此，以母线电压作为参考，晶体管就可以控制分流调节器的开启或关闭。对于一个由许多电池串并联而成的太阳电池阵，图 10-2 所示的基本布局可分别用于每个电池串。在分流调节较小的超额功率，所有的

电池阵模块同时使用同一个门极信号。对于分流大功率的情况，多个分流回路被依次开启和关闭，以最大程度地减少开启和关闭时的瞬态影响和对邻近设备造成的电磁干扰。要想较好地控制电压，最后一次分流要在脉冲宽度调制（PWM）模式下进行，而其他分流器全部开启或关闭。分流电路结构和性能上的各种特点将随后介绍。

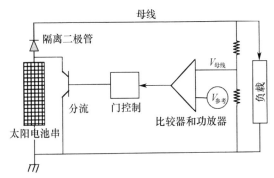

图 10-2　母线电压控制的完全分流调节器

10.3.1　完全和部分分流

图 10-2 所示为一个完全分流示意图，图中所示的整个太阳电池阵的电池串被控制在开、关或者介于两者之间的状态。图 10-3（a）所示为部分分流示意图，分流开关控制部分太阳电池串。需要分流时，只有电池串下部被分流。当分流调节器打开时的工作状况如图 10-3（b）I-V 特性曲线所示。这时电池串的下部如同电流源，而上部如同电压源。未分流和分流的部分交错搭配，这样造成负载远离最大功率点工作，从而使得输入母线的功率降低，使一部分太阳电池阵上的功率以热的形式辐射到空间中。另外，少部分的功率在分流器中以热的形式散失。由于分流仅在有超额功率产生的情况下进行，所以太阳电池阵温度的增加和光电转化效率的降低对电源系统性能并没有影响。在部分分流方案中，分流晶体管可以安装在太阳电池阵的背面，使之更易将热量散失到空间中。然而，这需要比功率滑环更多的信号滑环，并且分流晶体管必须能经受住阴影期与光照

期转换时的温度剧变。

　　下部的分流电压 V_L ＝电池串全电压－上部电压＝$V_\mathrm{sa}-V_\mathrm{U}$。对于一个 22～35 V 的部分调节母线来说，$V_\mathrm{L}$ 的值一般为 15 V。图10－3（b）中的阴影区域代表分流功率。在数量上，它等于电池串下部分流电压和电流的乘积

$$P_{分流} = V_\mathrm{L} I_\mathrm{L} \qquad (10-2)$$

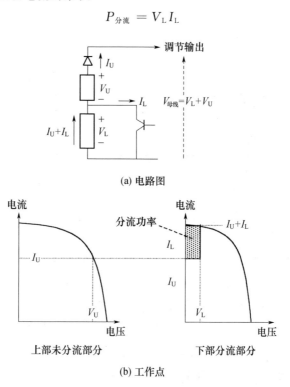

(a) 电路图

(b) 工作点

图 10－3　局部分流调节器（上部未分流，下部分流）

过去很多卫星都使用局部分流，但它在现代大功率卫星中却失宠了，目前卫星中普遍使用完全分流。完全分流和局部分流可以是以下几种类型中的任一一种。

10.3.2　线性和 PWM 分流

　　图 10－4 给出了线性分流的示意图。图 10－4（a）中没有串联

电阻，当母线电压超过参考值时，门电流在不饱和区驱动分流开关。
在这块区域工作时，开关根据门电流的变化提供可变阻抗。电池串
功率一部分被分流到结构地，剩余的功率提供给母线。如果需要，可
以增加一个附加的固定电阻，如图 10－4（b）所示。带电阻的线性
分流的缺点是，一部分太阳能功率在电阻中被转换成热能，而这些热量
必须经热控系统排放到空间中。出于这个原因，大卫星中很少使用电
阻。不带电阻的线性分流可以持续将太阳电池阵上的多余功率散失到
外空间，减小了滑动环、热量管理和电磁干扰方面相应的成本。

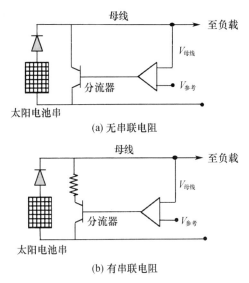

(a) 无串联电阻

(b) 有串联电阻

图 10－4　线性分流调节器

　　还有一种分流方法是使用如图 10－5 所示的开关模式脉冲宽度调制
（PWM）分流。这个方案多用于现代大功率航天器上。与线性分流在未
饱和区域工作不同，当母线电压超过参考值时，PWM 分流器在关闭或一
直开启（饱和）状态下工作。用可控的占空比以很高的频率切换开、关
过程。这消除了线性分流中功率散失的情况。供给母线的功率等于整个
电池串的功率同占空比的乘积。通过调节占空比可以保持母线电压维持
在参考值的附近。PWM 分流的缺点是，它以高频率切换全电流，导致

太阳电池阵产生电磁干扰。然而，PWM 分流因其诸多的优势，还是得到了广泛的应用。另一方面，当电磁干扰超过容许限度时，或者需要热量维持航天器舱体内的温度时，仍然可以使用线性分流。

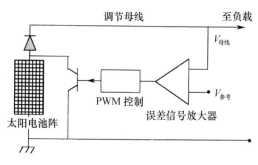

图 10－5　PWM 分流调节器

10.3.3　顺序线性分流

当多条线路需要分流时，如图 10－4（a）所示的单一线性分流可作为基本模块形成如图 10－6 所示太阳电池阵的分流电路。当太阳电池阵输出功率超过额定值时，分流驱动控制器首先将分流器 1 的门极电流从 0 提高到能够维持母线额定电压的参考电流值。这时，如果分流器 1 的电流到达了饱和状态，分流器 2 会逐渐开启。如果仍然需要更多的分流器，控制器会逐渐开启第 n 个分流器，直到母线电压维持在设定值。期间，将顺序开启分流开关。

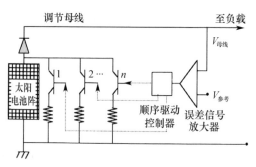

图 10－6　顺序线性分流调节器

10.3.4　多级 PWM 分流

多极太阳电池串通常都需要分流超额功率，尤其是在寿命初期。使用多个 PWM 分流器的分流电路如图 10－7 所示。首先，用一个 PWM 分流一个电池串来控制母线电压，用占空比控制分流的功率。如果需要分流更多的功率，则提高第一个电池串的占空比。在第一个电池串的占空比达到限制之后，第二个电池串工作在 PWM 模式之下，并依次类推。最后，所有分流都在 PWM 模式之下工作，同时切换功率开关。这种分流方式或许会在分流器周围引起一些电磁干扰，可以通过设计让 PWM 控制电路的占空比达到最大值 1 来使电磁干扰最小化。这样，除了最后一个分流器在 PWM 模式下不时开、关来分流一部分功率之外，其他的分流器均持续工作在饱和状态。

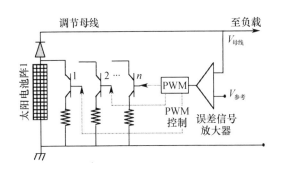

图 10－7　多级 PWM 分流调节器

10.3.5　多相 PWM 分流

这种分流方式的分流示意图与图 10－7 所示的相同，但为了控制母线电压，PWM 模式控制需要调节到能够满足所需电池串同时工作，其区别在于 PWM 下的所有电池串的门信号对称异相。例如，图 10－8 所示为一个 8 串阵的门信号。在这种模式下，所有电池串并不

是同时被打开或者关闭，而是以轮换的方式一个接着一个开闭。这
种分流方式的最大好处是明显地减少了纹波和电磁干扰。

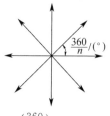

图 10-8　$\left(\dfrac{360}{n}\right)°$多相 PWM 门信号

　　多相 PWM 分流调节器减少了纹波产生，因此减小了滤波器质
量。图 10-9 所示为使用多相位 PWM 分流调节器时节省的质量大
小。母线功率水平决定 4～6 个相位可以得到滤波器质量的最小值。
相比于多级 PWM 分流，可节省 20% 的质量。

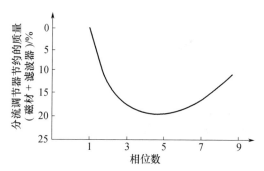

图 10-9　分流调节器质量与相位数量的关系

10.3.6　校准阶跃分流

　　如图 10-10 所示的多级分流器，每个在校准阶跃量下都有其功
率容量，以便可以通过适当选择分流器和将其置于饱和状态下而分
流较大功率。这种分流可以很好地控制母线电压，但精度不如其他
分流方式高。

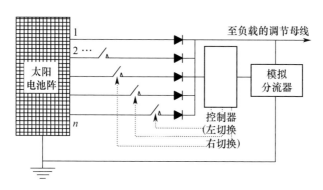

图 10-10　校准阶跃数字分流调节器

10.4　分流电路设计

设计分流电路时，设计师要权衡以下一些选择。

10.4.1　全分流电路与部分分流电路

全分流电路有以下特点：

1）需要的滑环和电线比较少；

2）当一个电路出现故障时，太阳电池阵损失的功率较多；

3）每个电路损失的功率比较多。

部分分流电路与全分流电路相比需要 2 倍左右的滑环，一组置于上半部分，另一组置于下半部分。

10.4.2　分流电路的数量

要适当选择太阳电池阵分流电路的数量，电路数目过少会导致出现以下问题：

1）每条电路的功率较大，电池可靠性要求更大的功率裕度来消除故障电路造成的损失；

2）局部功率耗散较多，因而发热点较多；

3）太阳电池阵的滑环较少。

另一方面，过多的分流电路数量会导致出现以下问题：

1）较小的电压控制阶跃，即可较好地控制母线电压；

2）小幅阶跃要求分流控制放大器的增益更大，因此小带宽误差信号也会得到过度放大而使工作难度加大。

10.4.3　典型分流电路设计

一般来讲，太阳电池阵会按需求被分割成许多电池串电路，以将寿命初期的电流维持在 5 A 以下，这样每个电路中都可以使用 5 A 的滑环。以一个全分流的 22～35 V 部分调节母线为例[1]，刚进入线性区域的最大分流量是 35×5＝175（W），则两个并联冗余晶体管的每一个分流的功率就是 87.5 W。另一方面，每个太阳电池串中并联有两个开关，饱和时每个分流电路在每个开关上的耗散是 $\left(\dfrac{1}{2}I\right)^2\times$ 晶体管电阻＝（5/2）^{2}×0.100＝0.75（W），即两个开关消耗的功率的总和为 1.5 W。因此，在其饱和区域每个分流电路的总功率损失小于进入饱和区之前最大功率的 1%。

太阳电池阵分流控制器应将母线电压对时间的变化 dV/dt 限制在每微秒母线电压值的 1%之内，传导电压降到分流电路中每安培母线电压值的 0.1%之内。例如，一个 100 V 母线、5 A 的电路应当将 dV/dt 保持在小于 1 V/μs，传导电压下降到低于 0.50 V。出于可靠性考虑，切换分流电路的控制信号应被衰减、缓冲、屏蔽和双重绝缘。

10.5　母线纹波滤波器设计

PWM 分流操作产生的纹波由母线滤波器的电容器限制在最小范围之内，如图 10－11 所示。下面的设计分析可以确定所需电容的大小。当分流开关关闭时，电容器充电；当分流开关打开时，电容器放电。如图所示，纹波有两个来源，当电容器充电或放电时，电容器的等效串联电阻（ESR）导致反极电压下降，造成电容器的电压时升时

降。母线纹波的峰—峰值电压 V_{pp} 可以通过下式得到

$$V_{pp} = I_s R_c + D(1-D)\frac{I_s T}{C} \qquad (10-3)$$

式中　I_s——各个分流电路的开关电流；

　　　R_c——母线电容器的 ESR；

　　　D——PWM 开关的占空比；

　　　T——开关周期；

　　　C——母线电容值（F）。

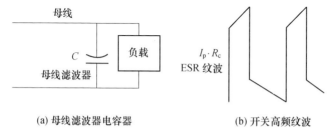

(a) 母线滤波器电容器　　　　　(b) 开关高频纹波

图 10—11　带滤波电容高频分流的母线电压纹波

纹波电压随占空比变化而不同。在 $D=0.5$ 时达最大值，即

$$V_{pp} = I_s R_c + 0.25\frac{I_s T}{C} \qquad (10-4)$$

对于已知的 ESR 和切换频率，满足特定纹波的最小母线电容器为

$$C_{min} = \frac{0.25 I_s T}{V_{pp} - I_s R_c} \qquad (10-5)$$

　　一方面，为了减少纹波，需要大的母线滤波电容，同时还能降低高频时的母线阻抗。另一方面，在给定回路增益分隔频率情况下，快速的瞬态响应要求较小的母线电容值。设计者需要在这两种性能之间进行权衡。

　　采用高频，即采用较小的开关周期可以减小滤波器电容尺寸，如式（10—5）所示。图 10—12 所示的是在 20～200 kHz 的频率范围内，能够节约的质量大小的近似值。

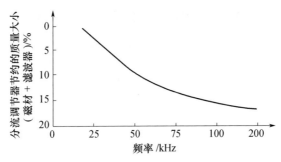

图 10-12　分流调节器的质量大小与开关频率关系

10.6　功率变换器

一般来说，功率变换器主要是把两种功率元件之间的一种电压水平调节到另一种电压水平。以下部分讨论了不同类型功率变换器的拓扑结构和工作类型。

10.6.1　蓄电池组充电降压变换器

在光照条件下，母线电压由太阳电池阵输出电压维持。蓄电池组仅在电压低于母线电压时才被充电。充电时，要用 DC/DC 电压变换器将母线电压（降压）降低至电池电压。图 10-13 所示为最常见的电池充电调节电路的拓扑结构。触发信号后一个开关周期的工作过程如图 10-14 所示。在"开"状态时，开关闭和，电路工作如图 10-14（a）所示。直流电源给电容充电，并通过电感为负载提供功率。在"关"状态时，开关打开，电路工作如图 10-14（b）所示。直流源提供的功率为零，但由电感和电容存储的能量提供满载功率，回流电流由二极管承载。这样，在"关"状态期间由电感和电容提供短时能量储备。这段时间内的负载电流被称为续流电流，二极管被称为续流二极管。一个完整周期内的电压和电流的波形如图 10-15 所示。有时候，可以适当地在负载端加入电阻保持变换器在无负载状态工作。

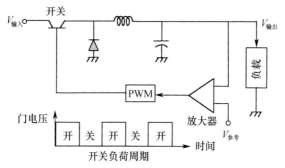

图 10－13　电池充电（降压）变换器

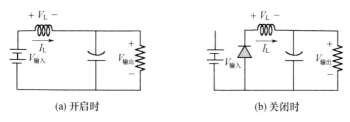

图 10－14　降压型变换器开关工作状态

以下是对降压变换器能量传递的分析，其分析原理也可以应用于其他 DC/DC 电压变换器。这种能量传递分析以一个开关周期内能量平衡为前提。电感在"开"时存储能量，在"关"时释放能量。

1）在整个时间周期 T 提供给负载的能量等于"开"时间内的电源输出能量，它驱动负载，并且为电感和电容充电；

2）"关"时间内提供给负载的能量等于电感和电容在"关"时间内释放的能量。

电感器一般使用有集中或分散气隙的磁芯，磁芯的磁通密度必须保持在低于磁饱和状态。因此，在一个开关周期内的磁通净变化必须等于零。否则，磁芯将最终在高端时偏离饱和或者在低端时耗尽能量。电感器的压降由法拉第定律给出，即 $V_L = N\mathrm{d}\varphi/\mathrm{d}t$，其中 N 是匝数，φ 是磁芯磁通，t 是时间。上述等式可以写成 $V_L \cdot \mathrm{d}t = N \cdot \mathrm{d}\varphi$。由于在一个开关周期内的 $\mathrm{d}\varphi$ 必须等于零，则有

$$\int_0^T V_L \cdot \mathrm{d}t = 0 \qquad (10-6)$$

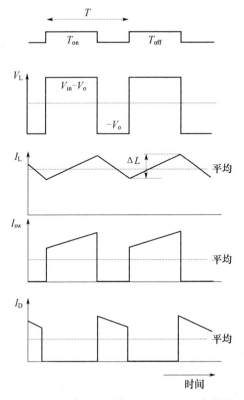

图 10－15　降压型变换器的电流电压波形图

即：一个周期中伏特－秒乘积的变化量必须为零。因此，在稳态下，必须保持开关周期内电感器的伏特－秒平衡，这就是能量平衡的本质。

现在将伏特－秒平衡应用到图 11－15 的电压电流波形中，根据感应因数，电感器产生的压降是 $V_L = L\mathrm{d}I_L/\mathrm{d}t$。因此，在"开"时间内，有

$$\Delta I_L L = I(V_{输入} - V_{输出})T_{开} \qquad (10-7)$$

在"关"时间内

$$\Delta I_L L = V_{输出} T_{关} \qquad (10-8)$$

如果电感器像在实际设计中的那样足够大的话，电感器电流的变化就很小，电感器的峰值电流由下式给出

$$I_{\text{峰值}} = I_0 + 0.5\Delta I_{\text{L}} \tag{10－9}$$

其中，负载电流 $I_0 = V_{\text{输出}}/R_{\text{负载}} =$ 电感器电流的平均值。上式经数学处理得

$$V_{\text{输出}} = V_{\text{输入}} \cdot D \tag{10－10}$$

由于占空比 D 通常小于 1，降压变换器的输出电压一般总是小于输入电压。因此，降压变换器只能降低电压，这就是降压变换器的来历。

由式（10－10）可以看出，改变占空比可以控制输出电压，这可以在反馈控制回路中用电池充电参考电流实现。调制 $T_{\text{开}}$ 脉冲宽度就可以控制占空比，这样变换器就是 PWM 变换器。

效率计算可按下述方法进行。在开的时间段内，输入电压减去晶体管开关器的压降后用于供给电路，因此能量传递效率为 $(V_{\text{i}} - V_{\text{s}})/V_{\text{i}}$，其中，$V_{\text{i}} =$ 输入电压，$V_{\text{s}} =$ 开关的压降。在关的时间段内，电感器电压减去二极管压降后作为输出电压。这个时间段内的效率为 $V_{\text{o}}/(V_{\text{o}} + V_{\text{d}})$，其中 $V_{\text{o}} =$ 输出电压，$V_{\text{d}} =$ 二极管电压降。另外，电感器中会有一定的损耗，其效率定义为 η_{i}。电容器和电线上的损耗很小，为了简化计算可以被忽略。降压变换器的总串联效率为以上 3 个效率的乘积，即

$$\eta_{\text{c}} = \left(\frac{V_{\text{i}} - V_{\text{s}}}{V_{\text{i}}}\right)\left(\frac{V_{\text{o}}}{V_{\text{o}} + V_{\text{d}}}\right)\eta_{\text{i}} \tag{10－11}$$

对于一般的设备，晶体管开关和二极管电压降通常都为 0.6 V。如果把两者统一定义为设备的电压降 V_{d}，则上式可充分简化为

$$\eta_{\text{c}} = \left(\frac{V_{\text{o}}}{V_{\text{o}} + V_{\text{d}}}\right)^2 \eta_{\text{i}} \tag{10－12}$$

电感器效率可以达到 0.99，因此 28 V 母线输出的变换器功率传递效率为 95% 左右。电线、电容和磁芯的损耗或许会使效率进一步下降，使得效率大概在 92%～94% 之间。变换器的效率是输出电压的强函数。由于开关和二极管压降通常保持不变，因此输出电压下降时效率便会降低。例如，一个 5 V 输出变换器就会使效率下降到 75%～80% 之间。

由于 LEO 卫星充电变换器的工作功率较大，工作时间较长，因

此设计中必须考虑使用效率高、制冷快的充电变换器，这也导致 LEO 充电变换器的设计比 GEO 卫星充电变换器复杂。

10.6.2　蓄电池放电变换器

在全调节母线中，整个轨道期内的母线电压都要维持在一定范围内。由于阴影期间电池放电电压下降，所以需要一个电压变换器（升压变换器）来逐步提高电池电压，达到母线电压要求。升压变换器的拓扑结构如图 10－16 所示。当晶体管开关开启时，电感器连接到直流电源。当开关关闭时，电感器电流被强制流经负载和二极管。升压变换器的输出电压可由电感器伏－秒平衡原理得到。当开关占空比为 D 时，与降压变换器的分析方式类似，其输出电压可由下式表示为

$$V_{输出} = \frac{V_{输入}}{1-D} \tag{10-13}$$

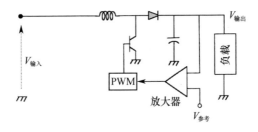

图 10－16　蓄电池放电（升压）变换器

由于占空比通常小于 1，升压变换器的输出电压通常大于输入电压。因此，升压变换器只能逐步提高电压，并由此得名，其效率表达如下

$$\eta_c = \left(\frac{V_i - V_d}{V_i}\right)^2 \eta_i \tag{10-14}$$

10.6.3　升压－降压变换器

将两种升压和降压变换器后如图 10－17（a）所示串联，形成升压－降压变换器，可以提高或者降低输入电压。一种改进后的使用较少部件的直接升压－降压变换器如图 10－17（b）所示，其输出电压可

通过升压变换器和降压变换器的串联关系得到，即

$$V_{输出} = \frac{V_{输入} \cdot D}{1 - D} \qquad (10-15)$$

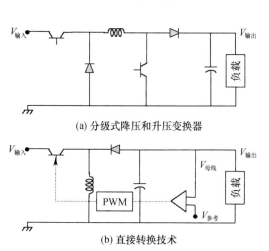

(a) 分级式降压和升压变换器

(b) 直接转换技术

图 10-17　升压-降压变换器的两种结构

这个等式表明，升压-降压变换器的输出电压可以由占空比调节到低于或高于输入电压，如图 10-18 所示。蓄电池除了可以用一台变换器充放电外，升压-降压变换器还可以通过一个直流电机以不同的速度或者以飞轮能量存储的方式进行四象限操作。飞轮系统中，变换器在发电机模式下能够提升电压，在电动机模式下可以降低电压。

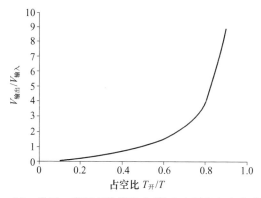

图 10-18　升压-降压变换器输出/输入电压比与占空比关系

10.6.4　逆向变换器（降压或升压）

图 10－19 所示为逆向变换器的拓扑结构，它能够依靠耦合线圈的转换率来降低或升高电压。在开关开启状态下，能量存储在耦合线圈的初级端。当开关断开时，能量通过传导转换到次级端，并通过二极管传递到负载上。两个线圈的极性标志对电路很重要。感应器的铁芯通常由磁性金属粉封装而成，能量存储在铁芯的空气间隙里。下式给出了电压率和效率

$$\frac{V_o}{V_i} = D \cdot \left(\frac{N_s}{N_p}\right) \quad 和 \quad \eta_c = \left(\frac{V_i - V_s}{V_i}\right)\left(\frac{V_o}{V_o + V_d}\right)\eta_i \qquad (10-16)$$

式中　η_c——耦合线圈的效率，一般为 $95\% \sim 98\%$。

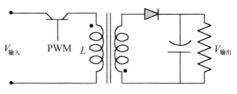

图 10－19　逆向变换器（降压或升压）

电压率仅是占空比和变换率的乘积，这使输出电压具有很大的灵活性，不受占空比的限制，调整变换率大于 1 或小于 1 即可控制输出电压的升高或降低。

逆向变换器较传统升压—降压变换器的优势在于它的初级和次级端是电绝缘的，因此降低了电磁干扰，提高了安全性。此外，它存储感应能量，可以像带变压器的典型前向降压变换器那样工作，根据需要来升高或降低输入电压。

10.6.5　变压器耦合前向变换器

变压器耦合前向变换器电路如图 10－20 所示，它在传统变换器中加入了一个有合适变换率的变压器，这样，输出电压就能够低于或高于输入电压。极性标志对这种变换器而言很重要。端口负载电阻器用于保证变换器空载时的工作，不需要续流二极管。其电压关系

同前述的逆向升降压变换器一致，即

$$\frac{V_o}{V_i} = D \cdot \left(\frac{N_s}{N_p} \right) \qquad (10-17)$$

效率为

$$\eta_c = \left(\frac{V_i - V_o}{V_i} \right) \left(\frac{V_o}{V_o + V_d} \right) \eta_t \qquad (10-18)$$

式中　η_t——变压器的效率，通常为 $95\% \sim 98\%$。

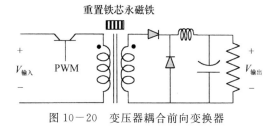

图 10-20　变压器耦合前向变换器

10.6.6　推挽变换器

推挽变换器也是一种升压—降压变换器，如图 10-21 所示。这种变换器的结构使用了一个中心抽头变压器，变压器受方波激励控制。在低功率级别上很少使用推挽变换器，它多用于功率达几十 kW 或更大功率的系统中，通过设定变压器的转换率就可以提供所需的输出电压。电压率和效率可由式（10-17）和式（10-18）得出。

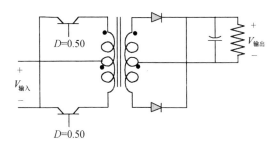

图 10-21　带中心抽头变压器的推挽变换器

10.6.7 感应耦合降压变换器

以上所介绍的所有变换器都需要一个 L－C 滤波器来控制输出电压波形，而降压变换器需要的滤波器要比升压变换器大。由于纹波会同时出现在输入端和输出端，所以可以利用匹配的电感器[1-2]（如图10－22 所示）来耦合两端的纹波电流斜率以抵消两端的纹波。通过调节变换率使纹波的大小相一致，并且通过反方向缠绕磁性线圈使极性相反。在一定的间隙下，输出端的净纹波为零，低于此间隙会改变极性。间隙调节螺栓用以改变间隙量，实现精确匹配。在合理的耦合设计中并不是必须要输出电容 $C_。$，但是一个小值电容 $C_。$可以改善性能。（为了得到更好的性能需要用耦合电容 $C_。$，这两个电容的总值和典型降压变换器所需的电容值相同。）在输出端，可能会由于绕组电阻而留下少许纹波，输入端纹波和没有耦合电感的情况相同。负载电流的变化不会影响到抵消纹波。

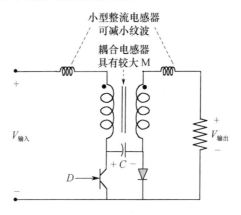

图 10－22　带耦合电感的降压变换器

10.6.8 谐振变换器

另一种直流－直流变换器是零电压开关变换器，因为它开关频率较高、效率较高、体积较小、质量较轻和更好的动态响应而广泛应用于许多大功率转换系统中。它是一种全桥变换器，包括感应线圈和电容作为谐振元件，当电压经过它的自然零点时，开关导通，因此减少了开关损耗。

10.6.9　多输出变换器

同一变换器的多电压输出是通过在次级端使用两个或多个电感器或变压器线圈来获得的，如图 10-23（a）所示。在这种变换器中，一个输出电压的调整会由于电磁耦合而受另一个负载变化的影响。同选配法过程相反，通过对一个新型负载调整的分析预测可以节省建模成本和时间。如图 10-23（b）所示的三线圈变压器的等效电路，可有助于电压调节分析。它的前提是，任意两个线圈之间存在漏磁和相应的电抗 X。等效电路图表明总的阻抗是由线圈阻抗和漏磁电抗组成的，用 Z_{12} 表示线圈 1 和线圈 2 之间的阻抗，Z_{23} 表示线圈 2 和线圈 3 之间的阻抗，Z_{31} 表示线圈 3 和线圈 1 之间的阻抗。Z_{12} 可以通过线圈 1 和线圈 2 之间的短线试验确定，其他依次类推。如图 10-23（c）所示，在等效 Y 型电路中，将三线圈阻抗分别表示，可以显著地简化分析过程。通过电路分析，阻抗可以分别表达为

$$Z_1 = \frac{1}{2}(Z_{12} + Z_{13} - Z_{23})$$

$$Z_2 = \frac{1}{2}(Z_{12} + Z_{23} - Z_{13}) \qquad (10-19)$$

$$Z_3 = \frac{1}{2}(Z_{13} + Z_{23} - Z_{12})$$

如果将阻抗以变压器额定阻抗的百分比表示，可以使计算变得更加简单。有必要强调的是，这些等效阻抗并没有实际的意义。任何一个阻抗值可以为零或者为负，只要任意两个分支阻抗的总值等于两个绕组之间的短路阻抗即可。通过使用 Y 型电路，很容易发现端电压 V_2 不仅取决于次级负载，而且因为 Z_1 上的压降，还要取决于三级负载。同样可以发现，当负载 I_2 分流后，其他负载的电压就会升高 I_2Z_1。超过两个输出的变换器可以用同样原理进行类推分析。

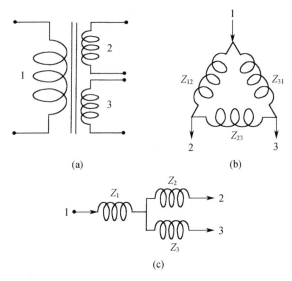

图 10－23　多输出变换器三线圈变压器等效电路

10.6.10　负载功率变换器

　　许多载荷，特别是有效载荷要求性能稳定的输入电压。例如，许多通信类有效载荷要求恒定的负载功率，在低电压下需要高电流，反之亦然。在大多数情况下，有效载荷和电源系统母线的接口处都有一个负载功率变换器（见图 10－24）。负载功率变换器（LPC）的输入电压在部分调节母线中有很大的变换，但是在全调节母线中变化却很小。对纹波要求严格的负载可能需要一个非常大的母线滤波电容器。还有一种用在母线－LPC 接口处的 L－C 滤波器如图 10－25（a）所示，它的质量效率更高。电感器每单位质量存储的能量更高，因此，有效地减少了滤波器质量的大小。

　　在使用 L－C 滤波器的变换器中，开关开启的瞬态分析非常重要，因为电流和电压都可能超出规定，造成损坏。当继电器触点打开时，在电源系统和用户接口处会出现大的瞬态负电压，可能造成元件损坏，这种情况通常可以通过增加一个如图 10－25（b）所示的续流二极管来避免其发生。

3.3 V 功率变换器		5 V 功率变换器	
输出电压	+3.3 V	输出电压	+5 V
负载电流	30 A	负载电流	30 A
调节幅度	1%静态	调节幅度	1%静态
	2%动态		2%动态

三输出功率变换器

输出电压	+5 V	+15 V	−15 V
负载电流	12 A	2A	2A

五输出功率变换器

输出电压	+5 V	−5 V	+15 V	−15 V	+28 V
负载电流	4 A	4 A	1 A	1 A	1 A

图 10-24　单个或多个输出的负载功率变换器

10.6.11　电压和电流调节器

当需要由不同的输入电压输出一个恒定的电压时，需要在接口处使用电压调节器。如果输入电压的差异很小，可以使用一个耗散串联电压调节器，否则应使用本章曾讨论过的 PWM 变换器。这两种类型设备的性能比较如表 10-2 所示。线性和降压变换器简单，且动态稳定。而所有其他变换器在拉普拉斯平面的右手面有极点，因此比较复杂，并且可能不稳定。虽然线性变换器比较容易发热，但是由于元件较少且不存在高开关应力，所以它比开关变换器更稳定。

表 10－2　　线性变换器和具有 PWM 电压调节器的开关变换器

参数	线性耗散型		开关－PWM 型	
	串联	分流	降压	升压
耗散	高	高	低	低
效率	50%～90%	50%～90%	85%～90%	90%～95%
纹波输出	可忽略	可忽略	适中	适中
负载调节	0.1%～0.2%	0.1%～0.2%	0.5%～1.0%	0.5%～1.0%
输出阻抗	约 1 mΩ	约 1 mΩ	约 20 mΩ	约 20 mΩ

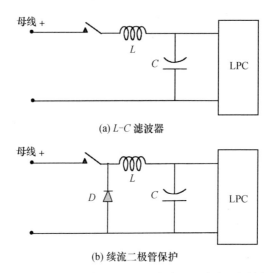

(a) L-C 滤波器

(b) 续流二极管保护

图 10－25　变换器接口处 $L-C$ 滤波器和续流二极管保护

当需要限流设计时,由变换器控制电路调节并限制电流。这样的设计,使得超载时电路被限于高电流下,甚至在母线电压没有到零时出现负载错误的情况下也是如此,它可以回到较低的值。

因此,可以将变换器的控制回路设计成恒定电压、恒定电流或恒定功率,还可以设计成有两个或更多性能参数的组合。例如,变换器可以维持恒定电压直至特定的限制电流,并将电流保持在某一设定值,甚至电流可以稍小一些。所有这些设计都属于控制系统,而不属于基本的功率传递设计。

在所有类型的变换器中，目前倾向于通过增加开关频率来减少功率传递电感器和输出电容滤波器的质量大小，常见的频率达到了几十万 Hz。然而，当频率接近几 MHz 时，设计会面临更多的挑战，因为在这么高频率下，导线线圈感应系数和电容量因偏移和寄生效应变大，难以分析确定。

10.7 电磁元件

电感和变压器是两个常用于航天器电源系统的磁性元件。电感以磁通的形式存储能量。变压器通过磁芯间的互磁来改变线圈间的电压。图 10－26 所示为磁芯上有一匝线圈的最简单的磁路图。线圈电流在铁芯中产生磁流，铁芯里的磁阻抗称为磁阻 $\mathscr{R}$，由下式表示

$$\mathscr{R} = \frac{L_{\mathrm{m}}}{\mu_{\mathrm{r}}\mu_{0}} \tag{10－20}$$

式中　L_{m}——磁径的平均长度（cm）；

　　　μ_{r}——磁芯材料的相对导磁率；

　　　μ_{0}——空隙的导磁率（空气或真空）。

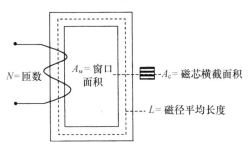

图 10－26　磁芯线圈产生的磁通

磁芯的能量存储或功率转换能力近似等于 A_{p}^{a}，其中 $\alpha = 0.85 \sim 0.95$，A_{p} 为面积之积，表示为

$$A_{\mathrm{p}} = A_{\mathrm{c}}A_{\mathrm{w}} \tag{10－21}$$

式中　A_{c}——磁芯的横截面积（cm^2）；

　　　A_{w}——磁芯可以用于线圈缠绕的窗口面积。

电感通常有一匝线圈缠绕在磁芯上，而变压器上至少有两匝线圈，有时候更多。线圈可以以不同结构形式进行缠绕，如图 10－27 所示，所有这些形式在空间电源系统中都有所应用。根据设计要求，例如效率、电压调节、EMI 和制造成本来选择磁芯。环形的磁芯具有良好的内磁通，因此广泛应用于可能存在 EMI 的高频设计中。

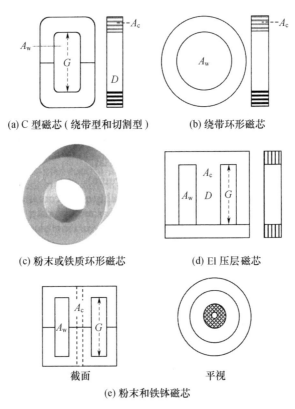

(a) C 型磁芯 (绕带型和切割型)   (b) 绕带环形磁芯

(c) 粉末或铁质环形磁芯   (d) EI 压层磁芯

截面   平视
(e) 粉末和铁钵磁芯

图 10－27 常见的铁芯类型

磁芯里磁通密度 B 正比于磁密度 H （单位长度磁通的安匝数 ampere－turns per meter length of the flux path）。当 H 升高到某个特定值前，B 随 H 升高呈线性变化，之后达到饱和。当 H 变化时，B 也随着变化，不过其升高或降低的规律并不相同，这是由磁芯材料原子结构的磁阻（磁滞现象）造成的。图 10－28 所示的回线表示了一

个完整的 **H** 周期，称为 **B—H** 或磁滞回路。**B—H** 回路的面积代表单位磁周期的能量损失。磁芯的功率损失是 **B—H** 回路的面积与频率的乘积，它与 $B^\alpha f$ 成正比，其中 α 是斯坦梅茨（Steinmetz）指数（或爱泼斯坦常数，Epstein constant），由磁芯材料决定。不同材料组成的磁芯有不同的 **B—H** 回路曲线，可以满足不同的应用需求。图 10—29所示为常用材料的不同数据曲线。

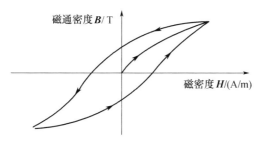

图 10—28　磁芯的 **B—H** 磁滞回路

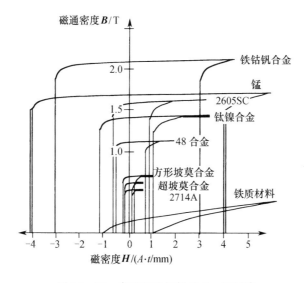

图 10—29　常用磁芯材料的 **B—H** 回路

当磁通量改变时，根据电磁感应中的法拉第规则，铁芯将生成感应电压，产生的涡流循环流至磁芯，引起功率损失。涡流功率损失与磁芯迭片结构厚度的平方成比例。为此，磁芯总是由薄的绝缘迭片或密封粉末制成，减少涡流损失，如图 10−30 所示。磁芯总的功率损失（W）包括磁滞损失和涡流损失，表示如下

$$P_c = K_h \boldsymbol{B}_m^a f + K_e \boldsymbol{B}_m^2 f^2 t^2 \qquad (10-22)$$

式中 K_h, K_e——分别是磁滞和涡流损失的比例常数；

　　　　α——斯坦梅茨常数，对于铁磁迭片约为 $1.4 \sim 1.8$。

磁芯供货商提供的技术数据给出了每千克磁芯材料的总损失与磁通密度和频率的函数关系，如图 10−31 （a）和（b）所示，这类图表对电磁设计工程师非常有用。

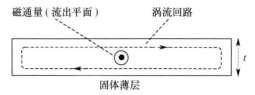

图 10−30   磁芯的涡流损失

磁芯材料的两种性质决定其特定的用途。

1）在饱和前能达到的最大磁通密度；

2）在开关频率下每克材料的磁芯总损失。

表 10−3 为常规材料的磁饱和值，高磁通密度的材料其成本也高。高磁通密度会导致较宽的滞后回路，因此磁滞损失变大，同时涡流损失也以平方级数增大。

表 10−3   常用磁芯材料的组成和磁饱和通量密度

磁芯材料	组成	磁饱和通量密度/T
铁钴钒合金	专有的	2.1
锰	Fe 97%，Si 3%	1.6
钛镍合金	Fe 50%，Ni 50%	1.4
48 合金	Fe 50%，Ni 48%	1.1
坡莫合金，超坡莫合金	Ni 79%，Fe 17%，Mo 4%	0.7
铁质材料	有变化	0.3

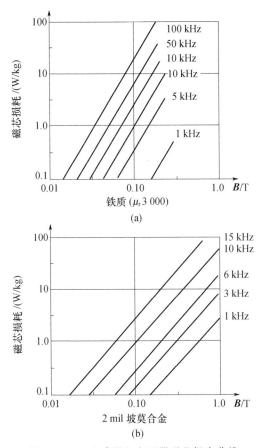

图 10—31　电感器和变压器磁芯损失曲线

10.7.1　磁芯和线圈的功率损失

在交变磁通下,磁芯和线圈总的功率损失是与磁通密度、电流、频率、外形尺寸和材料成比例的。基于不同的损失,损失元件分类如下。

磁芯损失来自于以下几方面:

1)磁滞;

2)涡流;

3)边缘磁通。

线圈中的损失来自于以下几方面：

1）欧姆电阻；

2）涡流；

3）表面效应；

4）近场效应。

在效率和热计算当中必须包含上述所有损失元素。边缘磁通、表面效应和近场效应在高频率下产生较大的损失，其计算方法可查阅相关的磁学专著[3]。

10.7.2 电感器设计

电感器的感应系数（亨利）定义为每安培的磁链。图 10－32 所示的符号，由表达式给出：

$$L = \frac{N \cdot \phi}{I} \tag{10－23}$$

式中　N——线圈的匝数；

　　　ϕ——磁通；

　　　I——通过线圈的电流。

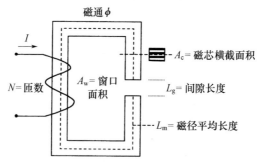

图 10－32　电感器能量存储

存储在电感器中的能量为 $U = \frac{1}{2} L I^2$。磁芯的总磁阻由两个部分组成，一部分是磁芯材料自身形成的，另一部分是由空气间隙形成的，表示为

$$\mathscr{R} = \frac{(L_m - L_g)}{\mu_r \mu_0 A_c} + \frac{L_g}{\mu_0 A_c} \qquad (10-24)$$

式中总的气隙 L_g 集中在离散的有隙磁芯或分散于粉末磁芯中。计算磁通量并代入式（10-23）中，由于大多数实际设计中，$L_m/\mu_r \ll L_g$，所以经简化得到下列表达式

$$L = \frac{0.012\,5N^2 A_c \mu h}{L_g} \qquad (10-25)$$

在离散的有隙磁芯中，气隙周围的边缘磁通为感应系数与某一系数的乘积，表示为

$$\xi = 1 + \frac{L_g}{\sqrt{A_c}} \ln\left(\frac{2G}{L_g}\right) \qquad (10-26)$$

式中　G——存在间隙的线圈缠绕窗口高度（见图 10-27）。

良好的电感设计要使能量存储最大化，损失最小化，要注意以下几个主要因素：

1）要求的感应系数；

2）必须传输的直流电；

3）交流（纹波或其他）；

4）功率损失和温度升高限制；

5）质量、可制造性和成本。

式（10-27）是一个近似表达式，通常用于根据磁芯和线圈尺寸估算电感器能量存储能力（单位 J）

$$U = \frac{1}{2} K A_p^{0.9} B_m J_m K_u \times 10^{-4} \qquad (10-27)$$

式中　K——来自于相似设计的比例常数；

A_p——磁芯的面积；

$B_m = B_{dc} + \dfrac{1}{2} B_{ac}$——达饱和前磁芯的最大磁通密度；

J_m——线圈过热前的最大电流密度；

K_u——窗口利用系数，也就是横截面所占用的窗口部分；壶形磁芯约为 0.5，叠片磁芯约为 0.7，带绕磁芯约为 0.8。

　　值得注意的是，磁能无法存储于一个有无限饱和度的完美磁芯内。因为它虽然可以在磁芯内产生磁通量，但无法在线圈中产生电流。能量仅仅可以存储在像空气或自由空间这样的无磁材料中。因此，电感磁芯的磁路上必须有一些气隙，如图 10－32 所示的不连续型或分散在壶形金属粉末磁芯中。能量大部分存储在空气间隙中，而不是磁性材料中。事实上，存储在理想磁芯中的能量总是为零。

　　以一个设计实例说明上述观点。实例中电感器的质量 3.1 g，壶形铁芯的外径 1.35 cm，内径 0.7 cm，高 0.155 cm。线圈的质量依据其尺寸基本保持在 9.1 g 附近，使得总质量近似为 12.2 g。电感器存储能量的能力与磁芯材料的相对饱和度成反比，如图 10－33 所示。饱和度越高，则存储的能量越低。

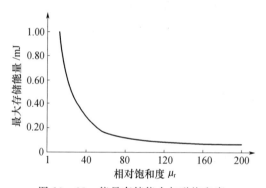

图 10－33　能量存储能力与磁饱和度

　　对模型电路而言，线圈感应系数、欧姆阻抗和对地电容都可以用图 10－34 所示的等效电路表示。由于难以把握各种因素或因其过于复杂而难于分析，所以计算参数通常需要通过测试来标定。

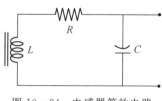

图 10－34　电感器等效电路

10.7.3　变压器设计

变压器是一类磁元件，可以升高或降低交流电压。变压器至少有两组通过磁芯相互耦合的线圈。它的功率转换额定值 P 由伏特－安培乘积表示，而不是瓦特，因为当非零电压和电流输出超过 $90°$ 相位时，交流元件可能会出现 0 W 的情况。

在性能稳定的状态下，两个线圈的电压率与它们的匝数比相同，而电流率则等于匝数比的倒数，并且两端的电压－电流的乘积保持相同。良好的变压器设计应在损失和温度升高最小化的情况下，保证额定功率的最大化。根据前期已经建立的相似的变压器设计，参考式（10－28）的近似关系，可以设计出新的变压器模式。变压器功率是电压和电流的乘积。由于电压同磁芯横截面积成正比，电流与可能缠绕线圈的窗口面积成正比，因此，额定功率与磁芯面积的乘积（$A_p = A_c A_w$）成正比，即 $P = K A_p^{0.9}$，单位为 cm^4。另外，若以 $I - V$ 关系来描述，它同样可以表达成

$$P = A_p^{0.9} K_u K_j B_m J_m f \times 10^{-4} \qquad (10-28)$$

式中　f——频率；

　　　　K_u——窗口利用系数；

　　　　K_j——电流密度系数；

　　　　B_m——饱和前磁芯最大磁通密度；

　　　　J_m——过热前磁芯最大电流密度。

假设总质量正比于体积（单位 cm^3），则变压器的质量以面积的 0.75 次方变化，即

$$M = K_u A_p^{0.75} \qquad (10-29)$$

式中，窗口利用系数 K_u 的值与电感器的设计相关，即壶形铁芯为 0.5，叠片铁芯为 0.7，带绕铁芯为 0.8。功率损失的散热有效总表面积为 A_{th}，单位为 cm^2，大小随 A_p 的 0.5 次方变化，即

$$A_{th} = K_s A_p^{0.5} \qquad (10-30)$$

式中　K_s——表面常数。

表面常数 K_s 对于壶形铁芯约为 30，叠片铁芯约为 40，带绕铁芯约为 50。

对于同一个铁芯来说，频率越高，产生的功率较高；或者对于同样的功率，频率越高，需要的 A_p 较小。这个规律同样适用于能量存储电感器。这就是为什么高频有利于减小磁铁的质量，而磁铁质量又是电源总质量的重要组成。然而高频的表面效应要求使用薄的绝缘金属，这导致占空比较低。20 kHz 或更高频率的线圈通常会缠绕铜箔。当然，超过特定频率后返回比率会逐渐减少。除此之外，功率损失、发热和寄生参数可能对设计产生负面的影响。

至于电感器，变压器可以通过每个线圈的线组电阻、漏磁电感和对地电容构成的仿真电路模型表示，如图 10－35 所示。从初级开始，次级的阻抗变为 a^2，变换率 $a = N_p/N_s$。

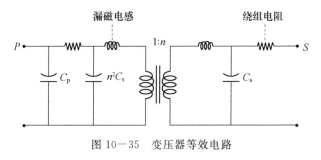

图 10－35　变压器等效电路

10.7.4　磁元件的制造和测试

为了达到无空隙浸渍，在电感器和变压器的制造过程中，每个元件的浸渍都是在真空环境下长时间高温去湿后进行的。在浸渍和填充前，灌注混合物需要预先脱气，此过程需要用干燥的空气或氮气。航天器常用的磁元件的绝缘要求见表 10－4。

表 10－4　电感器和变压器的绝缘测试要求

组装测试	电感器	变压器
介电耐压（1 atm～5 μ torr）	500 V rms 60 Hz	300 V rms 60 Hz
绝缘电阻	10 000 MΩ，直流 500 V	10 000 MΩ，直流 500 V

10.8　最大效率设计

　　因为电源系统的总效率同它每一个元件的效率相关，所以设计一个高效的电源系统意味着要使每个元件都以最大效率工作。当功率从输入端传输至输出端时，电子电路元件会在内部以热的形式损失一部分功率。实际设计中，万 W 级的大功率设备的一般效率为 95%～98%，而 kW 级的小功率设备的效率为 80%～90%。图 10-36 电池变换器的效率和负载功率关系。相对应于不同的蓄电池充电状态，电池变换器将 3 个不同的输入电压增压到 28 V。虽然较小的增压意味着较高的效率，但每个输入电压的效率随负载而改变[4]。在负载达到某一特定值前，效率随负载的增加而增大，之后，效率将随负载的增加而减小。好的电源系统的设计，要使设备在带载的大多数时间内效率最大化。例如，如果一个设备在大多数时候只加载额定负荷的 75%，那它的最大效率为 75% 负载时的效率。这对于在光照期要将输出电流从最大充电状态转换到涓流充电状态的蓄电池充电变换器来说很重要。另一方面，在阴影期电池放电变换器要在接近满载电流下工作。这种设计理念在电池变换器冗余设计中也同样重要，可以应用于主动或被动冗余（热备份或冷备份）。以下所述为实

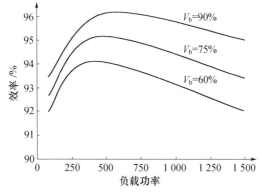

图 10-36　典型升压-降压变换器效率和不同电池电压下的输出负载的关系

302 · 航天器电源系统

现要求负载下效率最大化的方法。

任何功率设备的总损失通常由 3 部分组成:

1) 固定的功率损失相当于无负载时消耗的功率,主要包含磁芯的涡流和磁滞损失。只要设备通电,固定的功率损失必然存在,而且当负载为零、满载甚至超载时,固定功率损失始终为一常数;

2) 二极管和开关损失随负载电流呈线性变化;

3) 导线的欧姆损失随负载电流的平方变化。

固定电压下的元件总损失可表达为(见图 10-37)

$$总损失 = L_0 + K_1 P + K_2 P^2 \qquad (10-31)$$

式中　P——传递给负载的输出功率;

　　L_0——固定损失;

　　K_1,K_2——比例常数,它是功率损失数据的拟合曲线。

元件效率可表示为

$$\eta = \frac{输出功率}{输入功率} = \frac{输出功率}{输出功率 + 功率损失} = \frac{P}{P + L_0 + K_1 P + K_2 P^2}$$

$$(10-32)$$

为了使电源系统在给定的负载下效率最大,负载功率的导数在此负载下必须为零,即

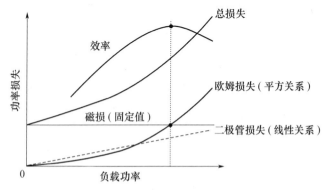

图 10-37　变换器元件功率损失和负载电流的关系

(固定损失、二极管损失和欧姆损失)

$$\frac{\mathrm{d}\eta}{\mathrm{d}P} = \frac{P\left(1+K_1+2K_2P\right) - \left(P+L_0+K_1P+K_2P^2\right)}{\left(P+L_0+K_1P+K_2P^2\right)^2} = 0$$

$$(10-33)$$

由上式可得 $L_0 = K_2P^2$。因此，元件效率在这个负载下效率最大，而该负载下的固定损失同可变损失平方相等。这里，二极管损失并不记入最优化效率。对于所有像功率变换器和电磁元件这样的电源系统元件而言，这是一个非常重要的设计规则。

10.9　电源电子学趋势

在努力减轻变换器和电磁元件质量的过程中，开关频率从早期设计中的 20 kHz 逐步增长到现在的数百 kHz，加利福尼亚理工大学、维吉尼亚工学院和通用电子的实验室，甚至已经开始研究用于3 kW 小电源系统的 500 kHz 和 1 MHz 的变换器。高开关频率主要减少磁元件和电容元件的质量，达到质量轻和效率高的目的。高频率变换器的功率密度能达到 $1\sim2$ W/cm^3（包括散热片），当输出电压为 5 V 时效率升至 85％；输出电压为 $15\sim24$ V 时，效率高达90％。这些变换器可以满足这些变换器常用模式的噪声滤波器 EMI MIL－STD－461 的使用要求，最常见的一个 100 W 的变换器使用的是0.5 cm 直径×3 cm 环形绕线，通常响应频率为 20 kHz 带宽。

高频下功率损失的增加可通过研发新型材料、半导体装置和矩阵变压器来弥补，其主要的成本在于装配。平面电磁元件的装配更密集，冷却效果更好，然而单位输出功率的漏电感和质量却比较高。就目前可用的材料而言，技术发展趋势是将开关频率提高到 500 kHz～1 MHz 范围，利用半谐振拓扑结构来实现 90％ 的效率目标。计算机应用的低成本、低电压、多输出电压转换器采用磁放大器快速调节以达到高效率，类似的方法可以考虑应用于太空设备中。钽和电解电容正在被薄膜电容器取代，以进一步减轻质量。

电源电子学是目前广泛应用并快速发展的学科之一。本章的目的就是介绍航天器电源系统应用的基本电路，相关详细的设计内容可以从许多优秀的参考文献获得[5-7]。

参 考 文 献

〔1〕 CUK S. Switching dc—dc converter with zero input or output current ripple. IEEE Industry Applications Society Conference Records, OCTOBER 1978.

〔2〕 CUK S. Analysis of integrated magnetics to eliminate current ripples in switching converters: proceedings of Power Conversion International Conference, Intertec Publisher Oxnard, CA, 1983.

〔3〕 McLYMAN W T. Transformer and Inductor Design Handbook. New York: Marcel Decker, 1988.

〔4〕 FOX, D, Testing of the engineering model of electrical power control unit for the fluids and combustion facility: proceedings of the 34th Intersociety Energy Conversion Engineering Conference, SAE, Paper No. 2435, 1999.

〔5〕 WU K C. Pulse Width Modulated dc—dc Converters—Analysis and Design. Norwell, MA: Kluwer Academic Publishers, 1997.

〔6〕 WU K C. Transistor Circuits for Spacecraft Power System. Norwell, MA: Kluwer Academic Publishers, 2002.

〔7〕 MOHAN N, UNDELAND T, ROBBINS W P. Power Electronics Converters, Applications and Design. IEEE and John Wiley & Sons, 1995.

第 11 章　配电电缆和保护

11.1　简　介

电缆包括绝缘导线、连接器和屏蔽层，其质量大小由具体的设计线路布局和所要求的配线路径决定。因此，通常由于在初始设计阶段还没有实际的线路布局，所以此时预估的电缆质量要远远小于实际的质量。图 11-1 所示为典型的电缆质量分布情况。

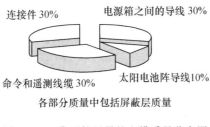

各部分质量中包括屏蔽层质量

图 11-1　典型航天器的电缆质量分布图

11.2　电线的安培流量

在空间因缺少对流冷却，因而导线的最大载流量小于导线在地面上的载流量，需要对基于地面应用的电线做降额处理。电线规格以美国标准（AWG）或英国标准（BWG）计算。规格标号用裸线直径的倒数标示，并与其对数成比例

$$AWG = 20\lg\left(\frac{0.325}{d}\right) \qquad (11-1)$$

式中　d——裸导线的直径（in）。

因此，每增加 1 个标号，裸导线直径增加 1.122 5 倍，面积增加 1.26 倍。每隔 6 个标号，导线直径增加 1 倍；每隔 3 个标号，面积增

加 1 倍。各种标号导线的安培流量如表 11－1 所示。

表 11－1　电线的最大容许电流和同一标准下的连接器连接片

美国标号	直径/in	地面单线， （军标 5088）	空间导线，70 ℃[①]（军标 975，GSFC－PPL－19）	
			单线	线卷和线缆[②]
30	0.010 0	无	1.3	0.7
26	0.015 9	10.5	2.5	1.4
24	0.020 1	14	3.3	2.0
20	0.032 0	24	6.5	3.7
16	0.050 8	37	13.0	6.5
12	0.080 8	68	25.0	11.5
8	0.012 85	135	44.0	23.0
4	7×0.077 2	260	81.0	40.0
0	19×0.074 5	460	147.0	75.0

注：标号为 10、14、18 的导线，空间没有应用，标号 2 号和 6 号的导线没有相应的
　　接插件。

①　TFE Teflon 绝缘材料标称耐热温度 200 ℃，标称 150 ℃的绝缘材料使用该值的
　　80％，135 ℃的用 70％，105 ℃的用 50％。

②　适用真空环境温度 70 ℃时线缆包含的导线多于 15 股的情况，计算小股线缆中的允
　　许电流时，可按其单个导线的允许值等比例增加。

11.3　*R* - *L* - *C* 参数

电缆的电阻（*R*）、电感（*L*）和电容（*C*）是电源电路仿真模型
所必需的 3 个参数，计算公式如下所述，其值以电缆的单位长度表示
（包括导线和回线）。对每隔几厘米就绞合的绞合线而言，其实际长
度比未绞合直导线长大约 10％～15％。电阻（Ω/m）为

$$R = \frac{2\rho}{A} \tag{11-2}$$

式中　ρ——导线的电阻率；

A——单根导线的横截面积。

在 20 ℃时，铜的电阻率 $\rho=1.724\times10^{-8}$ Ω·m，铝的电阻率 $\rho=2.65\times10^{-8}$ Ω·m，两者都属于电解级。

利用电阻的温度因数 α，温度 T_2 时的电阻 R_2 可由 T_1 时的 R_1 推得

$$R_2 = R_1[1+\alpha(T_2-T_1)] \qquad (11-3)$$

式中　α——电阻的温度系数，电解铜的 $\alpha=0.003\,93$（℃$^{-1}$）；铝的 $\alpha=0.003\,90$（℃$^{-1}$）。

若 2 根圆形导线平行且半径相等［见图 11-2（a）］，则在自由空间的电感（H/m）为

$$L = \frac{2\mu_0}{2\pi}\left[\frac{1}{4}+\ln\left(\frac{s}{r}\right)\right] \qquad (11-4)$$

或为

$$L = \left(1+4\ln\frac{s}{r}\right)\times10^{-7}$$

式中　μ_0——自由空间的渗透率，为 $4\pi\times10^{-7}$（H/m）；

　　　s——两导线中心的间距；

　　　r——导线半径。

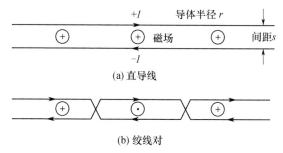

(a) 直导线

(b) 绞线对

图 11-2　平行导线及其产生的磁场

式（11-4）中的 1/4 项是因磁通量进入导线内部而产生的。因为表面效应，高频时它很小并接近于零。如双绞线相互接触，则 $s=$

2（r＋电线的绝缘层厚度）。由于机械强度的原因，绝缘层厚度与电线的半径成正比，s/r 的比值近似为常量，所以电感 L 不受电线标号的影响。频率达到几百 kHz 时，由 AWG 10～30 电线组成的绞线的感应系数维持在 0.5～0.7 μH/m 的范围内。绞线不会减少单位长度的电感，但却增加了 10％～15％ 的长度。然而，它加强或削弱了周围空间的磁场［见图 11－2（b）］，抵消了彼此的对外辐射。设备箱接线端未绞合的开环导线的电感用式（11－4）计算。实际回路的电感约为 5 μH/m，无限大回路约为 7.5 μH/m。值得指出的是，单点接地避免了大的接地电流回路，减小了接地电感。接地管线的电感就是将地作为回路的单个导线在自由空间的电感，如图 11－3 所示。

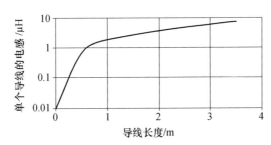

图 11－3　单根电线的电感（接地管线）

蓄电池的装配会影响电缆的感应系数和磁矩，1 块装蓄电池的电缆电感很小，但 2 块装的蓄电池产生的电缆电感和偶磁矩较大，具体大小由它们之间的距离决定。因此，为最大限度地减小蓄电池的互联电缆回路，尽可能地密布电池就显得非常重要。

电缆中两平行圆形导线间的电容（F/m）为

$$C = \frac{\frac{1}{2}(2\pi\varepsilon_0\varepsilon_r)}{\ln\left(\frac{s}{r}\right)}$$

或者为

$$C = \frac{\pi\varepsilon_0\varepsilon_r}{\ln\left[\frac{s}{2r} + \sqrt{\left(\frac{s}{2r}\right)^2 - 1}\right]} \qquad (11-5)$$

式中　ε_0——自由空间的介电常数，8.85×10^{-12} F/m；

　　　　ε_r——导线间绝缘部分的相对介电常数。

第 1 个公式适用于电缆接线端的开环电线，第 2 个公式适用于电缆中的导线间隔极小的状况。与电阻不同，L 和 C 不随温度的改变而改变。

承载大电流的薄矩形截面的母线棒如图 11－4 所示，在忽略边缘起皱现象时的 $R-L-C$ 参数为

$$R = \frac{2\rho}{ab} \quad (\Omega/\text{m}) \quad\quad\quad (11-6)$$

$$L = \frac{\mu_0}{b}\left(d + \frac{2a}{3}\right) \quad (\text{H/m}) \quad\quad (11-7)$$

$$C = \frac{\varepsilon_o \varepsilon_r b}{d} \quad (\text{F/m}) \quad\quad\quad (11-8)$$

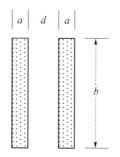

图 11－4　承载大电流的矩形母线棒

典型的通信卫星母线，在电源功率为 10 kW、母线电压为 70 V 时，若用 5 cm（宽）×2 mm（厚）的镀铜铝母线，则单位长度电缆的电阻在 70 ℃时为 $R_{dc} = 2$ mΩ，$L = 50$ nH，$C = 3$ nF。如果电缆用 AWG 20 的圆形铜导线，则 $R_{dc} = 70$ mΩ/m，$L = 0.375$ μh/m，$C = 0.077$ nF/m。

下列近似值通常用于快速估计航天器常用的电线标号。AWG 10 号导线的直径为 100 mil，质量 40 g/m，70 ℃ 时的电阻 3.3 mΩ/m。电线每 3 个标号面积增大 1 倍，每 6 个标号直径增大 1 倍。一般电流密度为 2.3 A/mm² 时，电缆质量（导线＋绝缘体＋屏蔽层，不计连接器）约 7 g/A，功率损失约为 2.7×导线质量（kg）。在 100 kHz 时，表面深度 0.22 mm，$R_{ac}/R_{dc} = 9$。1 MHz 时，表面深度 70 μm，$R_{ac}/R_{dc} = 27$。

11.4 导线材料

铜材因其良好性能和低成本成为最常用的导线材料。退火铜材的传导率通常很好，但抗拉强度较差容易断裂，因而不适合用于细导线。因此，通常要求比 AWG 20 号线细的导线使用高强度铜合金 135号，它的抗拉强度提高 40%，电阻也提高 10%。铜导线镀锡、镀镍或镀银主要用于抗腐蚀和抗氧化。铜导线各种镀材的适应特性如表 11－2 所示，其中锡片仅用来做对比。镀锡的电线在地面应用广泛，但在空间环境因晶须生长而被禁止使用。

表 11－2　铜导线上各种镀材的适应性

镀材	银	镍	锡
固着性	好	视具体过程而定	好
抗皱性	好	视具体过程而定	好
最大工作温度	200 ℃	260 ℃	150 ℃

电源装置需要质量轻、成本低的器件时有时也用铝材，地面上的高压输电线和极柱式变压器、一些航空器和商用航天器的电缆都使用铝材。表 11－3 列举了铝材和铜材的性能。

表 11－3　铜材和铝材的性能比较

性能	铜材	铝材
20 ℃时的电阻率/Ω·m	1.724×10^{-8}	2.830×10^{-8}
质量密度/(g/cm³)	8.89	2.70
电阻温度因数/(α/℃)	3.93×10^{-3}	3.90×10^{-3}
熔点温度/℃	1 083	660
抗挠寿命（相对）	1	0.5
膨胀温度因数（相对）	1	1.4
65 ℃时的蠕变率（相对）	1	1 000

功率损失或压降相同时，可以用铝与铜的电阻率之比与质量密度之比的乘积表示相应质量的代替铜材的铝材。因此，铝导线的理论质量为（2.830/1.724）×（2.70/8.89）＝0.50，即为铜导线质量的一半。但实际使用中，由于下列原因铝材并不能使系统减少50％的质量：

1）铝的蠕变率比铜高出约 1 000 倍。终端接插件要求具备长期可靠性，要使蠕变最小，并要将接头温度维持在 130 ℃以下，因此必须使用较粗电线。当然，可以使用焊接头，但这样会增加成本，而且也不方便。

2）当铝暴露在氧气中时会立即氧化，氧化层阻碍了导线和连接件之间的电接触。通常用产生冷焊的接线端子防止铝氧化。

3）即使满足容量要求，但因铝的机械强度较差仍然要求使用粗铝线。

4）由于承载相同的电流时需要使用较大规格的铝线，因此绝缘层和 EMI 屏蔽层的质量会相应增加。

作为折中方法，过去一些主承包商在民用通信卫星上使用铜裹铝导线，可以节约 10％～15％的质量。但 NASA 的卫星或者国防用卫星上一般禁止使用这种导线。

11.5　电线的绝缘层和电缆的屏蔽层

绝缘层用以承受额定电压和异常瞬态电压，瞬态电压能比额定电压高好几倍。绝缘层的任务就是排除压力低于 10 torr 时出现的电晕放电和电弧放电，提高抵抗环境辐射的能力和抗原子氧化的能力。类似 GPS 卫星这样的承受高强度辐射的航天器，系统规范禁止采用硅绝缘导线，太阳电池阵导线和内部连接片之间要求采用焊接方式连接。

电缆线束周围的屏蔽层，一方面用于抵挡外界的电磁干扰，另一方面防止内部辐射的电磁干扰，其质量约占电缆总质量的 15％～

40%。可供选择的屏蔽材料有编织材料和屏蔽带，导线则有铜材和铝材。要求电缆具有很高的挠性时，就用编织材料。编织材料的质量，占扁平导线的40%，占圆导线的20%。而就屏蔽带而言，通常是将2 mil的铜气相沉积在 Mylar 和 Kapton 带上制成的。使用时，将屏蔽带缠绕在绝缘电缆的外面。相同条件下，屏蔽带的质量是编织材料的80%。第15章将进一步讨论对 EMI 的屏蔽。

11.6　连接件

接线端子和焊接连接件用于连接各种导线，分为 A 系列和 B 系列，对应的最高工作温度分别是125 ℃和200 ℃。可将连接件进一步分为4类，如表11—4所示。

表11—4　连接件分类

类别	材料	用途
A	铜合金	一般用途
B	铁合金	密封使用
C	与热偶匹配	热偶
D	铜合金	屏蔽层（包括共轴、2轴和3轴）

A 系列为矩形连接件，用于 AWG 20 端子；B 系列为圆形连接件，用于重型端子，有些还用于混合端子，以处理不同的电源电路。连接时，用特殊工具使端子压住导线。导线不能比端子粗，但可以比端子低2个标号。A 系列和 B 系列的连接件、端子又进一步分为 A 型和 B 型。通过不同标号的 A 型和 B 型接插件的最大压降如表11—5所示。

表11—5　按军标 MIL—C—39029 调整后 200 ℃时接插件允许的压降

导线规格 AWG	试验电流/ A	A 型银板线/ mV	A 型镍板线/ mV	B 型银板线/ mV	B 型镍板线/ mV
0	150	36	90	396	900
4	80	40	100	440	1 000

续表

导线规格/ AWG	试验电流/ A	A 型银板线/ mV	A 型镍板线/ mV	B 型银板线/ mV	B 型镍板线/ mV
8	46	45	113	495	1 130
12	23	71	107	781	1 177
16	13	84	126	924	1 386
20	7.5	94	141	1 034	1 551
24	3	77	116	847	1 276
28	1.5	92	138	1 012	1 518
32	0.5	74	111	814	1 221

一般对接插件的绝缘要求包括以下几个方面：

1）端子与端子之间、端子与插孔之间能承受高电压强，至少能承受 4 倍于工作电压的电压；

2）端子与端子之间、端子与插孔之间的绝缘电阻至少达到 5 000 MΩ。

航天器电源系统实际应用的连接件设计通常包含以下部分：

1）接插件和 SAD 滑环应按不同电位的导线分开布置，不应影响相邻的接插件和滑环；

2）绞合线对应接在邻近端子上；

3）连接件外围至少有 10% 的备用端子；

4）每个连接件外壳接地，接地阻抗低于 2.5 mΩ；

5）在防御卫星中，多接点连接件不能用于高于 300 V 的直流电压或者峰－峰交流电压；对不同的额定电压，用不同的分离连接件；

6）完全密封的器件盒必须使用完全密封的连接件，而且连接件必须焊接到器件盒上。

11.7 电缆质量最小化

与其他器件相比，电缆的质量并不算小，这主要由不同电缆之间的电压降技术规范所决定。例如，一般要求从功率调节装置（PRU）中母线电压控制点到负载的往返电压降不超过母线额定电压的 1%～2%。母线电压为 28 V 时，从 PRU 到功率低于 100 W 的负载的回路压降一般保持在 250 mV 以下，更大负载时保持在 500 mV 以下，仅在部分轨道段使用加热电路时保持在 1 V。电压降规范，尤其是对电压较高的航天器而言，常常不能产生优化设计，其原因是，如果因使用细导线而导致的大电压降能用较轻的电源增压器件质量得到补偿的话，那么，对于同级的电源系统，这种质量减少就是有利的。当然，电缆的功率损失应与电源的比功率匹配。因此，在某些航天器的初始设计压降和降额方针变成技术规范之前应该对其进行仔细考察。

电缆优化设计要考虑图 11－5（a）所示的因素。导体中的功率损失等于允许电压降与电流的乘积。当功率损失增加时，意味着电缆质量减小，可用增加电源增压器件的质量来弥补损失的功率，因此，电源和电缆的总质量在某个最佳功率损失点达到最小，使电源系统质量最小。图 11－5（b）所示的是电缆的功率损失和电源比功率与导体电流密度之间的关系。在电流密度 J_{opt} 处，电缆能使系统的质量达到最小。在最优电流密度处，单位质量电缆的功率损失等于电源的质量比功率。

从分析的角度看，在 75 ℃时铜导体的每磅功率损失为 $2.54J^2$，式中 J 为每平方英寸的电流密度（kA）。为使导线尺寸最优化，J 必须等于电源的比功率 P_{sp}（W/lb），有

$$J_{opt} = 627.5\sqrt{P_{sp}} \qquad (11-9)$$

于是，导线最佳直径（in）为

$$d = \sqrt{\frac{4I_{额定}m}{\pi J_{opt}}} \qquad (11-10)$$

式中　m——由保护方法决定的裕度因子，通常熔断电路的裕度因子取 1.3。

导线规格可由式（11－1）近似推导。考虑以上因素，可以得到 V_{opt} 的简化式，即电缆单位长度（电源和负载之间的物理距离）的最

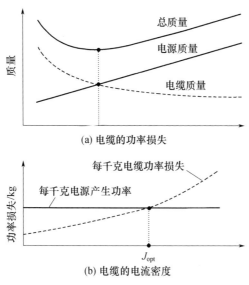

(a) 电缆的功率损失

(b) 电缆的电流密度

图 11-5　电源系统电缆质量的优化

佳电压降为

$$V_{opt} = k \sqrt{P_{sp}} \qquad (11-11)$$

式中　P_{sp}——电源的比功率（W/lb）；

　　　k——系数，铜线取 0.03，铝线取 0.026。

在最佳压降点利用加权平均功率 P_{sp} 可以计算出整个轨道周期中电缆部分的 P_{sp} 变化值。

对电缆质量优化逼近时，确定导线规格应考虑如图 11-6 所示的以下因素：

1）用于高比功率电源的电缆，如太阳电池阵中的三极管，工作电流密度可以较大，允许存在较大的压降，可以达到母线电压数个百分点。

2）因为太阳电池阵到 PRU 这段导线的功率损失可由太阳电池阵弥补，因此用细导线可行。

3）由于 PRU 至负载之间的功率在特定轨道段由太阳电池阵、PRU 和蓄电池共同产生，因此该段用粗导线。这时整个系统的比功率比单个太阳电池阵的比功率低很多。

　　4) 同样原因,放电路径的电流密度也应该比充电路径的电流密度低。这是因为充电电流仅来自于太阳电池阵,而放电电流涉及整个系统。

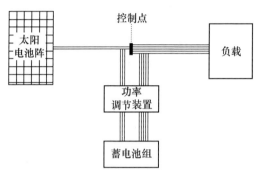

图 11-6　电缆质量的逐步优化逼近

　　因此,当靠近配电线路末端的负载时,电流密度应该逐步减小。较之于发电位置的功率,负载点的每 1 W 功率都变得异常珍贵。这好比地面民用电网的用户端,终端用户的用电费用是中心电站成本的 5 倍。必须注意的是,以上考虑的因素是使电缆质量最小化,而不是使电源系统的成本最低。电源系统增加 1 lb 质量所发生的成本比电缆增加 1 lb 发生的成本大得多。然而,当由于其他某种原因或者航天器的质量受到运载器的严格约束时,电缆质量最优化也许才能得到保证。

11.7.1　举　例

　　电缆质量最优化对于 LEO 卫星非常重要。LEO 卫星中笨重的蓄电池使整个电源系统的比功率较之于 GEO 卫星的比功率低了大约一半。以一个 LEO 卫星全调节电源系统为例,假定其蓄电池质量等于太阳电池阵的质量与 PRU 的质量之和,现在希望求出从硅太阳电池阵经滑环到负载的最佳导线规格,设导线电流为 5 A;同样假定负载电路导线电流为 5 A,求出 PRU 至用户端的导线规格。已知的其他条件是:太阳电池阵+PRU 的比功率是 10 W/lb,太阳电池阵+

PRU＋蓄电池的比功率是 5 W/lb。这样，滑环电路的最佳电流密度是 $\sqrt{10/(2.54\times10^{-6})}=1\,984$（A/in²），加上 30% 的裕度，得到电线的横截面面积是 $(1.3\times5/1\,984)=0.003\,3$（in²），因此，应采用 AWG 14 号线。按照 GSFC－PPL－10 标准，1 束 14 根 AWG 线降额后的电流为 8.5 A，比 $(1.3\times5)=6.5$ A 大。因此，质量优化后的导线规格满足期望部分列出的要求。假定太阳电池阵由三极管电池组成，比功率 5 W/lb，则最佳电流密度为 $\sqrt{5/2.54\times10^{-6}}=1\,192$（A/in²）。这样导线横截面积可以减少 40%，应用 AWG 12 号线。如果电缆运行时，规格优化的导线出现某处局部发热，那么首先应考虑用铝箔片散热，而不是提高整个电缆的规格。

11.8　电缆设计过程

影响电缆设计的因素有以下因素：

1）额定电流和允许压降决定导线规格；

2）线束尺寸和稳态温度也决定导线规格；

3）额定电压决定绝缘层厚度，温度决定所使用的绝缘材料；

4）降额需求使用更粗的导线；

5）决定导线最优规格的还有电源的比功率；

6）可靠性目标可能要求有冗余导线或电线使用双层绝缘层。

电缆有以下设计步骤：

1）确定航天器上每段电缆的最大稳态直流电流或交流感应电流，对每段每个降额因素，确定承载所需电流的导线规格尺寸，超过 15 根导线的电缆就要考虑降额因子的作用。

2）确定电压降并与要求值进行对比，如果按步骤 1 选择的导线不能满足要求，则应再并联导线，或者增加导线的尺寸，直到满足电压降的要求为止。

3）如果 1 条开环线路失效，即 1 条线路开环时，电压降或降额标准无法满足，且此时亦无冗余线路，则应增加 1 条线路防止单点失效。

　　4）发生微小短路时，确保特定电路的故障导线不影响周围线路。微小短路的含义是，漏掉的电流不足以熔断保险，但超过了电路降额值。在这种情况下，要确定能够损害导线绝缘并把故障传播到其他导线的稳态电流值。如果这个电流值小于预期的稳态直流电流，或者小于感应故障电流，则必须加大电缆尺寸，直到微小短路的故障电流不致造成破坏并传播到其他电缆。

　　5）电缆应能安全地承受相互间的机械斥力，这一点在发生硬故障时显得特别重要。导线通常相互绑在一起，或者成组捆扎，一般贴在结构管上，如图 11-7 所示。

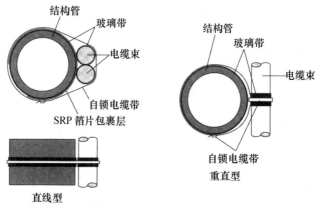

图 11-7　结构管上电缆的放置和固定

　　如图 11-2（a）所示，设通过 2 根平行导线的电流方向相反，大小为 I_1 和 I_2，则它们之间的机械斥力（N/m）为

$$F = 80KI_1I_2\frac{s}{d} \times 10^{-7} \qquad (11-12)$$

式中　　K——导线形状因素，圆导线为 1.0。

　　大功率矩形母线棒的机械斥力计算方法见第 22 章。

11.9　柔性电缆

　　类似 GPS 卫星这样的处于高能辐射环境卫星上的滑环，有时会出现冷焊现象。柔性电缆（换装电缆）能够安放太阳电池阵对日定向跟踪装置，因而不用滑环。MEO 卫星要求电缆具有 ±90° 的挠性，在 15 年任务期内寿命超过 20 000 周。目前使用挠性电缆的卫星设计还处于研究阶段，主要设计特点有以下几方面：

1）挠性电缆应完全嵌入法拉第笼（太阳电池阵臂）中，因此不受太阳电池阵展开、环境屏蔽和 EMI 等的影响；

2）仅在 SAD 和结构壁之间需用挠性电缆；

3）法拉第笼外的电缆都一样，因而与母线的接口不受影响。

电缆应具有发丝一样的超挠性，这给电缆的卷曲和避免晶须伸出增加了制造难度。技术成熟的空间用挠性电缆不必使用滑环，因为滑环会使每个航天器的质量增加好几千克，而电缆的质量并未减少。以往已经完成了规格标号为 20 的电源线和规格标号为 24 的信号线的聚合物绝缘挠性电缆的制造和测试。

ESA 于 2002 年在水星任务中使用了挠性电缆。电源系统的设计中，太阳板绕 1 个旋转轴做 ±180° 旋转，以保持太阳电池的工作温度在 AU<0.375 时低于 150 ℃。隔绝太阳的太阳电池阵驱动机构中没有滑环，使用挠性电缆可以充分旋转 ±180° 的角度。

11.10 熔断保护

熔断保护用于避免电源系统因内部失效或负载电路失效而遭到损坏。航天器一般采用的熔断法有以下几种：

1）熔断器放置在接近电源的位置，避免线路故障对电源的影响，同时减小附近负载熔断尖峰值（串线干扰）。熔断器应尽可能地接近 PRU（见图 11-8），熔断器盒一般位于 PRU 之内；

2）所有非关键负载都应配备独立的熔断器，防止任何可能的负载失效损坏电源系统；

3）在全路径电路冗余的情况下，主导线和冗余导线的引线都要布置熔断器（见图 11-9）；

4）关键负载不加熔断器，以实现最大可靠性，但使用双倍绝缘导线。如果关键负载中必须使用熔断器，则应以增加冗余熔断器的方式处理，正如 NASA 经常要求的那样（见图 11-10）；

5）应该提供合理的负载冗余电路，保证设备或线路中的单点故障不会让主母线或主母线负载永久地处于开路或短路状态。

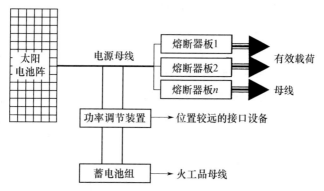

图 11-8　用于不同负载的 PRU 内部或周围的熔断器板

图 11-9　全路径冗余电路的两条引线的熔断器

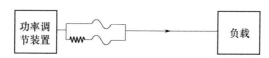

图 11-10　单导线、无冗余、双绝缘导线使用的冗余熔断器

用于保护半导体设备的熔断器典型的结构如图 11-11 所示。熔断器本身可以用银、铜或者镍制成，而考虑其长效稳定性时常使用银。熔断器上的变截面使其具有更好的预兆性。熔断器盒内一般填充的是砂型填料，防止熔断器熔化时火花四溅，阻止导线和负载中的感应能量传递。熔断器的寿命主要由热弹性循环周期引起的金属老化寿命决定。

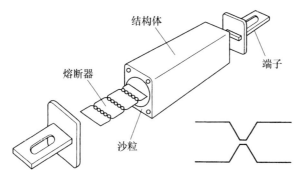

图 11-11　典型的半导体熔断器结构

　　因为缺乏足够的市场份额，市场上只有小部分的熔断器适用于空间应用，其中有 Piocofuse™ 265 系列、Little™ 的低额定值系列、Bussmann™ 的高额定值系列。它们基本上都是商用非密封式熔断器，除非为了提高空间应用的可操作性而增加源控制。

　　Picofuses 在额定电流小于 1 A 时使用镍材，1~4 A 时使用 50% 的银和 50% 的铜混合材料，超过 5 A 时使用铜材。所有熔断器的阻抗温度因数都较高并且为正值，因此温度升高，阻抗升高，避免了绝对短路。

　　但是，当母线直流电压超过 50 V 时，非密封式熔断器的设计存在一定的难度，因为部分内空结构存在电弧放电。完全密封式熔断器解决了这个问题。Mepcopal 公司生产的 P600L™ 熔断器就是这种空间应用型的，它们由较厚的薄膜材料制成，熔断器本身由金制成，端部垫板为银材料，将这些材料沉积在 96% 的氧化铝基板上，在高温条件下涂覆一层电介质釉面，然后再在熔断器上涂上厚约 0.5 mm 的防弧玻璃。熔断器因发生故障熔化时，金丝熔化并且迅速迁移到防弧玻璃层下，这样就有效地阻止了后续的汽化和电离过程，防止电弧发生，限制了熔断后的线路电压的变化。因此，在清除故障时，Mepcopal 熔断器作用更快、更有预见性。密封式熔断器可以抑制熔断器熔化时的火花外溅。事实上，这种熔断器是为在"国家电器规范类别 1"环境（危险）下的易爆化学气体混合物的安全操作而研发的。

熔断器接地绝缘要求随着额定电压的不同而变化。例如，100 V 的熔断器具有以下特征：

1）电介质要承受 500 V_{rms}；

2）接地漏电流小于 1 mA；

3）熔断后的电阻在 1～10 MΩ 之间，具体取决于熔断器的额定值和它中断的失效电流。

11.10.1　熔断器额定值

熔断器的电流额定值就是在地面无限期承载的电流值。熔断器仅按自己本身的 I-t 关系在较高电流时熔断。要求熔断器承载 110% 的额定电流时至少在 4 h 内不得熔断，承载 135% 的额定电流时在 1 h 内不熔断，承载 200% 的额定电流时 2 min 内不熔断。但另一方面要求熔断器的熔断时间在 10 倍于额定电流的情况下仅为数微秒。设定熔断器额定电流的一般标准有以下几项：

1）承载 110% 额定电流的熔断器在数小时内的温度不应超出高于室温的 70 ℃；

2）熔断器承载 135% 的额定电流时应在指定的数分钟时间内熔断，具体时间取决于熔断器的类型；

3）熔断器应能承受满载恢复电压，该电压等于故障清除后经过熔断器端子的开路电压。

一般取所保护负载电路额定电流的 1.2～1.3 倍，再近似到上一个标准值作为熔断器的额定值。过于保守或过于随意地选取熔断器的额定值将无益于电路的保护，因此取值时必须小心谨慎。环境温度对熔断器额定电流的影响如图 11-12 所示，有必要根据具体情况做增额或降额处理。

至于熔断器的额定电压，只要熔断后不发生电弧放电损害，它就能在任意电路电压下使用。当熔断器熔断后，电路电流突然中断导致整个电路电压通过熔断后的熔断器。如果负载具有电感性，通过熔断器的瞬时电压可能因感应电压冲击而变得很大，有可能形成具

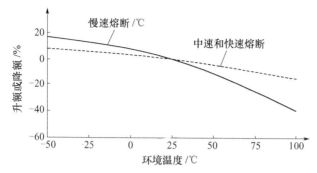

图 11－12　环境温度对熔断器载流量的影响

有破坏性的电弧,并持续放大。更糟糕的情况是所产生的热和压力可能会使熔断器爆炸。保守的方法是,所选取的熔断器额定电压应当在熔断器中止短路电流后没有溅射火星、生成火焰或排出融化金属的情况发生。

熔断器电流增大和电流中断期间的等效电路如图 11－13 所示。熔断器自身耗散的总能量等于存储在电感电路中的能量与主电源提

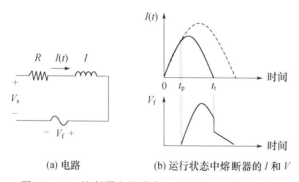

(a) 电路　　　　　　(b) 运行状态中熔断器的 I 和 V

图 11－13　熔断器电流增大和中断期间的等效电路

供的能量之和。出于安全原因,熔断器不能出现破裂。熔断器中的电流强度为

$$\frac{\mathrm{d}i}{\mathrm{d}t} = \frac{1}{L}\big[V_s - V_f - Ri\big] \qquad (11-13)$$

式中　V_s——电源电压;

V_f——熔断器电压；

R——熔断器电阻；

i——熔断器电流。

熔断器 2 个明显熔断阶段如图 11-14 所示。

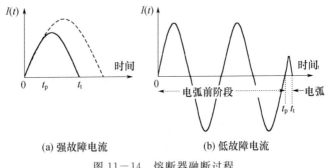

（a）强故障电流　　　　　　　（b）低故障电流

图 11-14　熔断器融断过程

11.10.1.1　电弧前阶段

这一阶段一直持续到电弧电压到达熔断器端子，它的持续时间与故障电流、熔断器颈部尺寸和材料属性有关。对于银熔断器，弧前阶段一直持续到焦耳积分 $I^2 t a^2$ 达到 80 000 $A^2 \cdot s \cdot mm^4$，并伴随绝热加热现象，式中 I 为感应电流（A）；t 为电弧前阶段持续时间（s）；a 为熔断器截面积。

11.10.1.2　电弧持续阶段

这一阶段从出现电弧开始，持续到电弧消失为止。在这个过程中，电弧电压抑制电源电压、限制电流并最终使电流为零。电弧电压越高，电弧持续时间越短。电弧放出的能量通过周围物质的吸热和能量转换而被吸收。

11.10.2　熔断器类型

尽管大多数负载电路都使用标准熔断器，仍有一些负载电路或要求较快的熔断速度，或要求较慢的熔断速度。各种用途的熔断器可归纳为 3 类：

1）通用的标准熔断器；

2）延时（慢速熔断）熔断器，用于抵御大多数设备启动后短时产生的涌流；

3）限流（快速熔断）熔断器，在电路电感响应使电流从正常值上升到失效状态值之前，通过清除故障以限制电流。

典型熔断器的熔断时间和用途如表 11－6 所示。图 11－15 所示为 3 种不同类型熔断器的电流和平均熔断特性的关系。即使特定类型的熔断器，其平均值也会存在明显差异，在设计电源系统的电路保护时，这一点必须加以考虑。

表 11－6　熔断器类型和典型应用

熔断器类型	200％额定电流时的典型熔断时间/s	用　途
快速熔断	<1	晶体管电路和仪表保护
正常熔断	1～10	多数标准电路
慢速熔断	>10	接通瞬间出现涌流的电路，如电动机、变压器、加热器、电容器充电等，避免有害熔断

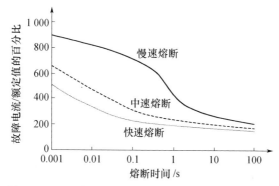

图 11－15　3 种类型熔断器的电流与熔断时间的关系

11.10.3　熔断器特性

熔断器产生的热能为 I^2R。稳态下，产生的热散发到周围环境中，熔断器温度和阻抗保持稳定。在失效情况下，快速生成的热量使熔断器在数毫秒的时间内达到熔断温度。假定熔断器为绝热加热（可忽略熔断器短时间内向外散发的热量），根据热平衡原理，$I^2 Rt$ 应等于熔断器熔断温度时的热容，特定熔断器其值为常量。如果熔断器电阻一定，$I^2 t$ 同样为常量。在 1 次近似时，熔断时间 t 与 I^2 成反比；但熔断器电阻随温度上升会在某种程度上改变这种关系，可表示为

$$R_f = R_0 e^{-t/\tau} \tag{11-14}$$

式中　R_f——失效后熔断器在时间 t 的电阻；

　　　　R_0——正常工作温度下（通常为 25 ℃）的初始电阻；

　　　　τ——熔断器热力时间常数。

通常，熔断时间 $t_c = 1.5\tau$，熔断时的 $R_f = 4.5R_0$，之前的 $R_f = R_0 e^{-1.5t/t_c}$。定义 I_f 为失效电流，则

$$I_f^2 t_c = K$$

或者　　　　　　　　　　$$t_c = K/I_f^2 \tag{11-15}$$

当 $0 < t < t_c$ 时，任意时间都有

$$R_f = R_0 \exp\left(\frac{1.5 I_f^2 t}{K}\right) \tag{11-16}$$

失效电流随熔断器电阻上升而衰减。为了提高精度，式（11-16）应使用衰减失效电流的均方根。

虽然室温下熔断器电阻受制造因素的影响非常明显，但额定电流对其具有决定作用。设计中，一般将额定电流下通过熔断器的电压降保持在 100～200 mV 之间。制造因素对熔断时间的影响同样非常大，因此，通常在电流一定时，用 2 条界定最大熔断时间和最小熔断时间的曲线描述 $I-t$ 特性（见图 11-16）。制造商经过多次测试获得这种曲线。最近制造批次的测试数据常常做成点线图，用来指导用户的设计和制造。不仅如此，熔断时间的变化范围很大，电源系统设计时必须对此加以考虑。表 11-7 所示的是全密封熔断器的熔断时间变化情况，可以看出，普遍存在 1：10 或 1：15 的变化。对于传统的非密封熔断器，变化范围甚至更大。由于等离子体滞留的时

间过长，很难预测正常和慢速熔断器的熔断时间；对这些等离子体的行为表现也很难准确预测。而快速熔断器和密封熔断器的熔断时间预测起来就容易些。

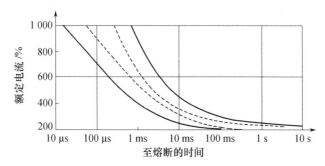

图 11-16　正常熔断密封熔断器的 $I-t$ 特性区间

表 11-7　全密封空间用熔断器在 500% 额定电流下熔断时间的变化范围

额定电流/A	熔断器类型	最小熔断时间/s	最大熔断时间/s
3	正常熔断	0.000 4	0.006 5
3	慢速熔断	0.002	0.02
10	正常熔断	0.000 4	0.006 5
10	慢速熔断	0.003	0.045

许多航天用户都要求进行瞬时生存分析，验证任一负载的输入电流与该负载的熔断曲线是否相匹配。可利用熔断器实际参数进行计算机失效仿真，完成下列验证：

1）利用 $I-t$ 包络线右侧区域仿真，在最小失效电流时，熔断器将会熔断；

2）利用 $I-t$ 包络线左侧区域仿真，启动电动机、加热型设备等出现涌流情况下，熔断器不会熔断。启动电流较大且在电路滞留时间较长时，会出现熔断器意外熔断的风险，这时，应使用额定值相同的慢速熔断器。

11.10.4　熔断器降额

空间中电弧放电和热传递同地球上的情况存在明显差异。在地球上，熔断器额定值是通过试验得到的，而在用于空间时，需要对从地面上得到的额定电流值进行充分的降额处理，以提高使用可靠性。降额因子定义为允许的负载电流与标称额定电流的比率。降额的主要目的是，保持线路电流低于熔断器电阻稳定状态时的电流。否则，熔断器会经历积热过程并最终熔化。空间应用时，熔断器周围的大气条件和熔断特性存在很大变数。因此，用于 1 A 和更小负载的非密封熔断器的熔断器通常降额到额定值的 35％，5 A 和更大负载降额到 70％。因为容易预测密封熔断器的熔断特性，所以，大于 0.5 A 额定电流的熔断器相应降额到额定值的 80％。目前市场上密封熔断器的最大额定值为 10 A。若环境温度高于正常温度，还应做进一步降额处理，但应遵循以下规则：

1）延时型熔断器在 25 ℃ 以上温度时，温度每增加 1 ℃ 降额 0.5％；

2）常规熔断器在 25 ℃ 以上温度时，温度每增加 1 ℃ 降额 0.2％。

当然，也可根据具体任务环境额外增加降额。如果用于空间熔断器的总降额为 40％，则在地面额定电流为 10 A 的熔断器用于空间时，只能用于 4 A 的负载电路。这产生了地面测试的电路保护问题，即软故障电流可能持续很长时间并且烧毁导线，因此在进入发射工位之前，还要再多串联 1 个 4 A 熔断器（标称 10 A 额定值的 40％），点火前拆除。

空间多数失效都为硬失效，熔断器熔断速度很快，越接近母线，熔断器熔断就越快。然而，长线路末端的次级电路失效因为电压下降和失效电流低可能会造成熔断缓慢。

11.10.5　熔断器选择标准

选择熔断器过程中应考虑如下因素：

　　1）降额后的熔断器额定电流必须等于考虑过载冗余因素和电缆规格因素之后的标称额定电路电流。

　　2）熔断器额定电压必须高于交直流电路电源电压。

　　3）熔断器位置处的最大截止电流必须大于所在位置可能承受的最大失效电流。

　　4）快速熔断器并不是在所有应用中都有更佳的表现。但对半导体装置而言，在符合 $I^2 t_{熔断器} < I^2 t_{半导体}$ 条件下，必须使用快速熔断器。快速熔断器的熔断时间小于首次失效电流的峰值时间，由于越接近熔断温度越接近绝热状态，所以熔断时间通常受常数 $I^2 t$ 制约。

11. 10. 6　冗余熔断器和并联熔断器

　　如果为了提高可靠性负载电路使用了冗余导线对，那么应对每对导线分别配备熔断器。即使单路导线，像 NASA 这样的用户也要求在多数负载线路中配备冗余熔断器。如果 1 个熔断器在正常工作状态下随机失效，冗余熔断器仍可保证在剩余任务期内完成工作。在 5 A 电路中，不能简单地认为并联 2 个 5 A 的熔断器就算完成备份，通常需要对其降额 50% 才能完成。相反，要对熔断器另外串联 1 个数倍于熔断器电阻的电阻器（见图 11−10）。因为冗余熔断器支路中的电流与支路电阻成反比，所以，正常情况下主要熔断器承载 90% 的负载电流。

　　并联熔断器（见图 11−17）可使原来单个熔断器承载的额定电流加倍。不要把并联熔断器与冗余熔断器混淆，并联熔断器要平分线路电流，因而不在支路电路中增加串联电阻器。事实上，2 个并联熔断器在相同工作温度下的电阻必须匹配。由于非密封熔断器的电阻随工作温度的变化较大，因此把它用作并联熔断器是不现实的。并联的非密封熔断器中，总有一个熔断器的电流高于降额值而提前熔断。然而，2 个电阻匹配的异端密封熔断器并联时所分流的电流几乎是相等的。即使是全密封熔断器，由于拉链效应，2 个以上的熔断器并联时也很难做到电流平衡。举例来说，有 2 个 20 A 的熔断器组件，它由 4 个并联 5 A 熔断器组成（见图 11—17），如果 1 个 5 A 熔断器过早熔断，那么所有的熔断器都将因电流逐渐过大而一个接一个地熔断。如果提高 5 A 熔断器的降额以避免这种效应的产生，那么负载电路的保护水平就要做出让步。但是，拉链效应也有其可取之处，若干个小熔断器并联后，再在每个熔断器支路上串联约 10% 的熔断器电阻，就可以避免出现过大的熔断器熔断瞬态电压。一旦内部设备失效，熔断器像拉链那样逐个熔断，由于熔断速度依次加快，失效电流会减小。最后一个熔断器很快熔断，且熔断电流最小，这样就降低了瞬态电压影响的严重性。

图 11—17　并联熔断器增大了熔断器组件的载流量

11.10.7　熔断器测试

熔断器安装后通电前要进行电阻匹配性测试，测试仪器为一个 4 臂电阻桥和适当的电压源，测试包括以下内容：

1）冷测试，以最小电流确定出现的最小自加热（与满额定电流热测试相反）。

2）通常熔断器额定电流等于或小于 1/8 A 时，最大测试电流为 1 mA；额定电流在 1/8～1 A 之间的，最大测试电流为 10 mA；额定电流超过 1 A，最大测试电流为 100 mA。测试时，把熔断器的测量值与说明书标示的预期值进行对比，验证熔断器是否处在公差允许的范围内，而不仅仅是测试电路的连续性。

3）2 个熔断器并联安装时，每个熔断器的直流阻抗必须在为单独熔断器所指定阻抗值的 50% 以内。这种情况下，测试电流应根据熔断器组件的阻抗来选择。如果电路中有 2 个以上的并联熔断器，设计工程师就要考虑具体的测试程序或者测试说明。

11.10.8　未加熔断器的负载

为提高可靠性，关键负载一般不加装熔断器，实际上电源系统的某些部分也不能加装熔断器。例如，不能利用熔断器来保护母线和熔断器板之间的主母线或电缆，需要限制电流的设计也如此。在这些电路中，所有引线和回线之间、引线和结构壁之间的导线都应双绝缘。在 2 个独立导体间安置 2 层物理绝缘层就可实现双绝缘。在双绝缘导线的绝缘体之间放置一个独立导体层，用于验证组装后每个绝缘体的绝缘效果。然后，测量中间导体层和每个绝缘体之间的阻抗。通常在航天器一级上，通过菊花链或其他方法的连接可以测试所有双绝缘点的性能。

11.11　远程功率控制器

为了避免负载设备的不同部分失效，国际空间站采用大量固体远程功率控制器（RPC）来代替熔断器。RPC 具有可编程跳闸设置，能控制负载电源的开与关，提供接地保护。RPC 处于接地保护状态时，出于乘员安全的考虑，将 2 个端子同时接地，使电压为零。当关闭负载或出现跳闸时，输出端仍有电压。RPC 的所有 3 个功能都可远程编程。国际空间站使用的 RPC 有以下基本设计特征：

1）固体开关与磁力闭合接地继电器串联，继电器线圈电压为 28 V 或 120 V。

2）单向或双向电源。

3）编程跳闸设置为 256 级（8 位数据字符），数据界面为 1 553 规程。

4）有多种最大额定电流，例如 3 A，10 A，25 A 和 50 A 的单向电流；25 A 和 130 A 的双向电流。将几个小型 RPC 安装在一起，可以得到质量约为 2 kg，尺寸为 15 cm×15 cm×7 cm 的 RPC 盒。这种规格的盒子只能放置一台 130 A 的 RPC。

5）跳闸时间为 $50\sim100~\mu s$，接近 I^2t 常数特性。

6）±15 V 时，控制电路功率消耗约为 5 W；$+5$ V 时，静止功率损耗不到 1 W。

7）RPC 的接通阻抗随额定值的不同而变化，处在额定电流时，每个额定值对应的串联电压降在 $0.25\sim0.50$ V 之间。

11.12　早期失效检测

许多故障起源于软的高阻抗电弧失效，然后逐渐演变成硬故障。人们希望能尽早检测出高阻抗故障，确定故障位置，利用冗余装置消除故障。这对大功率电源系统（>100 kW）尤为重要，因为这种系统的故障电流很高。

传统的熔断器和 RPC 仅能保护系统不产生硬件故障，而高阻抗软故障能够通过监测系统电压变化检测出来。如果发生电弧放电，母线电压会产生高频率波动，因此，持续对母线电压进行频谱分析能够早期检测出电弧故障。一旦检测出故障，就要确定故障位置，并在它发展到成故障之前通过旁路进行处理。

第 12 章　辅助元件

12.1　简　介

光伏电池系统的主要元件见第 8 章～第 11 章所述。本章涵盖了所有其他组件，包括太阳电池阵驱动、展开设备、展开控制器、热控制器、延迟、电池监控、测流计和设备的屏蔽。

12.2　太阳电池阵驱动机构

太阳电池阵驱动机构和太阳电池阵电子驱动装置（SAD/ADE）共同为航天器太阳能板的旋转提供动力。SAD 的动作由星载计算机（OBC）控制解码发送的上行指令来控制，它接收从 OBC 上发出的 128 Hz 定时时钟信号和 0.25 Hz 的同步信号。在两翼三轴稳定的地球同步卫星上，其中一个轴始终保持对日定向的位置，另一个轴则与轨道一致。两组开环太阳电池阵驱动电机（由时钟控制）维持太阳指向。直流无刷步进电机分别旋转每个太阳电池帆板。SAD 轴上的滑环在旋转帆板和固定地球指向的航天器机身之间形成了一个接口界面。一个 SAD 控制北向帆板，另一个控制南向帆板。在设计上两者是可以互换的，帆板旋转的"前向"可以通过外部手段分别选定。每个 SAD 只有一个机械组件，但有一个冗余绕组电机和备用的位置遥测电位器。每次只启动一套绕组电机，冗余绕组电机完全被隔离，以防止故障传播。将两者结合使用，可靠性可以达到 0.99，且使用寿命至少为 15 a。GEO 通信卫星中每个 SAD/ADE 的组件质量大约为 5 kg。

SAD/ADE 通过遥测确定自身和太阳电池板状态，提供电位器的电压信号，该电压信号与帆板轴的角位移量成正比，从 0°时的 0 V 变化至 360°时的 5 V。一个典型的 SAD 采用 4 相、16 极永磁开关磁阻式步进电动机驱动一个零反弹谐波齿轮。每相的线圈电阻处在 50～100 Ω 的范围内。每单位质量钒钴钢定子铁芯和钕铁硼永磁转子产生的转矩很高。转子由 440C 不锈钢球轴承和钛合金容器构成。每个 SAD/ADE 通过锁定延迟驱动器从主电池母线上获得 −22 V 的电压。峰值输入功率大约是 10 W,平均功率约为 1 W。开关式电源脉冲将合适的频率施加到定子线圈来驱动电机。ADE 使用四个独立接地端接地,其中 3 个分别为电源接地、信号接地和通信电路接地,另一个为所有设备的底盘接地。

ADE 控制太阳电池阵的所有 3 种操作模式,即正常前进、回转以及反转。SAD 在 ADE 的指令下可以 0(即停止时)～8 Hz 的速率向前和反向旋转。典型的步进电机在正常模式下,频率为 0.25 Hz 时提供的步进率为 1.8°/步;在转换模式下频率为 8 Hz 时为 1.8°/步。在 50 000～500 000 lb·in^2 范围内,太阳电池板的惯性决定着 SAD 的响应特征。

电机的步进速率为每秒 0～16 个脉冲,使太阳电池阵每步旋转 0.02°。它可以直接用谐波齿轮驱动器后向驱动,而不必用滑环离合器。电机还可以用两个不能进行后向驱动的正交齿轮驱动,但需要一个滑环离合器。滑环离合器允许有一定的滑程,这样就避免了太阳电池板后冲时破损。通过螺旋齿轮降低将离合轴速度两个数量级,使轴免受反冲应力损害。

太阳电池阵最初是从地面进行校准的。ADF 在一个开环控制系统中维持这种校准,它从航天器时钟获得时间信号,在没有进一步指令的情况下,按此信号不断地旋转帆板与太阳方位保持一致。SAD 控制精度相当高,但也有误差累积,一般月误差累积为 2°。太阳敏感器检测这些误差,并在地面或机载电脑指令下进行周期性的纠正。在一些卫星上,太阳电池阵每天早上 6 点进行误差纠正,直到误差为零。当卫星进行机动或有其他原因时,地面指令可以撤消星载计算机的指令。

　　太阳电池阵所需的转速控制信号来自跟踪、遥测和指令控制系统，该系统同时确定旋转方向和速度：慢速（0.013 mrad/s）、正常（1.03 mrad/s）、快速（1.047 mrad/s）、或回转（5.236 mrad/s）。在一些低地球轨道卫星上，如 EOS－AM，ADE 为 SAD 提供控制信号和电源，指令驱动速率在 0.1 % 增量时为 $1\omega\pm2.5$ %，在 0.5 % 增量时为 $3\omega\pm12\%$，其中 $\omega=1.060$ mrad/s。ADE 通过接受的指命来确定 SAD 的转速和方向，并由指令决定是否启用冗余设备。一些卫星上的太阳电池阵有两种转速，分别为 1 天旋转 1 周和每 45 min 旋转 1 周。

　　滑环组件也称为功率传递装置，把功率及遥测信号传递到航天器。电源和遥测引线单独使用不同的滑环，但有些降额范围内的返回信号可以共用一个滑环。航天器绕地飞行期间，收集电流的滑环和碳刷在太阳指向的太阳电池板和地球指向的航天器之间形成一个旋转结。滑环刷可以由传统的单纤维刷制成，但为了在小功率损耗下得到大电流，也可以用石墨或银纤维制成的高导电性纤维刷制作。在 BOL 条件下，5 A 的滑环电刷的接触电阻在运行温度时大约为 5 mΩ，在其使用寿命的最后阶段，电阻增加到约 10 mΩ。在 EOL 时，若电流为 5 A，则每滑环接触功率损耗是 0.25 W，或者每滑环的回路功率损耗为 0.50 W。

　　在一般的 SAD 中，电源电路中有 20～30 个滑环，每个滑环额定电流为 5 A；信号电路中有 10～20 个滑环，每个滑环额定电流小于 1 A。有些装置中滑环质量稍大一点（见图 12－1）。滑环一般采取将所有正极滑环安装在一边，所有负极滑环安装在另一边，空环放置在中间的布置方法。正极和负极的滑环不并排放置，以避免可能发生的短路。高级滑环（如由 Litton Polyscientific 公司制造的）质量更轻，并且无须润滑，因而延长了使用寿命。

　　大多数通信卫星只有单轴平衡环，由 SAD 来驱动。因此，太阳电池阵在二分日（如春分和秋分）时相对于太阳来说是垂直的，但在二至日（如夏至或冬至）时，就会偏离法线 $\pm23.45°$。在二至日，发电量会减少，但电池充电的需求也接近于零（无日蚀），加热器的负载也较小。

功率环：
·6×8 A
·2×40 A 额定电流

信号环：
·12×0.25 A 额定电流

电动机：
·带冗余绕组的步进器
·0.037 5(°)/ 步
·1.3 W(最大)

质量：
·5 kg/ 组件

图 12－1　滑环的功率传递装置及其驱动电机

　　一些卫星，如铱星，使用有两个旋轴自由度的双轴平衡环（见图12－2），其中一个用于每日的 α 转动，另一个用于季节性的 β 转动。双轴分别用于卫星的太阳指向和天线指向。不过，由于旋转节、机械和结构的复杂性，使得双轴平衡环的用途受到了限制。人们宁可接

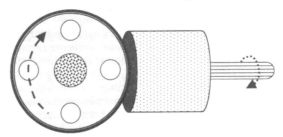

图 12－2　双轴太阳电池阵驱动及功率传递装置

受电机的发电量减少 $\cos \beta$，也不使用双轴平衡环，至少在地球同步轨道卫星中是这样的。

12.3　展开机构

各种航天器部件的 3 种主要展开方法讨论如下。

12.3.1　电爆展开装置

这是一种传统的展开方法，俗称火工品，使用的是电子爆炸装置（EED），由电能点燃爆炸物。爆炸产生的力量驱动展开机构，展开通常在加载弹簧的作用下完成。在指定的时间内，当电流达到某种程度时，触发电爆炸装置。为安全起见，它必须能承受某种最低限度的能量而不会点燃。一般的电爆炸装置要求在 1 A－1 W 的额定条件下不会被引爆，而在 4 A－4 W 的情况下必须引爆。

电爆炸装置需要一定厚度的屏蔽，要小心处理 EMI 对其的影响。此外，EED 的爆炸物对热和冲击很敏感，因此，敏感的 EED 爆炸物有时是在发射时才安装，这样的成本远远超过了在工厂填装的成本。火工品电缆与电源电缆和信号电缆分离布线，以减少相关的电磁干扰，确保安全。EED 的展开技术，虽然已用了几十年，但却存在着以下一些缺点：

1) 所有航天器部件的设计，都必须经受住严重的火工品冲击的干扰。

2) 为获得高安全性，必须遵守与 EED 相关的文件制定、报警机制以及其他所有严格的规定，这将导致成本上升。

3) 部分制造商在即将发射时安装 EED 引爆器，而大部分引爆器的安装在工厂里进行。在工厂安装了引爆器的航天器将作为 1 类爆炸品运输（对热和冲击环境敏感），这样会增加运输成本。

12.3.2　激光启爆展开装置

图 12－3 所示为激光启爆火工品示意图，这种装置由发光二极管 D_1 发出的激光光纤传送给点火装置。光子在点火装置里储存能量，从而点燃爆炸物。点火后，脉冲二极管 D_2 产生敏感光，并通过感知

敏感光的传递、反射或折射确认点火是否成功。这项技术已在实际太空飞行中得到验证和应用。相对于 EED，它具有以下优点：

1）激光启爆展开装置对 EMI，RFI，ESD，EMP 以及串扰都不敏感，因此，不存在意外点火和与人安全有关的问题。这不仅降低了飞行成本，而且降低了工厂制造、运输以及发射前安装的成本。

2）对电缆和爆炸装置的位置不敏感。

3）无须屏蔽，因此，电缆的质量显著减小。

4）因为没有电磁干扰，不需要在工厂或发射前进行 EMI 静态清除，从而降低了集成与测试成本。

5）不易引爆允许在工厂安装启爆装置，因此减小了费用。

6）可靠性更高。

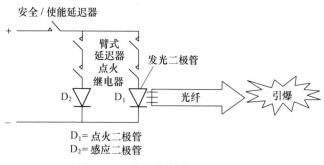

图 12-3　激光启爆火工品示意图

12.3.3　形状记忆金属

最近，形状记忆金属展开技术已经研制成功，并应用在一些卫星（如 EOS—AM 和 PM）上。其工作原理是，当某类金属被加热后，会保持原来的形状。金属"记忆"就是金属在加热后以某种方式回到原始的形状。热量是由传统的加热器提供的，它对电磁干扰不敏感。用形状记忆金属展开机构的最突出优势在于它能节约与安全有关的成本。不久前，一种新的形状记忆塑料已经在美国马萨诸塞州技术研究所研制成功。它可以被塑造为线型结构，并通过一个空心管插入到装置内部。加热时，只要操控温度和压力，它就会变成片状或其他形状。

12.4　展开控制器

　　展开控制器，也称火工品控制器，可为展开设备提供恒定电流。在传统的火工品桥式线路中，导线阻抗随温度的上升而上升。因此所需的电压必须随产生特定最低电流的电压而相应增加，通常最低电流为几安培。如果桥式线路与恒定电压源连接，这种控制器必须在峰值温度约为 800 ℃时，携带规定的最低电流。最小电流为 10～20 ms 时，峰值电流通常是它的数倍。继电器必须在没有过强电压的情况下，能处理数倍于峰值电流的电流。图 12－4 所示为一个典型的火工品控制器电路图，它直接由电池经火工品使能插头供电。安全及翼臂插头放置在火工品控制器和 EED 引爆头之间。通过一条备用

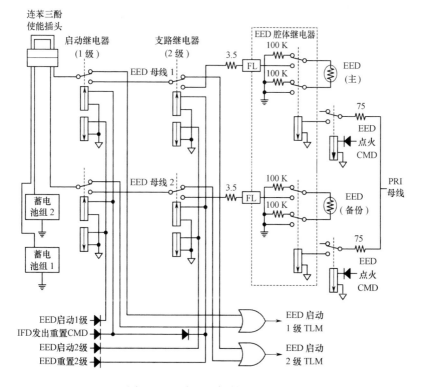

图 12－4　火工品控制器电路图

线路为备用 EED 提供电力，每路电直接与电池相连。当使能和翼臂继电器接到指令接通时，EED 准备点火。点火指令开启腔继电器，为 EED 的点火头提供脉冲能量，点火头启动展开机构，切断连接绳或连接螺栓。

　　火工品控制器可直接由电池组供电，也可通过 PRU 总线（见图 12－5）供电。基于可靠性问题，展开机构级电源一般为未加熔断器的蓄电池。中等尺寸的通信卫星在 70%～100% 的充电状态下，每个电池组通常有能力为峰值火工品供电，供电电流为 10 A 时，持续时间大于 10 s；25 A 时大于 5 s，50 A 时大于 5 ms。对于直流变至 10 kHz 的交流电，电池母线阻抗通常大于 100 mΩ。两个独立火工品母线接到电池组的第 22 单体电池，没有交叉接线。当一个电池失效时，电压应在 22～35 V。每根火工品母线（也称主母线），分别为主火工品或备份火工品负载供电。

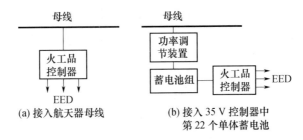

(a) 接入航天器母线　　　(b) 接入 35 V 控制器中
　　　　　　　　　　　　　第 22 个单体蓄电池

图 12－5　火工品控制器供电方案

12.5　热控制器

　　放置在航天器不同位置的各种探针，利用遥测温度计和温度控制器感应温度。探针可能含有下列任何一种温度测量元件。

12.5.1　热　偶

　　热电偶利用它发生在两种不同金属导线连接处的塞贝克（Seebeck）效应来测量温度。每种金属中的热能电子在热连接处产生直流电压，这个电压可以在冷端测量出来，它随温度呈线性变化。将冷端温度保持恒定，并用高输入阻抗的电压表，可将测量误差减至最小。

12.5.2　金属电阻线

金属电阻线的温度变化可用线阻抗的变化与参考值 R_0 相比较得到，即 $\Delta R = \alpha R_0 \Delta T$，这里 α 为每摄氏度的电阻温度因数。铂为空间应用中常使用的材料，因为它不仅具有较高的阻抗，而且具有较高的电阻温度因数，在很大的温度范围内，它是线性的和稳定的。在 20 ℃ 时，铂每摄氏度电阻温度因数 $\alpha = 0.003$。

12.5.3　热敏电阻

热敏电阻是一种半导体，较小的温度变化都能引起其较大的电阻改变。精确测量电阻可通过直接读取热敏电阻所处位置的温度获得。这样就可以用简单的读数仪器和长导线而不丧失准确性。热敏电阻器的电阻温度因数总是负值，比金属导线的温度因数大两个数量级。在 -40 ℃，0 ℃，$+20$ ℃ 和 $+40$ ℃ 时典型热敏电阻的电阻分别是 75 kΩ，7 kΩ，3 kΩ 和 1 kΩ。热时间常数范围为 5～15 s。互换性公差为 ±0.1 %。

对电阻线和热敏电阻探针施加电流，就能测量出电压，再用欧姆定律可推导出电阻值。由于热时间常数相对较长，因此只需用被动遥测技术周期性地测量温度即可，以节约能源。同时，对各元件周期性地输送恒定电流脉冲并进行电压测量，加热器根据遥测温度计的需要开启或关闭。现在一般不使用传统的调温器完全将热流开启或关断，而用比例热量控制器控制操作，它由与固定电阻器串接的晶体管组成（见图 12—6）。控制电流随所需的平均热量改变，产生的热量等于所需的热量减去有效载荷产生的热量。这样避免了传统调温器周期性地频繁开通与关断。比例热量控制器提供了稳定的电流，没有周期性的开通—关断，从而消除了电磁干扰。在对电磁干扰敏感的设备附近，它特别有用，如科学仪器。

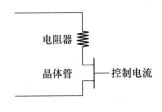

图 12-6　比例热量控制电路

12.6　继电器

机电继电器金属之间的物理接触，能够按要求的指令脱离或闭合。相对于晶体管开关，它的优势在于功率损耗可以忽略不计，不需要辅助电路或使用很简单的辅助电路就可以单独工作。其劣势在于，由于接触点运动造成磨损，使用寿命受到限制。如果在正常或不正常操作下发生火弧，它会产生 EMI，并大大缩短使用寿命。

继电器源自于保持或锁定装置。多数适合空间应用的继电器的额定电压为 28 V，直流电流可达 30 A。Leach 公司生产额定电流大的继电器，Genicom 和 Teledyne 公司生产额定电流小的继电器。通常密封在 1 atm（1 atm＝101 325 N/m²）的氮气里，并要经受上万次周期的寿命试验。一般直流额定电流分别为 1 A，5 A 和 10 A 的双极双触点（DPDT）28 V 继电器的质量相应为 3 g，5 g 和 45 g。所有空间应用继电器的额定电流都要降至地面时的 50%。接触点设计要使额定电流时的电压降为 0.1～0.2 V。

对于，继电器接触件很难满足约 50 A 开关电流的要求，并且质量大，容易受到振动和发射阶段环境冲击的影响。对于有备用极的继电器来说，两极可以并联起来，这样可将继电器的电流容量提高1 倍。多极空间用高电压继电器也很难获得。基于这个原因，在对电流做降额处理后，许多工程师认为有必要在高于额定电压的情况下使用继电器。因为在断开电路时的弧光电压等于 $L\mathrm{d}i/\mathrm{d}t$，理论上在高于额定电压的情况下，接点安培容量将线性地减小。不过，许多工厂的测试数据表明它是一个平方函数，即

$$\frac{\text{实际电流容量}}{\text{额定电流容量}} = \left(\frac{\text{额定电压}}{\text{实际应用电压}}\right)^{2} \qquad (12-1)$$

额定电流为 5 A，10 A 和 15 A 的锁定继电器的降额数据如图 12－7 所示。它的重要性在于通过吸收和消除继电器线圈和负载电路中的电感能量来避免电弧发生将有重要意义。达到这个目的的不同方案如图 12－8 所示，（a）为操纵和控制（单向和串联）二极管，（b）为双线无感线圈，一端短路，（c）为二极管和齐纳击穿，（d）为 R－C 串联电路。通常要求继电器在断路前工作，或在断路前不工作，一旦这种次序发生故障，可能给航天器造成损害。

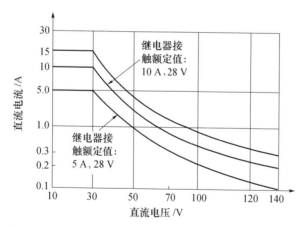

图 12－7　在直流电压高于正常额定值，且未产生电弧时，

5 A，10 A 和 15 A 的 28 V 继电器的降额

与指令译码器离散指令界面相连接的继电器线圈，与所有电路隔离。用户设备中的指令继电器线圈和任何初级或次级回路连接都被禁止。操控二极管安装在用户设备上（见图 12－9）。

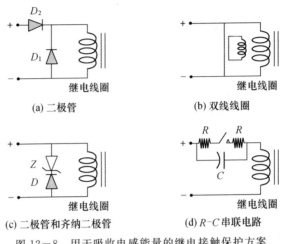

图 12-8　用于吸收电感能量的继电接触保护方案

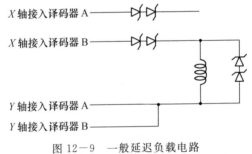

图 12-9　一般延迟负载电路

12.7　蓄电池压力监测器和单体蓄电池电压监测器

　　蓄电池压力监测器（BPM）和单体蓄电池电压监测器（BCVM）是 PRU 的组成部分，通过调节每个 BPM 的应力器及其特定的放大器的偏移量和增益可以实现归一化输出。电池供应商调整电池输出来满足指定的偏移公差（μV），满足的条件分别是室温和零压力及室温和 1 000 psi。应力器的电压在零压力下为零，而在高压下为 6 mV。将 500 psi 压力下的读数作为参考值。应力器的信号被输入到包含差分放大器和局部调节器的 BPM 电路。通过为偏移和增益选择测试电阻，可将每个 BPM 放大器 6 mV 的应力器信号在 0～5 V 的范围内归一化。在运行中，应力器偏移电压和单体电池压力满足线性关系 $P = mV_c + b$，其中 b 是零电压偏移；m 是斜率，即为 $\Delta P / \Delta N$。记录下零压力和满压下的参数后，就可以用它们作为参考值来检查前述偏移量。一般地讲，每组蓄电池中都有一对单体电池拥有压力和温度遥测装置。

12.8 蓄电池放电装置

蓄电池放电装置（BLU）是一组电阻器器件，在地面用来使未投入使用的蓄电池完全放电，便于运送到发射塔上，或者在轨重置。在轨放电时，需要使用两种放电速度，开始时采用快速放电，结束时采用慢速放电。单体电池的放电电阻为 1 Ω 或者 0.5 Ω 时，采用高阻抗线细缆连接。图 12－10 所示为蓄电池放电装置的三种设计结构。图 12－10（a）的方法比较常用，只要单体电池的电压相同它就可以很好地工作。然而，单体电池电压在放电结束时经常会偏离零电压值。在这种情况下，不同的回路电流将导致线缆中产生不同的电压降，以致在电流通过的电阻上产生单体电池电压测量误差。实际上应该是负值的单体电池电压有可能被测成正值。这些问题可以通过以下方法得到解决：

1) 应用软件补偿对线缆不平衡的电压降进行实时修正。

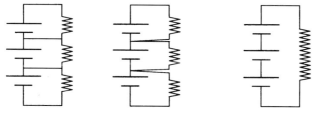

(a) 共线分离电阻路　　(b) 分线分离电阻器　　(c) 所有单体电池共用电阻器

图 12－10　蓄电池放电装置结构

2）为每个单体提供专属的线缆电阻，如图 12－10（b）所示，这样会增加线缆的质量。

3）单电阻设计如图 12－10（c）所示。这种设计可以减小线缆的质量，但同时也会丧失一些监测单体电池电压的能力，无法将每个单体电池的电压调整至零。

12.9　电流测量仪

空间应用通常使用 3 种电流测量仪：分流器、霍尔效应变频器和磁放大器。

12.9.1　分流器

这种传感器实际上就是串联一个插入负载电路的已知的高精度电阻。通过它的电压降与电流呈线性比例关系。它的成本低，但却有功率损耗，并存在可能无法开启等可靠性风险。再者，它没有电绝缘，可能会给高压母线带来问题。

12.9.2　霍尔效应变频器

霍尔效应变频器是一种电磁变频器，当电流和磁场同时作用在导体的变频材料件上时会产生电压。比如图 12－11 所示的平板变频器为例，电流密度 J 作用在 x 轴方向上，磁场 B 作用在 z 轴方向上，从而在 y 方向上得到一个幅值为 $E_H = R（B \times J）$ 的电场，其中 R 是霍尔因数。根据 y 方向厚度测量的电压可以以 x 方向的电流进行校验。

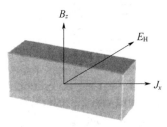

图 12－11　以霍尔效应变频器作为电流传感器

12.9.3 磁放大器

图 12—12 所示为磁放大器电流传感器的原理图。通过磁芯的电流 I 使磁芯达到饱和状态，它的效应通过线圈电压增量来测量。常用磁放大器分别测量南北两个太阳电池翼的输出电流，以便检测系统设备的工作状态是否正常。在这种情况下，放大器没有关键故障模式。传感器的损耗仅仅是传感器的损耗，对母线功率没有影响。虽然成本高，但传感器本身没有功率损耗，还需要一个耗能的振荡器。由于和电流通路没有连接，磁放大器具有电绝缘性，可以后续安装到设备中。

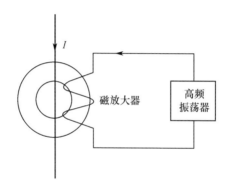

图 12—12 磁放大器电流敏感器

12.10 电容器

一般的空间电源系统应用很多电容器。在母线电压纹波滤波器中，电容器周期性地储存和传输能量。在吸收电路中，它们吸收并消耗掉太阳能电路中瞬时电压产生的能量。电容器单位质量所储存的能量由于结构和耐压能力的不同而不同。然而，低压（28 V）电容器的比能量是 20 J/kg，中压（1 kV）电容器的比能量是 100 J/kg，高压(20 kV)电容器的比能量是 200 J/kg。高压电容器的质量密度大约是 2 kg/L（0.07 lb/in³）。电容器的种类及其应用如下。

12.10.1　钽电容

钽电容具有相对高密度、低损耗的能量存储。标准生产线生产的钽电容产品的最大额定电压是 100 V，军用标准会有相应 50% 的降额，所以 100 V 的电容需要 50 V 的母线。钽电容一般质量较大，有以下两种类型：

1）金属箔纸（膜）型具有高的等效串联电阻，功率损耗大。因此，它应用在需要阻尼电阻的设计中。

2）与多孔体结合在一起的烧结粉末型具有低的等效串联电阻，当需要得到纯能量存储时，在纹波滤波器中应用此结构类型的钽电容。

12.10.2　金属聚丙烯电容

金属聚丙烯电容可应用于高压情况。额定电压为 300 V 的这种电容可以应用于 120 V 母线，在 50% 的降额后，仍可提供足够的裕度。然而这种电容的体积庞大，在质量大小上和钽电容相比没有优势。

12.10.3　陶瓷电容

陶瓷电容由两面嵌入了金属薄片的陶瓷构成。它可以在很高的温度下工作，但其金属与陶瓷的连接处是它的薄弱环节。它具有较低的等效串联阻抗，结构紧凑，但单位体积容量较小。陶瓷电容可以应用于高压场合。160～120 V 的国际空间站母线已经采用了陶瓷电容。

12.11　滤波器

滤波器可以减少进入设备或设备辐射出的传导电磁干扰。低通滤波器一般用来抑制单独使用电感和电容时和同时使用电感和电容时产生的高频传导干扰，如图 12—13 所示。滤波器的插入损耗定义为使用滤波器时负载上的噪声电压与不使用滤波器时负载上的噪声电压的比值，通常以分贝表示。当电容器与高阻值的负载并联时便成为一种有效的低通滤波器，它的插入损耗 $I_L = 20 \lg (\pi RC)$。电感器与低阻值负载串联时便成为一种有效的低频滤波器，它的插入损耗 $I_L = 20 \lg (\pi L/R)$。

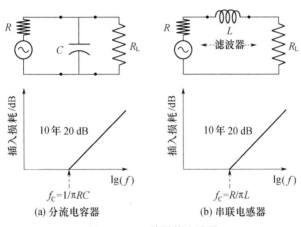

图 12—13　单器件滤波器

当单独使用电感 L 或电容 C 不能得到需要的插入损耗时，$L—C$ 滤波器需要采用如图 12—14 所示 L，π 或者 T 型结构。这些滤波器均在频域对信号进行抑制，例如开关式电源变换器的纹波谐波。同时，滤波器也可以在时域对信号进行抑制，例如由电子静电放电、电磁脉冲和放电电源产生的瞬时尖峰电压。滤波器的响应可以通过对各个频率下的脉冲和频谱曲线进行求和而获得。π 型滤波器通常用在开关式变换器的输入端以减小反射的纹波电流。滤波器通常安装在变换器内。使用一种或几种以下结构的滤波器可以有效地消除高频噪声：

　　1）穿心电容；

　　2）环形电容；

　　3）电感及电容。

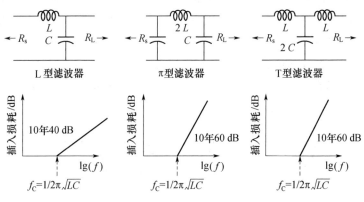

图 12-14　电源电路基本 L-C 低通滤波器

12.12　遥测/遥控指令

为了能够在任务的各个阶段都能使航天器处于安全状态，必须进行足够的遥测操作。通常提供以下几个方面的信息：

1）明确确定电源系统所有继电器和开关的接通和断开状态；

2）负载电流；

3）母线电流和电压；

4）太阳电池阵的电流和电压；

5）分流开关接通和断开时的电流和电压；

6）太阳电池测试样品的开路电压和短路电流；

7）每个蓄电池组的充放电电流和端电压；

8）蓄电池组中两个或多个单体电池的温度和压力关系；

9）用户通常要求了解的单独的蓄电池组单体电池电压。

一个典型的电源系统向 TT&C 系统提供进行大约 60 个模拟和 40 个离散遥测操作的能量。遥测精度大约可以达到全部模拟信号值的 3%，温度精度达到±2 ℃。航天器上使用的遥测指令如表 12-1 所示。

表 12-1　航天器使用的遥测类型

遥测类型	属性	说明
数字连续	连续	软件驱动
数字逻辑	双向	+5 V 逻辑脉冲，或者 0 电压
离散中继	双向	+28 V 电源脉冲，或者 0 电压
主动模拟	模拟	电流和电压传感器一直处于工作状态
被动模拟	模拟	温度传感器正常情况下处于非工作状态，周期性地输入 1 A 脉冲电流，然后将测得的电压值转换成温度

　　母线电压可以自动控制，所以遥测仅用于信息采集。每隔几秒对电源遥测信息采集一次。蓄电池的电流、压力和温度的采集频率会小一点，它由负载特性以及蓄电池充电状态的要求确定。在遥测指令的时间间隔上是不存在苛刻要求的，频率越高越好，但是必须权衡计算能力。除了蓄电池的电流、压力和温度以外，其他大部分遥测指令都是用于信息采集以确定危险程度。

　　机载计算机使用备用的遥测指令来保证蓄电池组在电源系统出现故障或自身出现故障时的工作安全。当出现故障后，无法得到地面重新配置时，它不需要继续自动控制。

　　指令被用来执行不同的功能，一般有以下 3 种形式：

　　1) 数字串行指令；

　　2) 逻辑指令；

　　3) 延迟指令。

　　地面指令用来取代和禁止自动功能并操控电源系统。备用装置接受独立指令。禁止备用装置对检测出的故障进行模块切换。

　　航天器上的电源系统，例如 GPS，可能会有 70～80 条离散指令，其中 30～35 条的电源系统指令，40～45 条火工品指令；35～40 条连续遥测点指令，其中 EPS 有 20～25 个遥测点，SAD 有 10 个遥测点，火工品有两个遥测点。一颗普通的 5 000 W 的通信卫星可能有 50～100 条指令，还有同样数量的与电源系统监控功能相关的遥测信号，其中大部分与控制母线电压的 RPU 接口连接。

12.13　电子封装

　　电子封装具有多种功能，它可以提供内部支持结构、传导废热，还可以阻挡电磁干扰和带电粒子辐射。因为大约 $20\%\sim30\%$ 的电气质量是封装物的质量，所以选择更好的封装物原料能显著减小封装物质量的大小。铝（$0.10\ \mathrm{lb/in^3}$）以其强度与质量的性能比高，具有良好的电热传导性，成本低以及易加工等特性，成为封装物首选材料。其他材料有镁（$0.06\ \mathrm{lb/in^3}$）和镁锂合金（$0.04\ \mathrm{lb/in^3}$）。虽然质量轻，但镁锂合金价格昂贵、易燃而且导热性不理想。近些年，环氧树脂复合纤维材料由于其能满足各种各样的要求而得到快速发展。在铝中加入石墨光纤或碳化物微粒可以在满足所需的导热性和硬度要求的同时，减小封装物质量。带有铝薄层用来屏蔽 EMI 的复合纤维外壳比全铝基的外壳轻 50%。

　　特定的封装组件采用以下的结构：

　　1）将密封连接器与连接器箱体焊接到密封外壳上。

　　2）将不透明的聚氨酯型复合材料浸渍在所有的电路板上形成保形覆面，然后对其进行处理以保证在适当弯曲时板上无裂痕。由于违反规程或误操作而导致电路板上出现宽裂痕是非常危险的。在一块完好的电路板上，任何不良接触形成的火星或故障电流产生的电弧都应限制在保形层内。

　　电子组件的质量绝大部分来源于电路板，因此使用密度小于玻璃的 Kapton 材料可能会减小质量，亦或选用更薄更细的铜线。目前的电路板是由玻璃纤维板制成，将铜镀在一面作为公共回路，所有的回路导线都直接焊接在背面的铜线上。质量小于 1 lb 的变压器大多为环形而非罐形，用 1/8 in 机器螺钉和与变压器外径相同的垫片拧在线路板上，不使用硅或其他黏合剂。然而，质量小于 1/4 lb 的变压器就直接用硅黏片的上下面粘在板上。粘在基板上的铝导热槽用于增加散热。

　　无磁性元件为了增大热传导，可能要用填充了氧化铝的聚氨酯树脂封装。大的磁性元件用渗透性好的氧化镁封装。小的磁性元件只好用填充了铝的聚氨酯树脂粘在板上。

　　大部分电气部件在保持良好的热交换的情况下需要电绝缘。绝缘物质必须有足够的机械强度以承受住短路应力。大部分空间应用常用的垫圈是氧化铍（0.1 lb/in³）或氧化铝（0.14 lb/in³），厚度为20～40 mil。散热槽的研究不断取得进展，看一看市场上的散热槽便是最好的证明。

12.14　辐射屏蔽

　　高能粒子通过介质时与介质中的原子相互作用，释放能量。电子被介质高度散射，而质子质量相对较大，会渗透进深层介质中。当粒子穿过一定厚度的介质时，它会失去所有的能量，这个厚度就叫射程，它与粒子的能量等级大致成正比，与介质的质量密度成反比。正因为这个原因，射程通常被表述为粒子穿透厚度和介质密度（g/cm²）的乘积，或者以铝为基准的单位射程表示，如图 12—15 所示。粒子的射程 R_p 指的是在入射能量一定时粒子的最大射程。

　　标准的航天用器件通常用于商业航天任务中。这些器件通常有足够的防护层来屏蔽带电粒子的自然辐射。这是因为每个器件有单独的外壳，一般处在挡板之后，而且被完全地包裹在金属外壳中。对于更敏感的电子器件，则会被放置于更厚的金属外壳中，例如几毫米厚的铝铸件中。如果航天器处于人为制造辐射的危胁下，例如防御型航天器可能面临的来自于核爆炸的危险，那么航天器器件需要增加额外的抗辐射能力。这种具有强抗辐射能力的半导体器件非常昂贵。

　　金属外壳把带电粒子的影响进一步降低至内置辐射保护可接受的等级。选择金属外壳材料和厚度要考虑辐射通量和容量，进入外

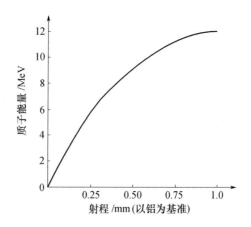

图 12－15   铝的辐射损伤射程

壳的辐射通量与外壳的厚度与质量密度的乘积成反比。

因为铝是应用最广泛的金属外壳材质，所以辐射通量与厚度的曲线通常是以铝质材料为参考画出的（见图 12－16）。因此在外壳里的电子部件吸收的辐射剂量取决于外壳的厚度。在 3 种轨道状态下，电子和太阳耀斑质子组成的离子剂量与等效铝质板材厚度的关系如图 12－17 所示。这些曲线可用于确定需要的外壳厚度。

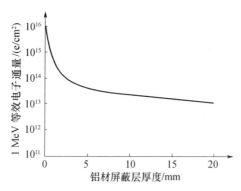

图 12－16   10 年任务期的辐射效应与屏蔽层厚度的关系

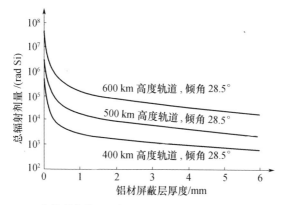

图 12－17　3 种轨道条件下，任务期内辐射剂量与屏蔽层厚度的关系

12.14.1　辐射屏蔽设计示例

根据图 12－18 所示的带电粒子的辐射剂量与屏蔽层厚度的关系曲线，为承受 2×10^4 rad 的电离辐射的零件提供辐射保护。零件本身的金属外壳相当于厚 1.5 mm 的铝材，能产生 1×10^5 rad 的辐射量。为把辐射量缩小十分之一，即达到 1×10^4 rad，金属外壳的总厚度至少要有 4 mm。

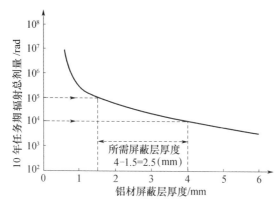

图 12－18　确定带电粒子辐射屏蔽层厚度示例

总的屏蔽层厚度应为 4 mm，这需要在原来零件 1.5 mm 的外壳上再加一个 2.5 mm 厚的铝制外壳。

下面是电子器件辐射屏蔽的常用方法：

1）如果只有少量器件需要辐射屏蔽，则将每个器件单独用金属外壳封装。

2）如果辐射主要来自一个方向，则只在器件一侧设置屏蔽层。对于表面平坦且较厚的器件可以在顶部和底部用带状屏蔽物进行屏蔽。

3）如果有大量的器件需要屏蔽保护，需要采用屏蔽外壳。

4）可以用薄的钽屏蔽层，1 mil 钽屏蔽层的作用相当于 5 mil 的铝材。

5）研究太阳耀斑辐射下的常见干扰噪声模式。

电气组件的封装外壳具有屏蔽带电粒子辐射和 EMI 辐射的双重功能。以上讨论的是屏蔽带电粒子的辐射，下面介绍屏蔽 EMI 辐射的情况。

12.15　EMI 屏蔽

导电金属外壳可以为内部设备屏蔽掉电磁干扰辐射。金属壁具有涡流屏蔽的作用，控制近处和远处的辐射电磁场耦合。它可以削弱进出外壳的电磁场的强度。屏蔽性能可以用流程图的形式表示，如图 12-19 所示。

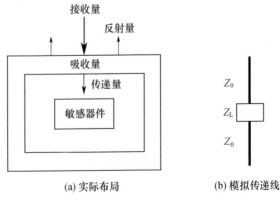

图 12-19　电磁干扰辐射能的反射、吸收和传递

当电磁波在特征波阻抗为 Z_0 的自由空间传播时，撞击到金属表面后（负载阻抗 Z_L），表面会吸收一部分波能，还有一部分被反射回太空，剩下的则穿透屏蔽层到达敏感设备。反射系数由下式给定

$$\mathcal{X} = \frac{Z_L - Z_0}{Z_L + Z_0} \qquad (12-2)$$

该系数 $\mathcal{X}$ 越大，被屏蔽平面反射的能量越多，对于总反射量 $\mathcal{X}=-1$ 时，Z_L 必须比 Z_0 小。另一方面，$Z_L = Z_0$ 时，则 $\mathcal{X}=0$，没有反射，所有的波能都被屏蔽层吸收。这种情况被称作是阻抗匹配。自由空间远磁场的横波有 $Z_0 = 120\,\pi = 377\,\Omega$。电偶极子有较强的电场和较高的阻抗 Z_0。电流环路则有较强的 B 场和较低的阻抗。金属表面的负载阻抗可以表示为 $Z_L = (2\pi f\mu\rho)^{1/2}$，其中 f，μ 和 ρ 分别表示频率、相对渗透率和表面的电阻系数。表 12-2 列出了常用的屏蔽材料的相关数据，从中可以看出，除了不锈钢之外，所有材料的 Z_L 都远小于 377 Ω，因此他们都能很好地屏蔽高阻抗辐射源（偶极子辐射源），但对于低阻抗辐射源的屏蔽效果不太理想（环路电流）。

表 12-2　常用屏蔽金属的相对渗透率和电阻率

材料	相对电阻率	相对渗透率
铜	1	1
铝	1.6	1
低碳钢	10	100～1 000
不锈钢	50	1

反射损失定义为穿过屏蔽的磁场密度与反射磁场密度之比（dB）。铝和钢两种常用的金属外壳材料，表 12-3 列出了它们在各种频率下的反射损失。一旦外部的电磁干扰辐射进入了屏蔽层，一部分以阻抗损失的形式被金属电磁吸收，剩下的继续传播。金属外壳吸收的阻抗损失 I^2R 由频率和外壳的表层厚度决定，可表示为

$$\delta = \left(\frac{\rho}{\pi f\mu}\right)^{0.5} \qquad (12-3)$$

表 12－3　在不同频率下铝材和钢材的反射损失

频率	电场损失/dB		磁场损失 dB		平面波损失/dB	
	铝	钢	铝	钢	铝	钢
60 Hz	280	240	20	0	150	115
1 kHz	240	200	30	10	140	100
150 kHz	180	130	50	20	115	80
15 MHz	115	80	75	40	95	70

如果外壳壁厚是表层厚度的 5 倍，金属壁能吸收所有进入的能量。其他厚度的吸收损失 A（dB）由下式给出

$$A = 0.134t\left(\frac{f\mu_r}{\rho_r}\right)^{0.5} \qquad (12-4)$$

其中，f 是壁厚，单位为 mm；ρ_r 为铜的相对电阻率；μ_r 为屏蔽层内部相对于自由空间的渗透率。这个关系直观地说明屏蔽层越厚，吸收的能量越多。铝材和钢材屏蔽层在不同频率下的吸收损失列于表12－4。

表 12－4　不同频率下钢材和铝材的吸收损失

频率/Hz	铝的吸收损耗失/（dB/mm）	低碳钢吸收损失/（dB/mm）
60	0.8	13
1 000	3.2	56
1.5×10^5	40	680
1.5×10^7	400	4 240

表 12－3 和表 12－4 表明屏蔽层反射和吸收的能量与电阻率成反比。另一方面，渗透率大对吸收有益，但对反射不利。这一特性可用于低频磁屏蔽。把反射和吸收损失相加得到总损失。以上表中所列是理想屏蔽层的理论值。实际的总损耗分贝值因为连接器和显示

器的缝隙和端口要再低几成。然而，除极低频磁场外，只要屏蔽壳是金属的而且有足够的厚度，就可以提供足够的屏蔽作用。

总的屏蔽效能（SE）通常在有屏蔽和没有屏蔽时测量噪声信号的振幅 A 得到的

$$SE = 20\lg \frac{A_{有屏蔽}}{A_{没有屏蔽}} \qquad (12-5)$$

由固态铝或以铝为基底的复合层压板制成的外壳对百兆高频率噪声的屏蔽效可达 $50 \sim 100$ dB。在大多数应用中，金属基底层厚度小于 0.1 mm。也可用其他导电材料，如金属丝网和导电织物。如果是为了屏蔽效能，屏蔽不是必须接地，接地是出于安全考虑，即防止基底层发生故障及防止静电积聚。

如果利用一个固体板的涡流（见图 $12-20$）来形成屏蔽作用，那么不仅要求 $t > \delta$，而且还要求 $Rt \gg \delta$，以便对较小的电流回路产生的辐射产生较好的低频屏蔽。其中，t 为屏蔽层厚度，ρ 为屏蔽材料的电阻率，δ 为滤波信号的表面深度。只有磁性金属可以提供低频屏蔽，尽管应用场合很少。然而，当需要高渗透磁性金属磁带就需要考虑它是否具有所需的饱和磁通密度。金属带在弯曲或矫直后就会失去渗透性。因此，它常常需要在包装后用激光退火。各种网状和蜂窝状金属的屏蔽效能如图 $12-21$ 所示。

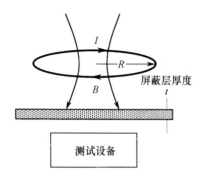

图 $12-20$　进入金属屏蔽层的电流回路形成的磁场

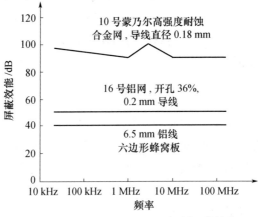

图 12—21　各处材料的 EMI 辐射屏蔽效能

第 3 篇　电源系统性能

第 13 章　能量平衡与功率管理

13.1　简　介

当提到航天器电源系统的设计时，实际上指的是电能系统的设计。卫星在轨发电的时间有限，但其负载在飞行过程中一直都需要电力。蓄电池组在光照期储存能量，在阴影期为负载供电。一般来讲，蓄电池组充放电的能量差值必须为正，并留有一定的裕度。图 13－1 所示为简单的恒负载现象，点状面积必须在保证一定裕度的前提下大于阴影面积。否则，一段时期后电池能量将被完全耗尽。因此，必须对各种组件输入和输出功率进行管理，以维持航天器在转移轨道时和在轨工作时的能量平衡。

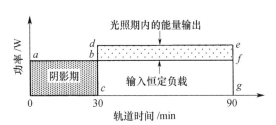

图 13－1　恒定负载功率下一个轨道周期内的能量平衡

低地球轨道卫星的运行周期很短，约为 1.5 h。虽然地影期的钟表时间较短，但占运行周期的比例较大。而光照期所占运行周期的比例较小，因此对电源系统提出了严格的要求。电源系统不仅要在相对较短的光照期收集所需的太阳能，而且还要在整个运行周期内进行有效的功率管理。本章将讲述如何运用硬件和软件来联合控制运行周期内的能量平衡，总之要满足

$$\int_{\text{光照期}} (\text{太阳辐射流} \times \text{PV 转换效率}) \cdot \mathrm{d}t$$

$$= \int_{\text{光照期}} (\text{负载} + \text{充电功率} + \text{分流功率} + \text{损耗}) \cdot \mathrm{d}t +$$

$$\int_{\text{地影期}} (\text{负载} + \text{损耗}) \cdot \mathrm{d}t \qquad (13-1)$$

在多数卫星中，能量平衡是星载设备自主完成的，但是地面控制可以根据需要随时介入：a）无论什么原因由地面操控取代星载设备自主；b）当电源系统出现可预见或不可预见的性能降低时；c）需要对电池组进行检修。

可通过电池遥测（有备份）获得以下信息：

1）每个蓄电池组的两个单体温度，一个是在最高温度点测得，一个是在最低温度点测得；

2）每个蓄电池组的两个单体压力读数、补偿温度；

3）性能比较分析用的所有单体电压；

4）每个蓄电池组的电压和充放电电流。

充电率介于全充和涓流充电率之间，由 PRU 模式控制器控制以保持母线电压。低地球轨道卫星的一般充电倍率包括以下几种：

1）在两至点（冬至、夏至）期间（无地影期）的涓流充电率为 $C/120$；

2）在两分点（春分、秋分）期间的出影后的涓流充电率是 $C/60$，两至点期间在南、北位置保持后的再充电也是 $C/60$；

3）标准充电率是 $C/20$；

4）如果功率预算要求高效率的顺序充电，则蓄电池组的最大充电率为 $C/10$。

航天器处于转移轨道时，不可能进行连续的地面控制，星载计算机（OBC）由电池组充电状态的（SOC）自动控制。OBC 可调整所有错误的充电率，而且可以中止自动功能的进行。在发射前，为维持荷电状态，电池组充电的最小倍率设定为 $C/120$，为了随后进行的高效率充电，在达到 85% 的 SOC 以前，最大的充电倍率可设定为 $C/10$。

在轨运行，当电池组充电处于 OBC 自控状态时，几组电池可用 $C/20$ 的充电率同时充电。地面控制也可以通过改变 OBC 程序以 $C/$

10 的倍率顺序充电。以 $C/10$ 充电的效率更高,充电可达到某一指定的 SOC,达到此值后可切换至 $C/20$。

OBC 利用遥测数据(电池补偿温度遥测值、单体电池压力遥测值)可估算出电池组 SOC。如果单体压力低于电池初始化的设定值,也就是比极端值低 2%～3%,OBC 将使用死区控制功能初始化充电操作。

在充电期间,OBC 将单体压力和设定状态值进行比较(85% 是一个典型的转换值)。在 SOC 超出设定值时,OBC 终止充电,且命令充电器以地面指令预置的两个涓流充电率之一进行充电。地面指令也可以预置一个附加充电量使电池满充时不会使温度和压力过高,随后自动中止充电。所有的电池组充放电管理的设定值都可以由地面控制进行修变。

13.2 能量平衡分析

能量平衡分析在设计阶段用计算机模拟功率流程和能量计算进行。总的来讲,该程序是要分析基本设计和由此可能产生的问题,并解决在正常和异常操作中类似"如果这样操作将会出现什么情况"这样的问题。

在负载分布、太阳电池阵和电池组确定的前提下,能量平衡分析能基本确定在某一特定时期内(一个或几个轨道周期)EPS 是否处于能量平衡状态。只要发射日期确定下来,这种分析可在任务的所有阶段进行,包括电池组单体故障(短路或开路)和太阳电池阵电路损耗等各种故障条件都应进行模拟分析,以确定最坏情况下电源系统的能量平衡。

能量平衡计算机程序还有以下重要应用:

1)确定和/或优化 EPS 的载荷能力;

2)以流经每个元件的最大功率算出元件的额定值;

3)确定每个组件热设计的功率消耗,特别是电池组的功率消耗,因为其性能受温度影响很大。

13.3　计算机程序结构

一般来讲，计算机程序是以易编码的变量参数为基础开发出来的，在各种应用条件下程序的应用更具灵活性。图 13－2 描述了 EPS 组件在能量平衡程序中的权值。能量平衡分析中电流的平衡算式是

光照期为

$$I_{sa} = I_{负载} + I_{充电} + I_{分流} - I_{放电} \qquad (13-2)$$

阴影期为

$$I_{负载} = I_{放电} \qquad (13-3)$$

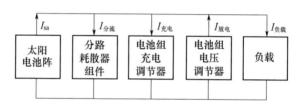

图 13－2　用于能量平衡的电源系统组件

任一时间电池组 DOD 是以秒为单位进行计算的，有

$$DOD(t) = DOD_{初始} + (AH_{输出}/AH_{实际}) \qquad (13-4)$$

其中 $DOD_{初始}$ 是指初始 DOD，$AH_{输出}$ 是输出的 AH 总值，$AH_{实际}$ 是实际的 AH 容量。全部程序被分为几个软件模块，每个模块代表不同的组件。由于蓄电池单体和太阳电池阵性能参数的非线性属性，该程序使用静态查表确定单体性能特征，作为电池组电流、温度、充电状态和太阳电池阵工作电压的函数。计算机语言程序代替了利用电子数据表进行建模，显著地改善了程序的性能。

计算机程序的主要软件模块结构将在下面介绍。

13.3.1　电池组模块

电池组模块（battery module）确定了一系列电池组参数，包括

充电状态（battery－soc）、电池组电压（battery－volt）和电池组损耗（battery－disp）。安时（A·h）积分法用于预测关于电池组实际容量的 SOC。计算机程序在几秒钟的时间内就能计算出电池组输出和输入的 A·h 数。电池组 C/D 比值由流入电池组 A·h 值和流出电池组 A·h 值的比值来确定。电池组电压由查表获得，它明确了单体电压值与充/放电速率（＋为充电、－为放电）、电池组温度和电池组 SOC 之间的函数关系。

电池组损耗由单体电压与单体热中间电势（therm－neut－pot）之间的差值、电池组电流和电池组充/放电效率来确定。氢镍电池组单体的热中间电势是 1.51 V，电池组单体的放电效率可以假定为 100％，电池组在轨充电效率随电池组充电倍率、充电状态和温度的变化而变化，点与点间的参数可使用查表法和线性插值法确定。

以下是电池组模块所需的特性：

1）可变充电管理，$V-T$ 和/或 $V-P$ 限流，以及全充、降额和涓流充电倍率时；

2）可变最大允许充/放电电流；

3）可变电池组配置（电池组单体数、允许开路/短路的单体数）；

4）可变的电池组温度；

5）监测每个电池组的性能；

6）每个电池组和单体旁路二极管的损耗；

7）电池组充放电变换器损耗；

8）调节不同的母线电压；

9）恒定效率或测试数据得出的时效率改变。

13.3.1.1　过充控制的 $V-T$ 限制值

对于维持电池温度来讲，控制电池过充是非常重要的，温度对电池寿命的影响很大。当电池全充达到并超过最大电压时，所有的多余输入功率将转化为热。对于每个电化学过程，充电结束后都存在着一个确定的电压－温度关系曲线（$V-T$）。使用这个关系确定电池全充后，将其切换到涓流充电状态，涓流充电倍率等于自放电倍率。$V-T$ 关系受电池寿命的影响。新电池的全充电压较高，随着使用时间的增加电压逐渐下降。计算机中储存了每个电池组不同时期的 $V-T$ 曲线。例如，图 13－3 所示为任务期 6 个阶段对应的的 6 条曲线。上面 6 条实线代表所有单体电池处于正常工作状态，下面的 6 条虚线表示有一个单体电池发生故障且被二极管旁路的情况。

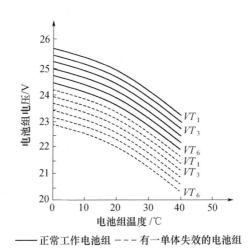

图 13－3　电池组过充控制的 $V-T$ 曲线图

13.3.1.2　削减充电和涓流充电

当接近全充时，电池组充电电流可线性减小或分几步减小至涓流充电倍率。图 13－4 所示为 LEO 卫星典型的一个轨道周期的电池组电流和电压曲线。达到 95% 的 SOC 时充电倍率保持恒定，一般在 $50\%\sim60\%$ 的光照期时处于这种状态。然后，充电倍率逐渐减小至 $C/100\sim C/50$ 的涓流充电率。

图 13－4 是 LEO 卫星电池电流分析的一个实例，从进入地影期开始计算。在地影期，由于负载功率恒定，随着电池组电压的下降，放电电流上升（负电流越来越大）。光照期开始时电池处于充电状态，在充电电流恒定时，电池电压上升。当光照期进行一半时，充电倍率开始逐渐变小，并最后减至涓流充电倍率，一直保持全荷电状态电压，直至下一个地影期开始。

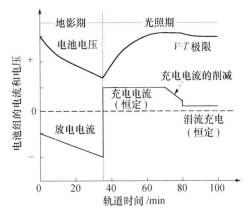

图 13-4　在一个轨道周期内,用于能量
平衡的电池组电流、电压与时间的关系曲线

13.3.1.3　安时计和传感器

电池电压并不能精确表明电池的 SOC。以前是用各种星载传感器的模拟控制来监控和管理电池组的 SOC,现在的许多卫星使用软件进行控制,大大减小了航天器的质量。通过随时计算电池组输入和输出的安时数量,软件就能确定 SOC,并进行相应的处理。累计误差可用温度和/或压力传感器测量,电池组的极限安全性由适当的硬件电路来保证。通信卫星通常使用的计算流程如图 13-5 所示。

在最近的研究中,使用模糊逻辑分析监测电池组的 SOC 已经完成了数字软件库仑计数和模拟硬件电池内阻测量两种方法的检验。单独使用库仑计数不能监测到电池组内部性能的变化,因此,这种技术无法提前警告电池早期故障。单独使用内阻测量的方法来监测 SOC,在实际应用中也不常见,这是因为测量单体等效电路参数的仪器和分析技术过于复杂。但是,同时使用模糊逻辑分析和内阻技术来确定电池的 SOC 不失为一种潜在的有效途径。

13.3.2　太阳电池阵模块

设计太阳电池阵模型需考虑以下内容:

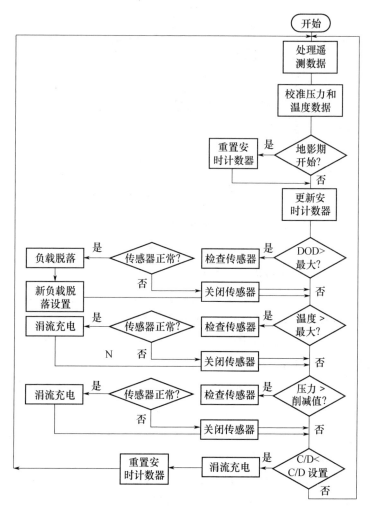

图 13-5　能量平衡软件的逻辑流程图

1）太阳电池 $I-V$ 特能；

2）太阳电池阵配置（串联单体数×并联电路数）；

3）电池和太阳电池阵性能衰降因子；

4）太阳电池阵温度。

13.3.3 母线模块

母线模块将母线所有电流汇总求和。它们分别是放电电流、充电电流、太阳电池阵电流、负载电流和分流电流，如图 13-2 所示。母线电压用净电流来确定，把这个净电流作为前一个母线电压的派生偏离值。用有限差分方程计算数字循环过程中第 K 时间段的母线电压

$$V_{\text{bus}(k)} = V_{\text{母线}(k-1)} + [(I_{\text{太阳电池阵}} + I_{\text{放电}} - I_{\text{充电}} - I_{\text{分流}} - I_{\text{负载}})_k t / C_{\text{母线电容器}}] \quad (13-5)$$

式中 Δt——时间间隔。

母线电压调节器一般用于稳定母线电压，当电源和负载电流变化时用来维持两种电流的直流平衡。母线电容器一般用来吸收突变负载或电源的瞬变波峰的前缘和后缘。

13.3.4 输入变量

人们希望得到一种能适应于不同条件的模拟环境，并在以下系统输入变量的能量平衡程序中采用：

1）时间可变负载，加上一个恒定负载，一个或多个轨道运行；

2）BOL 或 EOL 条件；

3）非定向（off-pointing）太阳电池阵；

4）发射和着落阶段。

13.3.5 输出格式

在程序运行过程中会产生几种输出文件，比如电池参数、电源系统性能参数、BPC 参数和太阳电池阵参数。输出文件应包括变量名称和数值，可以加载到电子制表程序，供以后绘图和文字处理程序使用。

输出文件以一定的时间间隔打印众多的性能参数文件。例如，电池组输出文件应打印以下所有参数：

轨道	指定轨道的序列数
时间/m	从研究开始计时
V_{bat1} 和 V_{bat2}	电池组 1 和电池组 2 的电压
I_{bat1} 和 I_{bat2}	通过电池组 1 和电池组 2 的电流
DOD_1 和 DOD_2	电池组 1 和电池组 2 的放电深度
Q_{bat1} 和 Q_{bat2}	电池组 1 和电池组 2 的热耗
Q_{cell1} 和 Q_{cell2}	电池组 1 和电池组 2 的单体的热耗
Q_{open1} 和 Q_{open2}	电池组 1 和电池组 2 的单体开路时旁路二极管的热耗
V_{open1} 和 V_{open2}	电池组 1 和电池组 2 的单体开路时旁路二极管的电压
η_{bat1} 和 η_{bat2}	电池组 1 和电池组 2 的充电效率（由检查表的测量数据获得）
AH_{out1} 和 AH_{out2}	电池组 1 和电池组 2 输出的安时数
AH_{in1} 和 AH_{in2}	电池组 1 和电池组 2 输入的安时数

表 13-1 是电池组输出文件的一个实例，列出了主要的电池组性能参数，例如电池组电压、电流、放电深度，以及包括整个电池组、各单体电池和电池组 1、2 的单体电池和旁路二极管、每个轨道周期每 1 min 或 2 min 的功率损耗。

表 13-1　能量平衡计算机模拟（部分表格）的一般输出格式

轨道	时间/min	V_{bat1}	I_{bat1}	DOD_1	Q_{bat1}	Q_{cell1}	Q_{open1}	V_{open1}	η_{bat1}	AH_{out1}	AH_{in1}
1	2.0	23.89	−13.81	0.008 2	24.64	1.449	0.000	0.000	1.00	−0.466	0.000
1	4.0	23.73	−13.90	0.016 3	26.97	1.587	0.000	0.000	1.00	−9.28	0.000
1	6.0	23.58	−13.98	0.024 4	29.27	1.722	0.000	0.000	1.00	−1.392	0.000
1	8.0	23.43	−14.07	0.032 6	31.59	1.858	0.000	0.000	1.00	−1.860	0.000
1	10.0	23.27	−14.16	0.040 9	33.94	1.996	0.000	0.000	1.00	−2.331	0.000
1	12.0	23.12	−14.25	0.049 2	36.33	2.137	0.000	0.000	1.00	−2.804	0.000
1	14.0	22.98	−14.34	0.057 6	38.55	2.267	0.000	0.000	1.00	−3.281	0.000
1	16.0	22.87	−14.41	0.066 0	40.41	2.377	0.000	0.000	1.00	−3.760	0.000

续表

轨道	时间/min	V_{bat1}	I_{bat1}	DOD_1	Q_{bat1}	Q_{cell1}	Q_{open1}	V_{open1}	η_{bat1}	AH_{out1}	AH_{in1}
1	18.0	22.76	−14.48	0.074 4	42.18	2.481	0.000	0.000	1.00	−4.242	0.000
1	20.0	22.67	−14.53	0.082 9	43.53	2.561	0.000	0.000	1.00	−4.725	0.000
1	22.0	22.59	−14.58	0.091 4	44.89	2.641	0.000	0.000	1.00	−5.210	0.000
1	24.0	22.51	−14.63	0.099 9	46.18	2.716	0.000	0.000	1.00	−5.697	0.000
1	26.0	22.44	−14.68	0.108 5	47.47	2.792	0.000	0.000	1.00	−6.186	0.000
1	28.0	22.40	−14.70	0.117 1	48.08	2.828	0.000	0.000	1.00	−6.675	0.000
1	30.0	22.37	−14.72	0.125 7	48.64	2.861	0.000	0.000	1.00	−7.166	0.000
1	32.0	22.34	−14.74	0.134 3	49.14	2.891	0.000	0.000	1.00	−7.657	0.000
1	34.0	24.73	12.00	0.139 1	13.36	0.786	0.000	0.000	0.92	−8.012	0.088
1	36.0	24.78	12.00	0.132 7	16.46	0.968	0.000	0.000	0.91	−8.012	0.488
1	38.0	22.83	12.00	0.126 4	19.53	1.149	0.000	0.000	0.90	−8.012	0.888
1	40.0	24.85	12.00	0.120 0	22.33	1.314	0.000	0.000	0.90	−8.012	1.288
1	42.0	24.88	12.00	0.113 8	25.25	1.485	0.000	0.000	0.89	−8.012	1.688
1	44.0	24.90	12.00	0.107 6	28.26	1.662	0.000	0.000	0.88	−8.012	2.088
1	46.0	24.93	12.00	0.101 5	31.26	1.839	0.000	0.000	0.87	−8.012	2.488
1	48.0	24.95	12.00	0.095 4	34.37	2.022	0.000	0.000	0.86	−8.012	2.888
1	50.0	24.98	12.00	0.089 4	37.84	2.226	0.000	0.000	0.85	−8.012	3.288
1	52.0	25.01	12.00	0.083 5	41.34	2.432	0.000	0.000	0.84	−8.012	3.688
1	54.0	25.05	12.00	0.077 6	44.80	2.635	0.000	0.000	0.83	−8.012	4.088
1	56.0	25.08	12.00	0.071 8	49.18	2.893	0.000	0.000	0.82	−8.012	4.488
1	58.0	25.11	12.00	0.066 1	54.2	3.194	0.000	0.000	0.80	−8.012	4.888
1	60.0	25.15	12.00	0.060 5	59.31	3.489	0.000	0.000	0.79	−8.012	5.288
1	62.0	25.18	12.00	0.055 1	66.35	3.903	0.000	0.000	0.77	−8.012	5.688
1	64.0	25.20	12.00	0.049 8	74.89	4.405	0.000	0.000	0.74	−8.012	6.088
1	66.0	25.21	12.00	0.044 7	83.86	4.933	0.000	0.000	0.71	−8.012	6.488
1	68.0	25.23	12.00	0.039 8	92.37	5.433	0.000	0.000	0.68	−8.012	6.888
1	70.0	25.25	12.00	0.035 1	100.49	5.911	0.000	0.000	0.66	−8.012	7.288
1	72.0	25.29	12.00	0.030 6	107.20	6.306	0.000	0.000	0.64	−8.012	7.688
1	74.0	25.30	10.98	0.026 4	115.41	6.789	0.000	0.000	0.58	−8.012	8.075
1	76.0	25.30	0.85	0.023 3	17.12	1.007	0.000	0.000	0.20	−8.012	8.413
1	78.0	25.30	0.85	0.023 2	17.15	1.009	0.000	0.000	0.20	−8.012	8.442
1	80.0	25.30	0.85	0.023 1	17.17	1.010	0.000	0.000	0.20	−8.012	8.470

13.3.6　程序验证

在使用能量平衡程序之前必须使用简单的、可以用人工计算出来的负载曲线来标定和检验。图 13－6 所示为计算机计算的电池组 DOD 值与人工计算值的对照图，这种比较必须在人工计算的有效范围内进行。从图中可以看出，当电池组的放电深度接近零时，人工计算的恒定电池组充电效率与计算机计算的结果有微小的差异。

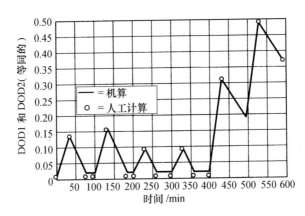

图 13－6　电池 DOD_1 和 DOD_2 的比照图

13.4　能量平衡模拟运行

一旦开始程序运行，通过引入初始化模块，程序将初始化所有输入参数，包括电池组检查表和太阳电池检查表。这种模块中模拟的开始和结束次数及轨道周期数（单个或多个）都是设定好的。该模块也包含 BDR/BCR 效率和母线电阻。打印间隔也是确定的，每过一段时间（假定 1 min）将文件打印为一个 ASCⅡ 文档。

负载模型根据输入文件中指定的负载功率需求和母线电压确定负载电流需求。负载功率可以是恒定的，也可以随时间（以 0.1～1 min 的时间增量）而变化。

静态检查数据文件（例如蓄电池单体电池数据和太阳电池 $I-V$ 数据）设置为独立的文件。

编辑完要模拟的功能模块的输入文件之后，能量平衡程序将使用新的输入文件重新编辑，然后就可运行新的可执行代码。一般要对任务的以下 3 个主要阶段进行模拟。

13.4.1　在轨模拟

在寿命开始和寿命结束时，电源系统都要进行最坏情况下的在轨功率流量分析和能量平衡仿真。因为 BOL 时电源产生的功率比 EOL 时大很多，BOL 功率分析的目的是建立一个滑环电流和分流器电流的额定值，这两种元件在寿命初期都承载最大电流。另一方面，寿命末期的能量平衡必须用最坏轨道条件下的数据进行修正，最坏轨道条件包括每年太阳光照通量最小、飞行高度最低和地影时间最长。实际应用中的太阳 β 为 $0°$ 时的地影期持续时间最长。

除了作为设计工具之外，能量平衡模拟分析也可以在航天器上进行，以发现和纠正潜在的问题，这通过执行以下的前向计算来完成。

在航天器负载功率分布确定的情况下，在地影期的末期要设定电池组的 DOD。如果设定的 DOD 超过最大允许值，则向航天器的计算机发出接近电池组限制条件和可能导致卸载的警告。

按照允许的 DOD 值和下个光照期需要的充电功率，程序将计算出允许的最大负载。如果这个负载值比计划值要小，则向航天器的计算机发出接近太阳电池阵限制条件和可能导致卸载的警告。

13.4.2　转移轨道模拟

对通信卫星而言，转移轨道阶段开始于航天器与运载器分离之后（发射后约 30 min），结束于航天器绕地球飞行整 24 h。分离后到达的第一圈轨道一般是 10.5 h 的椭圆形轨道，以与运载器分离的高度作为椭圆形轨道的近地点，以地球同步轨道高度作为远地点。转移轨道阶段持续的时间为 1～2 个星期，利用一系列定时远地点发动机点火操作将近地点的高度提升至与地球同步轨道相同的高度。在此期间，太阳电池板装载在南、北设备板上，每个翼只有外部板是展开的。GEO航天器围绕滚动轴和偏航轴缓慢地旋轴，速度一般为0.1 r/min，以确保组件处在允许的温度范围内。由于太阳电池板在旋转的航天器机身的两个相对面上交替运动，所以功率输出接近于全波段矫正正弦波形。结果，每旋转1周，电池组就交替充电和放电，充放电的次数是旋转速度的2倍（见图13－7）。选择高充电倍率能使蓄电池组更有效地利用太阳电池阵功率。

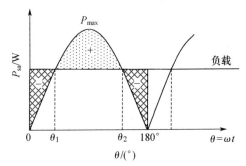

图13－7　全波段矫正正弦波随发电功率变化的转移轨道能量平衡

以下是航天器在转移轨道上的3个基本定向，在此期间，通信卫星的太阳电池板经历了以下每一项的定向限制。

13.4.2.1　滚动轴旋转

在转移轨道上，航天器有时会绕滚动轴（东西轴）旋转，南北向的太阳电池板交替接受光照。太阳角（旋转轴与太阳指向矢量间的夹角）总是在$50°\sim130°$之间变化。太阳电池板在此期间不会处于阴影区。航天器外的每个太阳电池板都遵循半波调制太阳输入曲线，曲线峰值出现在完全光照至$\cos40°$光照之间。

13.4.2.2　偏航旋转

有时航天器会绕偏航轴旋转，有如绕滚动轴旋转模式那样，南北方向的太阳电池板交替接受光照，在轨大部分时间的太阳角在$85°\sim95°$之间。在每次旋转中，太阳电池板经历一次完全光照。但在远地点发动机点火时，太阳角范围上升至 $60° \sim 120°$，在旋转过程中峰值光照度出现在光照和 $\cos 30°$ 光照度之间。在这个方向，通信天线反射器在航天器旋转轴与太阳法线夹角为 $40°$ 时，产生的阴影可能会遮挡太阳电池板。

13.4.2.3　初始姿态定位

航天器与运载器分离后，大约需要 1 h 来启动对地搜索和俘获机动。航天器缓慢旋转，直至地球传感器发现地球。当成功完成地球位置俘获后，航天器将以惯性固定姿态飞行长达 10 min。在此期间，每个太阳电池板都可经历完全光照、无光照和部分光照。当太阳电池板直接指向太阳时，太阳电池的温度会超过 $115 ℃$。

13.4.2.4　改善能量平衡

在转移轨道上任何上述 3 个太阳定向出现能量平衡赤字时，以下方法均可改善能量平衡：

1）在外部太阳电池板上安装效率更高的太阳电池，这些电池可以在不增加成本的情况下在已有的产品中进行选择，也可以通过增加成本来提高效率等级。

2）在转移轨道时只使太阳翼部分展开，这种方法的风险是可能会产生控制推进器的羽流冲击和某些推进剂损耗。

3）使外侧太阳电池板大于内侧太阳电池板，这样可能会增加组装难度，增加成本。

4）改善太阳角。例如，GPS II 航天器在转移轨道以 55 r/min 速度旋转时遇到的最坏情况下的太阳角为 $16°$，这可以用消耗 0.5 kg 燃料（一次成本）使太阳角改善 $10°$ 的方法加以解决。这个成本会在转移轨道结束、航天器需要移动至远地点启动发动机反冲角度时得到补偿（例如 $90°$）。这样看来，并不是在转移轨道上所有用于改善航天器方向的燃料都浪费掉了。

5）处于转移轨道时，尽可能多地关掉负载。思考一下是否要打开所有的加热器？在转移轨道时能否在某个时间关掉一些负载？其他所有设备的功率利用都是合理的吗？能否通过更好的设计或更合理的使用来降低损耗？能否在不增加成本的前提下设计出低功耗预开机工作模式？对这些问题的回答可能会找出新的解决办法或部分地减轻功耗。

6）使用精确的能量管理方式和运行工作区。例如，当太阳角适合时，航天器暂停旋转，以便外侧太阳电池板能收集更多的能量，如图 13－8 所示，就能帮助改善转移轨道的能量平衡。这种飞行机动的停留时间由太阳电池板和航天器内部允许的温度来确定，因为这些组件不能长时间处于高温状态。但是，这种停止－运行工作方式会增加燃料的消耗，燃料质量的增大必然会导致电源系统质量的增长。

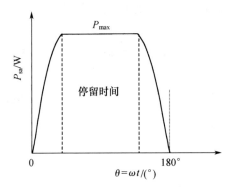

图 13－8　转移轨道期间在最佳太阳角时改善能量平衡

13.4.3　转移轨道的负载预算

处于转移轨道的航天器旋转时，在同一时间只能有一个太阳电池板面对太阳，太阳电池阵的输出功率是全波矫正正弦波，如图 13－7 所示。产生的功率与太阳角的变化有关

$$P = P_{max}\sin\theta \tag{13-6}$$

其中

$$P_{max} = \frac{P_{BOL}}{N_p}f_{cs} \tag{13-7}$$

式中　θ——由水平方向测量的太阳角（$90°$时的功率最大）；

N_p——两个太阳电池翼上的太阳电池板数量；

f_{cs}——指由于选择更好的电池（约 1.02）而改善的外侧太阳
电池板的性能。

太阳角严格地限制在 $80°\sim100°$ 之间，只有机动时，才可以在
$30°\sim140°$ 之间。

忽略热效应，转移轨道期间太阳电池阵的平均功率为

$$P_{\text{t. o. avg}} = P_{\max} \frac{2}{\pi} \qquad (13-8)$$

有

$$\theta_1 = \arcsin\left(\frac{P_L}{P_{\max}}\right) \qquad (13-9)$$

$$E_{\text{dis}} = 2\int_0^{\theta_1} \frac{P_L - P_{\max}\sin\theta}{\eta_d} d\theta \qquad (13-10)$$

$$E_{\text{chg}} = \int_0^{\theta_2} (P_{\max}\sin\theta - P_L)\eta_c\eta_b d\theta \qquad (13-11)$$

式中　P_L——负载功率，包括轨道的平均损耗；

　　　E_{dis}——运行半圈（阴影区面积）总的放电能量；

　　　E_{chg}——运行半圈（光亮区面积）总的充电能量；

　　　θ_1——充放电模式的交换点。

式中，θ_1 单位为弧度，E_{dis} 和 E_{chg} 的单位为 W·h。在转移轨道过程
中，卫星应处于能量平衡状态，E_{chg} 必须等于或超过 E_{dis}，并有一个合
适的裕度，该裕度应与该设计阶段的不确定性相一致。转移轨道的
负载分析方法确定了转移轨道过程中要求的峰值功率 $P_{\max}$、航天器
倾角或最大允许负载，但未考虑转移轨道时的地影期，在实际应用中
必须单独考虑这个问题。

13.4.4　发射与入轨模拟

在分离前的发射和入轨过程中，由蓄电池组为计算机、EED 和
其他基本设备供电，直至蓄电池组需要重新充电。在 LEO 任务中，
电池组在标准工作轨道时为浅放电深度（30%～35%），在发射/入
轨阶段一次性放电可达到较高放电深度（80%～90%）。但是，一旦

能获得光照时，在开始机动前应对电池组进行第一次满充电。图13－9所示为 LEO 卫星的电池组典型的蓄电状态。

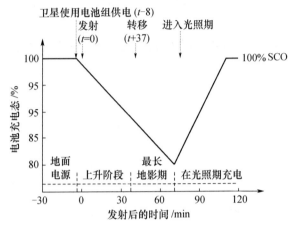

图 13－9　在发射和入轨阶段能量变化和电池的 SOC

如果电池组在发射和入轨期间出现电量下降，可采取以下两种方法：

1）用冷空气或氮气喷射冷却已在发射架上即将发射的电池，使其达到较低温度。这样可使电池组具有较高安时容量。这是一种较常用的方法。

2）如果第一种方法仍无法达到目的，要用小型一次电池来增大主电池组的容量，比功率大 1 个数量级的一次电池可以增大质量效率。几乎从来不使用增加主电池组容量的方法，因为这样不但增加了系统的质量，而且还大幅度地增加了成本。

13.5　电池组正常工作状态监控

由于电池组是航天器电源系统的关键部件，所以对其正常工作状态的监控和寿命的维持都很重要，在此可以应用机载能量平衡管理收集的数据。电池组总的工作状态一般主要由以下两种指示器监控。

　　压力应变测试仪监控电池组的整体状况，出现任何异常时都会发出提示警告。两个单体电压的初始匹配状态应能保证代表其他所有单体的状态。

　　使用 BCVM 监测到的各单体电池电压可监测单体参数是否发散，单体电压的趋势分析监测单体电池的电压是否发散，出现任何发散现象都标志着电池组性能已经衰减。

　　电池组的工作状态通过测量诸如容量损失等性能表现来评定，也可通过测量其固有特性的变化来评定，比如严重腐蚀的程度、剩余的使用寿命和剩余的可用容量等，电极表面、扩散层和电解液的变化是无法测量的。但是，端电压和壳体温度可以间接用来反应性能，为此要知道单体内迁移机理的精确模式、电化学和热模型。Kozlows-ki[2]等人开发的单体内阻频谱技术可以提供电池内部电化学条件的有用信息。应用小型信号激发单体并测量其响应，以此来测量单体内阻。一般在某一频率范围内计算频率与许多电化学参数的关系。由电解质隔离的单体正负极间的内阻可参见图 13-10[3]，其中，R 和 L 分别代表导线电阻和电感，R_e 代表电解质电化学过程的电阻，θ 是电荷迁移电阻，C_{dl} 是双层电容，Z_w 是 Warburg 阻抗。这些参数表明物理电化学过程的性质，如循环过程中的电荷和质量转移。例如，图 13-11 所示为镉镍电池在不同充电状态下的电解液电阻 R_e 的变化曲线。然后，将这些信息用于一个中枢网络和模糊逻辑充电状态预测模型。美国海军研究中心正在进行这种技术的开发，以监测航天器电池组的充电状态、工作状态和剩余寿命[3]。

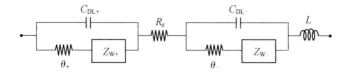

图 13-10　用导线电阻和电感表示的电池组电路模型

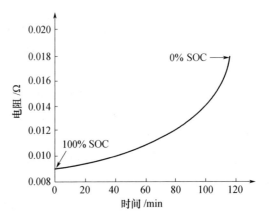

图 13-11　镉镍电池的电解液电阻曲线

13.6　部分调节母线的电池组钳位

在部分调节的电源系统中太阳电池阵的稳定工作电压和电池组的稳定工作电压之间存在的差额经常会导致所谓的电池组钳位状态，这种现象发生在卫星正移出地影期的过程中。在此期间，虽然太阳电池阵能够输出全额功率，但电池组却继续向负载供电，未进入充电模式。母线电压钳位在电池的工作电压不变，即使在日照期也不能恢复到分流器控制的电压状态。结果，不管是通过硬件还是软件，均不能维持能量平衡。很明显，这不是正常现象，应尽快纠正，防止电池组继续放电。这种现象通常出现在光照期可部分调节母线系统，而全调节母线不会出现钳位现象。

这种现象可通过图 13-12 来解释。点曲线是航天器的恒功率负载曲线，黑实线是地影末期电池组的 $V-I$ 性能曲线。曲线相交点 A_1 为稳定工作点，另一个交叉点 U 是不稳定工作点。虚线 B 是刚刚进入光照期的太阳电池阵 $I-V$ 性能曲线，该曲线在航天器从地影期到半阴影到完全光照期一直呈上升趋势。一直上升到曲线 D，电池组持续为负载放电至点 A_1，曲线 D 和负载没有交叉点。

　　当光照强度增大，达到曲线 E 的光照强度时，曲线 E 和负载线有 A_2 和 A_3 两个交点。但由于 A_1 是稳定的，不会移到更高的电压 A_2 点，系统钳位在 A_1 点的电池组电压。在 A_1 点，太阳电池阵的输出电流是 V_1E_1，电池组的输出电流是 E_1A_1 段。曲线 F 是电池组和太阳电池阵电流相匹配时的曲线，在 A_1 点系统呈稳定工作状态，其原因是在此点系统钳位在电池组的状态（太阳电池阵在 A_1 点不稳定）。

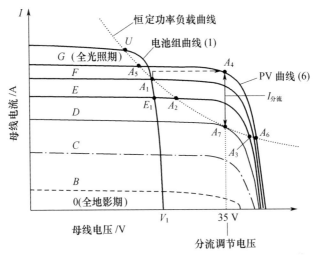

图 13-12　光照期部分调节母线的电池组钳位

　　当光照强度上升至曲线 G 的光照强度时（完全日照），曲线 G 上 A_1 工作点移至 A_5 点，但由于其不稳定，开始移至稳定点 A_6，但是，由于在最右手部分的光照期的分流调节控制在 35 V，将 A_5 点的转移限制在了 A_4 点，此处 $I_{分流}=A_4A_7$，此时，由于分流器的控制，系统的工作点为 A_4 点。

　　这样，地影结束时在以下两种情况下会出现电池组钳位：

　　1）电池组电压下降至某一较低点，输出大电流为恒定功率负载供电；

　　2）进入光照期的太阳电池阵输出电流小于地影期结束时电池组的输出电流。

　　为了避免电池组钳位，应在寿命末期太阳电池阵的输出功率满足负载要求的前提下，留有足够的裕度。在图 13－12 中，太阳电池阵在完全日照时的 $I-V$ 曲线至少要高于曲线 F（A_1 点）才不会出现系统由于地影期的低电池组电压而造成的系统钳位。与全调节母线相比，一般要求太阳电池阵的功率裕度达到 5%～10%，这必然导致部分调节母线系统质量和成本的增加，这是其最主要的不利因素，尤其对大功率的电源系统更为不利。因此，对大功率电源系统而言，全调节母线系统具有相当的优势。在地影期如果电池组的电压非常低，则需要更大的太阳电池阵功率以避免钳位，而另一方面，在光照期内如果电池组的电压非常高，则充电变换器在低占空比（接近 0）下工作效率很低，设计人员在设计中要平衡这两方面因素的影响。

　　另一个避免电池钳位的方法是加装 1 个（很少加装 2 个）电池单体。用 23 个单体组成的电池组替代传统 22 个单体电池组，这样较高的电池电压会阻止钳位现象的产生。但是，23 个单体电池组达到全充满电压是 $23 \times 1.6 = 36.8$（V），超出了 22～35 V 的母线电压范围。如果系统中电池组直接由特定的太阳电池阵充电而不使用充电变换器的话，这也是可行的办法。

　　如果电池组充电功率来自带有充电变换器的太阳电池阵的某一部分的话，那么可以将充电电池阵连接在母线上直至钳位消失。

　　如果使用了所有办法仍无法消除钳位，那么只得暂时立即取消一些非基础或非主要负载的供电，经常是马上关掉一些加热器的电源。负载电流的下降使得光照期部分调节母线电压的分流器重新投入工作，实现母线电压的控制，然后可以重新恢复负载的供电。

参 考 文 献

[1]　SINGH P，GADDAM V，AREY S，YANG Z. Battery state－of－charge meters for high performance bateries based on Fuzzy logic methodology：proceedings of the 34th Intersociety Energy Conversion Egnineering Con-

ference，SAE，Paper No. 01－2467，1999.

〔2〕 KOZLOWSKE J D，CRAWLEY T，BYINGTON C S. Model Based Predictive Diagnostics for Primary and Secondary Batteries. Pennsylvania State University，Applied Research Laboratory，Technical Report No. 99－076，June 1999.

〔3〕 KOZLOWSKI J D，WATSON M J，BYINGTON C S，et，al. Electrochemical cell diagnostics using on－line impedance measurements，state estimation and data fusion techniques：proceedings of the 36th Intersociety Energy Conversion Engineering Conference，ASME，2001：981－986.

第 14 章　动态性能和稳定性

14.1　简　介

在内部或外部瞬间变化时，电源系统的动态性能受动态母线阻抗和控制回路增益的影响。动态研究表明，影响性能的主要因素包括母线纹波电压、瞬间偏移、故障及熔断器熔断时的瞬变和调谐纹波激发下的控制回路稳定状态。另一方面，缓慢变化条件下或及时获得动态响应之后的静态性能受母线静态电阻的影响很大。负载变化之后对电压的长时间调节就属于静态性能的范畴。由于动态和静态母线阻抗的定义很相似，所以本章将其放在一起进行介绍。

14.2　母线阻抗和系统刚度

在两个终端之间存在着数个电源和负载的复杂电路网络，可以将其简化为一个简单的等效电源，即所谓的 Thévenin 等效电路，由一个电源电压 V_s 和一个内部串联阻抗 Z_s（见图 14-1）组成，电源参数由以下方法确定。

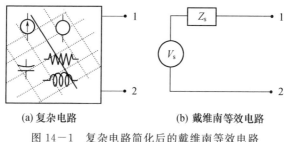

(a) 复杂电路　　　　　　　　(b) 戴维南等效电路

图 14-1　复杂电路简化后的戴维南等效电路

如图 14-1 所示，系统在点 1 和点 2 之间不存在负载，但所有其他参数为额定值时，点 1 和点 2 间的电压等于电源电压 V_s（因为内部电压降是零）。即

$$V_s = 系统负载端的开路电压 \qquad (14-1)$$

如果终端 1 和终端 2 之间短路，则内部电压全部用于电源内阻的消耗，即

$$Z_s = 负载端的开路电压 / 短路电流 \qquad (14-2)$$

短路电流由实际电路的计算值来确定。如果需要由测试确定的话，可通过减小电压，将电流限制到额定值，然后可通过额定电压的计算来确定短路电流，但必须考虑到可能会出现各种非线性的情况。

由于使用多个母线调节器会存在控制死区，因而大多数航天器母线的电源阻抗都在很大程度上不呈线性变化。这些系统的动态性能受模式切换时的瞬态性能影响较大，例如从太阳电池阵分流控制模式转换为电池组放电控制模式。线性建模可能适用于稳定状态调节和控制器控制范围内的小信号的负载变化，但并不适合模式转换的建模，在此状态下必须使用瞬态模型进行单独控制。

确定 Z_s 有以下两种方法：

1）将系统内所有独立电压和电流源调至零，确定开路终端 1 和 2 之间的内阻；

2）在终端 1 和终端 2 间通过系统加电和连接负载，测量负载缓慢变化的 ΔI 时，电压降 ΔV，Z_s 即 $\Delta V / \Delta I$ 的比值。

来自于稳定状态静态条件下的戴维南等效电源模型，给出了静态母线阻抗 Z_s。在动态条件下，即进行一次转换或增加负载时的电源阻抗就是动态母线阻抗 Z_d。Z_d 随频率的变化而变化，可以通过如图 14-2 所示的方式进行计算和测量。母线给额定负载供电时，用独立电流源将少量高频 AC 电流 I_h 注入到母线中，于是就可以测量出母线电压高频电压扰动值 V_h。这样，在此频率下的动态母线阻抗为

$$Z_d = \frac{V_h}{I_h} \qquad (14-3)$$

由于动态性能受 Z_d 的影响很大，因此将它限制在一个指定的范围内。图 14-3 和图 14-4 所示为中型通信卫星的主母线和电池组火工品母线电源阻抗的一个实例。

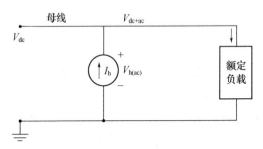

图 14-2　通过注入纹波电流 I_h 测量动态母线阻抗的方法

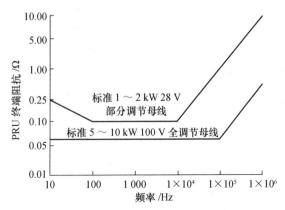

图 14-3　典型的 GEO 通信卫星要求的主母线电源阻抗

　　评估电源系统相关熔断器断开速度的方法就是评估系统的刚度，其与静态母线阻抗呈反比关系。在以 5 倍常数（L/R）诱发 DC 故障电流上升后，稳定的故障电流值与故障点电流源的静态阻抗成反比。下面定义一下与系统刚度有关的术语。

$$额定系统阻抗\ Z_{额定} = V_{额定}/I_{额定}$$

$$归一化静态阻抗\ Z_n = Z_s/Z_{额定}$$

$$系统刚度 = 故障电流 / 额定电流 = 1/Z_n \qquad (14-4)$$

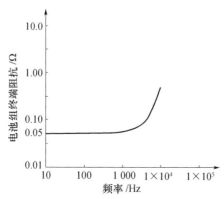

图 14-4　典型的 GEO 通信卫星要求的火工品（电池组）母线电源阻抗

系统的刚度越大，熔断器断开的速度就越快。这个概念在用顶层评估方法对两个不同的设计方法设计出的电源系统进行比较时比较有用。

14.3　电压调节与瞬变状态

稳定状态下电压的升高与全额定负载电流的变化关系是 $\Delta V = I_{额定}Z_s$，静态电压调节（%）定义

$$电压调节幅度 = \frac{\Delta V}{\Delta V_{额定}} \times 100 \qquad (14-5)$$

动态电压调节定义为产生动态反馈控制之后的稳态电压的变化，它取决于控制回路的设计，而不是动态母线的阻抗。

负载的部分或全部改变会使电压发生波动，直到瞬变状态停止后重新达到一个新的稳定态，如图 14-5 所示。良好的设计可限制和抑制电压波动的时间，避免系统形成不稳定状态。如果负载电流阶跃式上升，在达到一个较低稳定状态值之前电压会一直波动。如果没有反馈控制，稳态母线电压的变化是 $\Delta V = \Delta I Z_s$，但是反馈电压控制回路会使偏移的母线电压重新返回到额定值，如图 14-6 所示。在特定母线检测点上的母线电压保持在一个特定的范围内，这个点一般是电源调节器内的电源分配点。为了避免给系统造成不必要的影

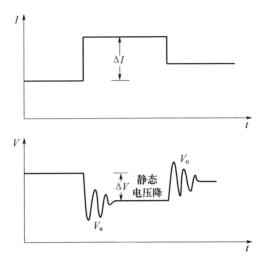

图 14－5　负载阶跃式变化后瞬态电压的上下波动

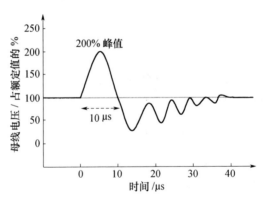

图 14－6　额定值为 100 V 母线的主母线瞬态电压范围

响，将控制系统设计成含有适当死区的系统。例如第 4 章的图 4－9
所示的是 120 V 太阳电池系统的具有两个死区的控制回路。

　　由于多种原因，通常母线电压会偏离额定值。计算机和微电子
电路比坚固的动力设备（如电动机、变压器和加热器）更易受到瞬
变电压的影响，系统对电压偏移的承受能力取决于偏移的大小和持
续的时间。相比较而言，能够承受较小偏移的时间要长于承受较大
偏移的时间。容许的时段一般由电压－时间（$V－t$）的关系曲线来

确定。系统电压必须保持在特定的 $V-t$ 的包络线内，如图 $14-7$ 所示。时段的右端主要来自于稳定状态负载设备的性能范围，中间部分来自于电压脉动条件，左边部分来自于电子负载的敏感度条件，它的变化在微秒级范围内，是由电源电磁 V·s 的容量和绝缘体的绝缘能力决定的。

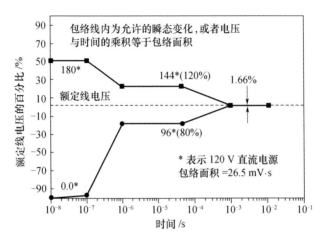

图 $14-7$　典型的 3 kW、120 V LEO 卫星的母线电压偏移
范围与时间的关系

14.4　高频纹波

纹波是用来描述在反复的电流脉冲作用时、正常稳态工作条件下峰－峰间电压偏移的述语。纹波电压有时会用均方根（rms）值表示，定义为

$$V_{r(rms)} = \frac{V_{r(P-P)}}{2\sqrt{2}} \qquad (14-6)$$

纹波是由于电流的通、断形成的，比如在太阳电池阵分流器、电池组功率变换器和通信负载调制的脉宽调制（PWM）工作时均存在该情况。图 $14-8$ 描述了在电流反复通－断时的纹波电压的生成过程。分流电流的 PWM 开关是形成母线纹波电压的主要来源。纹波频率

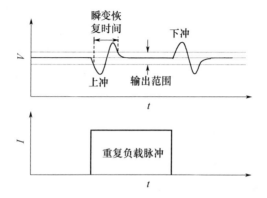

图 14-8　重复负载脉冲下母线电压纹波

是开关频率的整数倍。纹波呈周期性，但并不是正弦波形，它是基础电压 AC 或 DC 的电压叠加。母线的纹波电压可由纹波电流和一定频率下的母线阻抗求得，即

$$V_{纹波} = I_{纹波} \cdot Z_d \tag{14-7}$$

式中　Z_d——给定频率下的动态母线阻抗。

一般来讲，阻抗是几百 mΩ，纹波电压在几百 mV 的较宽范围内变动，图 14-9 所示为中型通信卫星的主母线上典型的纹波电压范围曲线。

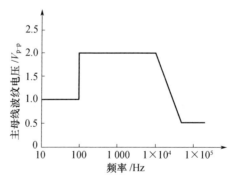

图 14-9　典型的 5～10 kW、100 V GEO 通信卫星的母线电压纹波范围

在母线并联母线滤波电容组，可减小纹波，若在容易引起纹波的设备端口并联滤波电容器则效果更好。这样纹波电流由电容器而非母线来供应或吸收，从而可以改善电源系统的品质。对于装有

4 000 W 有效载荷的通信卫星来讲，28 V 部分调节母线的母线滤波器可以采用在 25 ℃时 ESR 小于 60 mΩ 的 4 000 μF 电容组。滤波器组为许多电容器并联，每个电容器都有熔断器保护，且容许 2 个失效。

在光照期和地影期工作的 PRU，其两种等效输出电源阻抗符合限制纹波的母线设计要求。否则，要求其中较高的纹波值必须处在允许范围内，但另一种较低纹波的工作方式就无法发挥显著功效了。控制 PRU 的输入纹波，避免电池组监控电路出现过大的共模噪声也很重要。

系统中会经常出现多个纹波频率。如果多个纹波频率都有大约相同的峰－峰（P－P）值，而且每个单独的纹波均满足规范要求，但这也会影响系统的性能。由于这个原因，一般的做法是不仅确定每个纹波频率的 P－P 值范围，而且还要确定所有纹波组合的纹波失真综合因子（TRDF）。TRDF 由傅里叶级数定义，其中的周期性电压曲线可分解为一系列正弦分量，即

$$V(t) = V_1 + \sum_{n=2}^{\infty} V_n \sin(n\omega t + \alpha_n) \qquad (14-8)$$

公式中等号右侧的第一个分量叫做基础分量，而所有其他较高频率项（$n=2, 3, \cdots, \infty$）都称为谐波（傅里叶）分量。这样，TRDF 定义为

$$\mathrm{TRDF} = \frac{\sqrt{V_2^2 + V_3^2 + \cdots + V_n^2}}{V_1} \qquad (14-9)$$

对于比较两个或多个电源系统间与纹波相关的电源品质或相同电源系统的不同位置的电源品质，TRDF 是很有用的。在绝对无纹波电压的电源中，TRDF＝0。TRDF 值越大，母线电压的变化越大。纹波产生的主要影响是 EMI。另外，纹波电压和电流的交互作用不会影响平均功率。有效输出功率相同，纹波电流只会导致更多的损耗 I^2R。电源的不良品质会降低电源系统效率。

由第 n 次谐波电流 I_n 引起的任何非线性负载的母线电压的谐波畸变是 $V_n = I_n Z_n$。这种由谐波电流引起的母线电压畸变，使电流流入到其他负载，该负载被称作受害负载。多谐波母线电压供应给所

有负载线性或非线性的畸变电流。在母线产生输出功率之前，谐波通常会被过滤掉。一般来讲允许的母线电压的 TRDF 应小于 3.5%。

14.5　纹波测量

图 14－10 所示为两个简单的测量波纹的方法。示波器探头和测试设备输出端可：（a）直接连接；（b）通过电容器连接。测量方法（b）大量用在电源转换器上。一般使用 AWG16 双绞线输出，终端互联 50 μF 电容，示波器的频率范围应大于 50 MHz。

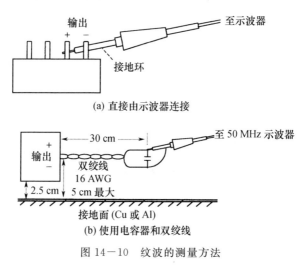

(a) 直接由示波器连接

(b) 使用电容器和双绞线

图 14－10　纹波的测量方法

图 14－11 所示为测量输出纹波电压的另一个方法，使 50 Ω 同轴电缆终端与示波器直接相连，在电源变换器和示波器之间使用一个接地面。用这种低电阻屏蔽测量方法能使接受的外来噪声达到最小。另外，用输入不平衡变压器与 DC/DC 变换器相连也可使任何共模噪声最小化。此电路的任何噪声，可以采用将输入端和接地端连接到变换器的同一端以及在示波器上锁定噪声等方法来进行检测。终端电阻与同轴电缆特性阻抗相匹配时，测出的纹波电压等于实际纹波电压 P－P 值的一半。

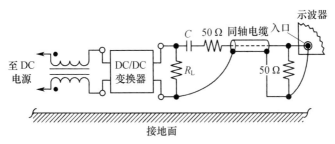

图 14－11 使用终端同轴电缆测量纹波

有时会要求测量从 DC/DC 变换器流回电源的反射纹波电流，图 14－12 所示为这种测量的电路图。它使用一个宽波电流探测器和一个示波器，测量频宽至少为 20 MHz，能给出精确的宽波段测量数据。另一种方法是使用非感应电流取样电阻进行电压测量但这种方法难以保证测量精度。

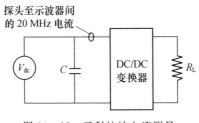

图 14－12 反射纹波电流测量

14.6 电源品质

现在还没有普遍认可的电源品质的定义。但是一般认为电源品质应包含以下 3 个主要的性能指标：

1）由电源电子设备产生的总的纹波畸变因子；

2）由系统干扰及故障引起的瞬时电压下降；

3）周期性电压脉动。

电源品质规范一般分为两个部分。第一部分说明电源及配电系统，它规定了不同负载下影响 PRU 输出特性的下列因素：

　　1）稳态电压范围；

　　2）瞬态电压范围；

　　3）电源阻抗；

　　4）母线的纹波电压。

　　第二部分规定了接入母线的负载必须符合以下的要求：

　　1）所能允许的稳态电压变化范围；

　　2）所能允许的瞬态电压变化范围；

　　3）负载阻抗；

　　4）绝缘电压和电阻；

　　5）开机时浪涌电流；

　　6）纹波传播。

　　系统工程师应确保第一部分所规定的电源品质与第二部分所规定的负载功率品质相一致。例如，由电源产生的电压瞬变应小于负载允许的瞬态电压变化范围，并且留有一定的裕度。

14.7　减小熔断时的交叉干扰

　　当熔断器熔断时系统会出现电压峰值，如果许多负载设备共用一个熔断器，则其中一个设备导致的熔断器熔断会使其他设备产生电压峰值，这种现象称为设备间的交叉干扰。不同设备分别安装熔断器可以使这种交叉干扰最小化。电路全额模拟可预测交叉干扰产生的电压峰值。当项目初期无法确定负载时，以下的能量计算法可近似给出（虽然近似但快速且直接可用）交叉干扰峰值的上限。它是在图 14—13（a）所示的简单电路模型基础上进行计算的，计算时只使用了图 14—13（b）所示的电缆参数。

　　不同的导线及串联电阻决定了熔断器熔断之前瞬间的稳态故障电流值。在这个电流下，导线电感将会储存相当于 $1/2LI^2$ 的能量。当电流被瞬间切断时，这个能量流入 C，即导线电容或 EMI 滤波器电容或两者的总电容。这样，电缆感应能量转移至电容，导致电容器

电压升高。若忽略转换过程中的能量损失和电容器在额定电压下的初始能量，则电感和电容能量值必须相等，即

$$\frac{1}{2}LI^2 = \frac{1}{2}CV^2 \qquad (14-10)$$

这样，电流瞬间中断时母线电压将上升至一级近似值

$$V = I\sqrt{\frac{L}{C}} \qquad (14-11)$$

如果电缆电容不能充分吸收电感能量，则应加入一个外置电容，这样总电容就可使电压峰值保持在指定的范围内。

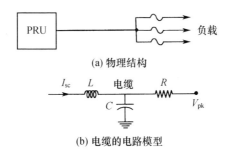

(a) 物理结构

(b) 电缆的电路模型

图 14-13 小型熔断器熔断后设备间的交叉干扰

14.7.1 举 例

假定 28 V 母线电缆长 5 m，由 4 根平行的导线组成，每根导线的电感系数是 0.375 μH/m，电容是 0.077 nF/m。如果熔断器熔断前每根导线的故障电流是 70 A，根据能量等式得出 1/2× (0.375× 5 m) 10^{-6}×70^2×4=0.018 J=1/2×C×V^2。若保持电压升高到 80 V 以上，需要电容 C=2×0.018/ (80^2) =5.6 (μF)。由于计算出的导线电容 (0.77×5×4 nF) 远远小于需要的数值 (5.6 μF)，因此，必须保证在负载变换器输入端的 EMI 滤波器前端要至少接入 5.6 μF 的电容器，也可在熔断器电路板上接入 5.6 μF 的电容，以限制熔断时的电压峰值上升到 80 V 以上。

　　由于在密封的真空环境中没有等离子体生成，因此密封熔断器里熔丝的熔断会非常突然。熔断后会产生非常严重的电压波峰，因此需要在熔断器的位置安装一个用上述方法计算出来的电容。通常，非密封熔断器可能会需要较小的电容，因为等离子体的滞留会使熔断器缓慢断开。另一个经常使用的抑制波峰的方法是给熔断器并联一个单面二极管。但是，这种方法不能用于抑制电源电感对支线电路产生的瞬变电压。最有效的抑制瞬变的方法是减小电源电感和使用电容阻尼。

　　一些负载故障会导致出现较大的但持续时间很短的瞬变电流，有时会达到几百 A。这种故障电流产生的母线电压瞬变，要远大于上述实例，将瞬间破坏电源系统的母线，这部分内容会随后讨论。

14.8　主熔断器熔断瞬变

　　与母线连接的大型设备发生故障会导致母线电压快速下降。例如，图 14-14 模拟的是一个装有 50 A 熔断器的电弧推进发动机（图中的负载 1）发生故障时的情形。在负载 1 发生故障的情况下，太阳电池阵、电池组和滤波器电容器全部都按图中箭头指向向故障点输送电流。当 50 A 熔断器熔后，可用的太阳电池阵开始为电池组和电容器充电。电压快速产生 V 形转换，开始上升，直至达到额定母线电压。然后电源系统控制回路将母线电压稳定在允许的范围内。这种主熔断器熔断时母线电压的降低或上升如图 14-15 所示。这样，整个电源系统都参与了大型熔断器故障的清理过程。熔断器的额定值越高，电压的下降就越大。电源系统规范通常要把这种电压降限制在关键设备需要的范围内。例如，70 V 系统中的中央计算机能够承受低于 35 V 的电压降不能超过 5 ms。电源系统设计工程师必须进行熔断器熔断模拟分析，并找到满足这种要求的解决方法。

　　故障发生在线路和接地底盘间的可能性会大于发生在线路和回路间的可能性。熔断器熔断时的瞬变对接地回路电阻很敏感，与故

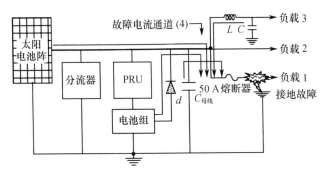

图 14—14　主熔断器熔断时瞬变分析的电路模型

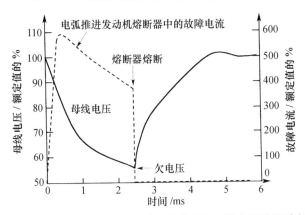

图 14—15　在主熔断器熔断过程中，母线电压下降和回升的瞬态曲线

障类型有关。因此，可以用不同的故障电阻做熔断器的熔断模拟实验，其结果如图 14—16 所示，这可以保证在最坏的故障电阻情况下也能满足母线电压的要求。另外，依据系统与结构的接地方式，对于一个偶然的故障电阻，总会有一个最低接地阻抗。例如，采用碳纤维复合面板的结构，它具有较高的接地电阻，这样产生的电流也产生较大的电感。由于这个原因，在现代通信卫星中使用碳纤维复合面板的接地电阻要比铝面板的电阻高出 3 个量级。这样，与地电阻有关的故障瞬变特性得到了明显的改变。高的地电阻只是少量减小了最终的故障电流，但却大大增加了熔断时的 L（$\mathrm{d}i/\mathrm{d}t$）值，这便引起了人们对 EMI/EMC 的关注。

图 14—17 所示为典型的主电源母线故障响应要求。过去，熔断

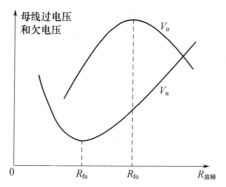

图 14-16　主熔断器断路时母线欠电压和过电压与故障电阻的关系

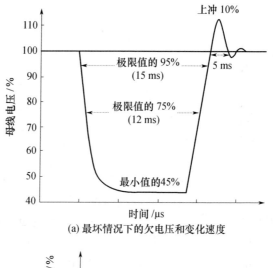

(a) 最坏情况下的欠电压和变化速度

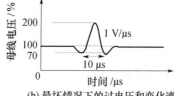

(b) 最坏情况下的过电压和变化速度

图 14-17　典型的 5～10 kW，100 V GEO 通信
卫星的主电源母线故障响应要求

器瞬变不是一个主要问题，只是在遥测时会出现读数错误，但可以很快恢复。商用卫星一般都可承受这种小故障，但军用卫星或 NASA 卫星是不允许出现这样的问题，因为在极端情况下，可能会造成 CMOS 计算机线路门翻转。

总的来讲，EPS 的设计应在母线电压降至 $90\% \sim 95\%$ 时使有效载荷卸载，当母线电压为额定值的 $75\% \sim 80\%$ 时应能为航天器的基本负载供电。

14.9　稳定性和母线阻抗

电源或负载在经历一次偶然的短时干扰后，如果可以恢复，则其稳态工作点是稳定的。例如，图 $14-18$ 中恒功率 P_1 下的工作点 A_1，假设一个故障引起一个电压降为 ΔV，在新的电压下电源电流小于负载电流，结果，电压再次降低，工作点远离 A_1，然后更加远离，最后出现失控状态。相似的，若故障引起的电压小幅上升将会使系统朝另一个方向离开 A_1 点。这样 A_1 点是一个不稳定工作点，系统在该点就像个正反馈系统。

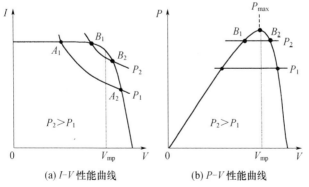

(a) I-V 性能曲线　　　　(b) P-V 性能曲线

图 $14-18$　在恒功率负载条件下太阳电池阵工作点的稳定性

另一方面，在 A_2 点电压由于某些原因产生了某个方向的小变化，如产生一个反变化使系统重新回到原始工作点 A_2。这样，A_2 点

就是一个稳定工作点，系统工作就像一个负反馈系统。从分析的角度出发，可以得出静态稳定的条件：如果一个工作点满足且只满足

$$\left[\frac{\mathrm{d}v}{\mathrm{d}i}\right]_{\text{电源}} > \left[\frac{\mathrm{d}v}{\mathrm{d}i}\right]_{\text{负载}} \tag{14-12}$$

则该工作点是稳定的。如果考虑动态阻抗的绝对值，并定义电源输出阻抗为 Z_s 和负载输入阻抗为 Z_L，则系统只有在所有频率下满足

$$Z_s < Z_L \tag{14-13}$$

的条件才是稳定的。当 $Z_s > Z_L$ 时，则需要做进一步分析以确定系统的稳定性。

图 14-19 所示为阻抗性负载下太阳电池阵的工作情况。负载线是从 0 开始的直线，斜率等于电阻值。对于这样一个始终满足上述条件的负载，太阳电池阵为纯阻抗性负载供电时，系统总是稳定的。在确定的工作条件下，非线性太阳电池阵电源与非线性负载耦合会产生多个平衡点。系统平衡点的实际位置由平衡点的稳定性和工作点的历史状态确定。

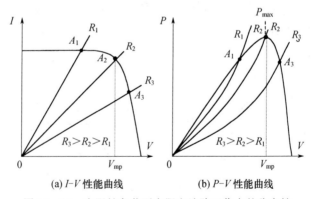

(a) I-V 性能曲线　　　　　　(b) P-V 性能曲线

图 14-19　在阻性负载下太阳电池阵工作点的稳定性

在地影期，当电池组直接为恒功率负载供电时，电源线与负载线的交叉点通常是稳定的工作点，如图 14-20 所示。在这种情况下，不稳定工作点处在恒功率负载的实际范围以外，因为当电压下降至电池组出现不稳定工作状态以前，负载就已经断开了。

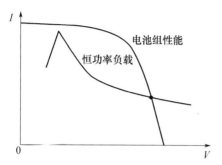

图 14-20　在恒功率负载下电池组工作点的稳定性

图 14-21 所示为负载阻抗与电源阻抗交迭为不稳定工作区域的实例。设定电源与负载阻抗性能指标的目的就是要在所有条件下确保系统的稳定性。即使是对小型航天器来讲也是一项复杂的任务。对于大型空间平台来讲这个任务是相当复杂的，在这样的航天器中可连接多种负载，而且并不是所有的负载都可以提前确定，比如在ISS[1]上。在这些情况下，每个负载的阻抗特性指标可以通过以下基本系统来确定。

任何一种含有多个电源和负载的复杂系统都能用戴维南参数 V_s 和 Z_s 化简为等效系统。任何附加负载的阻抗 Z_L 必须大于 Z_s 才能达到稳定。诸如 ISS 这样的大型平台在设计中要考虑的主要因素是在加载和瞬态干扰等所有可能的条件下保持系统的稳定性。ISS 电源系统工程研究人员已经研究出一套对电源变换器和负载变换器都适用的阻抗标准，确保在空间站的寿命期内，当连接的负载有明显不同时系统仍能保持稳定。在大型平台上加入一个新负载时，老电源与负载阻抗并联就能形成新的电源阻抗（见图 14-21）。这样，新电源 Z_s 将总是小于老电源的 Z_s。只要新负载阻抗大于老系统的最大负载阻抗，新系统将一直保持稳定。这个逻辑也可用于设定任何负载的动态输入阻抗，负载是可与 ISS 型平台相连接的由用户确定的任一负载。

如果系统是稳定的，那么并联的任一附加负载都将保持系统的稳定性[2]。

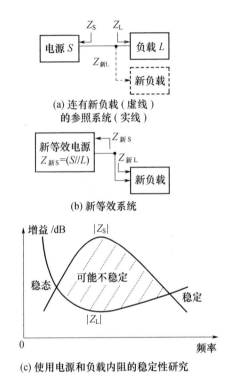

(a) 连有新负载(虚线)
的参照系统(实线)

(b) 新等效系统

(c) 使用电源和负载内阻的稳定性研究

图 14-21　大型电源系统中用于稳定性研究的
Thévenin 等效电源和动态负载阻抗

14.10　控制系统的动态稳定性

　　动态稳定性研究的任务是确定系统在持续小型谐波扰动条件下是否具有稳定性,这种扰动可以来自于电源系统内部,也可以通过传导 EMI 输入来自电源系统外部。通过对含有所有控制回路的总系统进行建模可以检验系统的稳定性。控制系统的详细理论不是本书的介绍范围,只做简单介绍。

　　负反馈控制系统大量用于控制多系统、分系统和组件,通常与多嵌套回路联用。图 14-22 所示的是以传递函数(TFs)表示的反馈

控制系统，其中 G 是主设备 TF，H 是反馈控制回路的 TF。整个系统的 TF 可以表示为

$$\text{TF} = \frac{\text{输出 } y(t) \text{ 的拉普拉斯变量}}{\text{输入 } x(t) \text{ 的拉普拉斯变量}} = \frac{G(s)}{1 + G(s)H(s)}$$

$$(14-14)$$

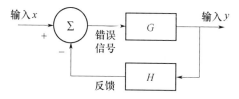

图 14-22 典型的反馈控制系统模型

式（14-14）表明，当 $1 + G(s)H(s) = 0$ 时，对任意一个小的输入都有一个无限大的输出，该式的解叫做系统极点，一般为复数，也就是 $s = \alpha + j\beta$。假定输出放大，即如果

$$G(s)H(s) = -1 \qquad (14-15)$$

则系统是不稳定的。换句话说，开放回路增益为 0 dB，相角为 180°时，系统变得不稳定。通常稳定性由两个方法来判定。一个方法是，画出增益（dB）和相角（°）与频率图 14-23 所示的所谓的 Bode 曲线的频率之间的关系曲线。如果增益低于 0 并具有 30 dB 的裕度，相角偏离 180°线并有 30°的裕度，则一般认为系统是稳定的。对于相似的母线，这些裕度随着航天器的要求及传承数据的改变而变化。对于一个 3 000 W，120 V 的 LEO 卫星来讲，PRU 和模式控制器的放大器应至少提供稳定的 45°相位裕度、10 dB 的增益裕度。

确定稳定性的另一个方法，将极点画在综合平面上。只有当所有极点都处在产生振荡衰减的负实数部分时，系统才稳定；换言之，所有极点必须处在综合平面的左手部分（见图 14-24）。一旦发现系统不稳定，应在主设备上串接一个超前－滞后补偿系统，如图 14-25 所示。复合的前向传递函数是 $C \cdot G$，使用它可以评估补偿反馈系统的稳定性。由于补偿系统的电路参数会随温度和使用寿命发生变化，

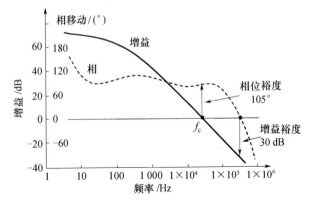

图 14－23　开放回路 Bode 曲线的动态稳定性标准

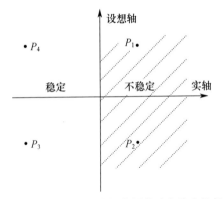

图 14－24　复杂平面内极点图的动态稳定性标准

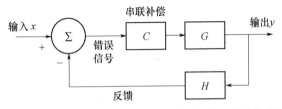

图 14－25　为达到稳定性而串联的补偿（超前－滞后补偿系统）

习惯上使用如表 14－1 所示的最恶劣补偿条件和负载条件来检查系统的稳定性。从表中可以看出，在最差条件下若还有适当的裕度，则系统是稳定的。

表 14—1 100 V 母线在最差补偿和负载组合的稳定性研究实例

负载结构	最大补偿增益			最小补偿增益		
	系统的频宽/Hz	相位裕度/(°)	增益裕度/dB	系统的频宽/Hz	相位裕度/(°)	增益裕度/dB
空载	1 700	105	40	1 100	70	46
1 TWTA 接入	1 400	104	40	1 000	70	44
2 TWTA 接入	1 400	103	40	900	69	48
3 TWTA 接入	1 200	102	40	900	70	46

14.11 动态模拟模型

考虑到现代航天器电源系统的规模和复杂性,计算机是系统建模和模拟唯一可行的工具。在有关的文献中模拟程序分为两种,即1) 建立电路和系统模拟的一般模型;2) 建立具体系统的精确模型。一般计算模型使用的商用程序的品牌有很多,包括 PSPICE、SABER、SYSCAP、ICAP 等,它们的共同之处是能提供很大的组件模板程序库,能进行模拟信号模拟、模拟/数字混合信号模拟、混合模拟(电、机械、热、光学,甚至是化学)。模板代入参数值就可以模拟系统内的实际组件。可以进行任一级别的模拟,包括组件、性能、功能或控制。整体模拟模型一般由以下研发模型。

组件级模型:

1) 太阳电池阵;

2) 蓄电池组。

性能或组件级模型:

1) 太阳电池阵分流控制器;

2) 蓄电池组充放电变换器;

3) 负载类型,包括恒功率,恒电流或电阻;

4) 功率分配与保护,包括电缆、继电器、熔断器、RPC 等;

5）控制回路，通常有多层嵌套。

14.11.1　太阳电池阵模型

太阳电池阵的建模有两个方法：微观的方法和宏观的方法。在微观方法中，每个单体电池的建模应用第 8 章给出的 $I-V$ 特性公式完成。这种方法的优点是可以建立太阳电池阵内单体—单体间的变化模型。例如，模型中可以插入一个失效的或被遮蔽的单体电池，可以完全模拟在大型卫星中单体电池的数量过多或不足的现象。另一方面，虽然太阳电池阵由许多串太阳电池单体并联组合而成。但在宏观模型中，可以将太阳电池阵作为一个组件给出总的 $V-I$ 特性。

分流控制回路对太阳电池串电路的电容具有一些敏感性。但在实际分流控制回路的设计中发现，稳定性分析中采用的增益和相位裕度，在额定值附近的较大范围内对太阳电池电容并不敏感。太阳电池的电容可以偏置 DC 电压和电流为扫描频率，用测量太阳电池阵阻抗加以计算。在地影期，$2\ \mathrm{cm}\times4\ \mathrm{cm}$ 硅太阳电池的额定电容是 $0.25\ \mu\mathrm{F}$。光照条件下，在短路电流附近约是 $0.5\ \mu\mathrm{F}$，在峰值功率附近约为 $0.75\ \mu\mathrm{F}$。图 14-26 所示为 5 A，70 V 的太阳电池电路的一般动态 AC 模型。

Lindmyer[3] 给出了太阳电池电路 AC 阻抗（Ω）为

$$Z_{\mathrm{ac}}=\frac{R_{\mathrm{d}}}{\sqrt{1+\omega\tau}} \tag{14-16}$$

其中，$R_{\mathrm{d}}=\mathrm{d}V/\mathrm{d}I$，是太阳电池 $I-V$ 曲线的斜率，即动态电阻；τ 是单体电池 P 区电子的扩散时间常数。Z_{ac} 包括等效二极管的 AC 电阻、R_{s} 和 R_{sh} 等组件（见图 8-5），它随 DC 工作点而变化，也通过 τ 值影响单体温度。电容 C_{s}（F）可以通过用式（14-17）分析 NASA/JPL 的数据获得。

$$C_{\mathrm{s}}=A\sqrt{\frac{q\varepsilon N_{\mathrm{a}}}{2(V_{\mathrm{b}}-V_{\mathrm{a}})}} \tag{14-17}$$

式中　A——单体电池面积；

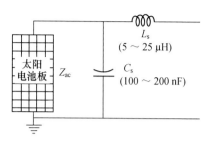

图 14－26　用于系统模拟的太阳电池阵电路动态模型

L_s＝从航天器外部到吊杆连接部分电缆的最大电感

C_s＝方阵结构与热终端连接的有效分路电容

q——电子电量；

ε——硅的介电常数；

N_a——p 区受主浓度；

V_b——势垒电压；

V_a——外加电压（阳极正向偏压）。

2 Ω·m 的典型太阳电池硅单体的 $\varepsilon=1$ pF/cm，$N_a=1\times10^{16}$ cm^{-3}，$V_b=0.8$ V，在室温下 C_s 值（μF/cm^2）为

$$C_s=\frac{0.028\ 8}{\sqrt{0.8-V_a}} \tag{14-18}$$

在开路和短路时 C_s 分别达到最大值和最小值。C_s 随温度变化情况的相关文献不是很多，可能因为直流工作电压变化对 C_s 的影响要远远超过温度变化对其的影响。但温度每升高 1℃，C_s 仍增加约 0.1%。

14.11.2　其他部件模型

蓄电池组模型可视为简单的具有一定内阻的恒压源，如图 9－36 所示或视为复杂的非线性电压源如图 9－37 所示。模型的选择取决于建模的精度。由 100 A·h 的氢镍单体电池组成的蓄电池，其内部单体电池电感约为 0.35 μH。

用太阳电池阵分流控制器和蓄电池充放电变换器可以从微观方面对蓄电池进行模拟，或者从宏观方面对其性能进行模拟。两种方

法都有效，但后者或许更简单，并且对于各种分析来说也足够精确了。

通信载荷（TWTA 和 SSPA）都是恒功率负载。许多母线负载像电弧推进发动机和反作用轮都是恒功率负载，当电压降到某个电压值以下就会切断电路。在断路前所持续的时间与欠电压成函数关系（如表 14－2 所示）。在工作时期，恒功率负载被模拟为可变电阻，大小为 $R=V^2/P$，这里 V 表示任意给定时间的实际母线电压。若电压不大于表 14－2 左栏的数值，时间超过右栏给出的时间时就会切断负载。另一方面，像加热器这样的恒阻负载会一直保持通路。断路前，恒功率负载对于变换器呈负电阻特性，而其他负载呈正电阻特性。

表 14－2　典型的恒功率电阻的断路电压和欠电压工作时间

母线电压瞬态最小值（额定母线电压的百分比）/%	断路前工作时间/μs
85	10.0
71	2.6
58	1.6
45	1.1
31	0.9
18	0.7
5	0.6
0	0.5

14.12　模拟运行

相当多的实验室可以建立动态模型。一旦建立完模型，下一步要做的主要工作就是采用已知的资料分别进行校准。只有得到满意的验证结果并分别通过工程人员的鉴定后，才能用于模拟分析。

系统工作要点由电源（太阳电池阵或蓄电池组）、功率调节设备和负载特性所决定。由于太阳电池阵输出功率和负载变化范围较大，因此就会有几种工作模式并存，而所有模式必须经过分析。动态模拟的一些用途如下：

　　1）稳定性研究；

　　2）阻抗－频率曲线；

　　3）EMI－EMC 适应性检验；

　　4）互换性研究和参数分析；

　　5）故障效应和最差情况分析；

　　6）欠电压和过电压的熔断器熔断；

　　7）故障诊断。

　　然而，进行动态模拟的根本目的是要确保所有 4 条基本控制回路的稳定性且拥有足够的增益和相位裕度。在分流模式下，调节母线电压的控制线路（分流回路）和蓄电池组控制回路（充电模式下的 BCR 回路）是两条独立作用的线路。同样在分流模式下，蓄电池组充电电流为恒流负载，并成为整个太阳电池阵的一部分负载。在放电模式下，由母线电压调节线路进行母线电压调节。对这些线路，线性电路可以采用 PSPICE 或 SABER 软件进行模拟。

　　有两个需要关注的问题。对小信号的分析是为了获取不同工作条件下每条控制线路的相位/增益特性和输出阻抗特性；对大信号的分析是为了保证在特定干扰条件下每条线路都能满足特定的性能要求，即线路"模式内"的大信号响应。通常"模式间"的计算机模拟必须由两个或多个控制模型共同来模拟模式间的响应，即实现一条线路到另一条线路的控制转换。

　　航天器级的测试要检测模式间瞬变产生的问题，这可能要求对 BCR 和 BVR 控制线路进行重新调整。解决上述问题的方法有以下几种：

　　1）每个 BVR 增加输出滤波装置；

　　2）利用模式控制器误差信号放大器减少模式间产生的瞬变；

　　3）采用影响平均开关模式的 BVR 开关线路；

　　4）采用 BVR 误差信号放大器。

参 考 文 献

〔1〕　WILDE R K, AINTABLIAN H O, GHOLDSTON E W. International Space Station U. S. major elements laboratory power quality test: proceddings of the 34th Intersociety Energy Conversion Engineering Conference, SAE, Paper No. 01－2434, 1999.

〔2〕　FASSBURGH H D, GHOLDSTON E, MONG A. Development and implementation of stability requirement for the International Space Station electrical power system: proceedings of the 36th Intersociety Energy Conversion Engineering Conference, ASME, Paper No. AT － 48: 281 － 288, 2001.

〔3〕　LINDMAYER, WRIGLEY. Fundamentals of Semiconductor Devices. D. Van Nostrand, 1965: 47－48.

〔4〕　NASA/JPL. Solar Cell Radiation handbook. 3rd edition, Report 82－69, 1982: 1－19.

第 15 章　电磁干扰和电磁兼容

15.1　简　介

所有航天器系统都要求能够适应来自内部和外部的电磁干扰。几十年来,电磁干扰(EMI)和电磁兼容(EMC)的要求都以 MIL－STD－461 号军标为标准,它规定了潜在干扰源发射的最大电磁干扰限度和潜在敏感设备的最小敏感度。配套的军标 MIL－STD－462 规定了符合 MIL－STD－461 要求的测试方法,MIL－STD－463 规定了应用项目和应用部件。现在,MIL－STD－461 和 MIL－STD－462 已合并为一个标准 MIL－STD－461。商业和国防航天器承包商应向用户出具以下 3 份交付文件,以证明产品符合针对 EMI/EMC 的要求。

1)EMC 控制计划,包括航天器预期的 EMI 分析是否达到标准,以及为了达到标准所采取的措施。

2)EMI 测试计划,包含详尽的测试装置、所需线缆、接地的详细布置、频率范围、监测点和通过测试/失败的判断标准等。

3)EMI 测试报告,总结测试结论,如果发生故障,提出解决故障的对策。

对 EMI 的要求从广义上可分成两大类:传导 EMI 和辐射 EMI。此外,还有一些航天器的特殊规范要求。EMI 可以通过导线传导或空间辐射对装备产生影响。为验证航天器是否存在 EMI,首要任务就是确立来自潜在干扰源的传导 EMI 和辐射 EMI,并且判别与敏感设备的耦合度。

15.2　EMI 源

一般情况下,辐射 EMI 来自广播电视塔、移动广播通信设备车、

照明设备和周边的电力输电线。传导 EMI 主要来自电源电缆。产生
EMI 源的主要空间系统有：

　　1）高频切换大电流或大电压引起较大的 dI/dt 和 dV/dt；

　　2）静电放电；

　　3）核爆炸。

15.2.1　传导 EMI

　　像开关、二极管类型的主动元件，是开关型电源变换器产生主传
导 EMI 的主要来源。正如第 14.4 节所述，开关频率电压纹波主要受
到设备动态阻抗的影响。然而，EMI 产生于电流切换后产生的电压
寄生振荡。因此，需要精密元件模型来预测精确的振荡频率、振幅超
调量和瞬态升降情况。此类模型须经试验验证。目前商用的线路仿
真软件诸如 PSPICE 和 SABER，可能对 EMI 的预测还不是很精确。
具体地说，根据应用频率范围，以下高频元件需要精确的线路仿真
模拟：

　　1）主动元件（开关、二极管等）；

　　2）被动元件（变压器、电容、电感器、电阻等）；

　　3）用于航天器的印刷电路板。

　　对上述元件精确的模拟，不仅可以预测高频 EMI，还能确定其原
因，在装配硬件设施前可达到优化解决 EMI 方案的目的。

15.2.2　辐射 EMI

　　电源线是低频电磁辐射和耦合的主要来源。在短线（小于 10%
的信号波长）的周围，通常产生一种主要的磁场，要么是强电流电线
周围的磁场（B 场），要么是高压线周围的电场（E 场）。一般在电源
线周围存在的主要是磁场，可由安培定律推导。常见的几种磁场形
态如图 15-1 所示。

　　对于一根单导线

$$B_\phi = \frac{\mu_0 I}{2\pi r} \qquad\qquad (15-1)$$

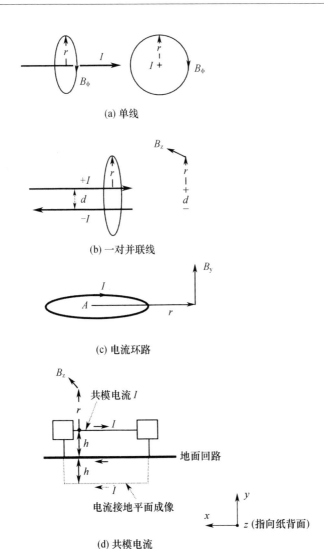

(a) 单线

(b) 一对并联线

(c) 电流环路

(d) 共模电流

图 15-1　电流通过不同布线形态导线产生的磁场

对于一对并联导线远距离时，有

$$B_{zmax在z=0} = \frac{\mu_0 Id}{2\pi r(r+d)} \approx \frac{\mu_0 Id}{2\pi r^2} \qquad (15-2)$$

对于电流环路远距离时，有

$$B_{y\max 在 y=0} \approx \frac{\mu_0 I \times 环路面积}{r^3} \tag{15-3}$$

对于共模电流

$$B_{z\max 在 z=0} = \frac{\mu_0 I 2h}{2\pi r(r+2h)} \tag{15-4}$$

偏心率较小的同轴电缆周围的磁场可以忽略不计,差模电流双绞线周围一定距离以外的磁场也可以忽略不计。如图 15-1 所示,单根导线磁场按 $1/r$ 的比例逐渐衰减,载有相同或相反方向电流的并联线磁场衰减率为 $1/r^2$,电流环路衰减率为 $1/r^3$。

高频电磁场在介质中以光速传播。按照波长 λ,即光速与频率的比值,磁场可分为远磁场和近磁场两种类型。

15.2.2.1　当 $r > \lambda/2\pi$ 时为远磁场

远磁场也称为辐射磁场。以波阻 Z_0 传播的电磁波可以传播很长距离。在真空或空气中,Z_0 为 377 Ω。在同轴线缆中,Z_0 约为 50 Ω。远磁场的磁场强度,不论是电场还是磁场,都以 $1/r$ 的速率逐渐衰减。

15.2.2.2　当 $r < \lambda/2\pi$ 时为近磁场

近磁场即所谓的感应磁场。磁场中某一点的磁场强度由磁源的特性所决定。如果磁源阻抗 $Z_S \ll Z_0$,那么电场场强以 $1/r^2$ 的速率逐渐衰减;如果 $Z_S \gg Z_0$,那么电场将以 $1/r^3$ 衰减。另一方面,如果磁源阻抗 $Z_S \gg Z_0$,那么磁场以 $1/r^2$ 衰减;如果 $Z_S \ll Z_0$,那么磁场以 $1/r^3$ 的速率衰减。

15.2.2.3　当 $r = \lambda/2\pi$ 时为转换磁场

在此距离时,磁场由近磁场转变为远磁场。

15.3　耦合模式

两个元件之间的电磁场耦合要涉及如下 1 种或者多种参数:

1) 寄生电容;

2) 互感系数;

3）欧姆导电率。

耦合度可以通过如下参数计算并进行量化：

$$\text{传递阻抗} = \frac{\text{通过敏感部件的电压（接收端）}}{\text{通过干扰源的电流（发射端）}} \quad (15-5)$$

图 15－2 所示为相对基础上的不同导体排列端的电容耦合。静电放电型瞬态的电场耦合受干扰源和敏感电缆间的互电容制约。如图 15－3 所示的两个直线排列的导体的线路分析显示，导体 1 和导体 2 之间的电容耦合为

$$\frac{V_2}{V_1} = \frac{j\omega\left[\dfrac{C_{12}}{(C_{12}+C_{2G})}\right]}{j\omega + \dfrac{1}{R(C_{12}+C_{2G})}} \quad (15-6)$$

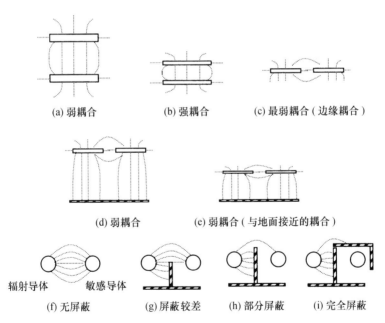

图 15－2　不同导体排列形式间的电容耦合

大电流母线、变压器或发动机周围的干扰源和敏感线缆间的磁场耦合很强。感应电压可通过公式 $V = -A\mathrm{d}B/\mathrm{d}t$ 得出，式中 A 为敏感电缆形成的环路面积。如果辐射以频率 f 呈正弦波动，那么 $V =$

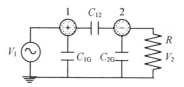

图 15－3　两个直线排列导体间的电容耦合

$2\pi fAB$（V），或者 V（dB $\cdot$ μV）$=K+B$（dB $\cdot$ μT），这里 K 为常数。如果考虑互感系数 M，则 V（V）为

$$V = M\mathrm{d}I/\mathrm{d}t = 2\pi fMI \qquad (15-7)$$

　　放在接地面上的两条平行又无屏蔽导线间的总感应耦合和电容耦合由互感系数和互电容决定，而互感系数和互电容则取决于线缆的排布形状。两组交叉耦合导线如图 15－4 所示，这里 C 和 M 由经典的传输线路理论所决定。无屏蔽干扰源导线与屏蔽的敏感导线间的电容耦合线路如图 15－5 所示。在很低的频率下，当端电阻很高时电容耦合占主导地位，这时电流很小，磁耦合（电感）可以忽略不计。

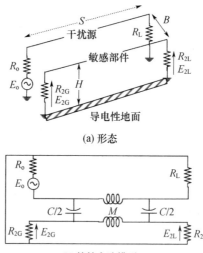

(a) 形态

(b) 等效电路模型

图 15－4　在接地面上的两条并行导线间的电容耦合和感应耦合

　　当电源频率高达 100 kHz 时，主要形成磁感应耦合。在这种频率范围内，实际设计中几种控制线缆耦合的指导原则如下：

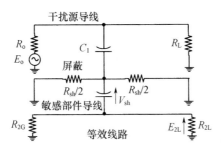

图 15－5　无屏蔽干扰源导线和有屏蔽敏感部件导线间的电容耦合

1）耦合随共线长度和频率的增加而增加，随间隔距离的增加而减小。

2）敏感导线终端负载的噪声电压与负载阻抗成函数关系。假设敏感导线的接口能够接入滤波电容，那么可通过敏感导线和接地线间的电容滤波器来减少噪声频率下的负载阻抗。

3）线缆屏蔽特性由传输阻抗决定。较低的阻抗使导线屏蔽更有效。良好的阻抗特性在每米几毫欧姆的范围内。

4）双绞屏蔽线适用于不超过 2 MHz 的范围，超出这个范围则需要采用同轴电缆。

5）大电流电源线和低阻抗负载是低频感应耦合产生的主要来源。因此，电源引线总是与其回线绞扭在一起。

6）绞线的有效性随着每米线中绞距的减小而增大，随频率的增大而降低。只有在平衡接地或者单点接地的系统中，并在频率达到 100 kHz 的情况下，绞线才有效。超过此频率，从导线到地面间的电容引起地电流的循环，于是形成共模耦合。实际应用的绞距一般为 30～50 次/米。

7）防止电场电容耦合的最好方法是屏蔽干扰源，或者屏蔽敏感设备，或者两者都屏蔽，并将屏蔽层接地（如图 15－6 所示）。

8）当要抑制的频率波长超过屏蔽长度的 10 倍时，单点接地就能适用于低频情况了。如果对干扰源导线屏蔽，接地点要设在干扰源导线引出端；如果对敏感设备导线屏蔽，接地点就要设在敏感设备导

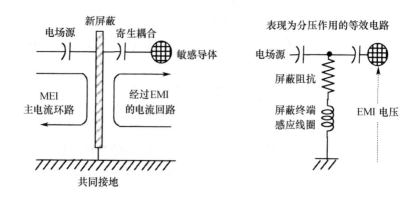

图 15－6　电容耦合的屏蔽保护

线的接入端（如图 15－7 所示）。

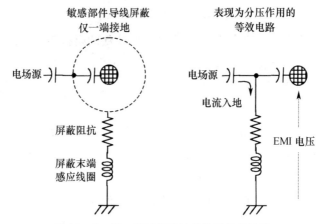

图 15－7　仅一端屏蔽接地的敏感设备导线

9）高频下屏蔽应两端都接地，这意味着让回流电流远离接地而进入屏蔽层，相应地减少地回路电流和共模辐射干扰（如图 15－8 和图 15－9 所示）。

10）单点接地屏蔽无法减少共模 EMI（如图 15－10 所示）。

11）可以通过一个 360°全角度低阻抗搭接尾罩的插接件来保证高质量屏蔽线的低阻屏蔽接地，这个搭接电阻制约了屏蔽性能。

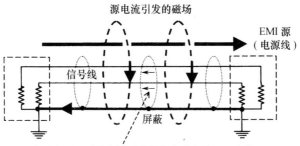

图 15—8　两端接地的屏蔽线

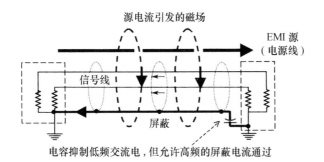

图 15—9　低频一端屏蔽接地、高频两端都屏蔽接地的线缆

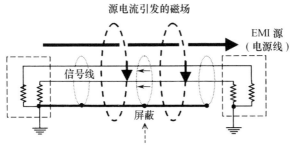

图 15—10　仅一端屏蔽接地的导线

15.4　EMI/EMC 技术标准

EMI 标准规定了设备或系统，比如电源系统作为一个整体，所允许对负载设备传导和辐射的最大干扰。另外，EMC 标准规定了与电源系统相连接的一系列设备，在不允许损伤其功能的前提下，所必须承受的最低传导和辐射电磁干扰。很显然，敏感度要比辐射度高，并有合适的裕度，通常为几十 dB，它由系统设备的重要性决定。

EMI/EMC 以 dB 为单位计量，为 10lg（信号功率/参考功率），或 20lg（信号电压/电流或参考电压/电流）。因此，3 dB 要求功率加倍，6 dB 要求电压或电流加倍。

EMI/EMC 标准分为 2 部分：即干扰源设备的传导和辐射干扰水平和敏感设备的传导敏感度和辐射敏感度。所有航天器和运载器都必须符合军标 MIL－STD－461 的要求，其中适用于电源设备的要求和航天器应当遵循的具体准则见表 15－1。一些具体的有代表性的规范要求见图 15－11～图 15－17。

表 15－1　适用于航天器和运载器电源设备的 MIL－STD－461 标准

要求	传导（C）	辐射（R）
辐射度（E）	CE01	RE01
	CE03	RE02
	CE07	—
敏感度（S）	CS01	RS02
	CS02	—
	CS06	—

辐射水平和敏感度之间的安全裕度通常为：

1）关键设备为 20 dB；

2）其他所有设备为 6 dB。

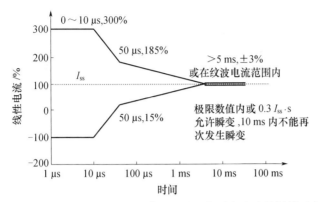

图 15-11　典型的 10 kW 通信卫星对重复瞬态电流的限制要求

此外，过去某些航天器特有的 EMI/EMC 的要求列举如下，从中可以发现对电源系统的具体要求。

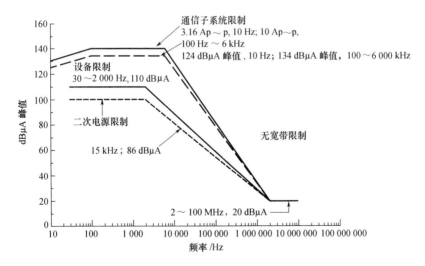

图 15-12　对典型的 10 kW 通信卫星设备传导辐射的限制

1）EMC 标准适用于负载点，而不适用于 PRU 位置。

2）母线输出阻抗评估时不包括母线负载。但评估母线纹波电流时，重要负载对母线阻抗的影响要予以考虑。

3）主母线电源回线、信号回线和结构与单基准接地点相连。所

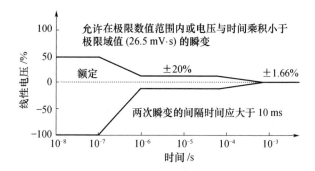

图 15-13　CEO7 标准对 3 kW，120 V 的 LEO 科学卫星主母线电压的限制

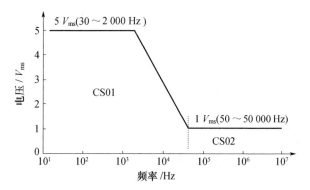

图 15-14　CS01/CS02 标准对敏感度的要求

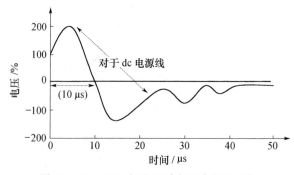

图 15-15　CS06 标准对瞬态敏感度的要求

有导电表面都与母线结构相连，以构成卫星共同接地结构。

　　4）每个部件的外壳接地引线都与其各自的多点电连接器的一根

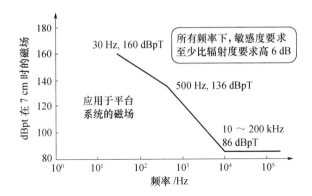

图 15－16　RS01 标准对 3 kW，120 V 的 LEO 科学卫星磁场敏感度的要求

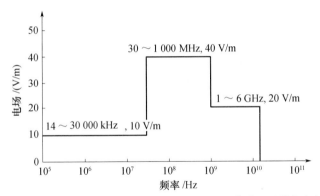

图 15－17　RS03 标准对 3 kW，120 V 的 LEO 科学卫星设备电场
敏感度的要求（$1.4 \times 10^{3} \sim 1.6 \times 10^{9}$ Hz）

引线相连接。电连接器外壳总是导电的，且与部件的外壳连接。

一般情况下，当大型商业通信卫星设计采用 5～10 kW 负载及 100 V 母线电压时，通常要满足如下具体要求：

1）每个太阳电池翼的磁偶极矩限制在 3～5 A·m²。

2）每个蓄电池组的磁矩限制在 20 A·m²，并位于航天器的俯仰轴的轴线上。在双电池组系统中，两个电池组的磁偶极彼此相对，在一定距离内相互抵消。

3）整个航天器的磁矩限制在 5～10 A·m²。

4）任何负载阶跃变动幅度不得超过母线中总负载电流 5% 的电

流变动，dI/dt 限制在数十 mA 每 μs。正负过冲电压保持在母线电压的 1% 以下。

5）根据负载设备的敏感度要求，负载需承受母线 2%～4% 的峰-峰纹波电压。

6）50～20 000 kHz 范围内，动态阻抗应在 250 mΩ 以下；低于 50 Hz 时，动态阻抗应在 500 mΩ 以下。

7）由于负载电流波动将导致任何负载点的母线电压的波动，从直流到 50 Hz 范围内，波动应控制在 2 V 以下。

在小型卫星上，例如，在一颗负载不超过 1 kW 的 28 V 全调节母线的防御卫星中，由蓄电池放电调节器在 36 kHz 频率下产生的纹波电压应限制在 500 mV 以内。对于负载电流变化超过 2 A 的情况，用户通/断的 dI/dt 应保持在 10 A/μs 以下。不满足此速率的任何瞬态 $I\cdot t$ 乘积应限制在 100 μA·s 以内。母线带宽波纹应比航天器 EMI/EMC 标准的具体规定小 6 dB。用户设备动态阻抗在 3～10 kHz 间应低于 8 Ω。

以 120 V 母线输出 3 000 W 功率的航天器 EOS-AM 型平台，电容器组的母线源阻抗在直流变到 100 kHz 时，保持在 0.1 Ω，纹波电压限制在 0.5 V。

15.5　EMI 消除方法

不同的控制和消除 EMI 的方法，按照其重要性排序如下，有些将在下一章节进一步讨论。

（1）减少 EMI 产生的首要方法

1）在开关线路中使电流环路面积最小化；

2）在大电流环路中，使切换时的瞬态 dI/dt 比值最小化；

3）通过缓冲电容使电压瞬态的 dV/dt 比值最小化。

（2）减轻干扰源和敏感设备间的电场和磁场耦合程度的方法

1）用绞线或同轴线缆使感应耦合最小化；

（2）通过屏蔽和减少暴露的金属件面积并远离"地"（因为 $C=A\varepsilon/d$）的方法，使电容耦合最小化。

（3）减轻敏感设备承受的能量冲击的方法

1）适当的接地策略；

2）法拉第屏蔽、单屏蔽或双重屏蔽。

（4）保护设备免受耦合能量影响的方法

1）对于传导 EMI 采用 L－C 滤波器；

2）对于辐射 EMI 采用屏蔽外壳。

15.5.1　绞　线

绞合不仅能减小导线间的缝隙，还能在相邻缝隙间自动产生极性相反的磁场。因此，由于磁场相互抵消作用，距离越远，磁场相对越弱。但是，绞合仍无法减弱线缆周围局部磁场的强度。

应当注意，有共模电流通过的双绞线无法避免产生磁场。减小共模 EMI 的唯一有效方法就是通过打开接地的环路来阻碍共模电流的形成。还有一种方法就是采用共模扼流器（滤波器）。

15.5.2　接　地

用于直流或高达 20 kHz 交流电源系统的两种单点接地（SPG）结构如图 15－18 所示。图中（a）结构更好一些，由于地线感应增加了两组设备间的 $Z_{接地}$值，（b）结构虽然简单，但对于高频 EMI 不太有效。单点接地通过避免形成接地电流环路从而有效地使辐射 EMI 最小化。电源回路仅在一点接地，所有接地引线都直接与同一接地点相连，然后与结构固定连接。单点接地减弱了接地感应现象，线路尺寸小于要抑制电磁波长的 3％时就要用到这种方法。

如图 15－19（a）所示，单点接地用于消除低频 EMI。另外，图 15－19（b）所示的多点接地（MPG），用于消除无线传送和较高频率的 EMI。多点接地用于线路长度超过波长 15％的情况。每个接地引线都与最近的接地导体相连，接地板可使设备间的 $Z_{接地}$值最小。对

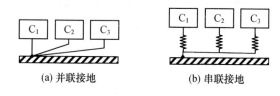

图 15-18　单点接地示意图

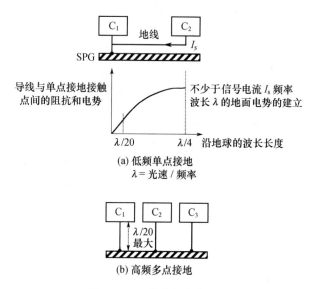

图 15-19　单点与多点接地

不同频率敏感的线路板装置，可以采用单点接地和多点接地相结合的方法。

15.5.3　线缆屏蔽

军事和科学卫星对 EMI 有严格的要求，不允许系统中有任何的无屏蔽线束，甚至不能有一块敞开的熔断线路板。所有线束（电源线、信号线和火工品电缆）都应独立走线，单独屏蔽。而商用卫星的熔断器线路板和部分线束可能不需要屏蔽。所有屏蔽层（电源线和信号线）都每隔一米接地，直至单点接地点。

线缆屏蔽层可选用由铜材或铝材制成的编织网或带。编织网适用于对韧性要求很高的情况。相对于导线，屏蔽层的质量大小约为扁平线缆的 40%，圆形线缆的 20%。带状屏蔽大量采用的是将 2 mil (0.05 mm) 厚的铜蒸气沉积在聚酯（Mytar）或 Kapton 带上的制作方法。带状屏蔽采用半重叠搭接方法进行屏蔽，并可与其他线缆绝缘，如图 15-20 所示。这种带状屏蔽层的质量大约是编织网屏蔽层质量的 80%。带状屏蔽层的弯曲直径必须小于 10 cm，以避免带状的裸露。带状屏蔽层也可使用铝基质，但是这种材料很脆，因此需要更大的弯曲半径以避免在空间环境的低温条件下开裂。只要不与铜或其他不同种金属接触，它就不会产生氧化等相关问题。

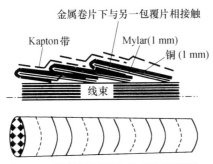

图 15-20   采用金属基质绝缘带状物的线缆屏蔽方法

15.5.4   搭   接

在组装屏蔽外壳或进行接地连接时，导体可通过不同方法搭接起来。在导电部件接地前，电路图上以一个大黑点表示搭接。通常固定件的搭接阻抗小于几 mΩ。活动部件以一个搭接片连接，电阻小于几 mΩ，电感小于数十 nH。搭接时要保证机械和电化学稳定。磁性外壳最好采用熔焊，而铜焊和钎焊适用于导电性外壳。搭接时两种不同金属间的腐蚀，比如用钢紧固件将铜搭接片固定在钢外壳上时，其腐蚀程度可通过精心选择接触材料的类型加以控制，两种材料要有大约相等的电极电位，即它们之间的电势要接近于零。否则，两者间冷凝的湿气相当于电解质，这样就形成了一个蓄电池。铜、银、铂和金拥有正电势，可作为阴极，而其他许多常见的具有负电势的金属用作阳极。

15.6　共模 EMI

即使共模电流很小，都会产生麻烦。感应电压由公式 $e = -LdI/dt$ 得出。导线电感 L 的一般值大约为 80 nH/m。如果说 100 mA 的电流升高用时是 1 ns（静电放电），那么线缆的感应电压就是 $80 \times 100 / (1 \times 10^{-9}) = 80$（V/m。）单位长度线缆如此大的感应电压会扰乱许多敏感电子元件和控制线路。

共模噪声能通过图 15—21 所示的线路检测出来，使用如图 15—22 所示的平衡—非平衡滤波器可使噪声最小。在组件 1 和组件 2 之间接入的变压器或耦合感应线圈可减少共模 EMI 传播。它的磁芯对共模电流能产生两个较大感应，而对差模电流几乎不产生感应。因此共模下接入的阻抗值是变压器本身的阻抗值加上接地导线阻抗值之和的 2 倍。双绞线或双轴绕线不能减少共模噪声。这是相对于差模噪声而言的，其噪声信号阻抗等于变压器阻抗加上导线的漏电阻抗，漏电阻抗非常小，并且可以通过使用双绞线或双轴绕线进一步减少。

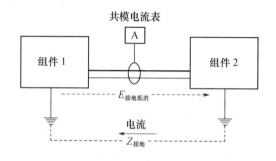

图 15—21　共模噪声检测方法

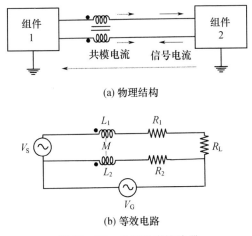

(a) 物理结构

(b) 等效电路

图 15—22 共模噪声滤波器

15.7 宽带 EMI

根据信号的频谱分布，EMI 分为窄带和宽带两种。频谱分布由测量接收装置对频谱带宽进行分辨。了解要测量信号的类型对于避免产生错误的试验结果和错误数据的编译很重要。在这一节，了解装置的脉冲带宽对于准确判断辐射电磁干扰的绝对振幅非常关键。应当通过一系列测试来确定接收器的脉冲带宽，而不能简单地对3 dB或6 dB带宽乘以一个常数进行确认。只有将测量到的辐射电磁干扰程度与规定阈值进行有意义的比照，并验证检测结果是否符合 EMI 标准，才能对相关参数有确切的了解。

测量非脉冲信号时，很有必要了解 EMI 接收器或频谱分析仪的端口过滤器的脉冲带宽。由于非脉冲信号的宽带性质，某些频谱分量不能在任何时间点都包括在端口滤波器的通带频率范围内。随着滤波器带宽的加大，可以测到越来越多的频谱分量，滤波器输出端的脉冲幅度也不断增加，直到滤波器能涵盖整个信号频谱范围为止。EMI 接收器或频谱分析仪上的滤波器的带宽一般为 3 dB 或 6 dB，能够测量窄带 EMI 信号，但对宽带 EMI 信号的测量没有帮助，因为，此时滤波器的脉冲幅度和相位响应会影响到测量结果。

很难对不同 EMI 接收器采集的数据进行比对。日本 1996 年进行的一项研究显示，以 3 dB 或 6 dB 带宽规格为基础测量宽带非脉冲信号时，不同数据间的差值达到 6.4 dB 都是有可能的。这个结果会导致出现这样的情况，即测试中所使用的接收器决定了设备能否通过测试。

15.8　商用成品设备

近年来，NASA 和国防部门已经考虑在空间应用中采用商用成品（COTS）设备以降低制造成本。在欧洲，对空间用商用成品组件的关注促使欧盟颁布了《电磁兼容（EMC）指南》，并从 1996 年开始实施。欧盟于 1998 年重新修订了这个指南，并在近期公布了由 25 个成员国最终审议的修改草案供成员国讨论。最终定稿的指南于 2004 年年中公布，并于公布后 30 个月开始生效。为了新旧指南的衔接，安排了 2 年的过渡期。在过渡期，生产商可根据自身的优势决定其产品是执行新指南还是旧指南。

EMC 指南要求生产商采用与航空、军事和航天设备要求接近的 EMI 测试方法。可是，这需要用可行的办法对空间系统 EMI 试验数据与商业试验数据进行转化并比较，而那样做难度相当大。

例如，NASA 的 SSP30237A 标准明确了对电磁辐射和电磁敏感度的要求，以及对应用于国际空间站的电子、电气、电磁设备组件和子系统的设计要求。电磁辐射和电磁敏感度的要求完全取决于设备或子系统在空间站的预定位置和安装方式。SSP30237A 标准按照设备组件或子系统的位置确定其属于内部组件，还是外部组件，内部组件应位于模块内或节点内，外部组件应位于模块外或节点外。SSP30237A 以军标 MIL－STD－461 为基础，按照已知的空间站电磁环境状况进行了适应性修改。根据电源要求、接收器敏感度、安全裕度和对系统级兼容性要求军标 MIL－STD－461 也进行了调整。
SSP30237A 详尽的试验步骤都包含在 SSP30238A——空间站电磁技术手册中。

　　NASA 已经按照 SSP30237A 的标准逐项进行了试验，并收集了不同部件的 EMI 试验数据。系统设计师可以利用这个数据库确定空间飞行器内不同元器件的相互位置。如果某个设备的 SSP30237A 数据与相应的商用成品设备的试验数据要求相符，那么这个设备即使在敏感环境中，也不至于破坏系统级的性能要求；如果数据不相符，那么系统设计人员可能要改变设备的安放位置，使其对环境的敏感性有所改善。这样做可能会引起大范围的重新设计，并会对整个系统的成本和设计进度造成影响。

15.8.1　商用设备的 EMI 要求

　　以下为广泛用于商业市场的 3 个主要 EMI 试验要求。

15.8.1.1　联邦管理条例——第 15 部分（FCC 第 15 部分）

　　该条例说明了在 $450\sim1\times10^6$ kHz 频率范围内的传导辐射和放射辐射。FCC 将 EMC 环境分为 A 级（办公环境）和 B 级（家庭环境）。

15.8.1.2　EMC 指南 89/336/EEC

　　欧盟各国遵守该指南的相关规定，它规定了辐射和敏感度要求，将 EMC 环境区分为 2 级，即家庭和轻工业级为一个等级，工业环境级为另一个等级。欧洲 EMC 的要求是以国际电工技术委员会（IEC）确定的一系列试验方法为基础的，其标准收录于 IEC－1000－X－X 文件，欧盟的辐射和敏感度标准收录于 EN－550XX，测试抗敏感性的标准文件收录于 EN－610XX。

15.8.1.3　RTCA/DO－160C 标准

　　该标准适用于商用航空领域的航空电子行业。其最初版本是按军标 MIL－STD－461 量身定做的，经过多年的更新修订，现在它的内容已经超出了 MIL－STD－461 试验要求的范围，比如有关照明和环境测试的内容。鉴于空间站对设备的要求与商用航空对设备的要求类似，所以在购买导航和通信设备时，该标准很有借鉴作用。

15.8.1.4 其他要求

在一些领域，商用设备的性能要求在某些方面不能满足 SSP30237A 标准提出的国际空间站设备的要求。例如，比较 CE01 标准和 IEC－1000－3－2 标准就可以看出，商用标准不能完全涵盖空间标准的频率范围。CE01 要求对 30～15 000 Hz 频率范围的传导电磁辐射进行测试，而 IEC－1000－3－2 则仅要求对最多到第 40 次谐波电流辐射进行测试。因此，仅仅在可以忽略内谐波辐射且设备不具有小于 10 kHz（例如从直流转换到交流的开关型电源）的振荡器时，才可以对通过 IEC－1000－3－2 标准和 SSP30237A 标准验证的设备进行应用比较。SSP30237A 要求 CE01 仅测试直流电源引线，而 IEC－1000－3－2 就不能用于直流电源系统。由于 NASA 购买的商用设备工作电压为 115 V 或 220 V，在 50 Hz 或 60 Hz 的条件下，按照 SSP30237A 中的 CE 要求分析交流电源设备，为 NASA 工程研究人员提供参考数据是很有必要的。这项工作的内容还要包括确定不同测量仪器和试验装置所用部件间的差异，例如确定线性阻抗稳定网络（LISN）和穿心电容的放电。相关规范所用的测量仪器一般是相近的，可用于精密测试的设备是有区别的。例如，NASA 规范中对 LISN 进行的测试就不同于 DO－160－C 标准对 LISN 进行的测试，并且按照 IEC－1000－4－X 的主要规范要求所完成的 LISN 设计也不尽相同。

为了减少测量间的差异，必须考虑线缆的各项参数，比如线缆的长度；距接地板的高度：在测试时，线缆是位于试验装置的后面、前面或旁边，还是有其他布局等。对实际实验装置中用到的线缆，应当按照其类型和长度确定它的电容、电感、电阻和接地板导电率（分别用 C，L，R 和 G 表示）。在从低频到高频的整个频率范围内，这些参数符合标准的高频传输线性理论。对于短线缆，这些参数可以进行归总；如果是较长的导线，为保持更高精度，也可进行参数分配。

15.8.2　NASA 与商用试验方法

基本途径是分析 SSP30237A 中相应的试验方法和限制条件，分析 FCC 条例中的应用要求，分析欧盟的 EMC 要求和 RTCA/DO－160C 标准的要求。然后通过对比两组数据，建立一种合适的传递函数，将商用数据转化成 NASA SSP30237A 电磁环境下的极限数据。

首先要考虑 NASA CE01 和 CE03 的要求和相应的商业要求，如表 15－2 所示。该表说明了应如何按照各种商用标准，对每个 SSP30237A 要求进行分析。通过对每一种试验方法采用的不同仪器、测量手段和应用限制条件进行评估，才能完成整个分析过程，其中包括对 LISN、穿心电容、频谱分析议、示波器和不同实验方法所用的其他仪器的评估，这些不同仪器可能导致测试数据之间出现量差。比如，CE01 和 CE03 规定所有的电源线都使用 10 μF 电容，并用 RF 电流探针和 EMI 接收器直接在电源线上测量 RF 电流。而 FCC 第 15 部分和 EN55022 都要求试验电源线连接 LISN，并且测量通过 LISN 电阻的电压值。因此，不同体系有不同的限定条件，不能简单进行系统间的对比。需要用分析方法确立测量数据间的关系，并找到两者之间的传递函数。

表 15－2　NASAEMI 标准与商用 EMI 标准

SS P30237A 要求	FCC 要求	ECLIPSE 要求	DO－160C 要求
CE01	－	IEC－1000－3－2	－
CE03	第 15 部分	EN55022	21 节
CS01	－	IEC－1000－4－13	18 节
CS02	－	IEC－1000－4－6	18 节和 20 节
CS06	－	IEC－1000－4－5	17 节
RE01	－	－	15 节
RE02	第 15 部分	EN55022	21 节
RS02	－	IEC－1000－4－8	19 节
RS03	－	IEC－1000－4－3	20 节

15.8.3　商用成品设备的空间适用性试验

比较不同 EMI 试验标准时，考虑的重点问题之一就是试验平台。比如，多数 C－1000－4－X 的条款规定试验设备应置于绝缘表面上，距接地板约 80 cm；而 SSP30237A 则要求设备置于距接地板约 5 cm 的位置。不同的试验条件会导致试验结果出现较大的差异，因此须加以认真分析。为了进行传导辐射试验，应在等效 T 网内建立具有 C，L，R，G 参数的传输线模型。

标准所要求的测量技术很相似，都用测量接收器测量电压，用电流探针测量电流。利用电流探针还可测量通过已知电阻的电流，以确定在给定频率范围内的电压。然后再利用转换系数对测量设备进行修正，并与给定的辐射限制条件进行比较。但是，每种测量方法在保持试验一致性的途径上都会有所差别。例如，IEC－1000－4－X 系列标准推荐采用耦合/非耦合网络，使不同线缆通用装置阻抗与测试线缆形状相匹配。这样做的目的是为了让实验室测量结果与一般实际场合测量结果间的失真度尽量最小。SSP30238A 则通过对所测量设备的适度校准来达到一定的要求。为了对限制条件和试验结果进行比较，需要对不同试验规范下得出的不同数据进行修正，而修正要建立在试验方法的基础之上。

至于频率范围，必须了解试验内容是否覆盖整个标准的技术要求。否则，就应考虑试验结果的差异性。

在四种试验平台上得到的仿真和试验结果显示，在试验中所用的缆线类型、线缆外形和布线方式对试验结果产生较大差异。利用 PSPICE 仿真软件进行参量研究显示，诸如线缆阻抗这样的参数对峰值响应的确定影响很大，因为低阻抗能导致高质量线路在谐振频率点出现大的峰值。

实验室试验平台中一个看起来很微小的差别，都会使两种平台上的试验结果有明显的不同，尤其是涉及缆线长度、路径和类型（像同轴线缆、绞线或随机布线）及阻抗时。这意味要得到试验规范准确的比较结果时，需要对试验平台的相同点和不同点进行细致研究，并进行鲁棒性分析。

由于每种设备所用的线缆长度和布局都是特定的，所以很难将某一试验方法与空间应用的某一设备系统相对应，而且可能产生有误导性的结论。除非线缆长度、布线方式和线缆类型已经在试验标准中有了具体说明。

15.9 电磁脉冲/核威胁

航天器周围发生的核爆炸产生的电磁脉冲（EMP）将对航天器产生人为的破坏，它可以摧毁在低地球轨道和中地球轨道上运行的卫星（如图 15—23 所示）。一场核爆炸会使数百千米以外的电子系统紊乱。因此，国防航天器电源系统通常要具有抵抗核爆炸威胁的能力。任何轨道上的国防卫星系统也要具有相同的能力。例如，早期的 GPS 卫星系统就具有此项功能，这种系统一直到 20 世纪 90 年代中期都只是为美国空军提供独家服务。GPS—IIF 和后来投入使用的商用 GPS 系统不再具有抵御核威胁的功能。

图 15—23 LEO 高度的核爆炸可能会对许多卫星造成毁坏

电磁脉冲基本上是由 γ 射线喷射出的电子流形成的，这是一种在纳秒到微秒级的短时脉冲范围内完全随时间变化的强电磁场。在空间，电磁波的辐射和传播遵从 Maxwell 公式。电磁波只有很少的能量传递到远距离的设备，但可以在设备上以微秒分之一的量沉积下来，而且沉积的速率相当高。电磁脉冲对电源系统有以下影响：

1) 辐射剂量的衰减，尤其是对太阳电池阵；

2) 产生电源系统设备的共模噪声；

3) 对敏感电子元件的短暂干扰；

4) 半永久性紊乱（锁定），需要切断电源后再重启；

5) 对敏感性半导体设备的永久性损坏。

对太阳电池阵和敏感电子部件的最主要损坏来自带电粒子的辐射剂量。1962 年进行了一项名为 STARFISH 的高空喷发试验，产生了大量被地球磁场俘获的 β 电子。在南太平洋约翰逊岛上空 400 km 的高空产生的磁感应强度达 1.4 MT。这次喷发产生的人造强辐射带在 7 个月内结束了 7 颗卫星的使用寿命，其主要原因都是辐射造成的太阳电池性能衰减和指令译码故障。此次辐射的影响延续了 10 年时间，直到 1972 年才结束。如今，近地球轨道空间布满了卫星，一场严重的核爆炸会对数百颗卫星造成损毁，导致产生巨大的经济损失和国家安全问题。据估算，在日本上空 150 km 高处的一次 10 kT 级的核爆炸就会缩短许多近地球轨道卫星的寿命，如会把 Iridium 和 NOAA 的卫星寿命从 5 年缩短到 5 个月。空军计算机程序可计算核辐射的面积、量级和影响时间，这种程序是用来模拟空间核爆炸并计算对卫星产生的影响的。空军和防务分析机构利用这种独特的程序估计，在伊拉克上空的一次 20 kT 级的核爆炸将在 10 个月内对类似 Iridium 型的近地球轨道通信卫星累积产生 100 krad 的辐射剂量，并且这种强辐射会持续若干年。有时，即使在核爆炸发生 2 年后，电子能级还会持续超出正常水平的 100 倍。由于持续性辐射会使新发射的卫星也会永久性地失效，所以发生核爆炸后很快更换损毁卫星的做法并不可取。因此，必须等一段时间后才可进行损毁卫星的更换，并且还要采用加厚的辐射屏蔽层。

电磁脉冲影响可以通过量化敏感设备上的能量累积进行研究，

它是功率对时间的积分。电磁波功率由 Poynting 矢量给出，为电场和磁场的叉积，其能量计算公式为

$$能量 = \int 功率 \cdot \mathrm{d}t = \int (\boldsymbol{E} \times \boldsymbol{H}) \cdot \mathrm{d}t \qquad (15-8)$$

　　然后需要考虑不同系统元件的能量耦合。暴露在电磁脉冲中的导线产生的耦合能量足以对系统产生破坏。耦合度是个复杂函数，已经超出了本书的讨论范围。它取决于线缆形状、线缆工作时的几何布局和与电磁场矢量的方向。一旦能量耦合作用于导线，那么高频传输线理论就可以计算出导线上传播的能量。部分耦合能量被负载（敏感设备）吸收，剩余能量被反射出去，其大小取决于负载阻抗与接入导线阻抗的匹配度。当电磁脉冲能量直接作用于设备外表面而不是通过导线传播时，在外壳表面涂上一层导电性好的涂层就可以减少耦合能量的发生。

　　作为电源系统遭受核爆炸威胁的例子，一颗全调节 28 V 母线 MEO 通信卫星，在经历核爆炸后的母线瞬态电压应保持在图 15-24 所示的包络线内。另一个例子，一颗全调节 28 V 母线 GEO 通信卫星的母线瞬态电压应保持在如图 15-25 所示的包络线内，并且这种异常瞬态波动结束后，所有负载都应该恢复到正常工作状态。

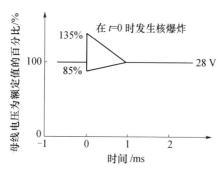

图 15-24　在一颗全调节 28 V 的 MEO 通信卫星上，
核爆炸后对母线电压瞬态异常波动的要求

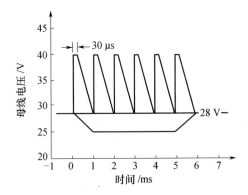

图 15－25　在一颗全调节 28 V 的 GEO 国防通信卫星上，
核爆炸后对母线电压瞬态异常波动的要求

第 16 章 电子静态放电

16.1 简 介

空间探测器无论是在 Van Allen 辐射带内还是在辐射带外，静电电荷都会聚积在探测器上。聚积电荷使探测器的电势不断提高，从而在探测器和周围的等离子体之间产生电流（见图 16－1）。如果该电流不能保证两者之间的电荷平衡，那么探测器的电势还会继续升高，直至发生电弧放电。当航天器进入或离开地影区，空间环境的条件发生突变的时候，尤其可能产生电弧放电。航天器不同绝缘体表面之间没有电联接导致出现差分充电也可发生电弧放电现象。在空间，每个独立的绝缘体表面都相当于一个独立的探针，它形成的一定电势使净电荷无法流入或者流出空间等离子体环境。探针的电势大小是等离子体动能的几个数量级。绝缘表面无法分流积聚在表面的电荷，所以，电势差的不断增大，将导致电弧放电和/或击穿放电等现象的发生。航天器在 GEO 和 LEO 的充电和之后的静电放电（ESD）过程，以及两者之间的平衡过程有着显著的不同，将在随后讨论。

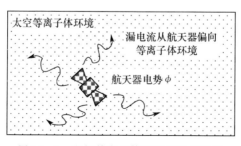

图 16－1 空间等离子体环境中的航天器

16.2　GEO 的静电放电

在 GEO 高能等离子体环境中，主要要关注的问题是航天器不同部位的差分充电情况，它能导致形成强电场，进而在航天器不同部件之间产生电弧放电。具有空间环境温度的等离子流密度不足以使航天器表面放电。可是聚积在绝缘表面的电荷使航天器与周围导体间电势差增大，超出击穿水平时就会导致电弧放电现象发生。导体间产生的电弧会对电子元件造成紊乱，使其输出错误信号。常用于GED 航天器电弧放电的方法是，就是给航天器外表面涂覆导电涂料，这样就可以均匀地分散整个表面上的电荷，防止产生差分充电，保持电势平衡。涂层表面阻值小于单位面积 5 kΩ 就足以消除差分充电。太阳电池阵在需要时，也可以在玻璃盖片上涂覆透明的氧化铟型导电涂料。

16.3　LEO 的静电放电

由于 LEO 的高温等离子流密度，航天器表面通常不存在明显的电势差。LEO 环境最需要关注的问题是，航天器表面相对于周围等离子体的绝对电势。通常，作用于航天器的等离子体电流很快就会消除绝对电势。可是，由于高压分配的原因，有些航天器表面可以自行形成差分充电。如果不同电压下的导体未暴露于空间等离子体环境内，那么航天器整体表面的电势和周围等离子体电势相比不会超过几伏特。但是，如果不同电压下的导体暴露于空间等离子体环境中，经验表明，负电势最大的导体表面聚积了两表面间总压差的 90% 的负等离子体。太阳电池阵就是这种情况，当太阳电池的互连片或电池边缘暴露在等离子体环境时，太阳电池阵的工作则依赖于电压的分配。不使用太阳电池阵的航天器的设计也是如此，使航天器不同的表面具有不同的电势。LEO 上的大功率航天器与周围环境的相互作用很明显。高空大气研究卫星（UARS）飞出地影区时，太阳电池阵电压达到 100 V，由于太阳电池阵与周围等离子体相互作用，电池阵表面被等离子体充电至－90 V。这使得某些仪器很难进行数据处理。国际空间站周围等离子体电至为－140 V，这样会造成电弧和溅射等破坏性现象的发生，因此在 ISS 的设计中加入了等离子体接触装置来控制电势。由于电源系统与有效载荷间的结构是非连续的，SP－100 卫星上空间核电源系统的有效载荷将在约－100 V 的等离子体 LEO 中运行。可是就具体情况来讲，卫星绝缘表面的充电电压只能达到几伏特的负电势。因此，发生在 LEO 环境中的电弧现象可能位于导体与绝缘表面的连接处（包括绝缘线缆上的孔），当导体比周围等离子体、阳极电极，或者比绝缘层具有更高的负电位时，当绝缘层下的导体负电势大到超过涂覆层的绝缘击穿电压时，便会发生电弧放电。微流星体和/或碎片的撞击以及绝缘击穿等都有可能使导体暴露于空间等离子体环境中。电弧电流将流向周围等离子体环境，回路电流将分布在航天器其他表面积更大的区域内。彼此有间隙的不同电压的导体间，在等离子体环境下也会发生电弧放电现象。负电势很高的等离子体环境中的导体，表面将吸收高能离子，因此会产生溅射。邻近区域可能受到溅射的表面导电涂层，会改变其电学、光学和热性能。在很高的正电势下，电子的聚集会使局部升温，并引起明显的功率损耗。

　　LEO 为低能等离子体环境（约 0.1 eV），但在地球磁场（$V \times B$ 约为 0.3 V/m）中运动的导体会产生强电场，较长的导体还会产生叠加效应，引起电弧放电。可采取不将裸露的大型导体暴露于空间环境中，并用绝缘材料涂覆的方法来防止电弧放电。而在 GEO 上，应将导电涂层和结构部件在同一点接地，均衡部件间的电势，减少静电放电的发生。所以，LEO 和 GEO 的静态放电现象的产生原因和解决方法都是完全不同的，如表 16－1 所示。

表 16-1　LEO 和 GEO 静电放电比较

参数	LEO	GEO
等离子体环境	低能约为 0.1 eV	高能约为 10 000 eV
由于航天器在地球磁场的运动 产生的电位差	$V×B$ 很高 （约 0.3 V/m）	$V×B$ 可忽略 （约 0）
绝缘表面的电位差	约 1 V	>1 000 V
导体的电位差	5～5 000 V	约 1 V
补救方法	用绝缘涂层涂 覆暴露的导体	用导电涂层 消除绝缘表面电荷

16.4　绝缘击穿

　　从一个表面到另一个表面的静电放电就涉及了绝缘击穿现象。由于没有哪种放电现象能够电离真空，所以它不同于闪电。但绝缘击穿的发生比闪电快很多，以纳秒级时间计算，如图 16-2 所示。

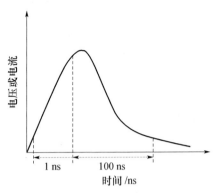

图 16-2　典型静电放电的发生和衰减时间

　　国际空间站的地面试验发现，在 LEO 等离子体环境下，绝缘涂层通常在 100 V 时被击穿。在模拟空间等离子体环境中，发生绝缘击穿现象以前的额定绝缘强度和测量的强度并不一致。人们怀疑这种情况是由于涂层的孔隙率造成的，等离子体中的粒子，穿过正常的绝缘涂层，更接近绝缘层下面的导体。即使以超过额定绝缘击穿强度 100 V 的涂料涂覆导体，但是较大的孔隙率仍可以使实际绝缘击穿强度不足 100 V。因此，对于必须暴露在高负电势环境下的表面，用绝缘材料涂覆是非常重要的；否则就要求在等离子体环境中，其外表面强度能足以承受整个系统的电压。在选择绝缘涂覆材料时必须慎重。值得注意的是，广泛用于铝部件上的铬酸电镀层在等离子体环境中难以承受 100 V 的绝缘强度。而加厚涂层通常会影响其热性能，所以这并不是一个好的解决方法。硫酸电镀涂覆具有较高的绝缘强度，但热性能不好。当 LEO 任务对热控要求不高时，硫酸电镀涂覆就不失为一个较好的解决办法。对于其他所有裸露的高压表面，采用 1 000 V 绝缘强度的抗原子氧镀铝 Kapton 效果会更好。

16.5　静电放电进入点

以下讨论的是静电放电能量进入敏感电子设备的途径，以及如何避免产生潜在损坏的方法。

16.5.1　缝隙起弧

静电放电对壳体外壁的冲击引起冲击点局部电压升高，直至电荷分布均衡为止。电压很高时，壳体与内部线路板之间的小缝隙会引起击穿和电弧放电。在起弧处与易损线路板之间放置一个接地金属屏障，可防止上述现象的出现。空气在约 3 000 V/mm 情况下会被击穿，而静电放电试验规范要求击穿电压为 15 000 V。因此，在地面进行静电放电试验期间，所有气缝隙小于 5 mm 的地方都是关键位置。

16.5.2　固体绝缘击穿

多数电源系统电子设备采用击穿强度为 7～8 kV/mm 的固体绝缘物。为了抗击 15 kV 级的高压，必须在静电放电试验期间对所有小于 2 mm 的绝缘层可能发生的电弧放电进行仔细的评估分析。

16.5.3　间接交互作用

　　静电放电电流通过壳体耦合进入导线，然后再经过导线传送到内部线路板。在静电放电感应的瞬态，较大的 dE/dt 和 dB/dt 值会引起电磁辐射，这种辐射依次又被传送到内部线路中。因此，为了避免试验中或者运行中 ESD 故障对线路板的损害，必须分析每个元件的承受水平，并在此基础上留有足够的裕度。10 倍的安全系数足以达到静电放电保护的目的。

16.6　静电放电效应

　　静电放电故障会从以下若干方面影响航天器的设备：

1）人的安全；

2）干扰正常运行；

3）损坏元件。

对运行的干扰和引起的元件失效，具体表现为：

1）无线通信产生噪声，视频显示信号颤动闪烁；

2）逻辑门的切换；

3）半导体与绝缘体连接处的过电压引起元件失灵；

4）触发航天器爆炸装置（严重故障）；

5）危险区域失火（1 级故障，易爆燃料气化）。

16.7　减少静电放电

　　减少航天器电弧放电的基本措施有：

1）控制航天器浮动电势以减少诱发电弧放电；

2）限制母线电压和太阳电池串电流，防止起弧的阈值降低；

3）应用适当的接地方法。

以上措施的具体方法为：

1）增加航天器的导电面积，降低浮动电势；

2）利用等离子体接触件降低航天器电势（正如国际空间站所做的那样）；

3）合理布置太阳电池串，使相邻单体电池间的电势差低于 60 V；

4）单体电池间涂覆薄涂层使它们之间的缝隙绝缘；

5）把太阳电池串电流控制在 1 A 以下，并使用二极管隔离。

在线路中使用变压器，其中一轧线圈和底座总是与航天器结构地连接。铁芯与底座间维持一定间隙，处于浮动状态。虽然航天器所带电荷有可能从底座通过飞弧进入铁芯，但无法进入线圈中，除非主线圈绝缘被击穿。浮芯的设计是军标所要求的，但其是否优于接地芯还没定论。

以下为分析和控制静电放电效应列步骤：

1）检查航天器的每个表面。如果任何一个表面的面电阻单位面积超过 10 kΩ，那么应根据实际表面情况用导电覆膜（ITO）进行处理。

2）对法拉第（Faraday）壳体外的所有线缆实行接地屏蔽。

3）确定预期的静电放电感应瞬态电压和所有元件的承受水平。如果分析结果显示安全系数小于 10 倍，那么就要进行静电放电试验，以确定其生存能力。如果在认可的裕度内元件没有生存能力，那么应在设计中就增加额外屏蔽或滤波器。

Ferguson[1]对太空环境给航天器造成的影响进行了广泛研究，对电源系统的设计给出了如下建议：

1）当航天器上非连续性结构电势超过 100 V 时，它们之间应有足够厚的绝缘层。

2）应重视 LEO 环境中暴露的导体－绝缘体连接件的几何形状和材料，尤其是一定要选用比周围环境等离子体起弧阈值高的导体。应进行等离子体环境试验以确定材料的阀值。

3）有证据表明，具有吸水性和/或其他一些易挥发的材料的起弧几率较高。因此，诸如太阳电池边缘之间导体－绝缘体连接处这样的位置应避免使用这种材料。

4）几何形状同样会影响等离子体电弧放电。因此选用的几何形状应有助于避免离子进入导体－绝缘体连接区域。

5）对于 LEO 任务而言，在高的负电势的结构和有效负载表面应避免导体暴露，或者至少不暴露导体－绝缘体的连接区域，以避免上述区域发生电弧放电现象。

6）对于 GEO 任务，应采用完全导电的表面以避免荷电差异。

采用合适的接地设计，有助于控制航天器表面相对于等离子体环境的电势。负接地的电源系统聚集惰性离子，即使很大的表面积也仅能通过浮动电池将最小的负电压上升几伏特的电势。LEO 上的正接地的高压太阳电池阵，也许能够控制其浮动电势。可是，这种极端情况下的空间应用级高压电子元件十分稀缺，研制速度很慢，并且可能相当昂贵。

16.8　太阳电池阵的静电放电控制

整个太阳电池阵（单体、玻璃盖片和基板）在静电荷电影响下的性能，其应满足各种设计技术规范。GEO 航天器，通常需要增加 ITO 涂层，它会减少太阳电池阵 2% 以上的输出功率。例如，厚度 700 埃（0.07 μm）的涂层会减少单体电池约 4% 的输出功率。

考虑太阳电池阵的接地和导电性问题时，应关注以下几点：

1）太阳电池阵背面至少应有三处与铝蜂窝板芯接地，每块太阳电池板的蜂窝芯再与从连接杆引出的接地线相连。

2）板端和连接杆的 SAD 端都彼此电连接，并且通过两个 20 kΩ 分流电阻与航天器结构相连，如图 16－3 所示。

- 如果在连接杆上使用导电性的胶带，那么可将导线缠绕在连接杆外进行接地，导线接入太阳电池阵结构地的方法与连接杆相同。

- 在初步设计阶段，最好的方法是对太阳电池阵进行良好布局，减小电势梯度较大的单体间的间隙。

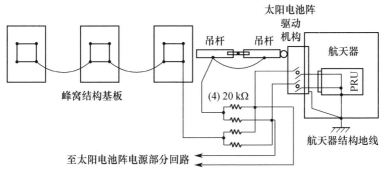

图 16-3　具有静电放电保护的太阳电池阵接地设计

为了防止静电放电，太阳电池阵通常采用下列设计和结构特点：

1）太阳电池板背面涂层的面电阻应不超过单位面积 100 MΩ。

2）连接杆外表面应导电。应尽量减少非导电胶带或对导电性连接杆表面的喷涂。用在连接杆上的导电胶带应接地。

3）涂敷层和未紧固表面应通过适当数量的搭接带与太阳电池阵结构接地连接。

4）在 SAD 的滑环前或 PRU 中，应使用缓冲电容。

16.9　元器件敏感度

静电放电会在短时间内（100～1 000 ns）产生较高的电势（高达 20 kV），能量大小与放电的表面面积有关。进入航天器的电流取决于局部结构形态和传播路径的阻抗。双心电缆的特性阻抗是 50～60 Ω，而 AWG20 双绞屏蔽线的阻抗约为 60 Ω，AWG30 双绞屏蔽线的阻抗约为 120 Ω。

尽管静电放电的能级很小，通常为几毫焦耳，但能造成诸如 CMOS，FET 和 PIN 二极管这样的敏感元件损坏所需的能量更小（微焦耳到毫焦耳之间）。像磁性元件和真空管这样的鲁棒性元件可以承受的静电放电能量稍大一些。在线元件比离线元件更易受损。

静电放电敏感度通常以部件充电时升高的电压来计算。在 MIL-HDBK-263 标准中，按照静电放电电压范围列出了元件敏感度。这个标准将敏感度分成三级：敏感度小于 1 000 V 的为 Ⅰ 级，介于 1 000~4 000 V 之间的为 Ⅱ 级，介于 4 000~15 000 V 之间的为 Ⅲ 级。

表 16-2 列出了航天器电源系统中经常应用的某些元器件的静电放电损坏阈值。通常放电能量达到损坏阈值电压的 10% 时，设备便会发生紊乱。

表 16-2　电源系统中电子元件的静电放电损坏阈值

元件	静电放电损坏阈值/V
MOSFET	10~200
GaAsFET	50~2 000
JFET	150~7 000
双极晶体管	300~7 000
激光器二极管	100~2 000
PIN 二极管	200~1 000
Schottky 二极管	300~2 500
Schottky TTL	500~2 500
CMOS	150~3 000
操作放大器	200~2 500
薄膜电阻	300~3 000

静电放电规范要求测试电压为 15 000 V。如图 16-4 所示，为了实现该目标，使用一个静电放电模拟装置。它基本上是以一个直流电源对一个较高阻值的电容进行慢充电，然后再经过一个低电阻对一个用电设备进行快速放电来实现。

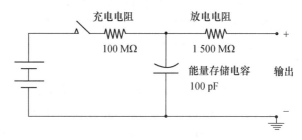

图 16-4　典型线路的静电放电模拟试验

16.10　试验期间的安全性

在测试敏感性电子元件时，尤其在测试装置的线路板时，必须注意空气中的静电使人体带电而引发的静电放电对元件造成的影响。人体电位升高的情况如表 16－3 所示。如果测试人员未通过佩戴导电手镯将所带电荷引入地线而直接接触元件，就会造成对敏感性元件的损坏。因此，对静电放电试验人员进行培训和资质确认，属于试验最基本的要求。

表 16－3　一般人体所带的静电电压

静电产生方式	静电电压	
	10%～20%湿度	65%～90%湿度
在地毯上行走	35 000	1 500
在乙烯树脂地板上行走	12 000	250
在试验上行走	6 000	100
打开设备的乙烯树脂包装使设备投入使用	7 000	1 200
从试验台上拿起普通的聚乙烯材料的袋子	20 000	1 200
坐在聚氨酯泡沫制作的座椅上工作	18 000	1 500

注：源自 MIL－HDBK－263。

参 考 文 献

〔1〕　FERGUSON. DC Interaction between spacecraft and their environment：proceedings of the Intersociety Energy Conversion Engineering Conference，Paper No 0092－x，1992.

第 17 章　可靠度和降额

17.1　简　介

　　电源系统所能产生的经济效益取决于系统的可用性。系统的可用性包括两个方面：可靠度和可维护性。卫星发射以后，其可用性只取决于可靠度，一般不涉及可维护性。

　　系统的可靠度，就是整个任务期间系统的大量元器件能否正常工作的可能性。在实际操作条件下通过测试大量同类组件可以得到可靠度。能够得到空间领域实际飞行试验的机会，仅限于少数卫星。这使得可靠度的评估不易进行，有时会存在争议，甚至是疑问。但是，对可靠度做出评估非常重要，至少在相对的基础上，可以对降低系统可靠度的薄弱环节进行认定和修正。对系统可靠度认定的过程可能比最后得到的数据更重要。

　　部件出现故障的可能性来自于四个方面：

　　1）随机故障：只是一种概率。

　　2）损耗故障：对此要有很好的了解，并在设计时予以考虑。

　　3）设计故障：在能够预期和未能预期的异常情况下，设备运行条件超出设计范围时产生的故障。设计故障可通过合理的设计裕度来加以避免。

　　4）生产故障：取决于生产工艺和质量管理过程的连贯性和灵敏性。影响电源系统可靠度的生产问题有两个，一是在绞合过程中由于导线塑料绝缘层存在划痕，这会降低导线的电性能和机械性能，还可能导致短路或开路；二是仪器盒内凸出的螺钉刺破附近导线的绝缘层，与其他元器件形成短路。这种情况也会引起绝缘介质的应力集中，在静电放电时产生电弧放电。

　　组件可靠度是以失效率（FIT）进行评估的，也称为危险率，以百万小时内发生的故障次数表示。组件的故障率随寿命变化，形成众所周知的如图 17-1（a）所示的浴盆形曲线。初始的高故障率（初期死亡率）是由于生产缺陷造成的，会随着使用时间的增长迅速下降，电子组件尤为明显。因此，新生产的组件在初期的使用过程中要经历一段时间，以剔除初期故障，这个过程叫做"磨合"。对于电源电子组件，多数情况下，故障出现在前 12 h 的磨合期。

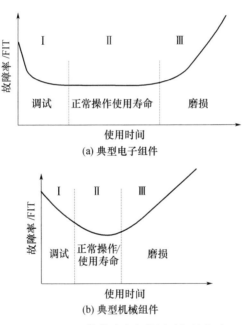

(a) 典型电子组件

(b) 典型机械组件

图 17-1　组件故障率与使用时间的关系

　　随后将维持一个持续的低故障率工作期，就是图中盆形曲线的盆底部分。在这一阶段，失效是随机发生的，工程设计时要对其可能性进行分析处理。接近寿命末期时故障率上升，是由于磨损机理导致的，对此设计人员已有很好的了解，并在设计中进行了处理。

　　曲线平坦部分应该是组件寿命的有用阶段。仅在这一阶段用随机故障率来评估组件的可靠度。没有活动元件的电子组件的曲线平坦部分相对较长。活动机械部件和机械磨损部件的曲线平坦部分相对较短，如图 17－1（b）所示。

17.2 随机故障

如果同时测试大量组件，在一定的时间段中随机故障出现的次数是个常数，与寿命初期或者末期无关。换句话说，在随机故障率的范围内，如果一个组件在给定的时间段中没有发生故障，那它就完好如新。但是，随机故障的发生有累积性，组件继续工作的可能性随时间指数下降。因此，可靠度与时间呈指数关系，即为泊松分布函数，表达式为

$$R(t) = \mathrm{e}^{-\lambda t} \tag{17－1}$$

式中 λ——故障率，即在单位时间内的故障次数，也就是危险率。

在时间 t 内发生故障的可能性，即不可靠度 U 为

$$U(t) = 1 - R(t) = 1 - \mathrm{e}^{-\lambda t} \quad \text{和} \quad \frac{\mathrm{d}U}{\mathrm{d}t} = \lambda \mathrm{e}^{-\lambda t} = f(t)$$

$$\tag{17－2}$$

对于任何时间段 t，在 Δt 时间内，元件发生故障的可能性为 $f(t)\Delta t$。因此，$f(t)$ 可以看做是故障率的密度函数。根据图 17－2（a）所示，对于固定的危险率 λ，$f(t)$ 为指数减函数，如图 17－2（b）所示。在 $0 \sim t$ 时间内，$f(t)$ 曲线覆盖的面积为组件的不稳定性区域，$t \sim \infty$ 时间内的阴影区为可靠区。

大量特定组件的故障之间平均时间（MTBF）为

$$\mathrm{MTBF} = 1/\lambda \tag{17－3}$$

也就是，如果大量相同的组件在相同的条件下进行测试，那么 MTBF 为 $1/\lambda$，总是相同的，因为 λ 是固定的。以 MTBF 表示，组件在时间 t 正常工作的可能性为

$$R(t) = \exp(-\lambda t) = \exp(-t/\mathrm{MTBF}) \tag{17－4}$$

在时间 t 组件无法正常工作的概率为

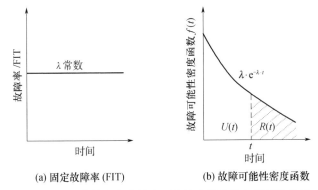

(a) 固定故障率 (FIT)　　　　　　**(b) 故障可能性密度函数**

图 17-2　固定故障率和故障可能性密度函数与时间的关系

$$U(t) = 1 - R(t) = 1 - \exp(-\lambda t) = 1 - \exp(-t/\mathrm{MTBF})$$

$$(17-5)$$

17.3　磨损故障

　　轴承、螺形阀、常见的继电器和电池电极等组件，在工作过程中会出现磨损。磨损故障模式表示的寿命以平均寿命 μ 和标准离差 σ 表示。如果 $f(t)$ 表示在时间 t 发生故障的可能性，呈正态钟形密度曲线，可用高斯分布函数表示为

$$f(t) = \frac{1}{\sigma\sqrt{2\pi}}\exp\left\{-\frac{1}{2}\left(\frac{t-\mu}{\sigma}\right)^2\right\} \qquad (17-6)$$

在时间 t 发生磨损故障的可能性是函数 $f(t)$ 在 $0\sim t$ 的积分。在时间 t 的可靠度，或着说在时间 t 无故障的可能性为

$$R(t) = 1 - \frac{1}{\sigma\sqrt{2\pi}}\int_0^t \exp\left\{-\frac{1}{2}\left(\frac{t-\mu}{\sigma}\right)^2\right\}\mathrm{d}t \qquad (17-7)$$

17.4　可靠度基本定理

　　任何由串联、并联或者串并联相结合的组件所组成的复杂系统的可靠度，都遵循以下两个基本定理：

1）若 A 和 B 是两个独立的事件，它们各自发生的可能性为 $P（A）$ 和 $P（B）$，那么 A 和 B 同时发生的可能性为

$$P(A) \times P(B) \qquad (17-8)$$

2）有 n 个相同的组件，每个组件的可靠度为 R，那么在任何时间 t，k 个组件正常工作的可能性可以由以下二项式定理表示为

$$P_k = \frac{n!}{(n-k)!k!}R^{n-k}(1-R)^k \qquad (17-9)$$

运用第 1 个定理，组件在各种故障模式下总的可靠度等于单个模式可靠度的乘积。例如，上述 4 个故障模式总的可靠度可表示为

$$R_o = R_r R_w R_d R_m \qquad (17-10)$$

式中，等号右边的 4 个可靠度分别表示随机、损耗、设计和生产故障模式下的可靠度。组件的设计留有足够的裕度。如果使平均磨损故障时间远大于设计寿命，磨损故障模式的可靠度几乎接近于 1.0。通过保持生产过程的一致性和严格的质量保证程序，可以消除潜在的故障因素，仅剩下随机故障影响总的可靠度，实际应用时也确实采用这种方法。

17.5　串并联可靠度

如果系统中所有组件必须整体正常工作，那么从可靠度的概念上讲，就认为有两个或两个以上的组件在串联工作。另一方面，如果只需要一种组件为整个系统正常工作，那么从可靠度的概念上讲，就认为两个或两个以上组件是并联工作的。不要把可靠度意义上的各种组件串/并联运行和电路中的串/并联连接混淆起来。电学意义上的并联从可靠度的角度来说可以认为是串联，反之亦然。

如果两种组件的可靠度分别是 R_1 和 R_2，以如图 17-3 所示的串联方式工作，那么根据式（17-8）表示的定理，系统的可靠度可由下式计算

$$R = R_1 R_2 = \exp(-\lambda_1 t)\exp(-\lambda_2 t) = \exp[-(\lambda_1 + \lambda_2)/t]$$

$$(17-11)$$

图 17-3　两个串联组件组成的系统

或者说，系统故障率 $\lambda = \lambda_1 + \lambda_2$，并有

$$\text{MTBF} = \frac{1}{\lambda_1 + \lambda_2} \tag{17-12}$$

如果两个组件的可靠度分别是 R_1 和 R_2，并以如图 17-4 所示的并联方式工作，那么只当有 2 个组件都出现故障时，整个系统才会出现故障，即 $U = U_1 U_2$，$R = 1 - U$，或为

$$R = 1 - U_1 U_2 = 1 - \left[(1 - e^{-\lambda_1 t})(1 - e^{-\lambda_2 t}) \right] \tag{17-13}$$

用一些代数方法，得到

$$\text{MTBF} = \frac{1}{\lambda_1} + \frac{1}{\lambda_2} - \frac{1}{\lambda_1 + \lambda_2} \tag{17-14}$$

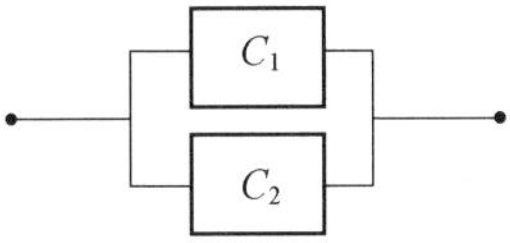

图 17-4　两个并联组件组成的系统

17.5.1　举　例

运用以上串并联可靠度原理，讨论下面实例。

1）由两个串联组件组成的系统，每个组件的可靠度为 0.99，则系统可靠度为 $0.99^2 = 0.980\,1$。

2）另一个系统由两个相同组件并联组成，系统的可靠度为 $1 - 0.01^2 = 0.999\,9$。

3）系统由 15 个组件串联组成，每个组件的可靠度为 0.95，系统可靠度为 $0.95^{15} = 0.463\,3$。

4）如果系统由 150 个组件串联组成，每个组件的可靠度均为 R_1，若系统整体可靠度要求达到 0.99，那么组件的可靠度可由方程 $0.99 = R_1^{150}$ 求得，即 $R_1 = 0.999\,933$。

实际应用中，系统的组件有串联的，也有并联的。例如，计算图17-5中整个系统的可靠度，可先把系统分割为子系统 A，B，C，D，再计算不可靠度和可靠度。

$$U_A = (1-0.90) \times (1-0.90) \times (1-0.90) = 0.001,$$

$$R_A = 1-0.001 = 0.999$$

$$U_B = (1-0.80) \times (1-0.80) \times (1-0.80) = 0.008,$$

$$R_B = 1-0.008 = 0.992$$

$$U_C = (1-0.992 \times 0.99) \times (1-0.97 \times 0.98) = 0.000\ 885,$$

$$R_C = 1-0.000\ 885 = 0.999\ 115$$

子系统 D 作为单独的一部分，$R_D = 0.998$。

整个系统的可靠度 R_S 为

$$R_S = R_A \times R_C \times R_D = 0.999 \times 0.999\ 115 \times 0.099\ 8 = 0.996\ 12$$

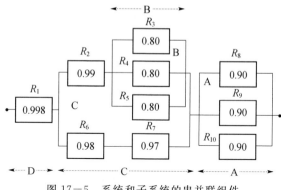

图 17-5　系统和子系统的串并联组件

一个系统，比如一组蓄电池和由具有相同可靠度的太阳电池组成的太阳电池阵，其可靠度与组件数量的关系如图17-6所示。值得一提的是72原理：当串联组件的数量与每个组件不可靠度百分率的乘积等于72时，装置的可靠度会降低一半。

系统的可靠度随并联组件数量的增加而增加，但随着并联组件数量的增大，其对系统可靠度的贡献率（rate of return）迅速下降，这一点可从表17-1最后一列看出来。从单个组件增加开始，对可靠

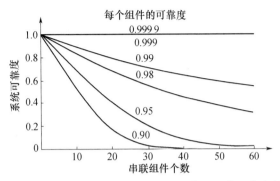

图 17-6　系统可靠度与串联组件的数量及每个组件可靠度的关系

度的贡献率用每并联一个组件使系统可靠度改善的百分比表示。若每个组件可靠度为 R_1，n 个组件并联的可靠度为 R_n，则可靠度贡献率为 $(R_n - R_1)/R_1$。如果每个组件的可靠度是 80%，那么 1 个并联组件对系统可靠度的贡献就提高了 20%，3 个组件的贡献率就是 24%，无穷多个组件并联的改善率接近 25%。使用 2 个组件并联，可靠度可大幅度提高；多于 3 个组件并联，可靠度提高不大。

图 17-7 所示为有交叉互连的太阳电池阵的布片面，这种方法经常用于提高太阳电池阵的可靠度。

表 17-1　使用并联组件对系统可靠度的贡献率

组件个数	总的系统可靠度	增加的系统可靠度	相对于单个组件系统可靠度增长率/%
1	0.800 000	参考	参考
2	0.960 000	0.160 000	20.00
3	0.992 000	0.032 000	24.00
4	0.998 400	0.006 400	24.80
5	0.999 680	0.001 280	24.96
6	0.999 936	0.000 256	24.99

图 17-8 是用来验证这种系统的。系统由 2 个相同的并联路径组成，每个路径都由 4 个串联的组件组成，组件的可靠度写在图中方

图 17-7　太阳电池阵的交叉互连布片面

框里。(a) 结构是没有交叉布片的，系统的可靠度为

$$R_a = 1 - (1 - 0.99 \times 0.98 \times 0.97 \times 0.96)^2 = 0.991$$

(b) 结构是有交叉布片的，系统可靠度为

$$R_b = (1 - 0.01^2) \times (1 - 0.02^2) \times (1 - 0.03^2) \times$$
$$(1 - 0.04^2) = 0.997$$

交叉互连布片将系统的故障率降低了 1/3，从 9‰降低到了 3‰。

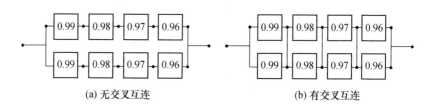

(a) 无交叉互连　　　　　　　　　(b) 有交叉互连

图 17-8　没有交叉互连和有交叉互连的系统

17.6　冗　余

冗余是指并联了多于指定操作所需要的组件。快速检测出故障并启动备用系统，冗余系统才能发挥作用。因此，必须对系统性能进行连续的监控以便发现故障。一个或多个参数指标出现偏离，就可认定为发生了故障。毋庸置疑，故障检测器的可靠度必须高于被监控系统的可靠度。

冗余系统工作方式有两种，如图 17-9 所示：(a) 活跃（热）备份，即始终保持启动状态；（b）休眠（冷）备份，即主系统出现故障时才切换至冗余系统。下面讨论几种不同的冗余类型。

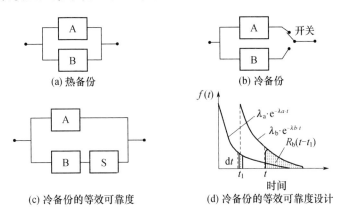

(a) 热备份

(b) 冷备份

(c) 冷备份的等效可靠度

(d) 冷备份的等效可靠度设计

图 17－9　热备份和冷备份

17.6.1　n个组件系统中（$n-1$）个组件必须工作的情况

由 n 个相同的组件并联组成的系统，一直保持热状态，其中（$n-1$）个组件必须同时工作（即只允许 1 个组件出现故障），整个系统出故障的可能性，即所有组件都出故障的可能性是

$$U = \underbrace{\frac{U_1 \times U_1 \times \cdots \times U_1}{n}} = U_1^n$$

式中　U_1——每个组件发生故障的可能性，假定系统各个组件是相同的。

那么系统的可靠度为

$$R = 1 - U = 1 - U_1^n \qquad (17-15)$$

若串联组件的可靠度一定，用两个大的元件并联（$n=2$），1 个元件保持热状态，1 个保持冗余状态，这样的组合比使用 3 个小元件（2 个保持活性，1 个冗余）的组合质量要大一些。另一方面，使用 10 个小组件也会增加质量，因为每个小组件都有固定的质量大小。很明显，在给定可靠度并要求系统质量最小化的情况下，存在 1 个单元数量的最佳值。可以通过考察由多个小元件并联组成的电池充放电变换器来寻找这个最佳值。

　　$100 \sim 200$ W 范围内的变换器的质量约为 $500 + 3P_0$（g），其中 P_0 为功率，它对电压和母线电压调节不敏感。系统质量表示为：质量 $= \alpha + \beta P_0$，其中 α 是固定值，β 是与功率成比例的质量常数。由 n 个组件组成系统中，有 $(n-1)$ 个组件必须参与工作，只允许 1 个组件发生故障，则系统达到最小质量时的最佳组件数量为

$$n_{最佳} = 1 + \sqrt{\frac{\beta P_{输出}}{\alpha}} \qquad (17-16)$$

因此，如果固定质量 α 很小，使用多个小组件可以减小系统质量，虽然成本会高一些。从实际经验来看，$\beta P_{输出} / \alpha$ 的取值在 $2 \sim 7$ 之间时，$n = 3$ 是最佳值。

17.6.2　n 个组件处于热状态，m 个组件必须工作的情况

　　若有 n 个热态组件并联，m 个组件同时工作就可以满足需要，那么正好 k 个组件正常工作的可能性服从二项式分布

$$\frac{n!}{(n-k)!k!} R_1^{n-k} (1-R_1)^k \qquad (17-17)$$

至少有 m 个组件工作的可能性是 $k = m \sim n$ 各项的总和

$$R = \sum_{k=m}^{k=n} \frac{n!}{(n-k)!k!} R_1^{n-k} (1-R_1)^k \qquad (17-18)$$

式中　R_1——每个组件的可靠度。

17.6.3　m 个组件处于启动状态，d 个组件冗余的情况

　　设系统由 $(m+d)$ 个组件并联组成，m 个组件工作，d 个组件备用，其中任何一个都能代替出故障的工作组件，则平均无故障工作时间为

$$\text{MTBF} = \left(\frac{d+1}{m}\right) \text{MTBF}_1 \qquad (17-19)$$

式中　MTBF_1——每个组件的无故障工作时间，为 $1/\lambda$。

　　例如，如果系统中有 3 个组件，2 个工作 1 个备用，系统的 MTBF ＝ ［（1＋1）/2］MTBF$_1$，每个组件的 MTBF$_1$ 值相同。如果只有 2 个工作组件而没有备用的组件，系统的 MTBF ＝ 1/2MTBF$_1$，这里假定，所有组件的故障率是相同的，并且开关的可靠度为 1。实践中，备用组件在没有启动的情况下其故障率是很低的。

　　设两个单元并联，即工作单元 A 和备用单元 B 并联，开关位于一端，如图 17－9（b）所示，系统的可靠度则应由开关和备用单元来估计。因为，当工作单元出现故障时，切换后开关和备用单元 B 必须同时工作。

17.6.4　共用的和独立的电池充电器

　　电池充/放电器的结构有两种，如图 17－10（a）和 17－10（b）所示。在（a）中，每个电池独自拥有 2 个充电器，每个充电器承担 100％的电池负载，或者承受系统总负载的 50％，允许其中 1 个充电器出现故障。在（b）中，2 个电池共用 3 个充电器，每个充电器承受系统总负载的 50％，其中 1 个发生故障时其他 2 个充电器仍可满足系统的负载要求。共用充电器（2 个电池组共用 3 个充电器中的 2 个）可以减少充电器个数，从而减少质量。但是如果电池组中（例如电池 B$_1$ 中）一个电池单体出现故障（短路或断路），B$_2$ 电池组也必须切除一个单体电池，并转入涓流充电状态，以维持故障电池的活

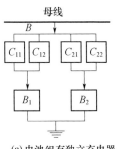
(a) 电池组有独立充电器

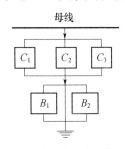
(b) 电池组共用充电器

图 17－10　电池组充/放电变换器结构

性。否则，因为 B_1 电池组中电压减小了 1.25 V，它的内阻又很小，所以承担的充电负载也大大减少。这种情况对于任何 2 个并联工作的电压源都是存在的。对于承担的相同负载，它们的电压必须保持相同。有鉴于此，实际应用中共用充电器实现起来会很复杂，因而很少使用。为每组蓄电池独立配置充电器需要增加部件和增加质量，但因其简便易行，因而它是目前最广泛使用的蓄电池组充/放电变换器的冗余结构。

17.6.5   二极管环形线路热备份冗余

主份和备份元件通常使用如图 17−11 所示的二极管环形线路。这种线路使主份元件承担几乎所有的负载，备份元件与之并联并保持活性，仅承担 5 %～10 %的负载。主份元件接近满负载工作使系统效率达到了最佳状态。非均衡负载通过线路中设置的 R_1、R_2 和 R_3 分压器实现主份和备份元件的平衡。当 $R_2 > R_3$ 时，使控制电压 $V_{c1} > V_{c2}$，所以主份元件几乎承担了全部负载。

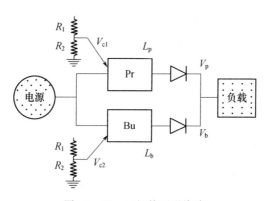

图 17−11   二极管环形线路

图 17−12 所示为确定 2 个元件共用负载的方法。两个元件的端点电压下降线，即 V_p 和 V_b，与单个元件负载的关系用实线画出，总的负载量将两条垂直线分开。由于 2 个元件并联，它们共用的端电压在两条直线的交点 V_t 也必须相同，此时，主份元件负载为 L_p，备用

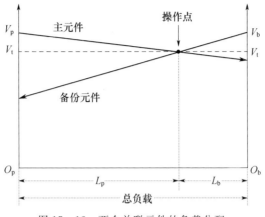

图 17-12　两个并联元件的负载分配

元件负载为 L_b，总负载为 $L_p + L_b$。

线路中的二极管是用于阻隔反向电流的。在以下两种情况下会出现反向电流：

1）任一个元件的内部故障都会导致另一个元件馈入故障电流；

2）V_{c1} 和 V_{c2} 的偏移能造成主份元件负担多达 110% 的负载，备份元件却负担 -10% 的负载，也即备份元件变成了负载。

17.7　故障率统计

故障率是通过对大量相同组件进行故障测试而得到的，直到每个组件都发生故障要花很长时间，因而这种方法缺少实用性。取而代之的方法是，在一定的时间段内进行检测，组件出现故障时就立刻替换掉，经过足够长的时间后就结束测试。这种方法得到的结果就是我们想要得到的故障率，因为故障率是一个常数，无故障组件在任何时候都如新的一样。在一定测试环境下单位时间内特定数量组件的故障率可通过下式计算

$$\lambda = \frac{总故障数}{总检测时间} \qquad (17-20)$$

　　一般制造商负责提供具体的操作条件下故障率的统计资料，很多组织机构也积极搜集这方面的信息，并且出版了很多文献。例如，MIL－HDBK－217 标准就按照不同操作环境对元件的数据分卷编撰。大量数据表明，像电容器、电阻器、二极管和连接器这样的被动组件的可靠度较高。可靠度最低的是 TWTA 和像滑环、轴承、电位器和继电器这样有移动元件的组件。这个结论和人们的预期相一致。

17.8　MIL－HDBK－217 标准

　　MIL－HDBK－217 是一种军用标准手册，它统一了预测军用电子器件、设备和系统可靠度的方法。手册中列出了在基准热、电和机械工作强度下大量样本器件的基准故障率。任何对规定操作条件的偏离都会导致故障率的改变，可表示为

$$\lambda_a = \lambda_b \pi_p \tag{17-21}$$

式中　λ_a——设计中实际操作条件下的故障率；

　　　λ_b——手册中规定的基准操作条件下的故障率；

　　　π_k——根据环境、工作强度和结构差别调整 λ_b 的因子，$k=1$，2，$\cdots$，n；

　　　π_p——$\pi_1 \cdot \pi_2 \cdot \cdots \cdot \pi_n$，为所有调整因子的乘积。

电气和电子设备中调整故障率的主要因子有：

1）π_E 环境因子（温度除外）。

2）π_Q 质量因子，用来代表不同的质量等级（如 A 类、B 类、S 类等）。例如，B 类商用器件的质量因子为 1.0，S 类空间用器件的质量因子为 0.01 等。

3）$\pi_T = K^{\Delta T}$ 操作温度偏离因子，ΔT 是偏离标程温度的值，单位为℃，K 是由器件结构决定的常数，在 1.05～1.15 之间变化。应该注意的是，若工作温度每提高 10 ℃，故障率就是原来的 2 倍，但每降低 10℃，故障率却降低 50%。

4）$\pi_D = (V_{op}/V_{rated})^a$：介电应力因子，其中接近额定电压时 $a=$

2～4，高于电弧端点电压时 $\alpha=5\sim8$。很明显，电弧会很快削减寿命，因此高电压设备应该避免发生电弧。

5）π_v 振动因子，它是由疲劳寿命决定的，疲劳寿命又由很多因素决定，比如振幅、频率、应力集中程度、材料的断裂强度等。

手册中还列出了其他的调整因子，可用于计算可靠性。对于某些商用或军用电源变换器，在应用调整因子之前，其基本故障率 λ_b 也可用 MIL－HDBK－217 以表 17－2 列出的数据进行计算。

表 17－2　可选电子组件的基本故障率

组件	故障率 ($\lambda_1/10^6$ h)		组件	故障率 ($\lambda_1/10^6$ h)	
电容器			晶体管		
陶瓷	66	22	信号级 NPN	71	14
薄膜	78	26	信号级 PNP	100	20
钽	200	63	功率级 NPN	650	130
电解质	1 600	480	晶闸管功率	1 800	360
电阻器			ICs，数字≤20 门	1 050	18
固定的组成	45	45	ICs，线性≤32Qs	900	33
固定的绕线	100	100	变压器		
固定的薄膜	3	3	信号	10	3
可变的合金陶瓷	2 760	1 380	功率	82	32
可变的绕线	300	100	开关，热	225	3
二极管			连接器，接触对	32	4
信号级	28	5.6	熔断器	300	100
功率级	2 160	432			

注：源自 MIL－HDBK－217。

17.9　用组件计数法估计可靠度

在早期投标和设计阶段，可以用 MIL－HDBK－217 中列出的一种简化方法估计组件的可靠度，这种方法要求知道：1）组件的型号和大致数量；2）组件的质量优劣水平；3）系统的操作环境。运用这方法计算系统故障率的一般表达式为

$$\lambda_{eqp} = \sum_{i=1}^{i=m} N_i \lambda_{bi} \pi_{bi} \qquad (17-22)$$

式中　λ_{eqp}——系统总故障率（故障次数/10^6 h）；

　　　λ_{bi}——第 i 种同类组件的基本故障率（故障次数/10^6 h）；

　　　π_{bi}——第 i 种同类组件代表环境、工作强度和质量等级的所有
　　　　　调整因子的乘积；

　　　N_i——系统中第 i 种同类组件的数量，$i=1,2,3,\cdots,m$；

　　　m——系统中不同种类组件的总数量。

　　以上方法只适用于在相同环境下工作的系统。在环境不同的情况下，可以在每个环境中计算相应组件的故障率，然后把各部分组件故障率相加就得到系统总的故障率。

17.10　可靠度的降额

　　组件的故障率取决于操作强度，如电压、温度等。在高温下绝缘体会氧化、脆化和开裂，导致发生故障（短路）。氧化是一个化学衰减过程，它的衰减速度按照阿伦纽斯（Arrhenius）指数增加。大量系统检测数据表明，工作温度每升高 7～10 ℃，故障率就增加 1 倍，寿命缩短到原来的一半。相反，工作温度每减小 7～10 ℃，寿命可延长 1 倍。在特定的电压下也发生类似的衰减（磨损），但不像温度影响那么明显。不要把由于工作强度造成的故障率与前面 17.3 节描述的因磨损产生的故障率混淆起来。从浴缸形曲线可以看出，工作强度造成的故障率也发生在曲线的平坦部分，故障率在单位时间内也是常数，只是不同的工作强度对应不同的常数而已。

　　降额是指使组件工作时的电、热、机械等强度降级，以便降低衰减率，延长预期使用寿命，降低故障率。使组件的工作强度低于额定强度的过程叫做"降额"。实际上军事应用和空间应用的系统经常应用降额来尽量降低其磨损故障率。电流降额经常能够降低工作温度。另外，在一些主动装置上，例如晶体管，采用电流降额法控制 di/dt

的比率，因为这个比率能使半导体工作处于紊乱状态。降额设计增加了额定指标和实际故障水平之间的安全裕度，避免出现因设计中未预见的异常情况而损害系统。

降额设计可在很多方面利用不同的渠道实现，最初的降额设计可先从主要部件的工作环境和工作条件等方面考虑。降额因子乘以额定值确定了最大的工作强度，当然也不能排除通过其他渠道作进一步的降额处理。已被采用的组件列表中列出的没有降额因子的组件因数据不充分而不被推荐使用。在这种情况下，可以参考同类组件的数据对该组件作降额处理。

大多数任务都有根据以往经验传承的故障率得到的适用于任务特点的组件清单，任务的相关设计要考虑清单中所列的降额因子。一些空间机构，如 NASA 和 ESA 等，都有自己的优选清单。如果一个组件没有在优选清单列出，那么它就需要在优选清单指定的环境条件中进行严格的测试和验证。

17.11 故障率的快速估计

对组件进行全方位的可靠度测试是一项相当费时费力的工作，并且成本很高。但对拟使用的新部件的可靠度可以进行快速估计：将几个组件平行测试，直到在标称条件下或者在加速测量条件下出现第 1 个故障为止。若用 T 表示到第 1 次出现故障的工作时间，很明显 T 不是平均无故障时间，因为它不是从大量样本得到的平均值，但在这里可用于近似估计 MTBF

$$\text{MTBF} = 1/[1 - (1 - C)^{\frac{1}{T}}] \qquad (17 - 23)$$

其中，C 表示需要的置信度，商业应用时，该值为 $60\% \sim 90\%$；在国防应用或核能设备中，该值高于 99.9%。

示例：

为说明上述快速估计可靠度的方法，这里假设同时测试 20 个新组件，当运行到 3 000 h 时出现第 1 个故障，因此，出故障前所有组件总的工作时间为 20×3 000＝60 000（h）。在不同的置信度水平下，运用公式（17－23）可估算出样本的 MTBF：

置信度 C	50％	63.2％	90％	99％
总体的 MTBF	72 130	60 000	26 058	13 030

值得注意的是，由于指数分配 1－（1/e）＝0.632，因此，在第 1 次出故障时的 MTBF 的置信度只有 63.2％。

17.12　故障模式与影响分析

可靠度分析能够提供系统固有的可靠度，而故障模式与影响分析（FMECA）的含义超出了这个范围。它的主要目的不仅要确定故障模式，还要确定该故障对任务成功与否的影响和影响的严重程度。例如，严重程度 1 是指这种故障会对人体造成伤害或者导致任务完全失败，这样的组件就需要有极高的可靠度。至于其他组件，应将故障发生的可能性尽可能地降至最低程度，以满足任务要求。

17.13　无冗余组件

最高级别的可靠度规范一般有以下规定。

满足规定性能要求的电源系统的可靠度应在 95％以上，服务时间超过 15 a。单点故障不应造成关键功能冗余路径的损失，也不应把故障影响传播到其他系统。因此，不能总是把蓄电池与母线直接连接在一起。

为了让 EPS 的可靠度达到 95％，并维持 15 a 以上的寿命，EPS采用了很多高可靠度使用了冗余设计的组件。但是，以下电源系统组件上不必使用冗余设计，原因是它们虽为关键部件，但实际却无法进行冗余设计，或者是因为不是关键部件而不必进行冗余设计。

1）SAD 轴、轴承、步进电机的转子和传动装置等，从制造的角度来看无法做到冗余设计；

　　2）对航天器运行影响不大的非关键遥测设备，如：

　　　　• 单体电池电压监测仪；

　　　　• 电池组修复线路。

　　为使电源系统达到高可靠度，有必要提出一些总体设计方针：

　　1）对于每个组件，磨损故障率应该比随机故障率至少低 10%，设计的 MTBF 要比任务寿命期长 40%~60%。

　　2）由于冷焊接，滑环可能在突然启动时出现故障，这点必须避免。

　　3）用激光焊接，使母线与其他线路连接，可提高可靠性。

　　4）断线是一种故障，它是由于在焊接前移动绝缘层造成刻损而导致的。在生产过程中应避免导线被刻损。

　　5）在非冗余导线中使用双重绝缘，避免出现单点故障（短路）。

　　6）美国的电源系统设计使用低电阻单点硬接地，但这种接法在出现与接地有关的故障时会导致熔断器的开路或短路。可以通过使用高电阻软接地来提高系统的可靠度，这样使得一种故障不会造成整个系统瘫痪，系统对单一接地故障有耐受性。NASA 的喷气推进实验室几年前对几千欧姆电阻与结构地连接的方法进行了全面的研究，但至今仍未在任何航天器上使用过，主要原因是担心静电堆积。

17.14　可靠度计算举例

　　设想一个可靠度要求为 99.2% 的太阳电池阵，在轨服务时间 15 年，假定它需要 30 个分流电路来产生所需的电力。每个分流电路包含 3 个太阳电池串，每串由 126 片 4 cm×6 cm 的太阳电池组成。15 年服务期内每个分流电路的可靠度（包括电池串导线、滑环）为 95%，分流器和太阳电池的随机故障率为 1.0 FIT（每百万小时的故障次数），则 30 个分流电路的可靠度为 $(0.95)^{30} = 0.21$，远低于所要求的 0.992，如表 17-3 所示。为达到 0.992 的可靠度，需使用 32 个分流电路，即比要求的多出 2 个。

表 17-3   确定满足可靠度要求的分流电路数量的实例

分流电路数量	故障可能性	太阳电池阵可靠度
用 1 保 1	0.050	0.950
用 30 保 30	0.786	0.214
用 31 保 30	0.114	0.886
用 32 保 30	0.008	0.992
用 33 保 30	0.001	0.999

第 18 章　总装和测试

18.1　简　介

　　无论是在测试平台上还是入轨后，或者是处于中间的任一环节，如果已组装好的航天器出现故障，那么，检测故障、分析故障原因和解决故障就需要投入很多的时间和资金。在制造和各装配阶段进行全面测试是早期扫除潜在问题和保证按合同交货所必需的。航天器用户向航天器的主要承包商提供航天器的《航天器测试和验证计划》，用以指导所有其他系统和组件的测试和验证。该文件主要根据 MIL－STD－1540 标准中环境测试和 MIL－STD－1541 标准中 EMC 测试的内容制定。

　　一旦进入最后的生产阶段，就要进行现场验收测试，以保证最后的成品中不存在生产性差错和瑕疵。组件在装入各自的分系统前要进行测试，分系统在装入航天器前也要进行测试。测试应尽量在真实的模拟空间运行环境中进行。

　　表 18－1 列出了一般要重点测试的电源系统组件。如果需要对组件进行热冲击试验，常用的操作方法是把组件从沸水（100 ℃）中转移到液氮（－193 ℃）中，测试涂层和陶瓷部件在这样的热冲击下能否开裂。

表 18－1　电源系统关键组件的测试

太阳电池	蓄电池组[①]	电池组电源变换器	预组装
电池性能	直流绝缘[②]	效率	三通道控制[④]
变形	热敏电阻	输入电压范围	太阳电池阵切换 1，切换 2 电压降
太阳电池板	应变片	输出电压调节	闭环相移和增益
线路检查	安时容量	输入/输出纹波	母线纹波

续表

太阳电池	蓄电池组①	电池组电源变换器	预组装
高压绝缘	充电容量	转换功能	指令与遥测
光照与导通检查	荷电保持能力	最小/最大负载	蓄电池组监测仪精度
温度测量线路检查	条件重置	局部过压保护	单体蓄电池电压检测仪精度
电池组结构 接地	电解液泄漏 真空③	指令和遥测检查	太阳电池板驱动功能 太阳电池板驱动电流
导热的有效性	加热器工作旁路保护	电池组电流调节	辅助电源冗余和调节,故障检测

① 供货方完成电池组验收试验;

② 在预振动和振动后 Megger™测试中的最小电阻为 100 MΩ;

③ 在 5×10^{-5} torr 大气压下测试 8 h (1 Torr＝1.333 22×10^{-2} Pa);

④ 自我诊断测试。

对于困难较大的部件测试,可用分析法代替测试。常用的分析技术主要包括:工程学分析、比较分析、统计分析、模拟模型和数字模型分析及计算机仿真等。在关键设计的评审阶段必须以现有的数据为依据进行这种分析。

18.2　测试限制因素

系统的所有组件都要进行全面检测,以保证在发射阶段和在轨运行环境下的可靠性。新开发的组件更要在高强度工作状态下接受最严格的合格测试。以前飞行合格的组件安装在航天器之前要经过例行的验收测试。在标准的工作范围进行这些测试时,测试件的工作强度应高于预期强度。不同测试级别的典型温度范围如图 18-1 所示。每种航天器都有规定的测试温度范围。一般而言,合格性测试的温度范围是最宽的,其次是验收测试温度范围,再次是设计温度范围,最后是正常工作温度范围。在不同的试验阶段满足所要求的温度范围能够提供合适的安全裕度以保证任务获得成功。

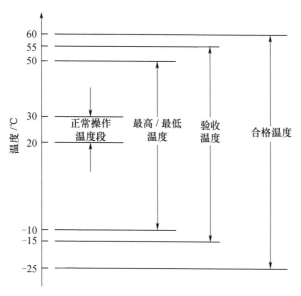

图 18－1　正常工作、验收和合格测试的温度范围

对组件测试温度的限制因素源于以下考虑：

1）组件的飞行经历和热容；

2）航天器内部预期的温度范围资料；

3）估计航天器外部的热环境，形成热设计变量函数；

4）适当的裕度。

《测试计划》是具有合同性质的文件，它提供了组件温度限制的出处。该计划要求组件通常情况下合格测试温度比整个任务期间预期的最高和最低温度还要高 10～15 ℃；同样的任务中，对于可以预计的极端环境，验收测试温度应增加 5～10 ℃ 的裕度。通过对航天器设计、飞行环境和各工作模块的耗散分布等的热分析，可以获得任务中可能遇到的最低和最高温度。由于分析采用的物理模型和数学模型存在不确定因素，实际中标准的做法是，在由分析法得到的合格测试温度和验收测试温度的基础上增加 5 ℃，以弥补不确定因素造成的偏差。客户规范中定义了预期的极端环境以及相关的各种组件合格测试和验收测试程度，还定义了其他热测试参数，比如温度循环次数、累积浸泡次数和温度转换率等。特定情况下，在特定组件设计中内置的稳态控制加热器允许减小标准测试温度的裕度。表 18-2 列出了典型的 GEO 通信卫星组件的温度限制范围，并给出了生存、合格、验收和设计分析等温度限制值范围。

表 18-2　典型 GEO 通信卫星组件的温度限制范围

组件	生存/℃ （非运行）	合格/℃ （运行）	验收/℃ （运行）	设计分析/℃ （运行）
太阳电池阵	-180～75	-180～75	-175～70	-165～60①~②
太阳电池阵驱动机构	-35～70	-35～70	-30～65	-20～55③
氢镍蓄电池组	-15～45	-15～45	-10～30	-5～25④~⑦
电池组放电单元	-35～70	-35～70	-30～65	-20～55
单体电池	-35～70	-35～70	-30～65	-20～55
电压监测仪	-35～70	-35～70	-30～65	-20～55
电池组压力监测仪	-35～70	-35～70	-30～65	-20～55
功率调节单元	-35～70	-35～70	-30～65	-20～55
火工品控制器	-35～70	-35～70	-30～65	-20～55
其他电源线路盒	-35～70	-35～70	-30～65	-20～55

① 运行 15 年，温度 60 ℃；运行时间越长，光伏电池转换效率越低；如果运行 5 年，温度则为 50 ℃；

② 在工作运行阶段之前，太阳电池阵温度可达到 110 ℃，所以合格测试温度应为 130 ℃；

③ 任一方向轴承内外环允许的瞬间温差最大值为 10 ℃；

④ 涓流充电过程中用；

⑤ 在低温条件下，通过热控仪加热达到最小的温度裕度，并应超出加热能力的 30%；

⑥ 单体蓄电池在各种情况下允许的最大温度：在转移轨道充电时为 30 ℃；再调整放电时为 30 ℃；再调整充电时为 15 ℃；任务中最大的平均温度为 15 ℃；

⑦ 蓄电池单体的最大温度梯度：电池表面为 5 ℃；平均每串到任一电池顶端为 7 ℃；充电时每个电池内平均每串为 7 ℃；放电时各电池组之间为 8 ℃。

18.2.1　生存（仅非运行模式）

暴露在极端生存温度条件下的组件应具备生存能力，以便在：

1) 组件不必按设计的性能要求工作时；

2）但是要维持结构的一致性，避免其他航天器硬件的损坏、污染或降级；

3）并且当温度恢复到合格测试温度时，应能达到全部的功能、性能要求。

18.2.2　合格鉴定（仅运行模式）

在合格鉴定的温度范围内，组件的设计应能达到技术规范规定的各项性能与功能。

18.2.3　验收（仅运行模式）

组件在验收测试温度范围内，出厂进入组装环节的组件都应证明已达到技术规范定义的各项性能与功能。

18.2.4　飞行设计分析（所有模式）

航天器的热设计应使各元件和接口工作在最坏情况确定的温度范围内。表中非运行栏没有显示温度范围的表示：

1）要么在整个飞行任务中组件一直在工作；

2）要么组件不工作，因而不需要专门的温度控制维持组件和航天器温度的一致性。

18.2.5　温度定位

需要温度控制的位置必须确定。这种温度可以是组件与结构安装直接传导接触面的面积平均温度，也可以是组件里主安装结构元件（通常为基板或安装底架）的面积平均温度。测温元件位置由电气工程人员和热控工程人员共同决定。

18.3　测试序列

按照终审设计阶段的文件、流程和控制建立的每个原型飞行件或飞行件，在组装前都要经过合格及验收原型飞行测试。组件环境测试规范对合格鉴定和验收测试所需的输入程度和范围提出了要求。测试分别按照图 18－2 和图 18－3 所示的次序进行。现对每步测试说明如下。

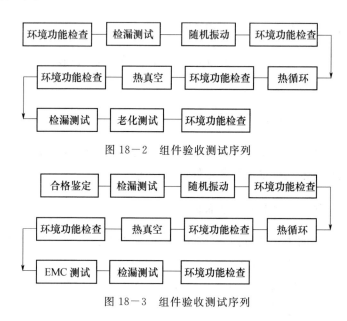

图 18－2　组件验收测试序列

图 18－3　组件验收测试序列

18.3.1　环境性能测试

在环境压力和环境温度下，应进行所有工作模式的性能测试。从最初性能测试开始，到最终性能测试结束，重复几次。

18.3.2　检　漏

所有压力组件或密封组件均需经过检漏测试。在热真空、振动和压力测试之前和之后都要进行检漏测试。如果组件的密封取决于环境压力，则应在最大工作压力和最小工作压力下进行压力组件的检漏测试。除了与推进系统有关的部件外，其他检漏测试应持续6 h。推进系统组件的检漏时间不应超过加压过程持续的时间，通常加注燃料的时间最少为 6 h。

18.3.3　压　力

　　所有加压组件都要在成功完成热真空和振动测试之前和之后进行压力测试。合格鉴定测试的压力水平应至少是最大工作压力的 1.5 倍，持续时间超过 5 min。在最大工作压力下测试重复几次，总持续时间至少为任务寿命期的 4 倍。

18.3.4　随机振动

　　所有组件都要经过随机振动测试，但要进行声压测试的除外。组件在正常的安装点位置固定在支架上，按照发射模式进行测试。在 3 个正交轴的每一个轴上，组件都要进行一次振动测试。

18.3.5　正弦振动

　　每种组件都要经过正弦振动测试。组件在正常的安装点位置固定在支架上，按照发射模式进行测试。在 3 个正交轴的每一个轴上，组件在都要进行一次振动测试。

18.3.6　振动后性能测试

　　该测试用来证明组件在经历以上动态测试后性能没有降低。

18.3.7　声试验

　　对于表面积较大、相对密度较低的组件，用声压测试取代随机振动测试更有实际意义。如果随机振动测试太严格，最好用声压测试组件。将组件置于能产生所需要的声压水平的测试室中，测试时组件的工作环境与发射阶段的相同，并按照测试程序的要求，对组件进行故障监测。在电源系统中，太阳电池阵和蓄电池组通常需要进行声压测试。

18.3.8　热循环

在小于 10^{-5} torr 的真空环境中每个合格组件都要经过 10 个热周期循环的测试。在热周期循环过程中,组件的开关性能和热设计都能得到展示和验证。在第 1 个热真空周期和最后 1 个热真空周期进行性能测试。

18.3.9　EMI/EMC

可按照《EMI/EMC 测试计划》给出的试验装置和测试程序进行测试。

18.3.10　ESD

每种组件都要经过 ESD 敏感度测试。组件安装在模拟飞行结构的石墨环氧树脂板上。将电流通入该板,以确认组件对 ESD 引起的瞬态变化不敏感。测试程度和持续时间由《ESD 控制计划》设定。

18.3.11　寿命测试

对明显的磨损、性能衰减、疲劳、热诱导和加载诱导的蠕变等敏感的组件,对未进行过寿命测试的组件,都要进行寿命测试。测试中,组件要在模拟的在轨条件和地面试验条件下进行。运用加速寿命方法测试时,组件表现出的寿命应比实际工程运行寿命长 50% 以上。在电源系统中,太阳电池、单体电池和太阳电池阵驱动机构都要经过寿命测试。

18.4　太阳电池测试

太阳电池要经过 $I-V$ 特性、辐照、热冲击、潮湿和剥离测试。

进行 $I-V$ 特性测试时,用氙电弧灯和红外线滤光器模拟太阳光谱及 1 个太阳的辐照度,在 $0\sim\infty$ 的范围调节负载电阻,测量电压和电流的变化。由于温度对电池性能的影响很大，因此测试时要对温度加以控制。从 $I-V$ 图上可得到短路电流、开路电压和最大功率点，并与规范值进行比较。

使用范迪格拉夫（Van de Graaff）静电加速器产生辐照，测试组件在空间辐照情况下的性能衰减。加速器产生的带电粒子辐照剂量比实际空间的辐照剂量大很多数量级，所以，组件几分钟仿真测试经受的剂量就相当于在空间整个任务期的 1 MeV 的剂量。带有盖片和不带盖片的电池都要进行辐照测试。

在进入地影期（从热到冷）和离开地影期（从冷到热）的时候，太阳电池通常会受到热冲击。因此要仿真测试这两个过程，先模拟从高温120 ℃下降到液氮－193 ℃的环境温度改变，再从冷到热反向模拟这个环境温度改变过程。

将太阳电池在相对湿度约 95％ 的潮湿环境下放置数小时，以确认湿气渗透不会危害到电池电极。将胶带粘在电池上，然后剥离，可检查粘接强度。

18.5　导线测试

进行两个电路回线间绝缘的测试以验证是否满足以下要求：

1）进行直流导线间绝缘测试，验证直流绝缘电阻应大于 1 MΩ；

2）进行交流绝缘测试，验证导线间的电容小于 0.1 μF。

18.6　电源系统测试

电源系统作为一个整体在制造和验收时要通过以下测试：

1）用闪光灯照射太阳电池阵进行测试，以验证母线的输出功率达到 BOL 的要求。

2）进行性能测试，以验证所有连接的正确，电流和电压在规定的公差范围内。

3）进行电磁干扰和兼容性测试，尤其是进行传导辐射测试，这种辐射源自电源系统。

4）进行航天器总装后的磁矩测试，太阳电池阵和线缆对航天器总磁矩有明显影响。

5）进行电晕放电测试，确认暴露在热真空中的高压、高频组件开、关的最短时间。

6）进行冲击、振动和声压等机械测试。

7）如有必要，进行热真空烘焙测试以清除污染。

电源系统在航天器安装完成后再次进行下列测试：

1）在太阳电池板上进行持续的闪光测试，检查电源系统所有电连接的导通性能；

2）进行太阳电池板的噪声试验，以检查所有的连接、铰链和支架等部件；

3）对电池组进行连续性和绝缘性检查；

4）对所有电源电子接线盒进行连续性和绝缘性测试。

主要电源系统测试描述如下。

18.6.1　太阳电池阵测试

在室温下使用大面积脉冲太阳模拟器来测量太阳电池阵的电性能。对太阳电池板进行 10 次热冷循环测试，再进行电性能测试，以检验制造工艺的完整性。试验温度的高低应与在轨条件下的最高温度和最低温度一致。太阳电池阵在安装驱动机构后还要进行以下测试：

1）电性能测试；

2）通过正弦振动和声压试验，检查结构的完整性；

3）零重力条件下的解锁展开试验。

太阳电池阵的电性能测试包括以下内容。

18.6.1.1　导线损耗

太阳电池阵的所有导线的损耗都应通过测量和分析得出。

18.6.1.2　电流—电压

在振动试验之前和之后，对电池板上的每条线路使用太阳模拟

器做出 $I-V$ 曲线。这些数据可用于预测电池阵性能。

18.6.1.3 发 电

用相当于1/3最大太阳辐照量的模拟光源同时辐照每个太阳电池板,检查太阳电池阵的输出和电池阵分流等性能,并检查电池阵的遥测线路和电源系统的接口。

18.6.1.4 太阳电池阵寿命

用计算分析方法验证太阳电池阵的衰减是否符合任务的寿命要求,对功率分配和其他损失也应进行分析。

18.6.1.5 稳定性测试

模拟最恶劣条件下的太阳电池阵的电流、电容和恒功率负载,进行电源调节的稳定性验证。由于无法只对太阳电池阵进行直接测试,该测试可作为演示稳定性裕度的方法。

18.6.1.6 分流控制

测量每个分流控制电路的切入操作、电压以及单组件和全组件的调节功能,演示进、出地影时母线电压的稳定性,除发射塔阶段外,在研制流程的各个阶段均需做部件级、系统级和航天器级的分流驱动能力测试。

18.6.1.7 分流调节器和分流器

在线性分流模式分流器工作的情况下,测量太阳电池阵的输出阻抗,对分流器的测试是为了证明其检查检测器和控制器故障的能力以及切换到冗余检测器和控制器的能力。

18.6.1.8 热循环测试

把太阳电池板安装在一个大的温控室内,或安装在具有相似功能的设备中,在关闭温控室门以前先对热测试仪表进行检测。对温控室除湿后,升高电池板温度直到热电偶的最高读数为$+60$ ℃为止,再保持16 h。然后,降低温度直到热电偶的最高读数达到规定的低温水平,再升高温度直到热电偶的最高读数达到规定的高温水平。随后,让电池板的温度降低到周围环境的温度。以上为完成一次完整的热循环测试的步骤。

18.6.1.9　功能测试

太阳电池阵应经受预热功能测试，以检查生产和装配是否有瑕疵，电池板性能是否达到规定要求。这种功能测试在热循环测试之前和之后都要进行。除特别规定外，功能测试至少包括以下内容：

1）光照测试。采用等效 AM0 光强，在 +35 ℃条件下，对每个太阳电池线路和整块电池板进行光照试验，按规范要求选取测试的太阳电池。测量每块太阳电池电路的 $I-V$ 曲线，以及电参数 I_{sc}，V_{oc}，并记录光照强度。

2）二极管测试。对与每条线路输出端相连接的隔离二极管进行测试，测量工作电流时的正向压降与工作电压下的反向漏电流。

3）分流耗散器测试。对所有的分流耗散器进行测试，证明其能力符合规定的要求。

4）温度遥测测试。通过记录常温、高温和低温环境下的温度传感器数据，对温度传感器进行标定。

5）基板绝缘测试。对基板和太阳电池电路间的电阻进行测试和记录。

18.6.2　太阳电池阵驱动机构

对太阳电池阵驱动机构的测试包括以下内容：

1）测试每个驱动机构的转动速度。

2）验证每个冗余驱动电机的驱动力矩在最坏情况下是否满足静态载荷和温度条件要求，验证步长和驱动速率是否满足电池板定向要求和动态标准。

3）在预测的最大工作温度下，以最大预测电流通过滑环。监测滑环电压和接触电阻，验证滑环工作状况。

4）对太阳电池组驱动机构的机械测试包括：噪声、振动、声压、展开冲击和稳态加速度等方面。

18.6.3　蓄电池组测试

　　蓄电池组需进行的验收级测试其程序如图 18－4 所示。在航天器上有 2 个蓄电池组，一个安装在北母线设备板上，另一个安装在南母线设备板上。每个设备板都要用非飞行电池组在实验室进行验收级测试。

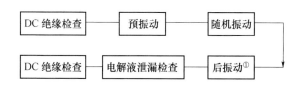

图 18－4　电池组验收级测试序列

① 包括极限温度为＋25 ℃和＋10 ℃的 6 次轨道循环测试和 0 ℃时的容量测试

　　1）检查温度和压力传感器。

　　2）测试蓄电池组的充放电热循环。

　　3）在发射场测试航天器工作温度下的容量。

　　4）航天器内进行发射环境测试。

　　5）在发射环境中进行蓄电池系统的功能检查、发射装置运行和集成系统测试。这些测试包括：

- 热测试；

- 低、高温容量测试；

- 高放电率容量测试；

- 过充电和充电记忆测试；

- 最小充电率情况下的容量测试；

- 发射环境测试。

18.6.4　电源电子设备

　　电源的电子设备，如控制器和电源变换器等，要按图 18－5 所示的序列进行验收级测试。

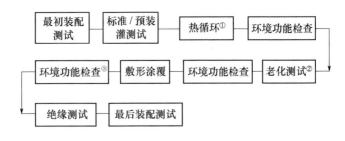

图 18-5　电源电子设备的测试序列

① 8 次循环，温度〔+55 ℃，-20 ℃〕；

② 在 55 ℃进行 48 h 测试；

③ 选择性的

18.6.5　母线阻抗及稳定性测试

动态母线阻抗采用图 18-6 所示方法进行测试。把某种期望频率的较小交流电流注入母线，并在该频率下测得母线的交流电压，母线的动态阻抗为 V_{ac}/I_{ac}。通过频率扫描，在整个频率范围内重复进行这样的测试。

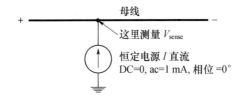

图 18-6　动态母线阻抗测试方法

图 18-7 所示为整个电源系统和控制回路小信号动态稳定性的测试装置。电源系统和负载线路是断开的，在回路中接入一个小的交流电压 V_{stab}，并形成回路。对 V_{ac1} 和 V_{ac2} 进行测量并画出曲线图。在整个所需的频率范围内重复测量，在波特图上画出增益和相位裕度曲线，这样就可以确定增益和相位裕度，并与要求的值作比较。这种方法保证了在整个测试频率范围内，小信号扰动下的电源系统仍能保持稳定。

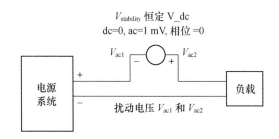

图 18－7　小信号动态稳定性测试装置结构

18.7　航天器级测试

航天器在完成主要系统的组装后，进行以下验收级测试。

18.7.1　一次电源接通测试

一次电源接通测试是建立某种测试序列，用以验证安装在航天器上的电源系统对先前安装在航天器上的组件或者系统不会造成损坏，对被测试元件也不会造成逆向损害。这种测试将对安装在航天器上的系统和组件按一定的次序进行初始化。每个系统的电流和电压都记录在备好的数据单上，可以与测试值和规范值进行比较。必要时，还可以打开仪器盒或用转接盒进行测试。

18.7.2　电源系统测试

这是第 1 次在航天器组装完成后对电源系统进行全面的电性能测试。这种测试要求对每个系统进行性能底线测试，测试中，其他系统在最大 EMI 状态下保持活跃。第 1 和第 2 路径的冗余度都要测量，以此确定与规范要求的一致性。TT&C 的转换模式和有效载荷通信系统的功能都要进行功能验证，测试中还要进行交叉切换的演练。航天器的 RF 确认与电系统测试同时进行。

本阶段电源系统测试的目的有以下几项：

1）验证组装后的航天器功能正常；

2）验证母线与各系统的接口都正常；

3）为应答机/天线接口估计有效载荷的最低性能数据。

接下来的电性能测试应表明航天器系统是否仍然符合相关电性能的规范要求，并为趋势分析提供一个基础。

航天器系统都应进行初始化，经检查证明它可按指令进入所有的工作模式，能对电性能和机械性能进行测量。把这些数据与组件或系统级测试的数据进行比较，可作为后续航天器测试和趋势分析的基本数据。

航天器电源接通以后，接通 TT&C 系统并进行部分电子系统测试，以保证航天器与地面电子设备的通信链路畅通。为保证其他电子系统测试的顺利进行，应继续保持这种通信链路畅通的状态。这为 TT&C 系统提供了基本测试。

18.8　测试点

航天器一级的测试，要求在所有在线冗余设备和所有故障检查设备上有足够的测试点。开路稳定性波特图测试（Bode plot Test）、低压和高压母线上的大信号负载瞬态测试以及航天器一级的母线阻抗测试也要求一定数量的测试点。各测试点对外部短路应有保护措施，对地短路应有隔离措施，防止这种短路损坏航天器的性能，或者对航天器的硬件产生过应力。

以下是要求的最少数量测试点，用不带电流的敏感头测试电压：

1）一般位于两个部位的母线电压测试点。

2）蓄电池电压测试点。

3）蓄电池充电器超限（out of limit）电流模拟测试点。

4）蓄电池放电变换器故障模拟测试点。

5）在几千瓦负载的航天器上，负载接入母线的入口可承受 10 A 的电流。

6）航天器星地测试点。

7）航天器外接负载回流的星地接入点，可承受 10 A 的电流。

8）低压调节母线的负载电流接入口，可承受 10 A 的电流。

9）分流控制系统故障模拟测试点，一个控制系统设置一个测试点。

10）母线稳定性测试点。

18.9　地面测试设备

航天器的地面测试需要外接电源，如太阳电池阵模拟器和蓄电池组模拟器（飞行电池）等。在测试中，要有防止错误输入电压的保护措施。在组件中串联安装阻断二极管，防止反向电压输入。地面测试设备应能启动航天器上太阳电池阵，并进行分流器调节电压测试。图 18－8 所示为典型的地面测试平台，图中只表示了一个太阳

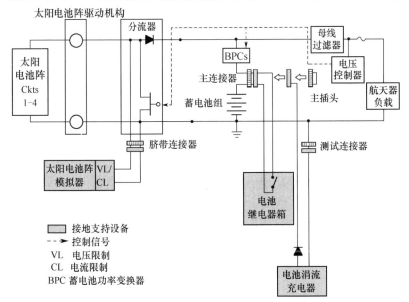

图 18－8　地面测试平台

电池阵模拟器和一组太阳电池板的电路。另一组与之平行的电路代表另一太阳电池翼板。

太阳电池阵用一个或多个电流源进行模拟，每个电流源都有几安培的电流范围，电压高于额定母线电压数个百分点。电源的输出端通过脐带连接器与其中一个太阳电池阵分流电路相连。在 PRU 内，模拟器与分流器和太阳电池阵电路实行"T"形连接。蓄电池组通过太阳电池阵模拟器和航天器蓄电池组变换器进行充电。一次电源的接通，是用太阳电池阵模拟器通过蓄电池组功率调节单元的线缆完成供电的，这些线缆不必与蓄电池组直接连接。如果证明了电源系统工作正常，就可以接入飞行电池组，用蓄池组继电器控制电池组的通断。

18.10　发射工位测试

在发射工位，地面电源通过脐带电缆为发射前的航天器测试和常规负载提供电能。当地面电力不足或短路时，地面电源的隔离二极管可防止电流逆向流动。接入隔离二极管后，一般情况下在额定母线电压时，地面电源接口处仅需提供几安培的电流。当航天器处于关闭状态，比如在运输时，蓄电池组转入涓流充电状态继续充电，这样做能使在发射场需要对蓄电池组的充电次数降至最少。图 18－9 为将于 2004 年晚些时候发射的新哈勃太空望远镜进入发射工位前的最后组装和测试的情景。

图 18-9　哈勃太空望远镜在发射工位的最后组装和测试

第 4 篇　特殊电源系统

第19章 太阳系内及深空飞行任务

19.1 简 介

太阳系内和深空飞行任务航天器的电源系统与地球轨道航天器的电源系统不同，因为它们所遭遇的空间环境差异极大。而决定空间任务环境的重要因素是航天器到太阳的距离（见图 19-1）。太阳系的 9 颗行星被分为两组：内行星带，包括水星、金星、地球和火星；外行星带，包括木星、土星、天王星、海王星和冥王星。内带行星体积小，主要由岩石和铁组成；外带行星体积则很大，由氢、氦和冰组成。内带行星际空间任务的特点在于太阳辐照剂量较大，航天器所处轨道的温度较高，例如水星轨道的温度可以达到 300 ℃。金星表面的 CO_2 大气层的密度是地球表面的 90 倍，引起的温室效应导致金星表面的温度达到 477 ℃。怎样使深空探测器更好地隔热是设计人员最关心的问题。相反，飞往外带行星、彗星、小行星的空间任务以及深空探测任务的特点在于航天器遭遇的太阳辐照剂量较小，温度较低。土星轨道的温度最低可达 -250 ℃，而距离地球更远的冥王星表面，温度更低，就连甲烷都能凝固。因此，在这类空间任务中，设计人员主要关心的是如何发电，以及如何防止航天器处于过冷状态。

如果能从遥远的地球北极向下看太阳系，就会发现行星都绕着太阳逆时针公转；而且除了金星和土星外，其他行星也都绕着自身的轴线逆时针转动。太阳系十分平坦，仅有水星和冥王星绕太阳公转的轨道面是倾斜的。行星周围也有许多卫星，这些卫星与它们的土星特征相似，绕着主星逆时针转动，个别的顺时针转动。当然，也有更特别的转动形式，例如水星每绕太阳转动 2 圈就自传 3 圈。天王星和冥王星上的氢极其缺乏。

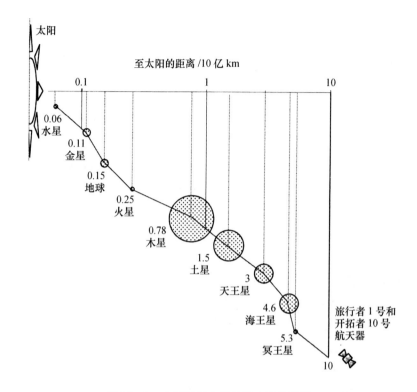

图 19－1　太阳系各个行星到太阳的距离

　　分布在火星和木星之间的数以千计的小行星大都是一些小型岩石体，有的直径能达到 1 000 km，而有的则像小米粒那样大。绕太阳转动的彗星主要有两类：一类是在海王星外 Kuiper 环形带上绕太阳飞行的残骸；另一类是来自 Kuiper 环形带绕太阳飞行周期不足 500 年的彗星。

　　总之，对远离地球的空间任务来说，不管是远离太阳还是接近太阳，其太阳电池阵、蓄电池组以及电源电子设备的设计都会大不相同，因为无论是极端高温还是极端低温都会极大地影响其性能。

　　在深空中任意距离处的太阳光通量由下式给出

$$I = \frac{I_{地球}}{R^2} \qquad (19-1)$$

式中　$I_{地球}$——地球轨道的太阳光通量（1 358 W/m²）；

　　　　R——轨道到太阳的距离，用天文单位表示（AU）。

假设太阳为点光源的前提下，式（19-1）成立，因此距太阳的距离小于太阳半径的空间，用上式计算出来的太阳光通量与实际值之间存在误差。太阳电池阵输出的功率与入射的太阳光通量呈线性关系。所以，当航天器远离太阳时，太阳电池阵输出的功率就会减少，与距离的平方成反比。在光伏电池系统中，太阳电池阵温度也与距离的平方成反比，因此光伏电池系统的转换效率较高。综合考虑太阳光通量和温度这两个因素的影响，PV 电池系统的输出功率不是正好与距离的平方成反比，而是与较小指数 R^α 成反比，这里 α 近似取为 1.5。所以，当太阳光通量增加为原来的 2 倍时，发电量的增加小于 2 倍；而当太阳光通量为原来的 1.5 倍时，发电量则大于线性关系时 1.5 倍的发电量。

表 19-1 列出了太阳系的部分星体到太阳的距离（单位为 AU），以及考虑了太阳光通量和温度变化影响时近似的发电比率。从外层空间到地球的数据传递速度取决于两者之间的距离和传递功率（如图 19-2 所示）。

表 19-1　太阳系各行星轨道相对于地球轨道的太阳光通量和光伏发电量

行星	与太阳的距离/ AU	相对于地球 轨道的光通量	考虑了温差的 光伏发电量
水星	0.31～0.47	10.40～4.52	数伏特的损失
金星	0.72	1.93	1.63
地球	1.0	1.0	1.0
月亮	1.0	1.0	1.0
火星	1.66	0.36	0.59
木星	5.20	0.037	0.084
土星	10.08	0.009 8	0.031

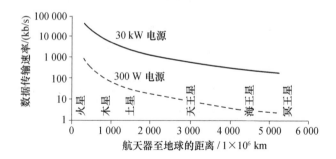

图 19－2　两种外层空间电源系统的数据传输速率

19.2　外层空间温度

物体不仅从外界获取热量，也向外界辐射热量，物体的温度由斯忒藩－玻尔兹曼定律（Stefan-Boltzmann）决定。处在深空的航天器表面温度达到绝对零度以前，其表面温度由下式决定

$$T = \left[\left(\frac{I}{\sigma} \right) \left(\frac{\alpha}{\varepsilon} \right) \right]^{\frac{1}{4}} \qquad (19-2)$$

式中　T——绝对温度（K）；

I——太阳光通量（W/m²）；

σ——玻尔兹曼常数 [5.67×10⁻⁸ W/（m²·K⁴）]；

α——物体表面的吸收率；

ε——物体表面的辐射率。

对太阳电池板来说，由于仅有一面吸收热量，而有两面辐射热量，因此上述公式则变为

$$T = \left[\left(\frac{I}{\sigma} \right) \left(\frac{\alpha}{2\varepsilon} \right) \right]^{\frac{1}{4}} \qquad (19-3)$$

各种表面的 α/ε 比率在 0～1 之间变化，如表 19－2 所示。表面接近镜面时，比率接近 0；黑色平面表面，比率接近 1；而对于高吸收率的表面，比率在 2～8 之间。一般太阳电池的表面比率接近 0.8。

表 19－2　各种表面的吸收率和辐射率

表面类型	吸收率 α	辐射率 ε	α/ε [1]
太阳反射层（镜面）	低	高	<0.1
太阳反射层	低	高	$0.1\sim0.2$
黑色平面反射层	低	低	1
黑色平面吸收层	高	高	1
太阳电池阵吸收层	高	低	$2\sim8$

[1] 一般光伏电池的这一比率约为 0.8。

下面举例说明如何利用上面的方程式，求出在太阳光照下处于地球轨道上的太阳电池阵的温度，地球的反射以及红外辐射可忽略不计。当太阳电池阵的 $\alpha/\varepsilon=0.8$ 时，得到

$$T=\left[\left(\frac{1\ 357}{5.67\times10^{-8}}\right)\left(\frac{0.8}{2}\right)\right]^{\frac{1}{4}}=313\ (\text{K})\ 或\ 40\ ℃$$

当太阳电池阵的 $\alpha/\varepsilon=0.6$ 时，同样可得到

$$T=\left[\left(\frac{1\ 357}{5.67\times10^{-8}}\right)\left(\frac{0.6}{2}\right)\right]^{\frac{1}{4}}=291\ (\text{K})\ 或\ 180\ ℃$$

再比如，处于离太阳 2 AU 的深空航天器，它所接受的太阳光通量相当于地球表面的 1/4，若太阳电池阵的 $\alpha/\varepsilon=0.8$，由此可以求出其表面温度为

$$T=\left[\left(\frac{1\ 357/4}{5.67\times10^{-8}}\right)\left(\frac{0.8}{2}\right)\right]^{\frac{1}{4}}=221\ (\text{K})\ 或\ -52\ ℃$$

对于发电系统来说，超越火星的空间飞行不能有效地利用光伏发电，因为此处的太阳光强不足。而且，大幅变化的太阳入射角、辐照度和温度使 $I-V$ 响应的范围变宽。如图 19－3[1] 所示，NEAR Shoemaker 号航天器的光伏电池系统是为距太阳 1～2.2 AU 的航天器设计的，它足以使航天器与火星相会，并超越火星飞向深空。尽管这套峰值功率追踪机构能够很好地适应上述环境，但该型号航天器仍用直接能量传输的光伏－增强型镉镍蓄电池电源系统，以克服某些特殊的设计缺陷。

为探测太阳和内带行星的空间任务设计一套光伏供电系统同样

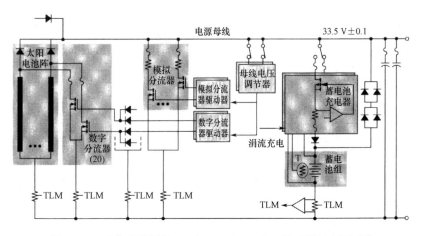

图 19－3　飞往小行星的 NEAR - Shoemaker 航天器的电源系统

非常困难，因为这时的太阳辐照强度大，会导致环境温度高。尽管如此，一些已进行的空间任务还是成功地应用了光伏电池，如 1973 年飞向金星的水手 2 号、水手 5 号以及飞向金星和水星的水手 10 号；1989 年飞向金星的麦哲伦号任务期还较长。对于距太阳太远或太近的空间任务而言，放射性同位素温差电源是一个很好的选择，这将在下一章介绍。

　　下面讨论 NASA 过去执行的行星际和深空任务采用的电源系统及环境因素。行星际空间几乎没有带电粒子，但被行星磁场俘获位于行星际轨道上的带电粒子确实要影响电源系统的设计。如果行星不存在磁场，则其轨道上也不存在范艾伦（Van Allen）辐射带俘获的带电粒子。一旦未被俘获的粒子自由地飞向行星表面，将会对行星探测器产生某种程度的破坏。由于火星周围的磁场小得几乎可以忽略，因此在其周围不存在辐射带。而木星存在强大的磁场，所以其轨道中俘获了大量粒子。

19.3　探月任务

　　月球虽然不属于行星，但它作为地球体积较大的最近的近邻，几千年来一直吸引着人类的注意力。最近几年，登上月球已经成为人类探险的主要活动。1969 年，阿波罗 11 号成为人类第 1 个登上月球的人造航天器。2004 年，中国公布了自己的无人探月计划，目标是在 2010 年实现登陆月球。同样在 2004 年，美国总统布什也公布了美国长期空间计划，要在 2015 年重新登上月球，进而登陆火星。下面介绍的是对月球探测任务中电源系统设计有影响的环境因素：

1）作为地球的天然卫星，月球到太阳的距离近似于地球到太阳的距离，因此月球轨道上的太阳光通量也近似地等于地球轨道上的光通量。

2）由于月球表面没有大气存在，大气压的变化范围为 $10^{-8} \sim 10^{-2}$ torr，因此可看做真空环境，对高压电源系统非常适合。但是周围设备的脱气过程可以改变局部压强，这在计算高压击穿因素时应予以注意。

3）月球上没有等离子体。等离子体就是被电离的气体。如果没有气体，也就不可能存在任何等离子体。

4）月球表面夜间的最低温度为 $-175\ ^\circ\mathrm{C}$，白天的最高温度为 $+75\ ^\circ\mathrm{C}$，与地球轨道的温度变化范围相同。

5）月球表面的引力常数是地球表面的 1/6。

6）月球周围几乎不存在磁场，这意味着太阳的带电粒子能够自由到达其表面，不会偏转或被辐射带俘获。由于带电粒子的存在，太阳电池阵的衰减率也将高于其在地球轨道上的衰减率。

7）月球轨道上航天器遭受流星体冲击的频率要高于地球轨道，因此，太阳电池阵的机械损毁率也较高。

19.4　水星探测

水星离太阳最近，直径为 4 880 km，表面的引力常数是地球的 1/18，没有空气和水。由于水星球芯为铁，所以它的密度很大。水星表面有数不尽的陨石坑，最大的直径为 1 300 km。水星的磁场比较弱，绕太阳的转动周期为 88 d，与太阳的最远距离为 0.47 AU，最近距离为 0.31 AU。水星轨道的太阳辐照强度变化范围为 10.6～4.6sun（1sun 相当在地球上的太阳辐射强度），这导致在赤道附近的太阳电池阵的温度高达 430 ℃。因为水星表面不存在大气层，且自转一周相当于地球的 60 d，因此其大部分表面热量都在夜间散失，温度也降到－160 ℃。

　　由于水星距太阳很近，水星探测器电源系统必须适应严峻的热和辐射环境。最近，ESA 的 Haines[2] 报道了返回式水星探测器的电源系统设计。该系统由 3 个独立的电源系统组成，每个系统用于不同的任务段。如图 19－4 所示，功率 20 kW，电压 100 V 的电源系统用于电推进阶段，在航天器入轨前将其抛掉；此后，功率 500 W，电压 28 V 的电源系统用于航天器绕水星轨道飞行；另有一个小功率电源系统用于航天器在水星登陆、采集样品以及返回地球。下面介绍电推进电源系统太阳电池阵的设计特点。

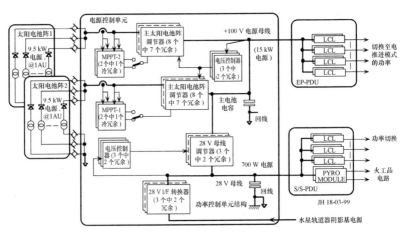

图 19－4　水星探测器电推进电源系统

　　1）峰值功率跟踪电源系统的太阳电池阵在航天器接近太阳时旋转，以限制温度的变化。

　　2）太阳电池板在长轴方向采取了防热措施，保证太阳电池板边缘倾斜时不会被过加热。

　　3）GaAs 太阳电池表面采用 100 μm 的二氧化铈玻璃盖片，并涂覆防止红外辐射和地球漫反射的涂层。

4）太阳电池阵中使用的黏接剂应适应高温条件。

5）所有的太阳电池应相互隔开，用约 100 μm 的二氧化铈的镜面薄膜覆盖，用来反射部分太阳光通量以控制温度。

6）在距离太阳 1～0.375 AU 时，太阳电池板绕一个轴的转动范围为 ±180°，使工作中的太阳电池板的温度低于 120 ℃；在距离小于 0.35 AU 时，温度应低于 150 ℃。为了保证太阳电池板在 ±180° 之间转动，不受光照的太阳电池阵驱动装置没有使用滑环，而是使用有足够挠性的弹性电缆。

7）为满足轨道参数的要求，可使用锂离子蓄电池组。

19.5　近日探测

对近日探测航天器来说，在距离太阳 0.1 AU（约等于 21 倍的太阳半径，太阳半径为 0.004 76 AU）处的太阳光强度达到相当于地球上 100 个太阳（sun）的强度，距太阳 0.02 AU（相当于 4 倍的太阳半径）处的光强为 2 500 sun。在这种高温条件下，光伏电池因为开路电压损失过大而失去了作用，因此在设计探测器的光伏电池系统时，必须考虑高温环境的作用。为保证太阳电池阵温度在 1 000 ℃以下，人们采取了许多措施控制太阳光通量，包括使太阳电池阵倾斜、安装镜面以降低吸收率并增加辐射率、使用部分镀银玻璃盖片，以及采用各种通风措施和遮挡物等。除了上述措施以外，还要求光伏电池具有较大的带隙，如图 19－5 所示，该图引自 Brandhorst 和 Chen[3] 的论文。图中的曲线说明，在 1 000 ℃以下，光伏电池的有效输出是航天器到太阳的距离和带隙的函数。从图中可以看出，当距离大于 0.5 AU 时，带隙对输出功率几乎无影响；当距离在 0.1～0.5 AU 之间时，光伏电池带隙越大，输出功率就越大；而距离小于 0.1 AU 时，光伏电池就失去效用。需要说明的是，图中的所有曲线都是假定电池的环境温度低于 1 000 ℃。

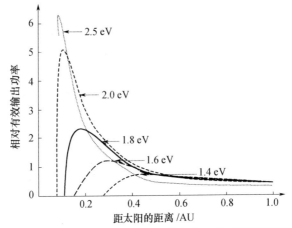

图 19－5　各种带隙下光伏电池输出功率与航天器到太阳距离的关系

（温度低于 1 000 ℃）

从图 19－5 还可以发现，当离太阳很近时，光伏电池系统就会无法工作，改进办法是采用热光电直接能量转换系统。这种系统有许多优点，包括可以容易地与工作温度超过 2 000 K 的热源进行耦合。

另一种改进方法是使用热电转换器（TEC），这时的热源就是太阳。该系统非常适合于数百瓦特的小功率太阳探测器。例如，NASA/JPL 打算于 2003 年年底发射太阳热电转换探测器，它将先掠过木星，然后飞向太阳，研究太阳日冕辐射、太阳风的起源和加速度。这将是人类第一个在太阳大气层中进行活动的探测器。从 Choi[4] 报告的电源系统设计来看，这次探测的距离变化非常大，最远处在木星附近，距太阳 5.2 AU（利用木星引力助推探测器），最近处距太阳不足 0.1 AU（21① 倍太阳半径），与此对应的太阳光通量变化也将超过 5 个数量级，为 50～4×10⁶ W/m²。航天器的大部分表面都要有遮阳处理，以避开阳光直接照射（见图 19－6）。在 4 倍太阳半径处，遮挡物向阳面的温度估计约在 2 100 ℃，因此要使用高温多层隔热毯来保持航天器部件处于低温状态，遮挡物和隔热毯都由复合碳化合物组成。

---

① 原文为 4，有误。——编者注

图 19－6　距太阳 0.1 AU 处受到太阳强辐照的太阳探测器

太阳探测器有 3 种不同的电源系统：1）距太阳距离超过 0.5 AU时用低温太阳电池阵；2）在距太阳 0.5～0.1 AU 处，工作温度等于或低于 400 ℃时，采用高温太阳电池阵；3）当距太阳的距离小于 0.1 AU时，使用 TEC 电源系统，因为此时的太阳电池阵已经缩进遮阳伞里。

在地球附近，低温太阳电池阵的发电功率是 2 700 W，由于远远大于所需的能量，因此大部分能量都在电源系统中分流掉了。在距太阳 0.5～0.1 AU 时，高温太阳电池阵工作；而当距太阳 0.1 AU，温度超过 400 ℃时，太阳电池阵就会缩回到遮阳伞里。在距太阳 0.1AU 至 4 个太阳半径之间时，热电转换器之上的遮阳物辐射的红外热量可以产生 200 W 的功率。而在 Choi（见图 19－7）阐述的设计概念中，SiGe/GaP 热电转换器利用遮挡物的红外辐射作为主要能源。由液态钠组成的高温冷却系统用来保持热电转换器的受热面温度不超过 1 200 K。在 1 200 K 时，转换器的效率大约为 7%，而剩余 93%

的热量则通过碳复合物和充满液态钠的热辐射管散发出去。

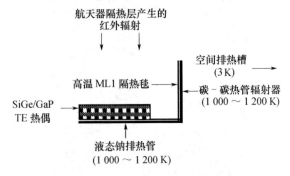

图 19－7　NASA 的太阳探测器热电转换器结构

19.6　火星探测器

众所周知，火星又称为红行星，探测器从地球到达火星需要花费 7 个多月的时间，相比之下到达月球仅需 3 天。虽然火星是距离地球比较近的行星，但已被证明它是一个非常不适合人类居住的星球。自 1960 年以来，人类已经发射了大约 35 个火星探测器，但超过 22 个探测器不是在飞向火星的途中损毁，就是在到达火星后，未完成任务而失败了。尽管如此，2003 年 6 月，NASA 和 ESA 分别发射了 2 个火星探测器，用来研究火星的形成过程、地理概貌以及生物状况，其中 NASA 的勇气号和机遇号探测器都在 2004 年 1 月成功抵达火星。

火星表面也许曾经有水存在过，但是现在其表面稀薄的 CO_2 大气层使得它的表面既干燥又寒冷。火星环境有以下特征：

1）火星距太阳 1.66 AU，表面平均太阳光通量是地球轨道的 36%。

2）面积较大的太阳电池阵的工作温度范围为 $-100 \sim 0$ ℃，这种低温环境会影响探测器材料的性能和光伏电池的特性。

3）火星上的重力加速度约为地球表面的 40%。

4）大气层由 95% 的 CO_2，3% 的氮气及 2% 的其他气体组成。

5）火星表面的大气压强比较低，为 10 torr 量级，这恰好是 CO_2 最可能导致帕邢（Paschen）击穿电压的值。在 10 torr 时，处在 CO_2

中的裸导体之间的击穿电压为 50 V。因此在带有裸露导体的电源系统中，电压必须被限制在 35 V，以便留有足够的设计裕度。高电压必须被隔离在合适的压缩气体箱中，这种气体用二氧化碳就很方便。

6）干燥、低压的大气层很容易诱导静电充电，表面运动或风使大量尘土粒子沉积在航天器表面，形成摩擦静电。

7）火星温度变化范围为 $-100 \sim -30$ ℃，在某种程度上比地球轨道的温度要低一点。

8）火星上覆盖面积超过 1 000 000 km² 的大型沙尘暴的持续时间超过 100 天，最大暗度超过 6。沙尘的主要成分为 SiO_2，约占 60%。这种风暴在一年内发生的概率为 30%～80%。大气微粒能够散射或吸收太阳辐射，从而影响太阳辐射的大小、方向以及光谱。

9）在火星赤道地区，覆盖面积不足 1 000 000 km² 的局部沙尘暴的发生概率为 5%，因其面积小，持续时间短，暗度约为 1，因此影响也小。时常发生的沙尘暴的风速为 30～75 mile/h（1 mile＝1.609 344 km）。

10）灰尘、雾、二氧化碳以及水冰云极大地削弱了太阳光。沙尘暴过后，沉淀在探测器表面的灰尘就会削弱光线的传播，降低表面的辐射率，使太阳电池阵的温度上升。1997 年的探险者号探测器，由于微粒堆积，短期内测量到的光伏电池的电流损失每一火星日为 0.28%。因此，太阳电池阵在火星上的有效寿命仅为 3～6 个月。

11）在火星大气层上层的风速可以超过 100 m/s；而在火星表面附近，微粒的运动速度从表面的 3 m/s 向上以 5 m 的梯度递增到 50 m/s。

12）在仅有 6 torr 的大气压力下，太阳电池阵表面的空气动力载荷在高风速下仅为自身重力的两倍，比较适中。

火星的磁场强度仅为地球的 3×10^{-5} 倍，可以忽略不计。但是 NASA 对火星的全面测量数据显示，在火星的某些区域内，存在磁场凹地现象，那里的磁场强度甚至比地球上的磁场强度高 10～20 倍。

火星探测器的电源系统设计某些方面与 LEO 的相似，包括原子氧侵蚀和等离子体弧光放电等。在火星和月球的表面，低压中性环境下的大气帕邢击穿电压以及与微粒的电化学交互也是需要考虑的内容[5-6]。由于火星有着厚厚的大气环境，它对外来流星体、质子和电子的辐射有很好的屏蔽效果，因此，太阳电池阵的设计可以不必考虑辐射衰减和流星体破坏等因素，但必须要考虑使航天员和敏感电子元件免受辐射。

　　NASA 正在研究一种利用火星沙尘暴的新型风力能源系统。目前，这种靠风力发电的涡轮机已经在地球的南极和遥远的阿拉斯加投入使用，这些地方每年大约有 6 个月的时间完全见不到太阳。可以设想，有朝一日，火星上也可应用同样的风力发电机。之所以研究风力能源系统，就是可以用它在持续数月、能把白昼变成黑夜的沙尘暴发生时发电。在火星上，风能和太阳能可以相互取长补短。在沙尘暴遮天蔽日时，可以使用风力发电。

19.7　木星和土星探测

　　木星是太阳系中最大的一颗行星，有着强大的磁场。氢气和氦气构成的大气层中，存在着许多彩色的云。木星在许多方面和土星很相似。木星和土星周围的太阳光不太强，这使得光伏电池的效率不高，因此发电系统采用 RTG，这将在下章讨论。下面介绍一些木星和土星的探测器。

　　NASA 探测距太阳 5.2 AU 的木星的伽利略号探测器，由轨道器和探测器两部分组成。探测器在木星的环境中工作，而轨道器在释放探测器后将绕着木星的木卫 3 号卫星运动。探测器曾记录到木星云层以上的温度为 -170 ℃，木星表面附近温度为 305 ℃，风速达到 400 mile/h。过高的大气压力使探测器遭到了破坏，2003 年轨道器也终止了其 14 年探测木星及其卫星的使命。这个 3 000 lb（1 lb = 0.453 592 kg）的轨道器，飞行速度为 108 000 mile/h，在所有的燃料用完前，绕木星飞行了 35 圈。为了避免冲撞或污染木卫 2 号（木星的卫星，其表面充满水），伽利略号最终被送入木星的大气层而报废。

　　在木星轨道飞行，强化木星探测器电源系统的抗辐射性能比其他行星探测器更为重要，这是因为木星的磁场强度和范艾伦辐射带的强度都很强，要重点考虑航天器遭遇这个强大的辐射带后会发生的单粒子事件的影响。

　　1972 年发射的先驱者 10 号探测器（见图 19-8），由 TRW 公司制造，用来探测木星周围的环境。它的设计寿命为 3 年，但是真正运行时间却超过了 30 年。1983 年它成功地飞出了太阳系。1997 年，它距离地球约 6×10^9 mile，运行速度为 27 700 mile/h，远远地离开了太阳，成为第一个进入深空的人造天体。先驱者 10 号探测器使用的是以 ^{238}Pu 为原料的同位素热电式发电机，到了 1997 年，它的发电量是 1972 年的 2/3。正由于发电量的逐渐减少，NASA 在 1997 年中断了与先驱者 10 号的定期联系。最后一次接收到定期信号的功率为 1×10^{-21} W，需要 9 h 才能到达地球。2002 年，NASA 喷气推力实验室的科学家们向远在 1.2×10^{10} km 的先驱者 10 号探测器发送了一个信号，试图联系上它，22 h 以后，科学家们从位于西班牙马德里的一个直径约 70 m 的圆盘形天线上检测到了先驱者 10 号的反馈信号。现在，尽管人们与先驱者 10 号不再有任何联系，但是它仍将继续在深空飞行。航天器上携带有地球上人类的照片，包括男人和女人；也有地球的地址，即地球在太阳系中的位置等。按现在的速度飞行，它不可能到达比邻星，因为要到达这个离太阳系最近的恒星，至少需要100 000年。

　　1977 年发射的旅行者 1 号航天器，掠过了木星和土星。2004 年，它也飞出了太阳系，进入星际空间，那时它离地球将近 3 倍于地球与冥王星之间的距离。尽管发射至今已近 30 年，目前它仍正常工作着。如果它继续以 1×10^6 mile/d 的速度飞行，则将需要 40 000 年的时间才能到达比邻星。

　　卡西尼号航天器是在 1997 年发射的土星探测器，耗时 7 年到达土星轨道。预计在 2004 年年末进入土星轨道后，将数据传回地球；在 4 年的时间内，卡西尼号将沿着不同方位绕土星旋转 60 圈。这次探测任务是由 NASA、ESA 和 ISA（意大利空间局）联合执行的。

图 19-8　在两根吊杠尾端安装着两台 RTG 的先驱者 10 号探测器

探测器上携带了 30 kg 钚，作为 RTG 的原料。由于担心放射性污染，该计划曾遭到反核组织的抗议。尽管俄罗斯也建造并发射了许多类似美国的 SNAP-10 号的小型核反应热电转换电源系统，但公众对核污染的担心将会对未来空间利用核燃料产生负面的影响。

19.8　深空探测

深空探测器用的电源系统一般包括 RTG、电源系统的电子设备和蓄电池组。其中，RTG 产生的热量可以充分保护电源免受低温的破坏。如果没有额外的同位素加温，就不能保证电子设备所需的温度。例如，没有使用同位素加温的航天器在星际飞行时，要经受 -190 ℃ 的温度，这相当于液氮的温度。因为如此，低温电源电子电路在深空探测中有着巨大的潜力。超导能量存储器也要用到低温设备，这将在 26 章中论述。低温电源电路的优点在于可以减少甚至去掉散热器，在发射期间也不需要可能引起过热的同位素，所以它比在常温下工作的电路效率更高。因此，有必要了解一下极低温度下电源电路的性能，下面介绍一下液氮温度下电子器件的工作情况。

在不低于液氮温度的情况下，有些半导体元件随着温度的降低性能越来越好。因为在低温情况下，大部分半导体的漏电流和磁化率都会降低；另外，元件内部的载流子活性和饱和速度增大，导致运行速度加快。拿金属氧化物半导体场效应晶体管来说，在低温时，由于电阻减小，其传导损耗很低。NASA 曾经测试了，包括电阻、电容和磁体等在内的许多在液氮温度下工作的电源变换器元件，发现许多元件非常适合于不需要加热的深空探测器[7]。

电池可能成为低温条件下的障碍。锂离子电池能同时提供较好的能量和功率密度。但是在低于 -40 ℃时，它的性能不佳。请参见下面的测试结果[8]：

1) 温度处于室温和 -20 ℃之间时，电解液电阻和阳极电阻的变化可以忽略；但是，阴极面电阻明显增加。

2) 当温度达到 -40 ℃时，电池电压以及安时容量都将减少近一半（见图 19-9），因此，实际上在这个温度下由于电池内阻增大该电池已经不输出电能了。

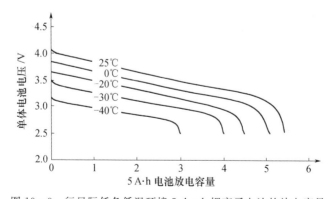

图 19-9　行星际任务低温环境 5 A·h 锂离子电池的放电容量

这种不良表现是因为电解液在低温时黏性增大，甚至会变成固体[9]，导致锂离子在电解液中的扩散能力降低而造成的。因此，如何改善锂离子电池在低温时的性能是人们正在努力攻克的难题。

参 考 文 献

〔1〕　JENKINS J E，DAKERMANJI G. Near Earth asteroid rendezvous－Shoemaker spacecraft power system flight performance：proceedings of the 26th Intersociety Energy Conversion Engineering Conference，ASME，2001，Volume I：251－256.

〔2〕　HAINES J E. Inner planets sample return missions：the challenge for power systems：proceedings of the 34th Intersociety Energy Conversion Engineering Conference，SAE，Paper No. 2483,1999.

〔3〕　BRANDHORST Jr H W，CHEN I. PV approaches for near－sun missions：proceedings of the 34th Intersociety Energy Conversion Engineering Conference，SAE，Paper No. 2631,1999.

〔4〕　CHOI M K. Power and thermal systems with thermoelectric generators at 930 ℃ for solar probe inside 0. 1 AU：proceedings of the 36th Intersociety Energy Conversion Engineering Conference，ASME，Vol. II，2001：1161－1163.

〔5〕　KERSLAKE T W，KOHOUT L L. Solar electric power system analysis for Mars surface missions：proceedings of the 34th Intersociety Energy Conversion Engineering Conference，SAE，Paper No. 01－2482,1999.

〔6〕　KILECKE J C，HILALRE G B. Proceedings of the Electrical and Chemical Interactions at Mars Workshop. NASA Report CP－10093，1992.

〔7〕　ELBULUK M E，et al. Low temperature performance evaluation of battery management technologies：proceedings of the 34th Intersociety Energy Conversion Engineering Conference. SAE，Paper No. 01－2543,1999.

〔8〕　NAGASUBRAMANIAN G. Low temperature electrical performance characteristic of Li－Ion cells：proceedings of the 34th Intersociety Energy Conversion Engineering Conference. SAE，Paper No. 01－2462,1999.

〔9〕　SMART M C，HUANG C K，RATNAKUMAR B V，et al. Factors affecting Li－Ion cell performance：proceedings of the 37th Power Sources Conference，Paper No. 239，1996.

第 20 章 放射性同位素温差电源

20.1 简 介

由于太阳光通量不足，光伏电池不能有效工作，因此在深空和外层空间进行探测活动经常使用核能或者放射性同位素电源。放射性同位素产生的热量直接作用在热电结合处，正如热偶发电一样。这部分内容曾在 3.6 节中简单提及，这里将详细阐述。

放射性同位素温差电源技术已经非常成熟，几十年来一直在几百瓦量级的电源中得到应用。这类电源的优点在于供电平稳，不需要蓄电池，没有峰值功率要求；它的缺点是电子元件需要抗强辐射的防护装置。而且，经过简单隔离就能做到既安全又易于处置的核燃料，如 ^{244}Cm 和 Pu 等，价格极其昂贵；但既经济又易于获取的原料，如 Sr-90，安全性却不好。

放射性同位素物质所辐射出的高能粒子可以为吸能材料提供热能，是能量的主要来源。同位素的质量以半衰期为特征的指数速率衰减，而热辐射量与同位素剩余质量成比例地减小。所以，从初始功率 P_0 衰减到任意时刻的辐射热功率 $P(t)$ 为

$$P(t) = P_0 \exp(-0.7t/T_{1/2}) \qquad (20-1)$$

表 20-1 比较了目前放射性同位素温差电源常用的几种同位素燃料的半衰期和比功率。

表 20-1 RTG 使用的三种同位素性能比较

同位素	半衰期/a	热功率/（W/g）	辐射量/（Curie/W）
^{242}Cm	0.45	约 100	27
^{90}Sr	28	约 0.25	153
Pu	86	约 0.55	30

放射性同位素温差电源有以下优点：

1）可以长时间地提供能量，而与航天器的姿态和离太阳的距离无关。

2）特别适合远离太阳、接近太阳和长地影期月球探测等任务。

3）功率输出不受范艾伦带或者人为核威胁的影响。

RTG 由许多串并联的温差单体转换电池组成，将辐射的热能转换成电能。热电转换器的转换效率 η 定义为

$$\eta = \frac{输出的电功率}{耗散的热功率} \tag{20-2}$$

转换效率取决于材料的性质，以及接合处的热冷温度，用 T_h 表示结点的高温，T_c 表示结点的低温，热电转换的理论最大效率为卡诺（Carnot）效率，即

$$\eta_{max} = \frac{T_h - T_c}{T_h} \tag{20-3}$$

实际中得到的效率约是这个最大值的一半。最常用的原料[238]Pu 和 Si－Ge 热电池的转换效率大约为 7%，耗散掉的能量高达 93%，为电池设计提出了挑战。大部分 RTG 的比功率输出相当低，以电源系统装配质量为基数，SNAP－19 号航天器的输出功率与质量比为 2 W/kg，伽利略号探测器约为 5 W/kg。每千克[238]Pu 的价格为数百万美元，2002 年美国能源部的储量仅为 10 kg，目前美国自己不制造钚，而是向俄罗斯购买。

20.2 温差电偶的基本原理

温差电偶的基本原理是，当两种不同材料的物质接触时，如果它们的温度不同，在结点就会产生电势，这就是所谓的 Seebeck 效应，实际上是热能使自由电子和空穴发生移动而形成的。两种材料可以是导体或者半导体。空间应用中常用半导体，一类是 P 型半导体，另一类是 N 型半导体（见图 20－1）。如果两种不同材料的温度差为 $\Delta T = T_h - T_c$，则结点处产生的电势差 V_{12} 可表示成

$$V_{12} = \alpha_{12} \Delta T \qquad\qquad (20-4)$$

式中　α_{12}——热电因数，即 Seebeck 效应因数（$\mu V/℃$）。

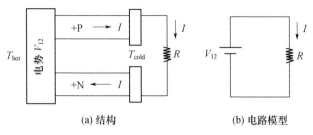

(a) 结构　　　　　　　　(b) 电路模型

图 20-1　单结单耦合转换器

尽管 α_{12} 表示的不是功率，但通常也被称为热电功率。它只是一个特征常数，大小取决于材料的性质。当温差电势在 P 型半导体内产生的电流从温度高的一端流向温度低的一端时，α_{12} 值为正值。在此电压下的电流就可以对回路负载做功。

每种热电偶材料都有自己的电阻率 ρ 和导热率 k。而 ρ，k 和 α 都与工作温度有关。由于 ρ 和 k 能导致功率损耗，降低转换效率，所以定义每种热电偶材料的品质因数 Z 为

$$Z = \frac{\alpha_{12}^2}{\rho k} \qquad\qquad (20-5)$$

另一种品质因数是物质每单位质量的功率输出，定义为

$$Z' = \frac{\alpha_{12}^2}{\rho} \qquad\qquad (20-6)$$

定义热电偶的品质因数为

$$Z_{12} = \frac{\alpha_{12}^2}{(\sqrt{\rho_1 k_1} + \sqrt{\rho_2 k_2})^2} \qquad\qquad (20-7)$$

式中　ρ，k——分别对应材料 1 和材料 2 的电阻率和导热性。

从式（20-7）可以看出，一个好的热电偶结的特性为：

1）Seebeck 因数 α 值越大，产生的电压值越高；

2）电阻率 ρ 越小，电阻损失越小；

3）导热率 k 越低，ΔT 值越高。

对由两种金属组成的测温热电偶，它的 Seebeck 因数 α 较低，约

为 50 μV/℃ 左右，而 ρ 和 k 值比较大；因此转换效率低，大约为 0.1%，不能满足发电要求。一些半导体的 Seebeck 因数 α 较高，在 300～500 μV/℃ 之间，而传导性相对来说较低，因此它们的转换效率较高，通常在 5%～7% 之间。

在结点将热能转换成电功率的分式为

$$P_e = \left(1 - \frac{T_c}{T_h}\right)\left\{\frac{\sqrt{1+Z\overline{T}}-1}{\sqrt{1+Z\overline{T}}+\frac{T_c}{T_h}}\right\} \tag{20-8}$$

式中

$$\overline{T} = \sqrt{T_h + T_c} \tag{20-9}$$

低级别的商用 TEC 有着潜在的应用领域，它可回收工业余热和车辆排出的废气余热发电，以减少燃料消耗。而空间领域用的 RTG 则采用高等级 Si－Ge 热电转换器，用 ^{238}Pu 同位素作为热源。Si－Ge 材料中掺杂磷就成为 N 型半导体，掺杂硼就是 P 型半导体。目前广泛使用的 Si－Ge 热电偶的品质因数 Z_{12} 在 0.001 左右，上下有 ±30% 的误差，取决于材料的等级以及生产工艺。下面将介绍 RTG 中应用的各种热电转换电池。

20.2.1　单级单耦合型电池

单级单耦合型热温差电池是最简单的一种结构，如图 20－1 所示。P 型材料的一端和 N 型材料的一端浸在高温 T_h 池中，另一端保持低温 T_c。在冷端产生直流电压，大小与两端的温差 $\Delta T = T_h - T_c$ 成正比。回路电阻的电流为 I，功率为 I^2R。任何形式的热量均可以被转化成电能，核反应堆的转化效率大约为 7%。

如果低温池装着液态金属，则 P 和 N 的一端必须落入不同的池中进行电绝缘，以承受所产生的电压，否则发生短路无法将电能传递给负载。

这种结构类型的热电偶得名于它仅有一对热电偶，只在一个结点有温差 ΔT。因为许多热量都从冷端散发出去浪费掉了，所以这类热电偶的效率比下面几节介绍的热电偶效率低得多。

20.2.2 单级多耦合型电池

在这种类型的热电偶，是由两组或者多组 P—N 结组合在一起形成的。图 20—2 所示的是由两个热电偶组成的结构，从温度的角度看，它们是并联的，两端的温差相同；但从电学的角度看，它们是串联的。因此，输出的总电压是单个热电偶输出电压的 2 倍。图中材料 B 是一种导热率很高的电绝缘体，与之具有相同温度的铜带 C 作为邻近结点的蓄热池。

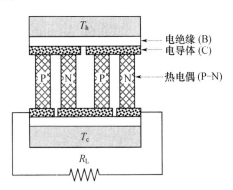

图 20—2　单级多耦合型电池

这种结构的输出电压是前一种的 2 倍，所使用的热电材料也是前者的 2 倍；但单位质量活性材料的比功率输出不变。不过，由于总质量小于原来的 2 倍，整个系统的比功率大于单级单耦合型的比功率。

20.2.3 多级多耦合型温差电池

如图 20—3 所示，这种结构分两级吸收热能。第 1 级温度从 T_h 降到 T_m，有 2 个热偶；第 2 级温度则从 T_m 降到 T_c，也有两个热偶。材料 B（无阴影区）是一种有高导热率的电绝缘体，目的是尽量降低由它产生的温差。材料 C（方格区）是一种铜带，导热率和导电率都很高，其任务是传导电流，统一分配装置热能，使同级的热电偶的温度相同。

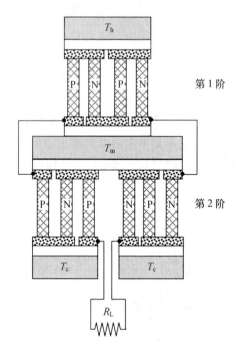

图 20—3　多级过耦合型电池

20.2.4　放射性同位素温差电源装置

每个结点处的温差电压约为 $300 \sim 500\ \mu V/℃$，多个结点串联就可以得到期望的电压值，多个串联结点再并联就可以产生期望的电流值。串并联组合设计可以为负载输出最大功率。放射性同位素温差电源基本上都是由热电偶组成，这些电偶一般装在筒状容器中（见图 20—4）。一旦点火，同位素生热装置将不能关闭。高温时，耐火金属隔离层和石墨同位素容器，一旦碰到大气中的氧气就可能损坏，甚至在任务开始前就因升华而遭到损坏。因此，通常在航天器发射前，将 RTG 充满加压惰性气体氙。氙气的热导率非常低，容易聚热，从而使 RTG 在发射前和发射时产生足够的电能。一旦航天器进入太空，氙气将被放掉。

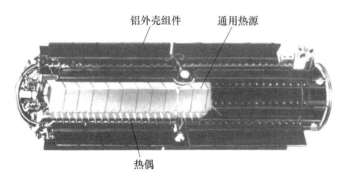

铝外壳组件   通用热源

热偶

图 20—4   同位素温差电源装置

20.3   放射性同位素温差电源的电路模型

RTG 的等效电路如图 20—5 (a) 所示，由 Seebeck 效应产生的总电压作为内电压源。开路（电路负载为 0）时，外接线柱端电压与内电压相同，并称其为开路电压，用 V_{oc} 表示；当接入电路负载电阻 R_L 时，由于电源内部电阻 R_i 的存在，内电压有所下降，这时端电压 V 就随着电流 I 呈线性变化，表示为

$$V = V_{oc} - IR_i \qquad (20-10)$$

式中的 R_i 在给定温度下近似为常数。

当外接线柱短路时，产生最大电流 I_{sc}，上式变为

$$I_{sc} = V_{oc}/R_i \qquad (20-11)$$

用式（20—11）重写式（20—10）

$$I = I_{sc} - \gamma V \qquad (20-12)$$

式中的 $\gamma = I_{sc}/V_{oc}$，是 RTG 的一个重要参数。

式（20—12）规定了 RTG 的 $I-V$ 特性曲线，它是一条从点 $(I_{sc}, 0)$ 到点 $(0, V_{oc})$ 的递减直线 [见图 20—5 (b)]。当流过负载的电流增大时，负载两端的电压与电流的关系呈一直线，这条线就是所谓的负载线，即图中的虚线，其斜率为 R_L。实线表示的电源线

与虚线表示的负载线的交点就是电路的工作点，此时负载的功率为

$$P = V_{op} I_{op} \tag{20-13}$$

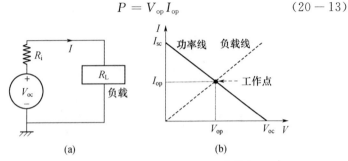

图 20-5　TEC 的等效电路模型和工作特性

20.4　最大传递功率

在图 20-6（a）中，工作点 P 从 TEC 传递给负载的功率 P 为

$$P = VI = V(I_{sc} - \gamma V) = V I_{sc} - \gamma V^2 \tag{20-14}$$

要想使电源传递给负载的功率最大，则负载的工作电压须满足

$$dP/dV = I_{sc} - 2\gamma V = 0 \tag{20-15}$$

由式（20-15）可解算出对应的工作电压为 $V_m = I_{sc}/(2\gamma)$，正好为 V_{oc} 的一半，对应的电流也是 I_{sc} 的一半。因此最大的传递功率为

$$P_{max} = \frac{1}{2} V_{oc} \times \frac{1}{2} I_{sc} = \frac{1}{4} V_{oc} I_{sc} \tag{20-16}$$

上式表明，工作电压是开路电压的一半时，对负载输出的功率最大。在 $P-V$ 特性曲线上就是 P_{max} 点［见图 20-6（b）］。由图可以看到，当电路电压为零或为 V_{oc} 时，电路中没有电流产生，功率为零；而当电压为 $0\sim V_{oc}$ 时，功率将随电压先递增到峰值 P_{max}，然后递减到 V_{oc} 变为零。RTG 在最大功率点的转换效率最高。图 20-7 中分别画出了 $I-V$，$P-V$ 和 $\eta-V$ 三条曲线，图中的工作电压为独立变量。

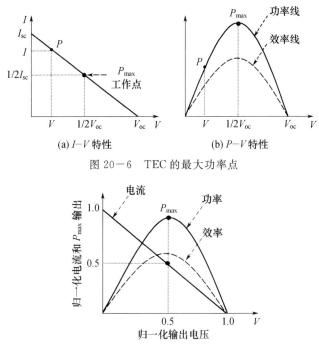

(a) $I-V$ 特性　　　　　　　　(b) $P-V$ 特性

图 20-6　TEC 的最大功率点

图 20-7　TEC 的电压与电流、功率和效率的关系

20.5　温度和老化的影响

图 20-8 所示的特征曲线，是在给定热电偶结点两边的温差 ΔT 时得到的。当 ΔT 增大时，$I-V$ 曲线将向右移动；反之，曲线向左平移。移动量由热电偶材料的特性决定。

由于主要热源的半衰期达到几十年，因此，老化现象对 RTG 几乎没有影响，对输出功率也没有影响（见表 20-2）。大多数功率衰减是因为在热电偶的 N 型半导体中掺杂了磷的缘故。$I-V$ 和 $P-V$ 曲线随着时间和温度的变化同时移动，以使最大功率点对应的电压不变（见图20-9），这对设计者来说真是一件很好的事情。图 20-10 和图 20-11 分别表示的是转换效率与接触电阻、转效率与热电偶两端的温度的关系。

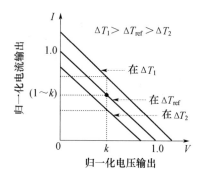

图 20－8　不同温度梯度下电压与电流关系

表 20－2　旅行者 2 号探测器 RTG 的功率与时间的关系

日期	输出功率/W	相当于初始功率/%
1977 年 8 月发射	478	100
1980 年 12 月	436	91
1985 年 12 月	398	83
1990 年 12 月	370	77
1995 年 12 月	344	72
1998 年 12 月	327	68
（21 年）		（21 年后）

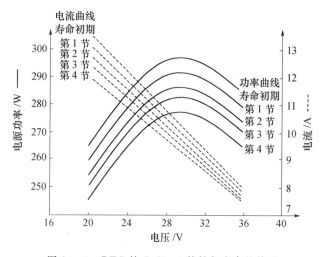

图 20－9　RTG 的 I, V, P 特性与寿命的关系

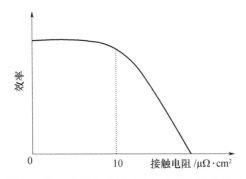

图 20－10　TEC 的转换效率与接触电阻的关系

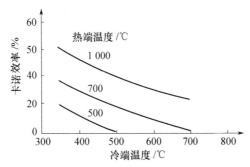

图 20－11　TEC 转换效率与温度的关系

20.6　放射性同位素温差电源的飞行历史

　　同位素温差电源应用于行星际和深空探测已经有几十年的历史了，包括先驱号、探索号、旅行者号、伽利略号、Ulysses 号以及卡西尼号（Cassini）探测器。表 20－3 列出的是任务要求的标准的同位素温差电源性能参数。有时会依据任务的需要携带数台标准电源，例如，伽利略号探测器上装有 2 组电源（见图 20－12），而卡西尼号探测器上则装有 3 组电源（见图 20－13）。19.7 节对外层空间探测器和深空探测器使用 RTG 的情况进行了介绍，19.5 节则对近日探测使用的 RTG 进行了介绍[1]。

表 20－3　目前在用的标准 RTG 的特性

- 任务寿命 5 年

- BOL 功率 285 W

- EOL 功率 255 W（注意，忽略的任务寿命期内的衰减）

- 适合航天飞机发射

- 电源模型尺寸 42 cm（直径）×114 cm（长度）

- 总质量 55 kg

- 572 Si－Ge 单耦合温差电池，16 圈

- 工作电压 28～30 V

- 工作温度梯度 $\Delta T = 707$ K

- 工作温度：热结点 1 237 K，冷结点 566 K

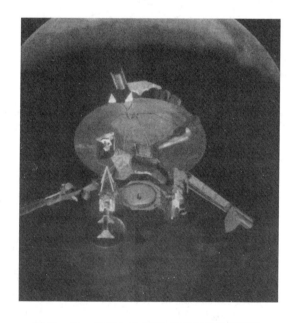

图 20－12　携带 2 组 RTG 的伽利略号探测器

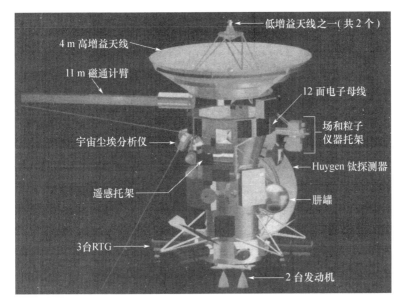

图 20—13　携带 3 组 RTG 的卡西尼号探测器

20.7　分段式热电转换器

对单耦合热电偶来说，流经两种材料结点的热量和电流均相同。最大转换效率可以在较大的温度范围内，利用不同的材料在不同的温度达到最优性能的特点来实现。主要有以下两种方式：

1）采用多级电偶，级与级之间不导电，但热接触，工作温差恒定。

2）采用分段方式，每一个 P 型和 N 型接触面都由多种不同材料分段串联而成。这种类型的热电偶的转换效率估计在 15% 左右，而采用 BiTe，FeSi，PbTe 以及 SiGe 合金的热电偶的转换率仅为 7%。在分段式热电偶电池中，每一段的结长度与截面积可以根据导热率、电导率进行调整，以达到期望的温差和最大的效率。一般情况下，这种分段式 TEC 的总工作点温度下降量是从 1 275 ℃ 降到 300 ℃。

20.8　先进的放射性同位素温差电源

最近，为了支持国防计划和深空探测计划，美国能源部发布了继续维持和发展太空核电计划的指导意见。该计划已经开始资助先进的辐射同位素电源系统（ARPS）的开发研究，其目标是将现有 TEC 的转换效率提高 3 倍。计划的关键是使用导热率得到了大大改善、接触电阻小于 $10\ \mu\Omega/cm^2$ 的 Si－Ge 电池。该计划还包括建造一个输出功率为 100 W 的工程模型，并于 2005 年实现空间应用。表 20－4 总结了 ARPS 的目标[2]。

表 20－4　先进 RTG 开发计划的目标

性能参数	RTG 设定状态	目标
效率	6.5%	13%～25%
比功率	5 W/kg	9～10 W/kg
寿命	大于 20 a	TBD
TEC 热偶结点	Si－Ge	经过改良的 Si－Ge
工作温度	1 275～575 ℃	1 000～700 ℃
同位素	^{238}Pu	^{238}Pu

为达到上述目标，有 3 项技术正在接受评估：1）效率为 15%，比功率 7～9 W/kg 的分段碱金属热电偶电池（AMTEC）；2）效率为 25%，比功率为 6～7.5 W/kg 的斯特林（Stirling）发电机；3）热光伏电池（TPV）。对每一项技术来说，热能均来自以碳和铱为保护层的非武器级球形 ^{238}Pu 的自然核辐射衰减。热光伏电池在第 3 章中已经简单介绍过，斯特林电机将在第 21 章中讲述，这里介绍 AMTEC。

在 AMTEC 中，同位素热量将钠蒸发，而钠流经 β 型矾土固体电解质管时产生电流。β 型矾土是一种碱金属导电陶瓷，是一种可以使钠离子通过的固体电解质。当钠离子处在压力不同的电解质两端时，就会产生电化学电动势。自由电子被电极俘获，电极为负载提供电能，然后再与钠离子重新结合。在蒸气循环过程中，温度有一定的下降。转换效率是差分温度的函数。

AMTEC 模型的电性能与一般热偶电池相同，端电压随着电流的增大呈线性减小，峰值输出功率点的电压近似为开路电压的一半。和传统 TEC 热电偶电池一样，AMTEC 的开路电压与最大功率都随着温度梯度的增加而增加。

20.9　热电冷却器

可以用蓄电池代替负载，使电流反向流经 TEC 结点来局部降低小设备的温度。这个过程实际上是让热电偶反向工作，结点吸收电能并将其转换成温度的下降量（下称温降）。这种反向工作模式称为 Peltier 效应。Peltier 热吸收量为

$$Q_P = \pi_{12} J_{12} \qquad (20-17)$$

式中　Q_P——结点处单位面积 Peltier 热吸收率；

　　　　π_{12}——热电偶的 Peltier 因数；

　　　　J_{12}——在结点处从材料 1 流向材料 2 的电流密度，为正值。

假设冷结点是绝对热绝缘的，则产生的最大温降为

$$\Delta T_{max} = \frac{1}{2} Z T_c^2 \qquad (20-18)$$

也可以在正向模式下用 TEC 热偶电池作为吸热池使灵敏的小型装置冷却。这种模式下，装置附近的热能就会被转化成电能，这些电能通过电线传到负载。

参 考 文 献

〔1〕　CHOK M K. Power and thermal systems with thermoelectric generators at 930 ℃ for solar probe inside 0. 1 AU：proceedings of the 36th Intersociety Energy Conversion Engineering Conference，ASME，Vol. Ⅱ，2001：1161－1163.

〔2〕　MONDT. J F. Advanced Radioisotope Power System Technology development for NASA mission 2011 and beyond：proceedings of the 36th Intersociety Energy Conversion Engineering Conference，ASME，Vol. Ⅰ，2001：133－139.

第 21 章　交流发电机动力系统

21.1　简　介

除了用于光伏电池，太阳能也可以应用在许多其他系统中，例如，动态能量转换系统就是这样的例子，它借助聚光器以热能形式聚集太阳能，然后用热能产生蒸气，蒸气驱动涡轮发电机或交流发电机发电。在 20 世纪 80 年代这种系统是功率为 300 kW 的空间站电源系统的主选设计方案。图 21-1 是这种系统的结构图。抛物面状聚光器聚集太阳能并送入接收器，在接收器中加热流体。流体可以是合适的液态金属，比如氯化钾。接收器中产生的高压金属流体驱动兰金循环（Rankine cycle）涡轮机发电。流体也可以是气体，比如分子量在 40 左右的氦和氙的混合体，被加热的压缩气体驱动布雷顿（Brayton）循环涡轮机产生电力。气基系统使得金属液体运输中出现的腐蚀、晃动等问题最小化。图 21-2 为空间用动力系统的功能示意图。总而言之，无论是液态金属系统还是气基系统，都是用高压高温流体驱动涡轮机，再由涡轮机驱动发电机发电。传递到液体冷却剂中的

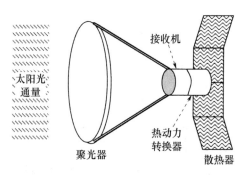

图 21-1　太阳动力电源系统结构图

废热经辐射板释放到太空中。这种系统的能量转换效率比光伏电池高很多，因此，可以最大限度地减小展开聚光板的面积和低地球轨道的空气阻力。

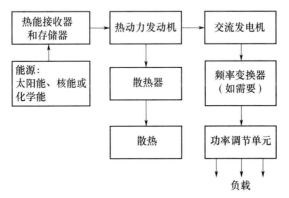

图21—2 动力电源系统功能图

一次热力学循环中可用的能量取决于工作温度。最大热动力转换效率，即卡诺（Carnot）循环效率，在理论上取决于两边的温差

$$\eta_{carnot} = \frac{T_{hot} - T_{cold}}{T_{hot}} \qquad (21-1)$$

上式中，温度为绝对温度，且T_{hot}越高、同时T_{cold}越低，俘获的太阳能转换成电能的效率就越大。但高温一侧的T_{hot}受介质性质限制，而低温侧的T_{cold}则主要由冷却方法和散热环境所决定。

这种系统一个间接的但却是主要的优点在于，在不增加额外设施的情况下，它能将电能存储在系统内。大约1 000 K的高温时，电能留在了相位变化的潜伏热能中。该系统能将热能存储数小时而电性能不衰减，或者存储更长时间电性能有一点衰减。这个特征使系统在不用增加额外的储能设备情况下，满足峰值功率的需求，同时还去除了所需求的蓄电池。

当今的光伏电源技术已经相当成熟，可以提供数十千瓦的功率，系统比功率达到10 W/kg，寿命长达15年。尽管目前太阳能动力发电技术还没有在空间飞行中得到验证，但它在大功率航天器应用中的效率、质量、可量度性和总费用等方面存在许多潜在的优势。成本方面的优势表现在它剔除了昂贵的半导体光伏电池。在几千瓦到几百千瓦的范围内，这种系统的成本优势极其明显。这项技术的未来应用尤其是大功率 LEO 任务中的应用，已取得重大进展。或许在大功率国防航天器中也能找到它的身影，因为航天器上的太阳电池阵降低了机动性，并使其易受敌方侦测和攻击。在一种功率为 300 kW 的空间站和空间防御动力同位素电源系统（DIPS）中已经考虑使用这种技术。

与太阳能电池的转换效率（15％～20％）和蓄电池的储能率（70％～75％）相比，太阳能动力系统的优点主要在于其较高的转换效率（20％～40％）和接收器储热效率（85％～90％）。与光伏电池系统相比较，该系统由于整体效率的大幅提高，使得所需的聚能面积大大减小，从而减小了空气阻力，不必过于考虑航天器的动力学、通路计算和实验视角的问题。空气阻力的减小非常重要，因为这可以使航天器在阻力消耗燃料和轨道衰减时间等因素确定的限制范围内低高度飞行。对于功率接近于 100 kW 的空间雷达来说，无法使用光伏太阳板，这时太阳动力电源系统的以下各项优势就体现出来了：

1）聚集太阳能的面积小；

2）交流输出电压高；

3）易于扩大规模和批量生产；

4）元件的潜在寿命长；

5）抗辐射性好。

最近，梅森[1]（Mason）报告了用 20 世纪 90 年代的元件技术制造的未经优化的 2 kW 太阳能动力电源系统的测试情况，该系统的转换效率接近 30％。因此，通过使用新技术新元件，优化设计参数，就可以使 100 kW 以上级别的大系统的效率大大改观。

动力电源系统中使用电—机能量转换器，转换器的电枢线圈在旋转的或者移动的南北极交流磁场中运动，因此，电枢线圈产生的电压具有一定的频率。输出的端电压等于电机电枢产生的电压减去电机内部电压降。驱动电枢线圈的机械能源自蒸汽或者气体驱动的涡轮机，也可能来自活塞式发动机。电—机能量转换效率在 85% ～ 98% 之间，取决于系统的额定功率和结构。电源系统的大小和质量首先是由额定功率决定的，其次是由采用消除内部功率损失的热设计决定的。小系统一般转换效率较低，功率损失和热系统质量相对较大。在相同的材料和结构条件下，小范围内权衡质量和功率损失的经验方法是，保持系统质量和功率损耗的乘积为不变的常数。

21.2　热动力学

在热动力学方面，这里主要讨论常用的 2 种结构。

21.2.1　斯特林发动机（Stirling Engine）

斯特林发动机包括 2 个周围包裹着多层隔热材料的同位素热源模型；驱动交流发电机的 2 台斯特林发动机；作为主结构的机架（见图 21—3）[2]。同位素热源在加压条件下使食盐蒸发，驱动蒸汽涡轮机和发电机。高温一侧的工作温度在 600～700 ℃ 之间，低温一侧的温度在 100～200 ℃ 之间。

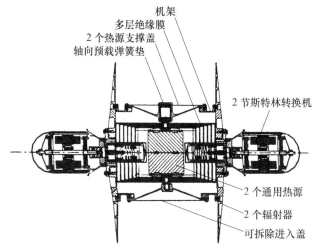

图 21—3　斯特林放射性同位素电源系统——基础模型

　　验证斯特林技术的原型机已经完成制造并在地面试验成功。它使用一台线性交流发电机，电压 90 V，频率 80 Hz 时的额定输出功率为 55 W。交流发电机的输出电压被转换成 28 V 的直流电压，以适应航天器的使用要求。

　　仅使用 2 台斯特林发动机的设计思路存在可靠性的问题。一旦其中一台出了故障，另一台将超负荷工作，除非将 2 台发动机都设计成能独立输出满负荷功率，不过这种设计方法将以发动机质量过大为代价。为此，在实际应用中，斯特林发动机的数量通常为 4 台。对于具有一台相匹配的变流器、功率为几百瓦的电源来说，2 台斯特林发动机的比功率在 8～10 W/kg 之间，4 台发动机的比功率在 4～5 W/kg 之间。

　　据参考文献〔3〕报道，目前斯特林发动机的变流器的最低额定功率是 55 W。多台机组并联在一起可以获得所需要的功率。关键的设计和运行问题是 2 个热动力独立的自由冲程活塞式斯特林发动机如何并联运行；而且当一台机组发生故障时，如何在任务期内将振动量减少到单台不平衡机组振动量的 2%。此外，正如萨金特（Sargent）[4] 所指出的，对科学探测而言，这种配置对抗电磁干扰的设计也是一个难题。

　　NASA 的 GRC 研究中心和美国能源部以及其他 2 个工业合作伙伴，正在积极研发斯特林发动机变流器，期望以先进的放射性同位素电源系统替代目前在深空任务中使用的同位素温差电源系统。目前正在研发的是功率为 100 W，使用细长交流发电机的标准模型机，把它们并联起来就可以获得大功率。波音公司正在开发一种现代化的既可以用于轨道飞行、又可用于行星登陆的多用途同位素温差电源，它的功率为 100 W。而洛克希德－马丁公司正在开发一种斯特林放射性同位素发电机，将使用 ^{238}Pu 为热源，用斯特林发动机驱动交流发电机。

　　多用途的同位素温差电源的效率仍然只有 7%，而斯特林发电机的效率在使用较少 Pu 的情况下将达到 25% 左右。斯特林式电源的缺点在于活塞式运动降低了其在空间应用的可靠性。多用途的同位素温差电源使用碲化铅（lead telluride）热电偶电池，它比 SiGe 的工作温度低一些，而且不需要容易被行星大气中的 CO_2 和 CO 氧化腐蚀的绝热耐火金属结构。上述两种新型电源系统中的一种计划在 2010 年的火星探测中投入使用。

斯特林系统对于目前投资的先进同位素温差电源来讲是最成熟的变流器。它有如下优点：

1）超过 20% 的转换效率，热阻小；
2）携带的同位素存量比同位素温差电源减少至少 1/3；
3）比功率为同位素温差电源的 1.5 倍；
4）比布雷顿循环和兰金循环更可靠。

21.2.2 布雷顿循环

在这种系统中，聚集在接收器上的太阳能被传递给布雷顿（Brayton）发动机实现热电转换。整个系统包括涡轮发动机、压缩机以及转子式交流发电机。工作流体为惰性气体，气体从接收器进入涡轮机后膨胀，在热交换机中降温后被压缩，再进入太阳能接收器加热完成一个循环（见图 21-4），其中在热交换机中由液体冷却机吸收废热。在涡轮和接收机入口之间加装回热式热交换机可以改善热动力循环效率。旋转式交流发电机输出频率为 1 kHz 三相交流电，以备进一步调制和分配。闭合循环的布雷顿转换系统的主要优点在于它的转换效率高（达到 40%）、工作寿命长（达到 30 年）和循环费用低。这些优点对于要求提供大功率和压缩气体的系统来说是非常重要的。NASA 的 Glenn 中心已经用氙离子推进器演示了功率为 2 kW 的布雷顿循环机的能量转换装置。该项测试是作为核电推进器实验的一部分进行的。试验显示这种转换器可以提供高电压，并能把电压调节到离子推进器要求的范围。

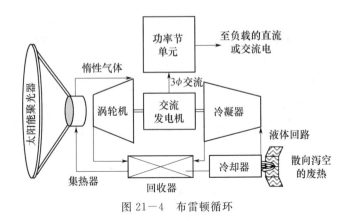

图 21-4　布雷顿循环

21.3　电－机能量转换

可以用于动力电源系统电－机能量转换系统的交流发电机有以下几种：

1）永磁同步发电机或直流发电机；

2）实心转子同步发电机；

3）无刷设计绕线转子同步发电机；

4）无转子激励的单极感应发电机；

5）带固体整流子的无刷直流发电机；

6）低温超导同步发电机，效率超过 99.5%，质量仅为上面几种发电机的 10% 左右。

在这些发电机中，励磁电流都是直流电，控制励磁电流就能够调节输出电压。然而，对于永磁发电机来说，因为它的输出电压在本质上是不可调节的，所以并不适合动力电源系统电－机能量转换系统。在能量转换装置的涡轮－发电机结构中，常常有 2 组场励磁线圈来产生所需的电压。串联磁场提供正常工作时的大部分激励，以及从静止到启动所需的全部激励。并激磁场则提供正常工作时电压控制所需的激励，以及启动时功率因子控制所需的激励。

由于功率是转矩和转速的乘积，因此功率和转速的额定值决定了轴的扭矩，进而决定了整个电机的尺寸和质量。如果发电机必须在一定的转速范围内工作，则它的质量将取决于满足所需功率的最低转速。例如，对于交流发电机来说，最重要的参数就是单位转数内电压与电流的乘积，这是因为发电机的尺寸大小既取决于实际的功率输出，又取决于反向的功率输出。转速度依次取决于频率和极数。总之，比功率在大功率和高转速水平时得到显著改善。

除了永磁发电机，其他每一种发电机在短时间内产生的功率都大约是其额定功率的 2 倍。另外，这些发电机通常还会产生数倍于额定值的电流，从而烧坏系统的熔断器，或者使断路器跳闸。这种额外的输出能力非常有用，能使发电机以不同的运行条件运行。对于不需要这种额外能力的系统来讲，它的质量可以降低 15%～20%。从负面看，如果不采取特别的措施，在短时间内驱动 2 倍的负载将在原动机上施加 3～4 倍于额定值的瞬态扭矩。发电机的质量大小也会受到以偏离额定电压表示的功率品质、频率和负载切换产生的瞬态电压等的影响。一般的功率品质要求会增加 10% 的电机质量。

至于空间环境中，发射和轨道运行的冲击和振动不会对旋转型发电机的设计有更多的限制。但是，辐射对结构中的绝缘体、轴承和半导体的损害必须加以考虑。

可靠性和寿命受金属部件疲劳度和工作温度下绝缘体老化的限制。一般情况下，飞机用发电机的无故障工作时间为 2 000～10 000 h。对于 10 年工作寿命的航天器来说，无故障工作时间应超过 100 000 h。空间任务使用的发电机无故障工作时间比飞机的大一个数量级，因此，它的设计必须采用更好的材料和更优的结构。

21.4　发电机技术

20 世纪 80 年代中叶，NASA 从 22 种发电机的设计理念中为早期空间站 300 kW 的太阳能动力电源系统选出了 4 种进行更深入的评估和研究。这些发电机的结构如图 21-5 所示。

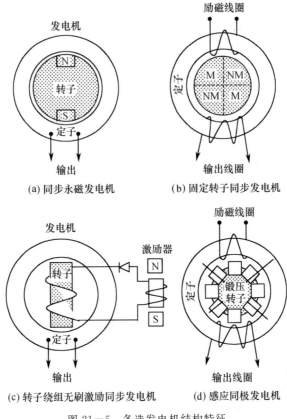

图 21－5　备选发电机结构特征

21.4.1　各种发电机简介

21.4.1.1　永磁转子式同步发电机

这种发电机的结构非常简单。定子有一组输出线圈，转子为永磁体，产生磁场。与其他发电机相比，它的效率高，比容低。输出电压受外部电子线路调节。这种电机由于受永磁体强度的限制，因而直到现在额定功率比较低。但是新型的各项异性的钕－铁－硼永磁体，不仅有超过 20 MGOe 的能量，而且抗热特性好，能在 100 ℃以上的温度运行。Magnequench 公司生产的钕粉，能通过快速固体凝结方式制造黏合磁体。

21.4.1.2 实心转子同步发电机

这是一种无刷同步发电机。励磁线圈静止不动，通过转子两端的辅加气隙将磁通量传递到转子，这样提高了电机的转速。电机有一个光滑的带交变磁极的实心转子，转子被主要是一些结构元素的非磁部分分隔，起增加强度和分离磁极的作用。交变磁场和非磁部分的转动引起磁通量的变化。

21.4.1.3 无刷绕线转子同步发电机

这种发电机的转子上有4组共轴活性元件：即主磁场线圈、主激励器电枢、伺服激励器的永磁体和整流二极管。直流功率通过整流器反馈入激励器，无须碳刷。电压的调节是由改变激励来实现的。

21.4.1.4 感应同极发电机

感应同极发电机使用固定的螺旋形励磁线圈。当能量传递给励磁线圈时，就产生了单向磁通量，并沿图示方向传递。这种电机的定子输出的电压，可通过改变定子内螺旋形励磁线圈的电流而改变。固定转子上刻有槽，定子上的直流励磁线圈通过刻槽的转子对输出绕组施加可变磁通量，产生交流电。这种发电机机械结构简单，但比质量很高、比容积很大。

21.4.1.5 各种发电机的优点

在相应基础上对上述4种发电机进行筛选排位的另一种方法如表21—1所示。其中，同步永磁转子发电机列第1位，实心转子同步发电机列第2位，列第3位的是无刷绕线转子同步发电机，最后则是感应同极发电机。不同的标准或者说不同的权重因子可能会导致不同的结果。但是，同步永磁电机和实心转子同步电机应该说是最适合的候选者。对发电机和功率调节的最终选择，要在技术参数限制范围内，选择最为有效的动力系统中技术参数包括直流/交流、频率、额定电压、额定功率和电机转速等。实心转子同步发电机有一些优点，比如说相对较高的转速性能，电压易于调节等；但与同步永磁式发电机相比，它的比质量相对较大，电抗较高，励磁线圈较为复杂。因此，对于三相400 Hz的交流电源分配系统来说，使用类似飞机用循环转换方式的同步永磁转子发电机，是发电和功率调节的最佳选择。这种结构的发电机符合最优转速（4 500 r/min）要求，能在频率为 1 000～3 500 Hz 的范围内发电，并以自然整流的循环转换器来产生 400 Hz 频率精度的输出功率。另外，循环转换方式比起传统直流转换技术，其效率和可靠性都要更高一些。

表 21-1　动力电源系统 4 种备选发电机主要性能参数

发电机类型	同步永磁转子发电机	同步实心转子发电机	无刷绕线转子发电机	感应同极发电机
最大转子线速度 /ms^{-1}	230	250	180	300
比质量/kg（kVA·kr/min）$^{-1}$	0.011	0.031	0.011	0.213
比容积/L（kVA·kr/min）$^{-1}$	0.004	0.006	0.011	0.041
效率/%	88～95	87～94	82～92	80～91
电压调节	复杂	简单	简单	简单
激励	旋转永磁	定子直流绕组	永磁激励旋转二极管	定子直流绕组
电抗	低	中等	最低	最高
是否能用做电动机	是	是	是	否

21.4.1.6　选择发电机的其他标准

下面的标准在选择发电机时仍很重要：

1）并联运行；

2）过载能力；

3）电压调节；

4）转速和频率约束；

5）启动操作。

21.4.2　并联运行

两个或者多个相同的发电机并联运行既能够增大功率容量，又能够提高机组的可靠性。因此，只有那些可以并联工作的发电机才适合于太空应用。不仅如此，它们还应模块化、比例化，可以按任务要求进行升级，而不需要增加和验证新的设计。表 21-1 中所列的 4 种备选发电机均可并联运行。

21.4.3　过载能力

对任何一种发电机来说，能经受暂时的过载并能提供大的熔断器的故障电流，都是其必备的性能。上述 4 种备选发电机的过载能力在表 21-2 中做了总结。同步永磁转子发电机和感应同极发电机的过载性能最好，同步绕线转子发电机的过载性能最差。

表 21-2　发电机过载能力

发电机类型	过载 5 min	短时过载 5 s	短路电流 5 s①
同步永磁转子发电机	150%	200%	最低 300%
同步实心转子发电机	115%	150%	300%
同步无刷绕线转子发电机	115%	150%	200%
感应同极发电机	150%	200%	300%

① 短路时电压为零，内部损失各不相同。

21.4.4　电压调节和磁场激励

4 种备选发电机的电压调节比较如下。

21.4.4.1　同步永磁转子发电机

同步永磁发电机的输出电压不能直接进行调节，这是因为磁通量是由永磁体产生的。这种发电机的电压通常由另外的电子线路调节，比如用循环转换器等。

21.4.4.2　实心转子同步发电机

这种发电机有 2 组励磁线圈，分别位于发电机两端，与定子结构相邻。每组线圈由 2 部分组成，即串联部分和控制部分。串联线圈从接入负载端口的电流转换器中产生激励，所以，激励与负载电流的大小成正比。控制线圈则利用电压调节器（反馈控制系统）产生激励，不论系统的负载、速度以及温度如何变化，电压总保持恒定。

21.4.4.3　绕线无刷同步发电机

主发电机的电压调节是通过改变励磁线圈的电流大小来实现的。这种系统有 3 个转子（主发电机、绕组激励器和永磁激励器）和许多同轴整流器。

21.4.4.4　感应同极发电机

它的电压调节是通过一个带有磁放大器反馈控制线路的电压调节激励器系统实现的。因为这种发电机的电抗是 4 种备选发电机中最高的，所以，从零负载到满负载时的励磁电流变化也将最大。

21.4.5　速度和频率限制

发电机的输出频率（单位：Hz）由下式给出

$$频率 ＝ 转速 \times 极数 /120 \tag{21-2}$$

可以看出，电机的转速加倍，则输出频率和电能也将加倍，而磁场不需要改变。但是，机械应力随直径和速度的平方而增加，因此，高转速发电机要求更高性能的结构材料。直径和转速对应力的综合影响正比于转子最外端的线速度。出于这个原因，将最大速度定义为柱形外部边缘的线速度（m/s）的函数、而不定义成转速的函数更为有利，这是因为转子的直径决定于发电机的额定值。4 种备选发电机转子的最大边缘线速度（m/s）列于表 21-1 的第 1 行，它决定了每种发电机的最大频率。

最大转速也是转子直径和发电机额定功率（kVA）的函数。对于以太阳能动力发电机的最理想涡轮转速（45 000 r/min）为基础的低频（400 Hz）发电机来讲，2 极发电机的最小频率为 750 Hz。所以，对 400 Hz 的标准频率来说，必须使用循环转换器或直流连接转换器进行有效频率的转换。整流器用来分配直流电。上述所有发电机都能产生频率 2 400 Hz 的三相电。尽管也许可以设计出单相 20 kHz 同极感应发电机，但就高频率来说，没人可以生产出频率为 20 kHz 的发电机。

参 考 文 献

〔1〕　MASON L S. A solar dynamic power option for space solar power：proceedings of the 34th Intersociety Energy Conversion Engineering Conference，SAE，Paper No. 01—2601，1999.

〔2〕　COCKFIELD R. Radioisotpoer Stirling generator concepts for planetary mission：proceedings of the 35th Intersociety Energy Conversion Engineering Conference，AIAA，Paper No. 2843，2000.

〔3〕　THIEME L G，QIU S，WHITE M A. Technology development for a Stirling radioisotope power system for deep space missions：proceedings of the 34th Intersociety Energy Conversion Engineering Conference，SAE，Paper No. 2454，1999.

〔4〕　SARGENT N B. The electromagnetic compatibility design challenge for scientific spacecraft powered by a Stirling power converter：proceedings of the 36th Intersociety Energy Conversion Engineering Conference，ASME，Paper No. CT—37，2001：447—451.

第 22 章　大功率高电压系统

22.1　简　介

过去几十年，航天器的功率要求一直维持在几百瓦的量级。它满足了传统的 28 V 太阳调节直流电源系统的需要。但是，商用、科研和军用航天器的功率要求在稳步提高（见图 22−1）[1]，几乎每隔 7 年，功率要求就会增加 1 倍。由于高电压系统具有质量小、效率高等特点，所以提高电压水平即可以提升相应的功率水平。在不同功率、电压下，仅配电电缆一项所节约的质量见表 22−1 所示。当今的 GEO 通信卫星使用的功率为 7～15 kW，电压为 70～100 V。ISS 的功率为 105 kW，电压为 120 V。某些战略主动防御武器平台，甚至要求几兆瓦的恒定功率、几百兆瓦的引爆功率和至少 100 kV 的电压。本章将首先介绍大功率高电压电源系统的结构，然后讨论设计

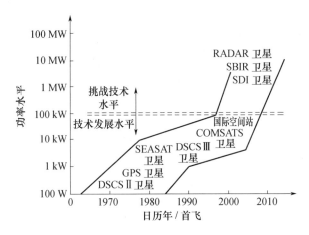

图 22−1　空间电源功率需求的增长趋势

这种系统时要关注的问题。

表 22-1　铜导体线缆质量与功率和电压的关系

电压/V	20 kW，线缆长>10 m，质量/kg	30 kW，线缆长>30 m，质量/kg	目前用途
28	155	7 000	沿用
70	20	900	现代 GEO 卫星
120	7	290	ISS 和 EOS
200	3	140	SP-100

　　功率达到 100 kW 的电源系统的设计电压达到了 200 V。考虑到航天器在发射和运行过程中可能遇到的各种各样的情况，配电系统超过 200 V 时就认为是高电压。太空等离子体、温度和压力的急剧变化、材料脱气、日冕和原子氧等都是设计时需要考虑的重要问题。

22.2　高压太阳电池阵

　　对功率要求超过 25 kW 的卫星来说，为了达到系统质量的最优化，需要采用高压太阳电池阵。在 LEO 轨道，考虑到高密度空间离子体环境中的漏电流和弧光放电等因素，系统电压限制在 200 V 以内。对于 GEO 轨道，由于等离子密度低，到达轨道后以高电压运行是可行的。已经在考虑使用电压为 1 000 V 的高压太阳电池阵和长距离的线缆。如果系统的标称电压为 1 000 V，则 100 kW 的太阳电池阵所需电流为 100 A，这样限制了导体中的 I^2R 损失。另外，由此导致的弱磁场与地球磁场的相互作用将会把阻力和再提升的消耗置于控制之下。但是，微流星体冲击太阳电池阵后导致其损坏、弧光放电和高压元件间出现击穿电压是个值得关注的问题。最近的研究报告对带 6 mil 玻璃盖片的 GaAs 太阳电池阵的测试表明[2]，如果设计的玻璃盖片足够厚以阻止电压蠕变，如果导线之间进行封闭绝缘杜绝其接触，就不会产生电弧。这个试验持续进行了 7 年，试验中用速度为 11.6 km/s，直径为 100 μm 的钠玻璃球模拟 GEO 轨道等离子环境中的微流星体。偏电压达到 −438 V，也没有产生电弧。而这时的玻璃盖片已经被穿透，电池连接也被破坏了。这些试验表明，在 GEO 轨道上应用 400 V 左右的太阳电池阵的设计也许是可行的。

　　鉴于下述原因，功率超过数十千瓦的大型太阳电池阵的设计是不可行的：

　　1）太阳电池阵不易制造；

　　2）大的惯性力矩不利于航天器的机动飞行；

　　3）即使距离很远，大型太阳电池阵很容易成为敌方攻击的目标，进而使航天器易受攻击。

　　第 21 章讲述的太阳能动力电源系统是可选用的大功率系统的一种。它的主要结构如图 22−2[3] 所示。在这种系统中，能量以潜伏热的形式储存，因此不需要蓄电池；而对于 LEO 卫星来说，蓄电池的质量通常都会比太阳电池阵的质量大。

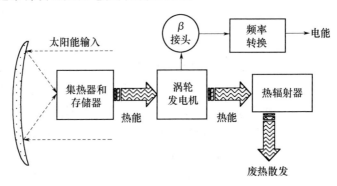

图 22−2　太阳能动力电源系统框图

22.3　大功率核能温差电源

　　第 20 章讲述的原子同位素温差电源适用于数百瓦的电源系统。对于数百千瓦的大功率系统，自 20 世纪 80 年代起，美国空军和美国能源部在 SP−100 项目下联合资助了大量针对核反应堆温差电源设计、建造和验证的研究与开发工作。该项目在 90 年代曾经中止了，但最近随 NASA 的 Prometheus 项目重新启用（见图 22-3），用于进一步研究和部署大功率星际推进系统，及核威胁或者不规则轨道下的空间防御任务等。首个使用核动力的空间探测器木星冰月轨道器（Jupiter Icy Moon Orbiter，JIMO）计划于 2010 年发射。静态温差电源相对于转动的涡轮发电机来讲是一种更好的电源系统。在空间应用中，大型转动机械大回转作用的影响是一项主要的技术风险。如此大的转动电机在空间还未曾使用过。

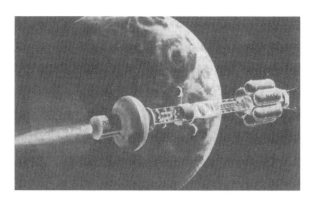

图 22-3　火星探测的电推进 SP-100 电源系统

SP-100 电源系统中使用的温差电源由许多偶合 SiGe/GaP 热电（TE）电池组成，TE 转换效率约为 7%。但是工作热损会将系统效率降到 5%。一个 100 kW$_e$ 的电源系统要求反应堆的热功率为 100 kW$_e$/0.05＝2 000 kW$_t$，为了使航天器的温度维持在材料允许的范围内，必须将反应堆剩余 95% 的热能，即 1 900 kW$_t$ 辐射到深空。因此，散热器成了主要设计因素。图 22-4 所示的是锥型扇叶式散热器的构造。反应堆与散热器的隔离层位于锥顶处，用户负载和敏感器件布置在 50 m 长的悬杆的另一端，远离热源。

SP-100 电源系统使用快速频谱液态锂冷却剂反应堆和 SiGe/GaP 热电电池，目前最先进设计的 Z＝0.000 7，未来温差电源的 Z＝0.001 4。每个 TE 电池单元的 V_{oc} 为 0.50 V，I_{sc} 为 12.8 A。那么每个

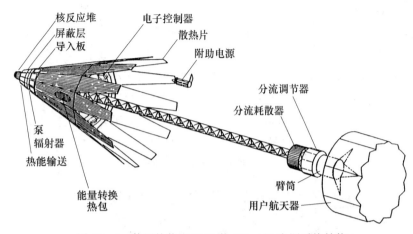

图 22－4　使用核能和 TEC 的 SP－100 电源系统结构

TE 电池的最大功率就是 $0.50 \times 12.8/4 = 1.6$（W），比功率为 33 W/kg。

过去资助研发的空间防御核反应堆的功率范围在 30 kW～300 MW 之间，与地面核反应堆非常类似，只是规模小了很多。

从根本上讲，核反应堆就是加热液态金属，加热后的液体通过液锂泵回路在平台上循环流动，经中间的热交换器，将热能传递到安装在 12 面锥体主体上的热排管中（见图 22－4）。TE 板吸收热排管的辐射热而发电。这样，将热能从反应堆的堆芯传递到 TE 段，每段产生 4.6 kW_e，100 V 的电能，没有转化为电能的热能将通过 TE 板的外表面辐射到深空而损失掉。TE 板的布置也要考虑辐射散热的最佳效率。锂冷却剂由 TE 电池驱动的电磁泵驱动。只要反应堆维持一定的温度，驱动泵的 TE 电池可以采用工作流体与泵驱散热器之间的温降能量，以维持驱动泵连续工作。

12 个 4.6 kW_e TE 热电池段并联可以产生 100 V 50 kW_e 的功率，2 个这样的机组串联，中间点与航天器结构接地，最外层 2 个导体间的电压一定是 200 V（见图 22－5）。SP－100 任务轨道上无电击穿的可用电压处在 150～200 V 之间。但从电效率的角度看，确定的最佳电压应超过 200 V。最终选取的 200 V 母线电压是通过 ± 100 V 导体间中间接地的导体推算出来的。实际从结构地仅获得

100 V 的工作电压，而供给负载 200 V 的电压，从而维持电流和欧姆损失最小。

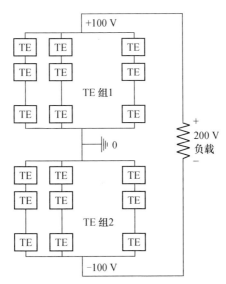

图 22-5　SP-100 热电能转换器组件

(200 V 电源、±100 V 线路)

SP-100 电源系统采用分流器型全调节电压母线。不管负载使用与否，TE 电池段都产生 100 kW$_e$ 的功率。当负载所需功率小于 100 kW$_e$ 时，多余的功率被分流器吸收并散发到深空。分流器使用普通的高温钨电阻灯丝，当出现母线电压故障信号时，分流器自动接通。TE 板的功率输出由隔离二极管完成，并与电源段单一 200 V 直流母线相连，位于外伸悬杠的另一端。这种隔离措施可以减少所需的屏蔽材料。

由独立的 RTG 提供的 300 W，28 V 辅助电源，可用于启动、维护和关闭反应堆期间。根据特定任务的约束条件，上述期间也可选择太阳能或者纯蓄电池电源。以下是对 SP-100 电源系统的要求：

1）7 年任务寿命；

2）能够抵御一次典型的核威胁；

3）能将 100 kW$_e$ 的 EOL 电源比例缩放到 30～1 000 kW$_e$ 的水平；

4）200 V 全调节电压母线；

5）可靠性达到 0.990；

6）热源上限温度 1 310 K。

尽管美国做了大量的研发工作，但 SP－100 电源系统至今仍没有上天。相反，俄罗斯却在大量飞行中使用了这种装置。20 世纪 90 年代初，美国借苏联解体之机从俄罗斯获取了类似技术后就削减了该项目研发资金。然而，2003 年～2008 年，SP－100 的预算资金有望突破 10 亿美元，主要用于空间防御和电推进的研究。SP－100 系统研发的关键问题是开发高温材料，大功率电源系统需要高温来有效阻止袖珍型反应堆的热损失。

战略防御需要使用的兆瓦级爆发电源系统可以考虑采用带旋转电机的核反应堆，为使陀螺干扰最小化，这样的系统应该采用 22.11 节将要讨论的成对反向旋转电机。

22.4　高压电源的设计问题

下面讨论高压电源系统设计中普遍遇到的问题。

22.4.1　帕邢（Paschen）击穿电压

特定气体中两个裸露导体之间的击穿电压由 p 与 d 的乘积决定，其中 p 是气体压力，d 是导体之间的距离。图 22－6 所示的曲线称为帕邢（Paschen）曲线。航天器发射时经历的压力变化范围较大，从地球表面的大气压力，变化到高轨道的 1×10^{-10} torr。在这个压力转变过程中，航天器总是要通过 Paschen 曲线上的最低击穿电压点；二次电源的导体和线头一般有许多裸露点，不管这些裸露点之间的距离多大，在航天器进入高轨道的过程中它们之间将会产生电火花。由于材料的出气使得压力预测变得困难，因此，只有到达轨道

（0.1 Pa的真空）后，高电压系统才可使用。另外，相关设备必须充满绝缘气体（如氮气），或者用固态绝缘物进行封装。

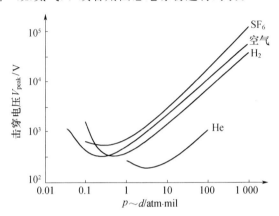

图 22-6　各种气体中压力与间隙的乘积和击穿电压的关系（Paschen 曲线）

　　初步数据显示，材料出气导致高压器件周围的气压增高，不再保持真空环境，于是导致电晕放电电压降低。因此，提高电晕放电电压的办法，首先要想到的就是选择低出气率材料。图 22-7[4] 所示的是几种材料的出气测试结果，可以看出，在所测试的绝缘材料中聚四氟乙烯（Teflon）出气率较低，因而成为空间高压应用的首选绝缘材料。

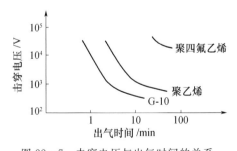

图 22-7　击穿电压与出气时间的关系

22.4.2　电介质应力集中

　　如果将一个高压矩形导体置于充满气体的封闭容器中，那么，导体各端的电介质应力分布会不均匀，应力主要向导体边缘附近集中。若导体半圆端的半径为 r，到端部的距离为 e（见图 22-8），则最大电介质应力约为[5]

$$E_{max} = \frac{V}{e}(1 + 0.25\frac{e}{r}) \qquad (22-1)$$

若 E_{max} 等于 V/d，即与平板部分的应力一致，并且，端部是完全半圆形，即 $r = a/2$，则可推导出端部距离 e

$$E_{max} = \frac{V}{e}\left(1 + 0.25\frac{2e}{a}\right) = \frac{V}{d}$$

由此得到

$$e = \frac{ad}{a - 0.5d} \qquad (22-2)$$

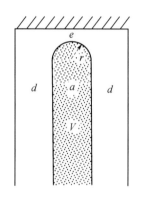

图 22-8　有半圆端部的平板导体电压应力集中

例如，$a = 3$ mm，$d = 1$ mm 时，e 一定等于 1.2 mm，即比绝缘厚度 d 大 20%。若半径较小，例如 $r = a/4$ 时，则 $e = ad/(a-d) = 1.5$，即端部需要增加至少 50% 的绝缘距离。

对锐角处的应力集中、应力集中对电晕电压的影响以及地面大气条件下绝缘体击穿电压的研究，有关文献已经进行了很好的报道。但在空间应用领域对这些问题的研究还有待全面化、系统化，这是进行绝缘设计所必须的。只有这样，才可以借助现有数据用内插值法和外推法在较大的裕度范围内使相关设计风险最小化。

22.4.3　电晕腐蚀

绝缘设计不应该允许局部放电（电晕）发生。如果在较高的瞬态电压点发生了电晕放电，那么它必须在瞬态电压和稳态工作电压之间的下降曲线上某一点处熄灭。电晕放电有两种效应影响绝缘材料的性能：其一是对绝缘体进行化学腐蚀，缩短材料寿命；其二是产生无线电干扰，干扰周围电子设备。这两种效应都是人们不希望发生的，应该加以避免。

电晕电压与设计中使用的材料性质和材料厚度有关。用聚丙烯绝缘材料对 1 000 V 量级的电器元件进行地面电晕放电测试的结果如表 22-2 所示。表中的结果必须根据航天器的设计运行轨道或穿行轨道予以调整才能解决 Paschen 最低击穿电压和轨道等离子体效应等问题。

表 22-2　聚丙烯绝缘材料电晕放电测试结果

厚度/mil	起晕电压 V_{rms}/V	灭晕电压 V_{rms}/V
5	880	835
10	1 570	1 420

评价固态绝缘体承受电晕放电的关键参数是 E_i，即局部放电的起始电压，这个电压可以直接测量获得，也可以从击穿电压 - 时间曲线用外推法推算出来，如果已知导体几何参数的话，还可以通过仔细分析其边缘或空隙部位的电压应力获得。固体绝缘必须避免出现大的空隙。层状空隙的绝缘应力是 εE，空隙远小于绝缘厚度的球面绝缘应力为

$$3\varepsilon E/(1 + 2\varepsilon)$$

式中　ε——相对介电常数；

　　　E——固态绝缘体的均匀应力。

根据 Paschen 曲线，气体压力与空隙厚度（电极间距）的乘积超

过击穿电压时，空隙局部放电就出现了；而且，锐角处的电介质应力集中会使放电现象更为严重。因此，好的高压设计应避免出现锐角导体，降低电介质应力集中度，提高电晕放电起始电压。

以下的分析给出了有空间应用价值的高压绝缘体的最大允许间隙值。假设间隙是层状的，因为它产生的应力集中比球形间隙的多；假定两导体间固态绝缘体的层状间隙厚度为 d_0，那么这个间隙的击穿电压将取决于间隙中气体的压力。由于这种压力在航天器任务期内的变化范围较大，因此，计算时要用到 Paschen 最小击穿电压，即铜电极之间的击穿电压 V_{peak} 大约是 297 V 或者 V_{rms} 是 210 V。这样就存在两种串联的电介质，一种是厚度为 d_0 的层状间隙电介质；另一种是厚度为 d 的固态绝缘层。如果间隙的电介质应力为 E_0，固态绝缘体的电介质应力为 E，则导体间的电压为 $V = E_0 d_0 + Ed$。以相对介电常数为 2.25 的聚丙烯绝缘材料为例，其电介质应力将是间隙应力的 $1/2.25$，即 $E = E_0/2.25$。若 $d = 20$ mil，上述电压将是

$$V = E_0 d_0 + \left(\frac{E_0}{2.25}\right) \times 20 = E_0 d_0 + 8.89 E_0 = E_0 d_0 \left(\frac{1 + 8.89}{d_0}\right)$$

$$(22-3)$$

式中，d_0 的单位是 mil，$E_0 d_0$ 之乘积为穿过间隙的电压，其最小 Paschen 值 V_{rms} 为 210 V，这就是此间电晕放电的起始电压。聚丙烯绝缘电缆上的起始电晕放电电压为

$$V_i = 210 \left(\frac{1 + 8.89}{d_0}\right) \qquad (22-4)$$

图 22-9 表示的是式（22-4）的关系，从图中可以看出，2 mil 厚的分层间隙电晕放电的起始电压 V_{rms} 为 1 200 V。这种状况一般不会导致器件立即失效，但最终会随着电晕腐蚀而失效。如果层状绝缘间隙失效了，固态绝缘体电介质应力将为 1 200/20＝60（V/mil），这比固态绝缘短时击穿电压强度低两个数量级。

从图 22-9 还可以看出，电晕放电的起始电压随着间隙间距增大而减小，逐渐逼近 Paschen 的最小值 V_{rms} 210 V。尽管在不同尺寸的间隙对应的压力下都会发生电晕放电，但 Paschen 的最小值却是一个

常数。当间隙间距增大时，电晕放电电压维持在 210 V，固态绝缘体中因电压导致的介电应力下降随之减少。当然，这个常数电压是建立在间隙压力和间隙尺寸的最坏组合之上的。由于绝缘材料的持续出气，因而很有可能在间隙中始终存在着一些气体压力，使得电晕放电的起始电压抬高。于是沿电缆长度方向上间隙的位置倒是个问题。如果间隙处在电缆的中部，狭长管对气体流动产生的高阻力，会延长出气时间。为了提高可靠性，向高压电缆绝缘长度方向充些诸如氮气之类的气体是必要的，这样做能够保证所需的气体压力，维持电缆所需的绝缘介质强度。

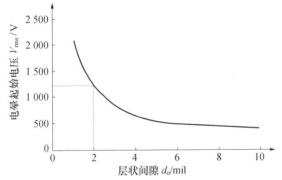

图 22-9　平板电缆电晕放电起始电压与层状间隙尺寸的关系

减少星载设备质量，降低发射费用，是航天界永恒的主题。基于这个原因，许多高压器件的运行确实带有电晕放电现象；但在载人航天器中，必须对电晕放电现象加以控制，避免航天员遭受电晕电流的冲击。只要不以牺牲可靠性和安全性为代价，用降低设备寿命来获得质量最小化带来的好处可以接受。一般空间用器件的使用寿命是 5～15 年，但必须提高可靠性，因为这些器件一旦使用将不会得到维修更换服务。

22.4.4　原子氧

在 LEO 轨道，原子氧与绝缘体表面的相互作用是特别令人关注的问题。在任务期内，这种相互作用的结果要么是一种化学反应，要么从绝缘体表面剥蚀物体质量。相互作用的强度取决于原子氧撞击的总剂量率，总剂量率与轨道高度直接相关。图 22-10 所示的是一种典型聚合物与原子氧的交互情况。绝缘设计应该考虑这种交互过程中材料质量在任务期内的损失。

表 22-3 列出了在辐射和原子氧环境下各种绝缘材料的降解情况。可以看出，在任一环境下，Teflon 的表现最差。据估算，国际空间站 5 年中接受的辐射总剂量约为 100 krad，因此，只要在原子氧环境下绝缘材料的降解程度可以接受，设计中就可以使用硅橡胶。原子氧剂量率在极地 400 km 轨道高度大约是 3×10^{21} atom/（cm^2·a），比国际空间站上的低。

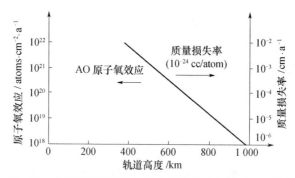

图 22-10　由于氧原子剥蚀导致的质量损失与轨道高度的关系

表 22-3　空间环境下电绝缘材料的降解率

绝缘材料	副作用出现前的 辐射剂量/Mrad	反应性/ 1×10^{-24} cm^3 氧原子	降解率/ 3×10^{21}原子/（cm^2·轨道），mil/a
Teflon	0.1	0.03	0.036
硅橡胶	1	0.05～0.2	0.06～0.24
Kapton	100	3	3.6
Expoxies	1 000	2.5	3.0

22.4.5　等离子体与带电粒子

两个裸露导体间的可承受电压受空间轨道上等离子体的影响最大。等离子体密度（electron/cm^3）与轨道高度的关系如图 22-11

所示。从图中可知，LEO 轨道的等离子体密度最大，GEO 及其以上
高度轨道的密度可以忽略不计。等离子体的作用类似于电源器件上
的分流电阻，比如对太阳电池阵，能在裸露导体之间产生漏电流而导
致功率损失。电压高于 160 V 时功率损失相当显著，而如果电压远
高于 160 V 时会产生击穿电压。击穿电压与等离子体密度之间的关
系如图 22－12 所示。将图 22－11 和图 22－12 综合在一起，可以得
到裸露导体之间的起弧电压与轨道高度之间的关系（见图 22－13）。
起弧电压决定了太阳电池阵的最大输出电压，也决定了任务期内能
承受击穿电压的印刷电路板之间的最小距离。基于此原因，NASA
把国际空间站太阳电池阵的输出电压限定在 160 V，并备有 120 V 二
次电源和供已有 28 V 设备使用的降压变换器。

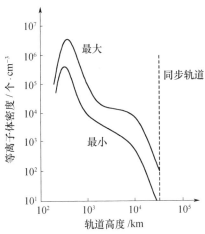

图 22－11　赤道轨道上空等离子体密度与轨道高度的关系

　　在无等离子体轨道，如在 GEO 轨道，接近真空中的导体能够承
受数千伏特以上的电压。然而，Paschen 最小击穿电压限制其只能在
GEO 轨道使用，而不能在发射和转移轨道阶段使用。航天器内部材
料的出气和外部的羽流在导体周围产生气体压力，并且这种压力无
法控制。此外，发射过程中航天器内部的气体压力一直在减少，升空
很长时间后才能接近真空状态。很可能在某个瞬时，p 与 d 的乘积达

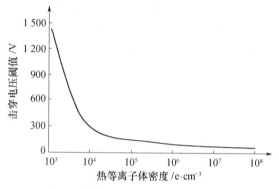

图 22-12   裸露导体间击穿电压阈值与等离子体密度的关系

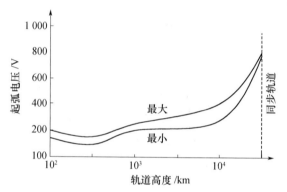

图 22-13   裸露导体间的弧光电压阈值与轨道高度的关系

到了相应的最低击穿电压。在这种情况下，裸露导体会因发生弧光
放电而短路。基于此原因，对于 GEO 轨道上的设计工作电压高于
160 V 的器件，只能在到达 GEO 轨道后才可工作。

从图 22-13 可以看出，300 km 高的轨道仅对 160 V 的起弧电压
最糟糕。如果航天器一定要通过这一高度，则二次电源电压必须低
于 160 V。按标准施工技术组装的太阳电池阵（即玻璃盖片没有完全
屏蔽金属互联片），在高于 160 V 的 LEO 轨道中，其裸露的互联片此
时相当于等离子体的探针，或者吸引带电粒子，或者排斥带电粒子。
太阳电池阵上某个点的电压会与空间等离子体电位相同。由于电子
比离子的流动性强，因此，太阳电池阵相对于等离子体呈现较大负值

的悬浮电位。互联片的电位高于空间等离子体电位的将聚集电子；低于等离子体电位的将聚集离子。相对于空间等离子体电位的互联片电位分布必须保证流入/流出的电子和流出/流入的离子相等（即净聚集电流为零）。这种粒子流可以被看做是与空间相连的电流回路，且与工作系统并联，显然这是一种功率损失。此外，还要求太阳电池的玻璃盖片的净聚集电流为零。这种与空间等离子体的相互作用迫使玻璃盖片呈小的负电位，但在太阳电池之间产生较大的电压梯度。于是为电弧放电提供了条件，或造成瞬时击穿。

等离子体的影响程度依赖于太阳电池阵的电压和带电粒子环境。工作电压由选择的电源系统决定，但可能不会超过 1 000 V。在设计的工作电压下，由于太阳电池阵的电压过低，不足以影响高能环境粒子，因此，只考虑低能或者受热等离子体环境即可。这种等离子体环境粒子中的温度大约为 1 eV，其密度随高度而变化，在 300 km 处密度最大，约为 3×10^6 particle/cm^3，在 GEO 轨道上约为 $1 \sim 10$ particle/cm^3。因此低轨道受到等离子体影响的程度比同步轨道严重。

NASA 设计了工作电压为直流 500 V，功率 100 kW 级的空间应用太阳电池阵，它由 10 个 10 kW 小太阳电池阵并联组成。结果表明，在正常静止状态下，由电子耦合电流造成的功率损失是微不足道的。然而，负压区的弧光放电导致的纹波输出或者终止系统运行会严重扰乱系统工作，干扰的程度取决于击穿的位置和严重性。轨道振动的范围包括撞击、尾流及日蚀。航天飞机所作的实验表明，大型空间结构自身产生的等离子环境对其本身的影响甚至更为严重。

在过去的十年里，空间使用高电压大功率电源系统的利弊关系一直处在争论之中。在空间采用高压电源系统的好处明显；但对于在标准技术条件下制造的太阳电池阵的危害也不容忽视。这些交互作用并非不可超越，通过对这些现象的深入了解，就可以克服不利影响。解决这些问题所要做的，就是系统地调查为什么会发生放电，如何避免放电。这将需要一种包括大型太阳电池阵以自生电压进行试验在内的飞行测试方案，通过飞行试验验证已把所有的交互影响都减少到了最低限度。

　　地面仿真等离子体环境试验中，将小型太阳电池阵偏置在正、负电压，其试验结果表明这种交互作用有害。当施加的正电压大于100 V时，太阳能板上聚集的电子流与太阳能板的面积成比例，电弧放电或者器件击穿一般在负偏置电压下出现。弧光放电阈值与等离子体密度有关，在模拟 300 km 高度轨道的等离子体环境中最低可达到－300 V，如图 22－14（a）和（b）所示。

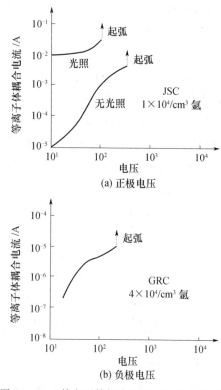

图 22－14　等离子体耦合电流与电压的关系

　　相比之下，对仿真太阳条件下等离子体环境中的高压太阳电池阵几乎没有进行过试验。NASA 进行的 PIX－Ⅰ和 PIX－Ⅱ空间试验表明，在有 9 块太阳板的太阳电池阵上，其中一块板的平均正电压占到了整个太阳电池阵电压的 10%，其他 8 个板上的负电压依次递增。这一试验表明，通过具有平均电压的单个太阳板的交互作用近似得到整个太阳阵的特性。

至于辐射的影响，布凯（Bouquet）和温斯洛（Winslow）[6]用最小剂量进行了研究，他们的报告说明，辐射对材料性能的影响显而易见。报告还列出了辐射对聚合物和有机合成材料物理特性的影响数据，尤其对核设备和核反应堆设计者感兴趣的材料进行了重点介绍，包含绝缘材料、橡胶密封件和垫圈、润滑剂、黏合剂和涂料等 5 类聚合物材料。试验所用材料超过了 250 种，并且此项工作仍在持续进行中。报告按照最小阈值剂量给出了每一种材料的物理、电学和光学性能数据，指出了发生明显作用的辐射水平和以 25% 的幅度改变辐射剂量时的具体特性，并对数据的文献来源做了说明。每一类聚合物的阈值和 25% 的辐射剂量改变其特性变化范围都很大，大多数聚合物材料的阈值大于 1×10^5 rad，有些材料如碳氟化合物、尼龙、环氧树脂、聚乙烯氧化物和聚乙烯的阈值低于 1×10^5 rad。使用阈值数据的好处在于可以设置一个数值底限，超过这个限制就能预计到变化的发生。对于给定的聚合物，也可以用这个底限数据为指导，确定何时预期的辐射水平低到可以忽略不计。25% 剂量变化的试验数据具有统计价值，因为这种剂量改变导致了实际的辐射效应改变，并且这种辐射效应的改变既不是人为因素产生的，也不是样本差异导致的。

22.4.6　极端温度

航天器的器件在光照期和地影期的温度变化非常剧烈。在选择绝缘材料的过程中，必须对这种极端温度加以考虑。暴露在空间温度（−200 ℃）下而没有加热补偿措施，器件都会损坏。例如，大多数聚合物绝缘材料在低于 −75 ℃ 时都会开裂，裂纹处易发生电弧放电，会缩短器件承受高压的寿命。

22.4.7　设计指南

电晕放电、材料出气、等离子体、姿态控制、加压室的渗漏、在零重力条件下液态电介质中的气泡等，使得空间高压绝缘材料的性能与地面条件下的性能截然不同。因此，需要做更多的实验来了解这些因素的作用。

真空中或者低压间隙的裸露导体间主要发生两类绝缘击穿现象。小间隙的击穿现象出现在电极表面，而大间隙的击穿现象多数是由间隙内的污染物造成的。表面击穿时的应力水平常常比间隙击穿时的应力水平低。出气材料表面附近的压力比环境压力高几个数量级，而且直接受外部刺激因素如温度、瞬时带电粒子等的影响。

如果航天器通过最坏轨道段时有些器件必须处于通电状态，则它的二次电源电压必须低于等离子体中的击穿电压和最低 Paschen 电压。如果电压不能降低，就应考虑采用下面几种可能的设计方案：

1) 把高压器件置于金属容器中，避免等离子体的影响。容器能把等离子体接到航天器结构地上，避免了容器内的电子器件接触到等离子体（见图 22-15）。

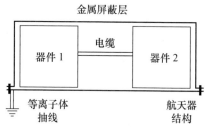

图 22-15　屏蔽空间等离子体

2) 航天器到达安全轨道前，排出裸露电极周围的气体（氮气），避免压力影响 Paschen 最低值。

3) 用固体绝缘材料密封高压器件。选择的密封材料必须是低出气的，制造过程中材料内部没有间隙。这样可以把电晕放电的概率降到最低。

4) 把高压器件置于液态或气态绝缘材料中。设计中必须考虑高真空条件下的液体渗漏率。

5) 只有在起始弧光放电电压高于二次电源电压的轨道高度上，

才接通电力系统。在此之前，航天器的功率需求（如生存所需的加热、导航和控制系统）由低电压的蓄电池供给。

22.5　高压直流电源

在汽车业起步的第一个 50 年里，汽车使用的是 6 V 电源；20 世纪 50 年代初，开始使用 12 V 电源。为了满足汽车不断增长的电力需求，现代汽车已开始使用 42 V 电源。功率在 45～60 kW 的军用坦克、电动枪和炮塔驱动器，使用的是 270 V 直流电源。飞机工业一直采用 400 Hz 电源系统，但新制定的行业标准[7]已经要求采用 270 V 直流电源。美国海军一直以来使用的是符合 MIL－STD－1399 标准 155 V 直流电源[8]。空间主要影响高压设计的因素有以下几项：

1）可得到的、合格的空间用器件，如钽电容器、半导体器件和额定高压下使用的电源装置非常有限。

2）高压直流接触器给目前开关继电器的设计提出了严重挑战。

3）即使真空状态下，在 300 V 时也可能出现放电现象。

4）太阳电池阵因等离子体放电使其功率遭受损失，在 400 V 直流电压时太阳电池阵损失 1% 的功率。

如图 22－16 所示，等离子体对高压直流电源系统的影响可以通过把太阳能板与中心地进行正负电压连接而被最小化，但是，这将导致电源系统在双倍交互等离子体电压环境下工作。高压直流电源需要考虑的 EMI 考虑因素与低压直流电源的类似。尤其应该达到 MIL－STD－461 规定的传导纹波电流。一般认为直流电源系统产生的辐射磁场和电场的强度较低。在高频开关条件下工作的功率调节器对 EMI 的滤波作用最小。高压直流电源系统的屏蔽技术与低压系统使用的相似。晶体开关减少了电流波动率，因而降低了系统瞬态冲击。

电源系统的主要安全威胁是火灾、冲击和音频噪声。直流电源系统对音频噪声有抵抗能力。火灾风险对任何电压水平的二次电源都是存在的。通过遥控电源和母线（RPC 和 RBI）能够减小高压直

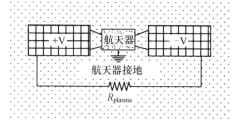

图 22—16 等离子体与高压太阳能板的相互作用

流电源的接地故障带来的火灾风险,消除航天员的安全隐患。在现有的文献中,没有发现高压直流电源系统其他不常见安全问题的报道。

用于飞机的高压直流器件经进一步改进就能适合空间应用。28~160 V 直流电源系统大量空间飞行所积累的经验使高压直流电源系统得以在其相似的设计上发展形成。太阳电池阵和蓄电池已经采用了大量的高压直流器件。在高压直流电源系统领域,许多相互竞争的供应商都有这方面的技术和背景。与高压交流电源相比,直流电源器件的设计技术和应用,如直流-直流变换器、直流功率控制器等,更为航天器设计工程师们所熟悉。

22.6 交流和直流电源

如果直流电源能以相同的电压发电、分配和利用,或者直流功率变换器的效率能与交流变压器的效率相匹配,那么,采用直流电源系统就比较经济。此外,直流电源所产生的电磁干扰最小,但切断电流很困难。相比之下,交流电源经济上的优势,恰好体现在能以不同的电压发电、分配和使用,就像地面发电厂那样,为不同电压需求的用户提供不同的电压。交流变压器的高效率是人们钟爱它的主要因素之一。不仅如此,切断大的交流电到自然零状态是容易做到的,而且往往也是这样做的。

由于采用低损耗半导体器件和高效转换模式功率变换器时,直流－直流的转换效率会提高，因此，几年前仅考虑使用交流电源的场合也越来越多地考虑使用直流电源了。交流和直流电源在空间应用中的历史演变可以通过航空电源的发展过程加以考察。航空电源系统的进展经历了以下几个阶段：

1）20 世纪 20 年代：14 V 直流电源，引擎点火功率 500 W；

2）20 世纪 30 年代：28 V 直流电源，功率数千瓦；

3）20 世纪 50 年代～80 年代：208 V，400 Hz，3 相 4 线制，可变转速，恒定频率大功率交流发电，机械装置；

4）20 世纪 90 年代：208 V，400 Hz，3 相 4 线制，可变转速，恒定频率大功率交流发电，电子装置（无机械装置）；

5）未来方向：270 V 直流电源，或 400 Hz 交流电源，可变频率，恒定直流电压（无机械或电子功率变换器）。

早期在军用和民用飞机上使用的 28 V 直流电源，对第一代航天器 28 V 直流电源的选择起到了很大的作用。直到 20 世纪 80 年代，28 V 直流电源仍在使用。现代飞机已经转向采用 400 Hz，3 相 200 V，单相 115 V（Y/115 V）可变转速、恒定频率的电源系统，如图 22-17 所示。航天飞机电源使用的是燃料电池，产生直流电，但转换成二次电源时使用 3 相 120 V 400 Hz 交流电。推荐给航空工业中心使用的先进发电系统（约 270 V 直流电）如图 22-18 所示。航天器二次电源可采用 208 V 3 相 Y 系统，其中单相电压 120 V。初级电压可以是任何形式，如 440 V 3 相 Y 或 △。日本和欧洲航天业二次电源倾向于采用 120 V 直流电，而 NASA 在国际空间站的设计初期非常偏向于采用 3 相 208 V，单相 120 V（Y/120 V），20 kHz 电源系

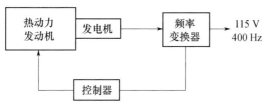

图 22-17　飞机用可变转速、恒定频率交流电源系统

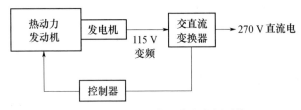

图 22-18　飞机用高压直流电源系统

统。争论的结果是赞成采用 120 V 直流电源，不赞成采用 120 V，20 kHz 的交流电源，主要有以下几方面的原因：

1）轨道运行时间长，达数十年；

2）设计数据库大；

3）成本低；

4）具有低电磁兼容性；

5）可靠性高；

6）可利用传承知识协同开发。

简单、器件数量少，加上以前的空间飞行经历是直流电源系统相对于交流电源系统在空间应用可靠性方面的优势所在。

22.7　高频交流电源

在数百千瓦到兆瓦级的电源系统中，许多设备的工作电压远低于电源的输出电压和输送电压。如此大功率平台的二次电源系统必须效率高、质量轻，能容纳各种转换电源和负载，而且需要用变压器把电源输出电压阶调降低，满足不同用户端的电压需求。大型航天器，如电源系统为 300～500 kW 的空间站，需要使用类似地面电力系统的设备，使每个用户通过变压器可以得到适合自己的使用电压。交流变压器的转换效率较高，一般在 97%～99% 之间，而直流－直流变压器的效率为 80%～95%。此外，交流设备一般体积小、质量轻、工作频率高。基于上述原因，大功率电源系统一般都设计成高电压、高频率的交流电源。国际空间站最初在 20 世纪 80 年代设计的电源系统，是由产生直流电的光伏太阳电池阵和产生高频交流电的太阳能动力系统组合而成的电源系统，总输出功率 300 kW。航天员生活区用电、研究项目用电、计算机用电和制造设备用电所需要的电源设施，和地面设施一样，有很大的区别。NASA 的研究报告认为，这种情况下高频交流配电系统具有显著优势。随后，NASA 的 Glenn 研究中心资助开发了 440 V，20 kHz 交流电电源系统，其特点是适应性强、用途广泛、对用户透明，且转换效率高、质量小。该系统输出功率既可以是固定电压和固定频率的，也可以是可变电压和可变频率的。任何电源，不管是直流电还是交流电，都被转换成 440 V_{rms}，20 kHz 单相交流电，用低感抗的电缆输送。

20 kHz 的工作频率与 400 Hz 的电源系统相比，每个周期传递的电能将减少 1/50；零部件的数量比传统的 3 相变换器减少约 1/5；功率损失减少 2/3。这些因素直接导致电源系统质量的减小和功率损失的降低。NASA 对比研究了各种功率变换器质量与功率的比值（kg/kW），比较的结果如图 22－19，图 22－20 和图 22－21 所示 。频率高于 60 Hz 时，不仅减少了电源系统磁器件的质量，还提高了安全性。表 22－4 列出了各种频率对人体细胞和组织的影响。频率高于 10 kHz 的交流电源比直流电源安全，而 60 Hz 和 400 Hz 的电源系统给人造成的感知和麻痹效果大于直流电源。

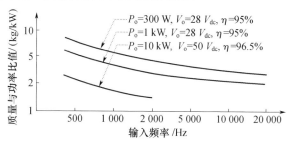

图 22－19　负载功率变换器质量与 3 相交流电源输入频率的关系

至于高频电源系统中的负载功率变换器，可以用由两个整流二极管、一个 L－C 滤波器和一个单向二极管组成的中心调压变压器，将 20 kHz 的交流电转换成负载用直流电（见图 10－21）。当电压反

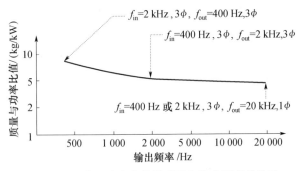

图 22—20　中心功率变换器质量和输出频率的关系

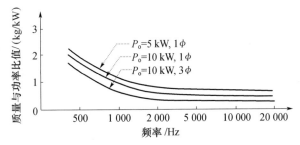

图 22—21　变压器质量与工作频率的关系

向时，单向二极管通过电流，从而消除了相位偏移和不利功率因子。这种方法有一个严重缺点，即产生的负载电流由高频谐波和频率为 20 kHz 的方波叠加而成。NASA 推荐的系统要求产生的负载电流是大功率因子的正弦波。因此，按照负载对电磁干扰的敏感性，需要对输出进行额外的平滑处理和后整流。

22.7.1　20 kHz 电缆

NASA 的 Glenn 研究中心开发了一种低感抗同轴电缆，用于 20 世纪 80 年代末期设计建成的 300 kW 空间站的 440 V/20 kHz 交流电源的配电。电缆由 Induction General Inc. 公司设计和开发，最初采用扁平绞合线，后来改用扁平铜导体（见图 22—22）。铜导体的厚度比表皮厚度小，计算如下

$$\delta = \sqrt{\frac{\rho}{\pi \mu f}} \qquad (22-5)$$

式中　ρ——导体的电阻率；

　　　μ——导体周围介质的渗透率；

　　　f——频率。

图 22-22　同轴扁平电缆结构

对于铜导体，60 Hz 时 δ 为 9 mm；400 Hz 时为 3.5 mm；20 kHz 时为 0.5 mm（20 密耳）。由于导体厚度受表皮深度限制，因此，导体的导电量由其宽度决定。对于 440 V，20 kHz，75 kW 电源系统的电缆，中心导体规格设计为 0.5 mm（厚度）× 5 cm（宽度）。外面两个导体形成回路，导体厚度为 0.25 mm，比中心导体稍宽。导体彼此绝缘，内、外导体用绝缘材料隔开，以控制电缆寄生电容和电感。由 W. L. Gore & Associates 生产的气体可渗透的绝缘层在整个电缆长度方向都能让材料出气，这是避免击穿电压高于 Paschen 最低值所必需的。

表 22-4　电流对人体细胞和组织的相对影响

频率/Hz	0（d. c.）	10	60	400	1 000	10 000	RF
感知和麻痹/相对值	0.2	0.9	1.0	0.7	0.6	0.2	0.01

一种 30 kW，440 V，20 kHz 的同轴电缆，估计总尺寸为 5 cm（宽）× 1.25 cm（厚），其每米长度的电性能参数值 $R=2$ mΩ，$L=15$ nH，$C=2$ nF，$m=1$ kg。20 kHz 的电缆连接器也研制成功，其设计如图 22-23 所示。

22.7.2　20 kHz 交流电流中的 EMI

对直流电源和 20 kHz 交流电源系统的 EMI 对比研究，是从线缆及功率变换器噪声着手进行的。有关直流电源的资料来自现有电源

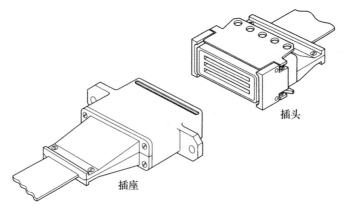

插头

插座

图 22-23　20 kHz 扁平电缆连接器

的传导和辐射发射的真实数据。一项 ISS 的 EMI/EMC 研究表明，直流电源配电性能优于 20 kHz 的交流电源。以下结论来自对 ISS 使用的交流电源的最终分析结果。

1）就 EMI 来讲，交流电源系统比直流电源系统的噪声大。

2）与 20 kHz 交流电源系统相比，直流电源系统消除 EMI 的方法更简单，更易于实施。

3）直流电源系统的瞬态没有交流电源系统那么严重。

4）直流电源系统的接地系统与交流电源系统的相比，允许通过的结构接地电流较小。

5）交流电源系统为达到 JSC-30237 标准规定的空间站辐射限制范围，需另行增加辐射屏蔽层的情况下，即使在没有此屏蔽层直流电源系统线缆质量也小于交流电源系统的线缆。

6）10 kHz～1 MHz 频率范围内的交流磁场会影响等离子体的实验，由 20 kHz 的交流电源线缆产生的磁场比相应直流线缆高约 60 dB。

表 22-5 汇总了 NASA 在 20 世纪 80 年代末关于 ISS 交流与直流电源的对比研究结论。对用 400 Hz 还是用 20 kHz 的电源系统，NASA 的研究人员争论了相当长的时间，曾推荐采用 20 kHz 电源。当 20 kHz 电源系统的器件研发到了相当的程度后，因 ISS 将优先发

展项目改为小功率电源而放弃了交流电源，最终 ISS 采用了 160 V/120 V 直流电源。

表 22－5　大功率空间平台频率对比研究

DC	400 Hz	20 kHz
成熟功率变换器和低压开关设备重载机械式功率变换器	飞机和潜艇用成熟技术可与 20 kHz 电源系统竞争	可发展的新技术 效率高，比质量低（kg/kW）
器件数量更少、效率更高	变压器与负载耦合可改善效率	负载变压器耦合到 20 kHz 电源，简化了 LPC
对航天员更安全	防护更简单	防护更简单
EMI 低	可控制噪声	非音频噪声
无表面效应	表面效应损失	表面效应和电介质损失

22.8　大功率器件

NASA 的 Glenn 研究中心一直在致力于研发空间用大功率器件。这些器件已呈系列化，包括双极电源开关晶体管、快速切换功率二极管、冷却高频率变压器和电感器的吸热管、高频传导冷却变压器、大功率高频率电容器、远程电源控制器和旋转功率传送装置。其中许多器件，如电源开关晶体管、功率二极管及高频电容器等，在市场上可买到符合空间质量标准的产品。其他器件已开发出了样机。25 kW 以下功率水平的系列直流－直流变换器也已制造出来并进行了试验。

同时利用高压高频两种优势的电源器件也已开发出来，这些器件将使大型空间站电源系统的制造成为可能。器件制造技术随着一些目标器件的制造完成而得到了发展，如大功率旋转功率传递装置、10 kV 半导体开关装置、高温半导体、非寄生电容器及高压交流直流远程电源控制器。本节的目的是总结这些新空间电源器件技术。

22.8.1　旋转功率传递器

旋转功率传递器的星型 α 交点需要具备碳刷和滑环组件，设计上通常要考虑以下约束条件：

　　1）普通电机的固体碳刷导电率为 1 A/mm²；

　　2）碳板中涂铜或者涂银的碳纤维导电率为 10 A/mm²；

　　3）液态金属电流收集器导电率为 30 A/mm²（用于地基系统实验）。

　　滚环是为 ISS 研制的新的旋转电力传递装置，它通过缩压在同心导体之间旋转挠件的 α 交点传递电力，如图 22－24 所示。其优点是消除了滑动摩擦力，降低了旋转件所需的力矩。滚环既可以传递交流电，也可以传递直流电，且质量更轻，效率更高（＞99.6%）。这种装置由 2 个同心导体环和若干挠性导环组成。挠性滚环安装、固定在 2 个环形导体之间的环形区域。当滚环与转轴两侧的结构恰好接触时，挠件就为结构之间提供了最佳电偶合。只要这种结构仅发生微小的滑动，最佳的接触界面才会使器件具有性能与寿命方面的优势。NASA 的 Glenn 研究中心和 Honeywell 及 Sperry 飞行系统公司已经研制成功了一套 400 kW 的滚环组件。每一个传输电路能够输送 500 V，200 A 的直流电，即 100 kW。这样，500 kW 的机组就需要 5 个并联的传输电路，1 MW 的机组需要 10 个。

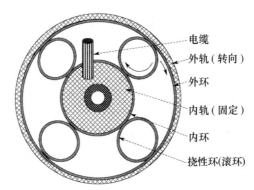

　　　　　　电缆
　　　　　　外轨（转向）
　　　　　　外环
　　　　　　内轨（固定）
　　　　　　内环
　　　　　　挠性环（滚环）

图 22－24　大功率交流/直流旋转功率传递器中的滚环

　　滚环的另一个替代方案是在 α 节点上布置旋转变压器。所完成的第 1 次设计分析基于 100 kW，20 kHz 的机组，由 4 个 25 kW 的模块组成。以图 22－25 所示的结构为基础，设计了 25 kW 的旋转变压器，其工作频率为 20 kHz，输入电压为 300 V，输出电压为 1 000 V。它形如薄饼，具有径向轴对称空隙。研究表明，当性能要求与输入特性相同时，旋转变压器在效率、质量和尺寸方面都要比滚环装置有优势。NASA 的 Glenn 中心建立了一台 2 kW，2 kHz 的方波演示模型，并且作了性能评价。

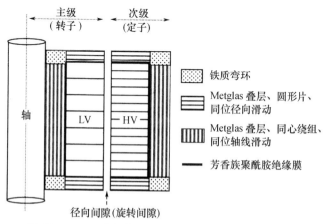

图 22－25　大功率交流系统旋转变压器功率传递装置

22.8.2　切换与保护

在 ISS 上利用遥控电力控制器（RPC）验证了增加、移除负载并切换到空闲设备机组的能力。20 世纪 70 年代初期，NASA 的 Glenn 就同西屋电气公司一起启动了 RPC 计划，当时开发的是 120 V 而不是 28 V 的直流 RPC，并研发和制造出了额定电流为 5 A 和 30 A 的原型机。直流 1 000 V，25 A 的 RPC 也已完成原型机的制造，这种设备具有光隔离、可编程瞬态保护以及承受短路冲击的能力。装有晶体管的 RPC 也制造出来了。这种从高电压直流接触器发展而来的直流 RPC 技术当时广泛并成功地应用于发动机速度控制器、机车系统和潜艇的电源开关。大型开关装置的接触器被小型电流接触器所取代，这种小型接触器采用稀土永磁材料来消除负载中断时产生的电弧。由此产生了全密封、光隔离、可计算机控制过流保护或者 I^2t

断开控制的原型机,该机已应用在 ISS 上 160/120 V 的直流电源系统中。

为 ISS 研发的 RPC 有以下功能:

1) 取代机电继电器;

2) 连接或者断开负载与器件;

3) 中断故障和过电流;

4) 建立与 PMAD 系统的接触界面;

5) 遥操作;

6) 控制电流的升降速率。

ISS 使用的 RPC 有以下基本特性:

1) 可控电流保护;

2) 电流设限以避免负载瞬态;

3) 温度范围大;

4) 控制信号和状态信号与电源母线的电隔离;

5) 高速关闭响应特性;

6) 诊断能力;

7) 负载电容荷电能力;

8) 可编程关闭特性。

对于主母线一级上的更大电流,为 ISS 研发了遥操作母线隔离器,有以下基本特点:

1) 短路保护;

2) 限流;

3) 提高开关寿命;

4) 内置诊断器;

5) 状态反馈;

6) 双向电流限制;

7) 双向操作;

8) dI/dt 限制。

对于高电压,例如 270 V 直流电压,Hartman 和 Eaton Cutler 可

以提供额定电流为几百安培的接触器，它具有持续承受数百安培电流冲击的能力。

22.8.3　半导体装置

大功率的航天器需要大电压、大电流的半导体装置来控制和调节功率。但遗憾的是，现在这些可以得到的装置要么缺乏实际飞行经历，或者没有足够的大电压直流器件存货。在许多情况下，可用的装置无法提供足够高的电压、大的电流以及快速的切换，同时可提供的前向压降较低。SCR 能够提供高电压和大电流，但是速度较慢，具有较大的压降，并且需要特设的电路来进行通断操作。功率 MOS-FET 管能够提供高电压和快速开关，但是接通电阻限制了它的载流能力和前向压降。双极晶体管需要特殊的驱动电路。在 20 世纪 80 年代初，Glenn 开始为交直流二次电源系统研制了大电压、大功率的开关设备。这些设备现在有很多都已经商业化了。

例如，与西屋电气公司合作的一套 25 kW 开关装置项目，研发出的 D60T/D62T 晶体管，能够处理 50 A（峰值电流 200 A）的连续集电器电流，开关频率为 20～50 kHz，电压在 400～500 V 之间时的增益达到 10 倍。它在陆地和空间都得到了广泛应用。随后开发的 D7ST 装置，把 D60T 的功率处理能力从 25 kW 提高了 50 kW，增加了 1 倍，电流提高到 100～150 A，工作电压 400～500 V，工作频率 20～50 kHz，增益为 10 倍。随后开发出的高压 D7ST 装置，将工作电压提高到 1 000～1 200 V，能以 10 倍的增益处理 25～50 A 的连续电流（峰值电流 200 A），并具有以高达 50 kHz 的开关频率应对 30 kW 电源系统的能力。之后开发的装置是加强型功率晶体管，它能承载 70～115 A 的连续电流（峰值电流 400 A），具有 10 倍的增益。后一种装置的工作频率为 20～50 kHz，具有处理 75 kW 电源系统的能力。上述装置中的大多数都能够应用在 25～50 kW 的高频变换器、大功率直流-直流变换器、电机控制器和功率控制器上。

NASA 的 Glenn 研究中心也资助功率晶体管公司开发了可快速

恢复、大电压功率的二极管，其恢复时间能够与 D60T 和 D7ST 相匹配。PTC900 二极管具有 900~1 200 V 的反向峰值电压，平均 50 A 的前向电流，能够承受峰值 1 000 A 的突变电流，在 50 A 时的恢复时间为 200 ns。后续研发计划将二极管承受电流提高到了 150 A。这类二极管也已投入了商业应用，如大电压高频变换器、大功率直流－直流变换器、大功率电源及电机控制器等。不仅如此，还开发了门电路关闭半导体闸流管（GATT），能处理 200 A，1 000 V，频率高达 20 kHz 的电源系统。

对于兆瓦级的电源系统，可以考虑使用像 GE 研究中心研制的 MOS 控制闸流管（MCT）那样的大功率半导体装置。MCT 是一种功率半导体装置，当采用功率 MOSFET 的控制方式时，它承载电压和电流的能力与 SCR 相当，高速切换和低前向压降能力与双向晶体管相当，同时可由 MOSFET 电源系统控制。这些特性使 MCT 非常适合在空间高电压、大功率的电源系统中应用。市场上可以得到的 MCT 额定电压数千伏、额定电流数百安。如果一套空间用 2 500 V，100 A 的 MCT 设备降额到额定电压的 25%，额定电流的 50%，它仍然能够在 625 V，50 A 的条件下工作，每套设备仍能输出 31 kW 的功率。

其他的器件已经进入原型机研发阶段，这标志着技术上已不成问题。这些器件的研制成功使建造大型高电压交流或直流的空间电源系统成为可能。

22.8.4　电容器

20 世纪 80 年代，麦克斯韦（Maxwell）实验室为 NASA 开发了一种 600 V 空间用电容器，在 40 kHz 时的最大载流能力为 125 A，它的电介质材料为聚丙烯，可以在 600 V 的直流偏压下工作。这种电容器满载工作时的计算损失为 22 W，可以与额定功率 75 kVAR 的电容器相媲美。电容器的比质量为 0.042 kg/kVAR，说明其尺寸与质量减小到原来的 1/7，并且已经有商业化的产品了，能够用于高频直流－直流变换器、直流－交流变换器、震荡回路电路和滤波器及功率因数修正。

22.8.5　功率变换器

最常用的降压型变换器拓扑结构对于额定功率数十至数百千瓦的电源系统在较高的电压（高于 300 V 直流）下运行并不是最理想的。要在这些额定值下充分发挥开关半导体的功率容量，应使拓扑结构与具有合适匝数的变压器结合使用。即使在那些压差不需要变压器的地方，为满足系统的匹配仍然需要变压器对输入与输出进行隔离。另一项在大电源系统中的潜在用途是使系统中因切换强电流而产生的 EMI 最小化。这些要求都可以由采用 Cuk 集成磁体的变换器与变压器的耦合来满足。图 10－22 所示的是功率阶调拓扑结构，使用了 3 组功率半导体器件和集成磁体，采用通用的输入/输出滤波电容和共用 Cuk 电容组。每一阶功率的工作频率都是固定的，为 10 kHz；并且，每一阶电源循环周期的开始点由循环计数器来同步，用单独的控制电路来决定每一阶电源的负荷比。集成磁体没有使用带隙铁心，使用的是环形铁粉材料，以使辐射通量最小化。这种集成"块体"的组装顺序要求分别完成电感的输入和输出绕组，然后把这些组件堆叠起来，使得变压器绕组能够使用两个感应器的磁芯。因为不存在可调的磁心间隙，所以要寻求其他途径在输入和输出电感器实现零纹波电流。最简单的办法就是微调电感器/变换器的匝数比。但是，这种集成块状电源要求使用的线圈的线径大而匝数少，所以造成了任一匝线圈的调整都会产生很大的影响。另外一种解决方法是调整输入输出 Cuk 电容的比值（一般正比于变压器匝数比平方），在每一个变压器绕组上产生略微不同的电压波形。这种技术能够消除输入和输出端的大部分纹波电流，只剩下很小一部分残值，主要是主开关频率附近的第二谐波量。然而，这种方法要求每一个电源块自己配备一套 Cuk 电容器。当 Cuk 电容器以交错相位的方式共享时，某些阶段电源的负荷比（33％和 67％，三相）在 Cuk 电容器中几乎没有纹波，这时电容组的值基本上互不相关。只有在单一电源设备上，才能使用 Cuk 电容上的非比例电压纹波在宽工作范围将纹波电流从电感器绕组导向变压器绕组。

22.8.6 变压器与电感器

NASA 的 Glenn 与 TRW 公司合作开发了一个热管冷却的 2.2 kW，20 kHz 变压器，它的体积与质量减小了 30%，比功率为 0.6 kg/kVA。变压器的设计目的是使散热器和太阳能电池板增加的质量约为变压器所减小质量的 50%，它的尺寸能够替换 30 cm 离子推进发动机电源处理器上的变压器。几乎在同一时期，热技术公司开发了一种空间用高频 20 kHz，25 kVA 的液冷铝变压器，效率高达 99% 以上，比质量为 0.13 kg/kVA。电源系统如果采用了这种变压器将会在系统质量、尺寸和效率方面得到显著改善。与热管冷却变压器相关联的热管冷却电感器也被开发出来了，其质量同传统电感器相比减小了 40%，输入滤波器中的电容组因此也减小了。这种电感器也是为 30 cm 离子推进发动机电源处理器设计的。按照比例设计法，使用热管和铝导体的 1 MW 变压器设计，估计比质量在 400 Hz 时为 0.14 kg/kVA，1 kHz 时为 0.08 kg/kVA，20 kHz 时为 0.04 kg/kVA。

22.9 超高压电源系统

200 V~100 kV 的电源系统可能会用于未来的大功率民用和军用空间任务。空间电源技术正在不断发展，高电压电源系统正在快速进化。因此，可以设想，空间用高压器件将在未来几十年里扮演越来越重要角色。这类器件及系统的设计应考虑的关键问题讨论如下。

在空间环境中，等离子起弧电压从 LEO 中的 200 V 变化到 GEO 中的 1 000 V。显然，在额定电压数千伏级的高电压器件不能有裸露的导体暴露在空间等离子中。这要求正绝缘系统设备至少包括下面一种设计特性：

1）具有绝缘气体，一般在高压下；

2）具有绝缘液体；

3）具有无等离子体的真空环境，在结构中使用出气最少的材料；

4）固体绝缘封装，一般使用环氧树脂；

　　5）进出绝缘电缆不能有裸露端头，绝缘电缆必须进入含绝缘介质的封闭室内。

　　气体绝缘，作为质量效率型方法，可能会在高压空间航天器上得到应用。3 相气体绝缘输送线路的概念如图 22－26 所示，表 22－6 列出了在大气压下常用绝缘气体的相对介电强度。当压力增大时，介电强度随之增加。要注意在 2 相冷却系统中得到普遍使用的氟里昂，拥有最好的介电强度；其次是 SF_6，一种惰性气体，不可燃烧、无毒、无嗅味。氢气由于具有安全隐患，是最不受欢迎的电绝缘气体。

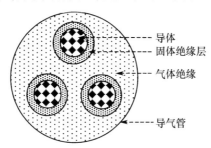

图 22－26　超高压气体绝缘 3 相输电线路

　　绝缘液体比绝缘气体的密度要大 3～4 个数量级，介电强度更大，冷却能力更强。绝缘液体另外一个不同于固体但与气体相似的特点，就是如果液体内部出现放电现象，它可以自行修复。最常用的绝缘液体的介电击穿应力见表 22－7。设计的应力裕度依赖于介电应力因数以及其他设计计算中的不确定因素。

表 22－6　大气压下常用
绝缘气体相对介电强度

气体	相对强度
空气	1
氮气	1.05
CO_2	0.95
SF_6	2.5
C_5F_8（氟里昂）	5.5
氢气	0.6

表 22－7　常用绝缘液体介电强度

液体	设计应力/（kV/mm）
汽油	2～6
氯代烃	4～12
硅油	4～12
合成烃基物	10～25

引起绝缘材料降解的主要因素是工作温度和电晕放电。温度会使绝缘材料降解易于理解，工作温度每增加 7～10 ℃，绝缘材料寿命就会减少一半。至于电晕放电引起的材料降解，不同材料有不同的降解率。绝缘承受能力较大的未发生变化的材料在电晕放电作用下一般降解速度较快。所以，选用材料时要考虑材料的使用寿命必须与任务的持续时间相匹配。另一种降解因素，也就是热循环，仅对固体密封器件适用。导体和聚合物密封剂之间的热膨胀系数差引发热弹性应力循环，这有可能导致固体绝缘材料内部出现裂纹，因此降低绝缘系统的介电特性。

随着传输距离的增加，只能靠高压输电才能将压降和功率损失维持在合理的范围内。因此，如果要将压降保持在 5‰ 以下，几公里的传输线路就需要使用几千伏的电压。在这样的电压和传输距离条件下，如果考虑使用 SF_6 可以将传输线质量降低一半。例如，连接高压 SP－100 电源和空间站的几公里长的束缚电缆，就需要使用高介电强度的绝缘气体。对于这样的一个系统，可以设想先把 SP－100 电源输出向上阶调至大约 10 kV，传送到空间站后，再向下阶调至使用值。对同时使用 SF_6 和真空绝缘的传输电缆的电性能和机械性能以及质量特征，进行了比较。一条 5 km 线缆的质量会因用 SF_6 压缩气体替换真空绝缘而减轻约一半。这种质量上的改善基本源自于 SF_6 较高的绝缘场性能。使用 SF_6 大大减小了数千伏导体线缆与接地外管之间的绝缘距离，这样使得外管直径和其支撑物的质量大幅减少；但同时却增加了封闭线路结构中 SF_6 压缩气体控制系统（储气瓶、气泵和压力监控系统）的质量。然而，相对于数千米线缆的质量来说，这部分增加的质量算不了什么。另外，50 m 的 SP－100 电源升压电缆绝缘材料质量减少的潜力远小于引进气体控制系统所增加的质量。为便于比较，100 kW，10 kV，5 km 的导线质量在用 SF_6 气体绝缘时估计质量为 1 600 kg，而用真空绝缘时为 3 200 kg，减少了 1 600 kg。目前 SP－100 电源中的 200 V 升压电缆，在 100 kW 时，5 km 的线缆质量约 7 200 kg。

22.10　重复脉冲电源

在两次海湾战争中，美军战斗机投掷的智能炸弹都精确命中了激光照射的目标。这些系统采用的二氧化碳激光器由脉冲电源驱动，它特别要求在非常短的时间内释放非常高的能量，即脉冲能量。脉冲激光就是这种应用之一，其他的应用还包括医学、粒子加速器，甚至还包括战略防御计划，例如核爆炸之后的电磁脉冲（EMPs）仿真等。脉冲电源的概念现在并不新奇，早在第二次世界大战时期就用于雷达系统，只是现在它的应用领域正在迅速扩大。脉冲电源是一种全集成系统，并非一般的独立电源系统。在这种系统中，高压稳流源（不是稳压源）给电容器组充电，电源不与负载直接相连，它唯一的作用就是向电容器组充电。系统中增加了用于控制电容器组放电的开关，限制电流的电阻。用熔断器保护整个设备，防止反向操作。

额定电压高达 50 000 V 的高压电源能够传递 8 000 J/s 的能量。因为电容器充电电压是在 0 到峰值电压之间变化的，所以，传递到负载上的能量测量值只是平均值。虽然线型和开关电源均在脉冲电源系统中有所应用，但趋势还是倾向于向开关电源技术方向发展。多数器件被设计成适合 19 in（1 in＝2.54 cm）的标准格栅状，开关频率被限制在 50 kHz，因为随着频率的增加高压器件的费用也会增加。

在脉冲电源应用中，电容器的容量以比能量表示。好的电容器应该具有高电容、低温度系数和相对较低的感应系数。电容器的电介质必须能承受高电压、强电流，对温度稳定，放电频率较快。对脉冲的要求随着应用领域的不同而不同。轨道炮（Rail－gun）需要 5～40 kV 的脉冲，脉宽为数毫秒。EMP 仿真的脉宽为数纳秒、功率为数兆瓦。

重复脉冲电源系统的设计趋势正朝着高能量、大平均功率和快速脉冲重复频率方向发展，这种趋势要求器件的可靠性更高、损耗更小及寿命更长，重点放在了需要投入更多开发精力的器件和材料上。

在脉冲电源系统中，开关装置是迄今为止最薄弱的主动件。另外，像电容器，也是大功率脉冲电源系统中最薄弱的器件之一，尤其是在以高重复频率延长工作周期时。改善系统与器件的绝缘性能对于提高能量密度和可靠性是非常重要的。脉冲变压器与电感器的设计要求考虑特殊的冷却方法和温度－时间常数。

开发寿命长、放电速度快的器件是许多未来高能应用的基础。当小型化、轻质量、高可靠性和低损耗作为应用的基本要求时，就需要使用这种器件。现在可用的电容器和开关器不能满足高重复频率电源系统中可以预计到的需求组合。目前，连续高速脉冲频率条件下的电容器工作能量密度仅是单脉冲条件下密度的 1/3～1/10。

有关脉冲电源系统中使用的火花间隙和闸流管开关器的本质特征与问题，需要在此多说几句。闸流管开关器中的动态火花间隙与其可以通过的平均功率相比，常常需要更大的功率来填充压缩绝缘气体。固体或液体绝缘材料的电晕放电现象限制了器件材料允许的电介应力，因此也限制了系统的能量密度。下面的简要介绍意在阐明脉冲电源器件研发的主要领域。

电容器是脉冲电源系统中静电能量的基本存储器件。电容器技术评估的基本作用就是要确定和理解失效机理，然后与制造商协同工作，开发出改进的器件。最近的研究计划试图确定电容器弱点、特征故障机理以及与工作脉冲频率为 1 kHz，放电时间 100 ns 的 dI/dt 大比值放电电容器相对应的介电性质。

对在 100 ns，1 kA，1 kHz 条件下工作的低感应型电容器的性能评估，得出了下面的结论。

1）局部放电（电晕放电）是脉冲电源电容器失效的主要原因，且在能量释放阶段是可检测到的。

2）放电过程中，局部放电起始电压约为 257 V，它与放电持续时间和脉冲重复频率有关。

3）高品质、高频率的诊断系统对于观测放电过程中电容器的瞬态是必不可少的，为此系统开发的高频、高压探针可用做诊断手段。

4）初步测试表明，聚四氟乙烯－硅树脂油和云母电容器的寿命比聚丙烯－硅树脂油（polypropylen－silicone）电容器长，但能量密度较低。后者将决定云母电容器的制造方法和聚四氟乙烯器件的浸渍性能，也许并不表现出材料固有的缺陷。

这种电源系统的主要器件是高压电容器、闸流管开关器和空气芯型变压器。电容器最适合于千赫兹级别的重复频率。若干赫兹频率的电容器可能需蓄电池。对于更低的重复频率，可能会应用超导线圈。

下面是选择脉冲电源系统能量存储技术的一般方针：

1）千赫兹量级的高频脉冲应使用电容器；

2）中脉冲频率应使用蓄电池；

3）低频率脉冲使用动量轮或者超导线圈。

22.11　兆瓦级爆发电源

某些战略防御航天器需要数十到数百兆瓦的爆发电源。一般部署在 LEO 轨道上的定向能量武器就是使用这种电源。此类电源系统在很短的工作时间内需要传递很大的电能，之后必须再充电。在选择系统结构以及后续设计细节过程中应主要考虑以下内容：

1）初始能源、能量转换和能量存储应满足峰值功率的要求和迅速启动的要求；

2）能量调节与分配；

3）工作期间的温度控制；

4）为实现质量最小化而选择最佳电压；

5）武器平台上实现低振动与低转矩；

6）待机时间要长，静态功率要低；

7）质量轻，成本低，可靠性高。

估计未来可重复使用的 LEO 轨道定向能量武器，在 270 V 直流电时要求的功率超过 10 MW，必要时持续数分钟。对于这样的短时场合，也许会考虑以动量轮和超导线圈为大规模能量存储器这样的

超大爆发电源，但燃料电池也有可能是最合适的备选方法。Allen[9]
为空军研究实验室论证了 10～300 MW 爆发电源系统的设计方案。
他评估了若干个顶层方案，包括化学动力型、核动力型和化学燃料电
池，以及能够利用太阳能电池板重复充电的蓄电池和动量轮等。

　　这项研究得出的结论是，采用以氧气和氢气为反应剂的可再生
固体氧化物燃料电池电源系统（SOFC）可提供所需的功率，此时系
统的质量最轻，是现有技术条件下的最佳方案。PEM 燃料电池系统
的质量较大，这主要是因为系统使用了额外的冷却液以及用于存储
冷却液的储箱，这两者的质量远大于 SOFC 中所用高温散热器的质
量。因为只在需要时才产生能量，并且 270 V 直流电不需要额外的
功率变换和调节装置，所以，燃料电池是质量最小的电源系统。使用
动量轮的电源系统通常都较笨重且不能连续工作。所研究的电源系
统的冷却系统和武器器件使用的是循环液氨回路。

　　研究发现 10 MW 级电源系统的最优选择如下：

1）运行功率　　　　　10 MW

2）初始能量来源　　　化学能

3）能量转化方式　　　燃料电池

4）能量存储方式　　　没有主要的

5）电压等级　　　　　直流 270 V

　　10 MW 的 SOFC 系统特征汇总在表 22－8 中，武器运行时间为
5 min 的研究结果如图 22－27 所示。

表 22－8　10 MW 固体氧化物燃料电池爆发电源系统特征

爆发电源	10 MW，可升级到 300 MW
爆发状态持续时间	100～1 000 s
试验持续时间	60～240 s/a
任务寿命	10～15 a
燃料电池效率	70%
工作温度	1 250 ℃
工作压力	135 atm（1 atm＝1.013 25×10⁵ Pa）
氧气消耗率	1.75 kg/MW·s
氢气消耗率	0.015 kg/MW·s
排出物	可忽略

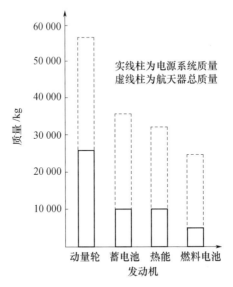

图 22—27　10 MW 级电源系统在不同设计理念下的质量

太阳电池帆板—SOFC 系统中各器件占整个系统质量的百分比为：燃料电池组占 60%，燃料和蒸汽储箱占 10%，反应剂占 8%，散热器和管道装置占 6%，太阳电池阵占 14%，其他占 2%。

再生燃料电池要求将其副产物水再电解成氢气和氧气。SOFC 能够利用再充电过程电解水。电解器通常与电池组分离，并且两者不能够同时工作。在 Allen 的实验中，向燃料电池充电 1 天需要 213 m^2 的太阳电池阵产生 70 kW 电能。如果把充电时间延长到 5 天，就能把太阳电池阵面积缩减到 55 m^2，产生的功率 18 kW（见图 22—28）。但这可能与某些任务时间点有所冲突。

为了维持大功率，可能需要引入动力系统。一些战略防御武器平台需要的爆发电源可达 300 MW。此类大功率的需求，初始能源应考虑核能或化学能，并用旋转电机实现能量转换。最基本的概念是用反应器加热液流，一般是液态金属，例如，水银或钾钠合金。金属蒸气利用布雷顿或兰金循环驱动涡轮发电机发电。空间核电系统与地面核电站类似，主要区别是空间核电产生的废热只能靠辐射释放

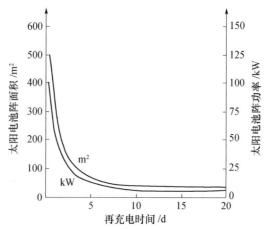

图 22-28　10 MW 武器运行 5 min 后太阳电池阵面积与再充电时间的关系

到空间中。两种电源系统都是用重金属原子裂变释放的大量能量来发电，裂变后，能量主要以裂变体动能的形式出现。就铀-238 来讲，每次裂变释放下列能量：

1）裂变体动能 166 MeV；

2）γ 射线辐射能 10 MeV；

3）中子和中微子能量 17 MeV；

4）进一步裂变能量 10 MeV。

这样，每次裂变产生的总热能为 200 MeV。为了将百万电子的能量转换成电能，需要 3×10^{10} 次/秒裂变产生 1 W 的热量。用这些能量产生蒸汽并推动涡轮发电机发电。在兆瓦级的大型电源系统中，总的热电转换率为 40%～50%。

核反应必须在密闭良好的容器内进行。理论上讲，一旦启动反应堆，只要能维持裂变物质的质量恒定，裂变的链式反应就可以连续进行，并且能够以任意所需的速率释放能量。但是在实践中，释放速率受温度控制。所以，对于一个给定的反应堆，总会对应着一个最大的可实现释放率。

利用同步发电机时，平台上的稳定力矩为非脉动常量力矩（直流属性），不会影响平台的指向精度。但是，由于故障（例如在发电机输出终端产生短路）引起的瞬态力矩具有脉冲性质，因而这种瞬态力矩是平台上主要的动态干扰。该力矩是气隙中交流短路电流与常值磁通量的乘积。根据磁链不变理论，短路瞬间的气隙磁通量保持不变。

使用大型旋转器的航天器的任何系统，都要慎重综合考虑动量和振动问题。但是，如前所述，转动机械在平台上产生较大的动态力矩，尤其是在发生故障时，这种力矩将会干扰航天器的定向精度。为了使干扰力矩最小化，通常采用一对或者多对反向旋转发电机来消除彼此间的扭转影响。图 22-29[10] 所示的是某空间平台上使用的 3 对反向旋转涡轮发电机的布局方式。因为 2 台 1 对机组并不总是精确地处在同一位置，所以，平台上常常会产生消除不了的净力矩。但是，为了使航天器的不可控自旋和/或滚转最小化，要求通过使用反向旋转电机来消除 0.999 999 的冲量。在 MMW 级的电源系统中，小于 0.01% 的匹配误差就会使航天器旋律失控；0.001% 量级的匹配误差便会导致明显的指向错误。

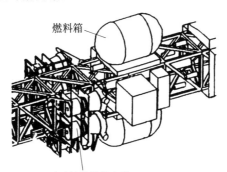

图 22-29　空间平台上多对大型旋转机组的布局

就化学动力系统而言，Brayton 发动机要比 Stirling 发动机轻一些。两种发动机都可用于反向旋转配对。由于它们的惯量要比高速动量轮储能器小若干个数量级，因而对其匹配误差的关注程度也要低一些。然而，振动问题依然存在。不过，这里更重要的耦合问题是流体环路，在高速侧滑时，甚至会反向流动。热动力发电机和燃料电池的反应剂若是气体能在高压（3 500 psi）条件下存储，或者低温液体条件下存储。采用低温存储的系统质量较轻。

MMW 级的武器型航天器主要的设计难点在于温度控制，即在保持器件间较低的温度梯度下，如何先将电源部分的热量转移，然后再把航天器中的热量转移。热电转换率为 35%～40% 的 100 MW 电源系统，工作 10 min 就需要向外散发 36 GJ 的热量。热量可以边产生边散发，或者储存在航天器中最终逐步移出。可选的热系统有直接辐射散热，液体热能储存和喷射冷却潜热相变储存。前者系统的质量最大，后者的质量最小。但是，喷射冷却法首先要考虑需用较大的压差推动液体和蒸汽泵；其次要考虑高速质量流体产生的动量。将热系统分解成至少两个反向液体循环管路，可以将净动量减小到能够接受的范围。

MMW 级的电源系统设计的许多方面都必须考虑实际空间任务对电源系统的要求。为了发挥动力电源系统的优势，该系统必须完全与航天器集成。由于高气隙力矩的特点，同步发电机成为空间任务大功率电源系统最可能的候选者。在这些电机中，超导体或者次超导体发电机因其质量轻、体积小和效率高而具有优势。超导体发电机的转子使用超导直流场效应线圈，在低于某临界温度（T_{cr}）时它的电阻为零。以前，超导体材料的 T_{cr} 接近液氢，但是现在找到了接近液氮的材料，还发现了一些较高温度下的超导体材料。这种发电机的交流定子绕组仍然使用传统的导体材料，因为还未发现交流超导材料，至少目前。另一方面，次超导体发电机的定子和转子在液氮温度下使用高纯铝导体材料，也表现出极低的电阻，但是并没有像超导体电机那样，电阻为零。超导体和次超导体发电机都很有可能成为空间大功率电源的候选者[11]。

表 22-9 总结了 300 MVA（270 MW）超导体发电机的设计特征。尽管更高频率的发电机因其质量更轻、效率更高而在空间平台具有优势，然而，这里选用 2 极、60 Hz 的发电机出于以下 2 个原因：

表 22－9　300 MVA 超导发电机设计参数

额定值	300 MVA，功率因子 0.9
电压	24 kV，60 Hz，3 相
转子转速	3 600 r/min
转子冷却方式	液氦
定子冷却方式	气态氢
效率	99.5%
活动长度	78 in
转子外径	18.6 in
电枢内径	23.5 in
电枢外径	32.5 in
磁芯内径	35.5 in
磁芯外径	52.0 in
转子惯性常数	0.62 s

1）大功率发电机转子的离心力把电机转速限制在大约 3 600 r/min；

2）公开发表文献上得到的可行设计数据源自电力研究院（Electric Power Research Institute）资助的 300 MVA 超导体发电机开发项目[12]。

平台的动力控制和定向系统必须考虑平台上所有旋转机械（发电机、涡轮机、泵）的耦合作用，这种耦合作用依赖于这些机械精确的位置。所有这些机械的耦合作用因平台的不同而不同。

22.12　高温器件

高温器件在大功率太阳能动力电源、SP－100 电源、脉冲电源和电磁泵所使用的液态金属中都要用到。为了实现高温下的能量存储，钠镍氯化物二次蓄电池的使用温度为 275 ℃，硫酸钠蓄电池为 350 ℃，硫化锂则高达 450 ℃。总装机容量为 48 MW·h 的陆用大型钠－硫柱形电池已经在日本建成。

　　高级硅树脂橡胶或聚酰胺纤维，例如，诺梅克斯（Nomex）和凯夫拉尔（Kevlar），作为绝缘材料在 250 ℃，10 kV 交流或 25 kV 直流条件下得到广泛应用。

　　能够承受 600 V，450 ℃的高压、高温导线市场上已经可以买到。这类导线在高炉点火、热电偶、飞机和导弹上都有应用，通常为镀镍铜线，外部用玻璃加强云母带或者玻璃－陶瓷化合物做绝缘材料。用 3M Nextel™陶瓷纤维或 Rockbestos Phosroc™做绝缘材料的钨或镍线能够在 1 200 ℃下连续工作，或者在 1 400 ℃下短时工作。这些导线也已被考虑用于潜艇防火区，检测到的抗辐射强度 10^7 rad。

　　加热器件中经常使用的高温导体的寿命如图 22－30 所示。从绝缘的角度考虑，选择具有热稳定性的电介质非常重要。一种备选的高温导线就是在铜基导线上涂覆氧化亚铜绝缘薄膜。方形或薄带型导线在 Permalustetr 公司可以买到。这种绝缘材料可以抵御核辐射、γ 射线、腐蚀、日冕喷发、高真空和低温条件的影响。在 1 000 ℃条件下工作时没有发现额外的腐蚀或铜线氧化。100 V 导线的绝缘薄膜厚度为 3～4 μm。导线挠性好，不出气，无裂纹，并且允许再涂覆，具有陶瓷属性。它不是沉积物，仅是转换层，能够用于电感器和变压器的精巧线圈。

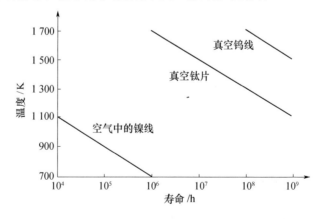

图 22－30　高温加热器件寿命特性

镍连接件在 650 ℃下工作良好。裸露连接件也可涂覆某种绝缘体材料，例如喷瓷、浇灌复合和使用陶瓷纤维带等。

下面对 NASA 和西屋电气 800～1 600 ℉（1 ℉＝5/9 K）范围内使用的电磁材料的研发进展情况进行简要总结。先进空间电源系统最终会用到这些材料。

发电机的固体转子需要强度符合要求的高温磁材料。对含镍15％、含钴 25％的铁基合金中参入钽和钨或者参入钽和硅进行的马氏体合金筛选测试结果指出，这些合金在 0.4％的蠕变速度下满足蠕变应力超过 60 000 psi 的要求，也满足在 1 100 ℉时磁饱和度超过13 kGs的要求。在 1 200～1 600 ℉范围内，钴和钴铁基合金要用到离散强度，结果表明，在体积百分比为 20％的离散物中，27 号钴铁基合金能够满足磁饱和度 12 kGs 的目标；27 号钴铁基或者钴基化合物在同样的温度范围时，矫顽力小于 25 Oe（1 Oe＝1 Gb/cm）应该不存在问题。Nivco 合金的蠕变测试是在 1 100 ℉，$3 \times 10^{-9} \sim 5 \times 10^{-9}$ torr 压力下进行的，设计分析建议蠕变应力超过 1％时，合金的工作温度应该在 1 050 ℉以上。这会为感应型交流发电机转子提供更可靠的设计数据，虽然设计仅仅基于 0.4％的蠕变应力，但它却代表了蠕变应力增量变化范围的总值。

试验同样确定了使用高质量电介质材料的高温电容器的可行性。对氮化硼（boralloy）、多晶氧化铝（Lucalox）、多晶氧化铍和单晶氧化铝（Linde sapphire 蓝宝石）的比较表明，热解氮化硼的交流功率损失最小，直流电阻较大，从室温到 1 100 ℉的温度变化过程中电容随温度的变化量比其他几种材料都要小。另外，氮化硼的直流击穿电压在 1 100 ℉时为 7 000 V/mil，是蓝宝石或氧化铍击穿电压的好几倍。

与碱金属匹配的陶瓷金属封接，用于带封筒发电机定子、变压器和磁螺线管的组合材料等在电应力和磁应力随温度逐步升高和高真空环境下的匹配性也进行了研究。对陶瓷出气的研究表明，氮氢气体环境下的陶瓷起火循环经过钎焊过程中的真空处理后，已经能足以减少出气物中的氧气，对典型的先进电源系统中的碱金属充进的氧气增加很少。电设计中为材料稳定性提供数据的定子、变压器、磁螺线管等安装在热真空室内，稳定性试验温度为 1 100 ℉ 的热点温度；室内初始压力在 5 000 小时试验中约为 4×10^{-7} torr，以后逐步降低。系统烘焙后的最小冷室压为 1×10^{-10} torr。

在温度达到 600 ℃，直流电压达到 600 V 的条件下需要使用磁铁可以考虑采用包镍铜，外面再涂覆陶瓷绝缘材料或者电化学方法形成的氧化铝薄膜。这种包层主要是耐火玻璃化合物，可以承受一般绕组操作时的挠性和穿线要求。

为了保证表面不形成氧化膜，增强铜线在高温条件下的机械强度，要求在铜线上面镀镍。"包镀（cladding）"是铜线工业用词，实际应用中指在铜线上镀 27% 质量（或者面积，因为铜的密度与镍的密度大致相同）的纯镍。因为镍的导电性较差，镀层将把合金线中铜芯线的有效导电率减小到 75%。铜芯线的导电率为 85% 时，合金线的导电率为 $0.85 \times 0.75 = 0.64$，即为室温下纯铜导线的 0.64 倍。在高温下，这个数值可能是不一样的。在磁场环境下，室温时镍的铁磁性较小，但在 700 ℉（370 ℃）时失去磁性。

SP－100 电源系统中的悬杆电缆设计要求导体和绝缘材料在570 ℃环境条件下持续工作。如果设定内部温度梯度以 30 ℃ 的梯度增加，则反应堆一端的导体和绝缘材料应能够承受约 600 ℃ 的持续高温。离反应堆 30 m 远的电缆温度约是 100～200 ℃，具体温度取决于电缆规格，也就是由电缆内部功率损失决定。200 V 电缆总的绝缘材料质量每 100 m 小于 1.5 kg。48 对 50 m 的悬杆电缆总长为4 800 m，总的绝缘材料质量为 72 kg。

具有高（接近铜的）导电率并在 600 ℃ 条件下能保持 SP－100悬杆电缆必要的机械强度的导体，是 CdCr 铜合金。这种沉积硬化合金具有很高的机械强度，在增温梯度下抗软化能力高，弯曲寿命长，且不脆化。悬杆电缆必须具有挠性，这样才容易布置。用大量直径为 10～20 mil 的细线制作的电缆就可以获得这种挠性。但如果接近熔点温度哪怕是很短的时间，线越细就越容易熔化（例如在激光束的攻击下）。导体面临的威胁和产生的过高温度决定了最终导线的粗细。在没有特定威胁的情况下，引用工业和军事标准显然是合理的，这些标准要求的 AWG 8 号线用 133 根直径为 11 mil 的细线，6 号线用 133 根直径为 14 mil 的细线。从图 22—31 所示的高温绝缘候选者中可以看出，虽然 3 M 的 Nextel 或 Phosroc 的绝缘性能超过了使用要求，但玻璃陶瓷或者石棉纤维仍是潜在的候选者。

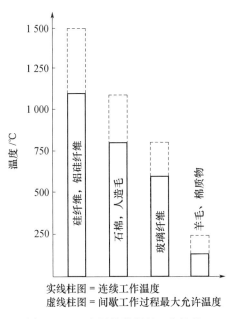

图 22—31　高温绝缘材料工作性能

参 考 文 献

〔1〕　BARTHELEMY R R，MESSIE L D，BORGER W. Military space power system technology for the 21st century：proceedings of the Intersociety Energy Conversion Engineering Conference，Vol. Ill，1986：1401—1410.

〔2〕　BRANDHORST H W，BEST S R. Effects of hypervelocity impacts on solar cell modules at high voltage: proceedings of the 36th Intersociety Energy Conversion Engineering Conference, ASME, Vol. I, 2001:353—358.

[3]　BINZ E, HARTUNG J. Solar dynamic power for a space station: proceedings of the 21at Intersociety Energy Conversion Engineering Conference: 2072—2076.

[4]　MERRYMAN S A, BANDY Al J, GORDON L B. The breakdown characteristics of an out—gassing dominated vacuum region: proceedings of the Intersociety Energy Conversion Engineering Conference, Vol. Ill, 1987: 763—765.

[5]　PATEL M R. High Frequency Power Distribution System. NASA Report NO. CR—175071, 1986.

[6]　BOUQUET F L, WINSLOW J W. Radiation Data Definitions and Compilation for Equipment Qualification Data Bank. NASA Tech Briefs, 1987 (1).

[7]　SAE STD—1031. Aircraft 270 V dc power distribution bus, electrical power, HV dc, aircraft, characteristics and utilization of.

[8]　MIL—STE—1399. Submarines 155 Vdc power distribution (110 kW range), interface standards for shipboard systems.

[9]　ALLEN D M. Multi megawatt space powers technology program: proceedings of the 36th Intersociety Energy Conversion Engineering Conference, ASME, Vol. I, 2001: 243—249.

[10]　PATEL M R. Dynamics of high power rotating machines on space platforms: proceedings of the 25th Intersociety Energy Conversion Engineering Conference, AIAA, Paper No. 990—X, 1990.

[11]　GAMOTA G. One two three—zero resistance in defense applications. IEEE Transactions on Magnetics, Vol. MAG—17, 1981(1).

[12]　PATEL M R. Nathenson R D and Ahmed M E. Designing pancake coils of large 300 MW superconducting generator for electromagnetic and thermal loads. IEEE Transactions on Power Apparatus, Vol. PAS—102, 1983(8): 2710—2716.

第 23 章　电推进

23.1　简　介

在空间应用方面，使用电推进作为动力源的情况越来越多。如今，在地球轨道和星际空间有 160 架航天器都以某种形式使用电推进。许多新的研究计划针对以太阳能或核能为动力的航天器已经启动了下一代电推进技术的研究工作。虽然这仅是航天器上的另一个载荷而已，但其影响电源系统设计和运行的一些特点需要在本章加以讨论。

在地球同步轨道，卫星的轨道高度和轨道倾角必须相对于某一地面站保持俘获状态。但在空间中，由于各种阻力因素的影响，轨道会缓慢衰减。推进系统的任务就是将卫星维持在期望的轨道上并控制其姿态指向地球。轨道转移和任务结束时的卫星离轨处置也需要推进系统。表 23－1 列出了这些任务对推进系统性能的需求。

表 23－1　3 种主要功能对推进器的要求

功能	对推进器的要求
入　轨	高比冲、高效率、低精度
轨道调整	高精度、效率不重要
离轨处置	高效率、高休眠可靠性、低精度

一般卫星的推力都是由星载化学燃料产生的。地球同步轨道卫星上超过 90％ 的燃料都被用于南北（N－S）向位置保持，剩余燃料用于东西（E－W）向位置保持、姿态控制和轨道转移。所有位置保

持推进器的合推力矢量都必须通过卫星的质心。此外，姿态控制的推力矢量则必须和质心成直角以产生最大转矩。

一般化学推进系统采用催化单组元肼（N_2H_4）燃料，不需要氧化剂。通过加热或催化分解燃料，再由化学反应产生热量，最后由不断排出的气体产生推力。为了得到更大的推力，有些卫星则用燃料和氧化剂助燃，并将燃料和氧化剂分装于不同的贮箱。这种二元推进剂燃料系统通常采用肼和四氧化二氮（N_2O_4），能产生大约 300 s 的比冲。

现在，电推进已在低推力机动方面得到应用。但是，节约工质的驱动力要求在实际应用中有很高的速度增量，例如 N−S 位置保持每年需要 50 m/s，升轨需要 1～5 km/s。从低轨道完全提升到同步轨道需要大约 6 km/s。由于电推进的效率是化学推进的数倍，因此，它对 LEO 轨道卫星的姿态控制犹有吸引力。对于 GEO 轨道卫星，电推进则经常用于 N−S 位置保持，有时也用于变轨时间较长的轨道提升。虽然从理论上讲，推阻比只要大于 1 就能提升轨道，但实际上为控制稳定性要求推阻比必须大于 3。

对于 N−S 位置保持（NSSK），电推进可以使用星载电池为能源，除了一个特定的负载功率变换器外，没有其他额外的质量。轨道提升需要更大的功率，这种功率一定来自太阳电池阵。采用低比冲装置的小轨道提升也许可以考虑使用现有太阳电池阵和蓄电池。推进操作一般在无阴影时的光照期进行。在这段时间里，在满足负载功率需求后，额外的来自于太阳电池阵能源用于启动电推进。如果需要额外能源的话，在达到位置保持末段允许的最大放电深度之前，还可以从星载蓄电池获得能源。电推进需要很高的功率，这在很大程度上影响着电源系统的结构和设计。例如，全轨道提升就一定要增加额外的太阳电池阵或其他能源，这便会增加系统质量。

许多电推进技术为了产生电弧和导电等离子体都需要一个高压电源。因此，在高压器件之间难免出现电弧的情况下，电源控制系统必须为推进器和电源系统器件提供保护，防止发生损坏。最常发生电弧的地方就是推进器。为了避免电弧产生，在高压电源的设计中采用了 2 种方法：一种是加入一个电流过载敏感电路，当产生电弧故障时就切断高压；另一种方法是，提高电源的输出阻抗，使电弧仅仅产生较大的压降。本章后面将要介绍的铯推进器，在高压电源切断后，铯原子将在推进器电极上不断沉积。铯原子不断地从离子源中流出，从离子发生器中产生的铯蒸汽由于没有静电场吸引粒子而呈中性铯原子。因此，必须快速恢复加压。没有高电压存在时，电极和绝热器上的沉积污染物就会产生额外的漏电流，在铯原子飞离粒子源的过程中，电弧可能随时发生。有鉴于此，电源系统的设计必须提供在特定时段内处理产生的电弧和失压的方法。

23.2　比　冲

推进系统的功能就是施加冲量改变航天器的速度。当工质从喷嘴喷出时，反作用力将航天器向反方向推进。由于喷出的工质必须在航天器发射时携带，因此，单位质量工质产生的冲量被认为是反映推进系统性能的特征参数。冲量定义为力对时间的积分。工质消耗速率 dm/dt 恒定、喷流有效速度为 V_e 时，将产生恒力 $F=(dm/dt)V_e$。这个力作用 Δt 秒产生的冲量为 $I=F\cdot t$。单位质量工质所产生的冲量就叫做比冲，定义为

$$I_{sp}=I/\Delta m=F/(dm/dt) \qquad (23-1)$$

比冲也称作推进剂效率或推力质量流率比，单位是 s。质量为 Δm 的燃料产生的总冲量为 $I_{sp}\cdot\Delta m$。这个特征参数习惯上用于化学推进系统之间的性能比较，对电推进系统之间的比较没有多大意义。因此，应将它修正为，在因电推进系统而额外增加的星载质量中，这种单位质量所产生的冲量。当然，额外质量的大部分是由电源系统产生的，只有少部分归于推进剂。所增加质量的大部分是由太阳电池阵引起的还有一些是由功率调节设备引起的。修正后的电推进系统特征参数是由以下参数导出的，在此并作解释：

P_e——电推进所需的额外功率（W）；

M_p——为推进产生额外功率所需的质量（kg）；

P_{sp}——电源比功率，为 P_e/M_p，（W/kg）；

M_e——星上所需的推进剂质量（kg）；

M_{sc}——不含额外质量的卫星质量（kg）；

M_t——卫星总质量，$M_{sc} + M_p + M_e$，（kg）；

V_e——喷流速度（m/s）；

T_b——推进剂燃烧时间（s）。

假设推进剂流入燃烧室的速率在推进器燃烧期间恒定，为 M_e/T_b，再假定发动机喷流速度在此期间也为恒定值。那么，由能量守恒原理可得

$$P_e = 1/2(M_e/T_b)V_e^2$$

再结合经典的火箭方程，可得以下 2 个表达式。

推进剂质量

$$M_e = \frac{M_t - M_{sc}}{1 + \left(\dfrac{V_e^2}{2T_b P_{sp}}\right)} \qquad (23-2)$$

电源系统质量

$$M_p = \frac{M_t - M_{sc}}{1 + \left(\dfrac{2T_b P_{sp}}{V_e^2}\right)} \qquad (23-3)$$

M_e 和 M_p 都随着参数变化先升后降。因此，给定质量比 M_{sc}/M_t 时有必要通过最优解寻求最小 M_e。同时，最优解还必须显示，与功率相关的工质 M_p 在喷流速度达到某一值前较低，超过该值时 M_p 就增大。

对于电推进系统，单位总质量（$M_e + M_p$）所产生的冲量是一个特征参数，另一个特征参数是推力与功率比（TPR），定义为

$$\text{TPR} = \frac{\dfrac{\text{d}M_e}{\text{d}t} \cdot V_e}{P_e} \qquad (23-4)$$

就现有技术所能达到的比功率而言，燃烧时间长、喷流速度低是

电推进系统的本质特征。为了使电推进系统能用于行星表面起飞或升轨，还需要在很多层面上对电源进行重大改进。然而，电推进在轨道机动和星际任务中的应用是可行的，并且实际目前已有应用。

设计任何电推进系统时，所选择的喷流速度 V_e 都必须使电源和推进剂增加的总质量最小化。这在运载能力一定、航天器一定的情况下，可使有效载荷最大化。图 23—1 对这种关系进行了描述。

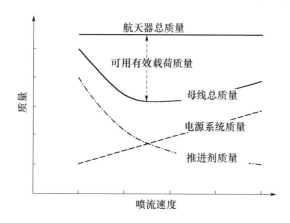

图 23—1　电推进系统有效载荷最大化

23.3　电推进系统类型

下面对各种电推进系统进行介绍。

23.3.1　电热肼推进器

电热肼推进器（EHT），也称作电阻加热电离式推进器，是所有电推进概念中最简单的一种（见图 23—2）。推进剂被钨丝加热。推进剂气体能量（焓）因加热而升高，升高的能量再转变为动能。被加速的气体从喷嘴定向喷出，并推进航天器。喷流速度是温度的函数，并且由于材料寿命的限制，一般低于 10 km/s。推力水平不到一牛顿。推进效率约为 75%。推进剂可以是氢气、氮气或者是氨气。

氢气的比热和导热率较高，因此比氮气和氨气都好用。但它具有腐蚀性，并且需要低温存储。虽然氨气无须冷冻便可存储，但它同样具有腐蚀性，从而限制了加热器和喷嘴的寿命。

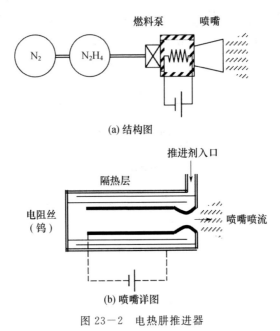

(a) 结构图

(b) 喷嘴详图

图 23-2　电热肼推进器

23.3.2　肼弧推进器

肼弧推进器（HAJ）在原理上和 EHT 相似，不同之处在于推进剂流经电弧电极时靠自身欧姆加热器加热，不存在单独的加热器，因而推进剂可被直接加热。不在阴影期时，它使用蓄电池。肼弧推进器的比冲较高，超过 1 500 s，但超常的电极磨损限制了使用寿命。一颗典型的地球同步轨道通信卫星为了保持 N−S 位置需要安装有 4 个电弧推进器。需要 NSSK 时每次启动 2 个电弧推进器，一般在阴影期的前 2 周或后 2 周启动，一组蓄电池启动一个。推进器通常总是在光照期工作，根据轨道午夜的不同，一般的工作时间是 1 200 h 和 2 400 h。每个 HAJ 消耗的功率为 1～2 kW，视航天器大小而定。电弧推进器电源电路一般都会加熔断器保险，因为这基本上是航天器上最大的单一负荷，推进器的熔断瞬态电压对母线的影响极为严重。在进行新设计时，通常都要求先用计算机仿真这些瞬态电压。HAJ的典型包络图和电性能如图 23－3 所示。

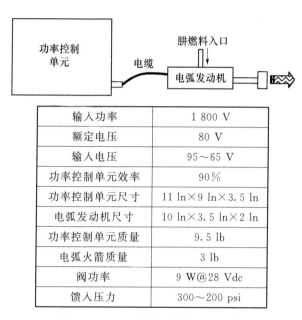

输入功率	1 800 V
额定电压	80 V
输入电压	95～65 V
功率控制单元效率	90%
功率控制单元尺寸	11 ln×9 ln×3.5 ln
电弧发动机尺寸	10 ln×3.5 ln×2 ln
功率控制单元质量	9.5 lb
电弧火箭质量	3 lb
阀功率	9 W@28 Vdc
馈入压力	300～200 psi

图 23－3　HAJ 的典型包络和电性能

23.3.3　离子推进器

在离子推进系统（IPS）中，带电粒子被静电场加速。推进器是按照中性推进剂产生带电粒子的方式分类的。一种较为简单的方法是，将低离子势能的汽化材料通过多孔金属钨板加热实现离子化。铯经常被用作汽化材料。由于该过程中较高的热辐射损失，因此，总效率受到了限制。

图 23－4 给出了深空 1 号航天器的离子推进器示意图。图中，电子由热离子阴极射出，从一个同心圆筒状阳极经过。外部施加的弱磁场使电子螺旋运动。加速电子与推进剂之间的碰撞使推进剂离子

化。推进剂一般采用像氩气或氙气这样的惰性气体。大型 IPS 推力可能超过 1 N。采用这种推进系统进行 N－S 位置保持能使地球同步轨道卫星很好地节省质量。一般的化学推进器喷出的粒子速度为 3 km/s，一般的 IPS 喷出的离子速度为 30 km/s，并且只需前者推进剂的 10％。因此，离子推进器大大节约了发射成本。

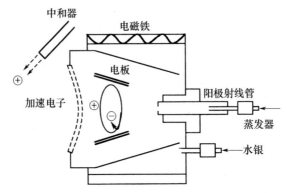

图 23－4　深空 1 号离子推进器示意图

　　其工作原理是，在 2 块平板之间施加数千伏的高压产生强的静电场，一个带电粒子在射入电场后，将沿着电场线方向被加速，所受电场力为 qE，其中，q 为粒子带电量，E 为电场强度。在这种力作用下，负电荷将沿电场线向高压区移动，正电荷向低压区移动。如果推进剂质量为 M_e，它的总带电量为 Q，喷流以速度 V_e 通过电势差为 U（不要和速度 V 混淆）的电场，按能量守恒定律有

$$\frac{1}{2}M_e V_e^2 = QU \tag{23-5}$$

按功率守恒原理，为产生推力 F 所需的推进功率（W）为

$$P_e = \frac{1}{2}FV_e \tag{23-6}$$

由以上 2 式得到推力与功率比为

$$\frac{F}{P_e} = \sqrt{\frac{2M_e}{QU}} \tag{23-7}$$

推力功率比是一个特征参数，可以通过使推进剂的质荷比（M_e/Q）

增大而达到最大化。氙、氚和铯等都属于该类物质。

　　这种形式的推进器在欧洲正处于开发阶段，它利用强电场直接在液态金属表面产生离子。推进器的短时推力很大，并且具有很高的效率。格栅型（传统的）离子推进器的喷流速度较大，美国、日本、德国、英国和法国等已对它开展了深入研究。最受欢迎的一种离子推进器就是 NASA/JPL 已开发和测试的氙离子推进系统（XIPS）。格栅离子推进器独一无二的特点就是用系列静电场格栅将离子化过程和加速电子束相分离。中性的氙气被送入一个低压放电离子化室。通过外围磁场阻止到达阳极的电子流可以提高离子化效率。离子从等离子体中析出，加速，然后被格栅系统聚集到离子约束器中。负加速格栅阻止电子向任意方向转移。富含电子的等离子体从格栅的和器下游射出，从而将离子束中的空间电荷中和掉。

　　格栅氙离子推进器与即将讨论的霍尔（Hall）推进器差别很大。XIPS 是迄今电推进系统中喷流速度最高的一种，但它的单位功率产生的推力较小，启动时间也较长。流经栅极的离子流受到空间电荷堆积的限制，因而推力密度较低。好的一面是，喷流聚集性好。一种大型 XIPS 正在 4 推进器系统中使用，专门设计用于 N－S 位置保持和大型商业卫星的升轨机动。波音的 BSS－702 和 BSS－601HP 航天器就是这样的例子。仅与 NSSK 一项相关的质量节约量就可提高 2 倍。对于中低地球轨道上的航天器，一台离子推进器也许可以完成轨道的全提升和脱轨。

　　NASA 的深空 1 号星际探测器用的是格栅离子推进器、PV 电源。这种推进器的比冲比一般星际任务所用化学推进器的大 10 倍。它用空心阴极产生电子，通过电子碰撞离子化氙气，从而产生带正电荷的氙原子。这些氙离子经超过 1 000 V 的静电场加速，经推进器带电栅极 30 cm 长的喷嘴喷出。在深空 1 号的整个任务期间，推进器的能源都来自太阳能电池阵。

　　离子推进中有一种原因会使太阳电池阵效能降低。它将放电离子高速喷向空间。喷射的大量低能电子阻止了卫星上负离子的堆积，降低了充电速度。少量未被离子化的原子从推进器内飘出，与高速离子流碰撞后电离，形成等离子体。通过飘逸等离子体，低能电子将产生漏电流，消耗太阳电池阵的功率。

23.3.4　静态等离子体推进器

静态等离子体推进器（SPT），也被称为霍尔效应（Hall—effect）推进器，属于中等喷流速度类型的范围。等离子体（离子化的导电气体）是将电子从原子中分离出来，加以约束，并阻止它们重新结合而得到的。通常是将适当的混合气体加热到一定温度，原子碰撞导致裂变，让这种平衡气体维持尽可能长的时间。让强电流通过某种气体混合物也可得到等离子体。SPT最早由苏联开发，但现在俄罗斯、法国和美国企业正在对其进行改进和验证。SPT本质上是没有栅极的静电场离子推进器。轴向静电场和径向磁场设在环状等离子室中。从阴极射出的富含电子的等离子体和从阳极射出的中性氙原子形成放电平衡。一些陷入电场和磁场重叠区的电子形成了一个有效负电极，用于加速离子。它们在放电区通过电子碰撞使氙气推进剂离子化，并使加速的离子束空间电荷中和。磁场会对离子产生小方位角矩，但这并不影响推力。

在$3\sim 5$ kW范围内，改进后的SPT目前处于不同的研制阶段。一种大功率SPT—100静态等离子体推进器已经在俄罗斯的许多卫星上用于N—S和E—W位置保持，它也正在被法国、德国和英国的卫星制造商——Astrium公司用在Inmarsat和Intelsat通信卫星上。1.5 kW的输入功率能够产生约16 km/s的喷流速度和约80 mN的推力。50 mN/kW的推力与功率之比和高比冲具有很好的匹配性。相对于格栅离子推进器，它的主要优点是推力密度高，这在无栅极加速的情况下也是可能的。SPT的推力功率比一般在$50\sim 70$ mN/kW范围内。它的缺点是由于没有聚集栅极，粒子束发射角较宽。这可能会影响附近的航天器器件。当然，许多使羽流变窄的方法也正在研究之中。

23.3.5　磁流体推进器

磁流体推进器（MHD）也被称为电流体推进器（EHD），使用等离子体。电阻加热及电场 E 和磁场 B 相互作用产生的电场力使中性等离子体加速。MHD 对航天器的推力来自于洛伦兹力 $F = \sigma E \times B$，其中 σ 是等离子体的电导率。这种力同时垂直于电场 E 和磁场 B。通过与离子碰撞将加速力传递给气体中的中性粒子，从而为推进剂施加一个直接有效的速度增量来推动航天器。混含等离子体的喷流气体的电导率是一个非常重要的性能因子。它与温度变化正相关，与压力变化负相关。0.10 Ωm 对于 MHD 加速器可接受的性能来讲是已经足够了。由于自感磁场对离子加速，因此推力和电流的平方成正比。总效率从千瓦级的 10% 变化到兆瓦级的 40%。推进模式对于大功率离子推进器尤为重要。日本在这方面的研究已取得很大进展。数牛推力、2 000 s 比冲的推进器是可以实现的。阴极腐蚀是影响推进器寿命的主要原因。

本书对施加给等离子体的恒定电场 E 不予关注，因为它可以通过形成薄层空间电荷自我调节，这层空间电荷将等离子体主体与电场 E 屏蔽（就像屏蔽导体）。另外，恒定磁场 B 对等离子体中带电离子产生洛伦兹力 $F = Q(E + V \times B)$，一般它总与粒子速度 V 方向垂直。磁场使带电粒子绕磁力线做回旋运动，但不改变等离子体内部空间电荷的中性性质。虽然洛伦兹力能加速粒子，但粒子的动能不会改变，因为该力不做功。

在 MHD 推进系统中，将一束导电流体如钾或铯等加入化学火箭发动机喷流中，将其离子化。喷流中的高温等离子体由超导电磁体产生的强磁场加速。虽然目前对 MHD 的研究还不是很多，但美国和俄罗斯都已建成了 MHD 加速器。

23.3.6　脉冲等离子体推进器

脉冲等离子体推进器（PPT）是一种全新的推进系统。它已成功地在哥达德（Goddard）飞行中心管理的 NASA 地球观测卫星上完成了首次测试。该星于 2000 年 11 月发射，是试验各种新设备和新技术的平台卫星。2002 年 1 月，控制卫星俯仰运动（向上和向下运动）的动量轮被关闭，新推进系统经历了 4 h 的测试。用毫秒级的电脉冲点火穿过固体聚四氟乙烯（Teflon），部分分解后变成电学意义上的带电气体，从喷嘴喷出产生推力。测试表明新推进系统的效能大约是传统化学推进的 3 倍。这次首次测试也缓解了人们认为这种推进系统会对航天器其他系统产生电磁干扰的担心。

23.4 性能对比

EHT 和 HAJ 都是电热肼基推进器。单组分推进剂通过传统的推力室和喷管馈入，之前通常还要经过初级催化分解室。喷流速度的增益由加载于推力室的电能决定。这 2 种推进系统的喷流速度都相对较低。

在 EHT 推进系统中，通过电阻器件施加电能，电阻器件通常也是系统中温度最高的部分。所能施加的最大能量受到电阻器件熔点的限制，这依次又把喷流速度的提高限制在 2～3 km/s，与存储式双组分推进剂的速度 3 km/s 相当。EHT 现已被很多卫星用于 NSSK，在小卫星从停泊轨道到最终轨道的转移也有应用。

而在 HAJ 中，电能以同轴电弧的形式直接加到推进剂上。弧区温度高达数万开尔文，但靠近室壁的绝大多数推进剂的温度却很低。自 20 世纪 90 年代早期以来，许多大型商用卫星都采用 HAJ 进行 NSSK。它的平均喷流速度在 5～6 km/s 之间，约是存储式双组分推进剂速度的 2 倍，输入功率 2 kW 时的推力约为 200 mN。推力功率比约为 100，这使得它可以实现相对意义上的快速机动。但是，相对于化学推进系统，较低的喷流速度束缚了其质量效率。对于那些已经采用肼燃料的航天器，HAJ 是一个很好的选择。许多大型商用卫星都采用 HAJ 进行 NSSK，它能产生大约 500 s 的 I_{sp}，而传统的单组分推进剂为 200 s，双组分推进剂和 EHT 推进器为 300 s。这样就可以减少位置保持所需的推进剂质量。

无栅极静电离子推进器，如俄罗斯的 SPT，比冲约 2 000 s，在短任务期的航天器上已有应用。而有栅极的离子推进器比冲可达 3 000～4 000 s。

表 23－2 列出了几种主要推进系统的比冲，图 23－5 描绘了它们的功率推力比与喷流速度的关系。至于对电压的要求，HAJ 一般按母线电压工作，SPT 工作电压约 300 V，IPS 要求超过 1 000 V。

表 23－2 几种不同推进系统的比冲

推进器类型	比冲/s
化学推进（液体和固体）	200～400
电热肼（EHT）	300～400
肼弧（HAJ）	500～1 500
脉冲等离子体（PPT）	1 000～4 000
离子推进（IPS）	2 000～8 000

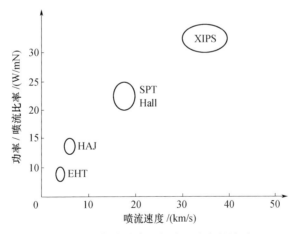

图 23－5 推力功率比与喷流速度的关系

HAJ、SPT 和 XIPS 都有各自的优缺点，对他们的研究仍在进行之中，目标是将这几种系统的优点集合起来用于全轨道提升。如果成功的话，这将会极大地改变地球轨道卫星的设计方法。

23.5　太阳能 PV 推进

电推进技术的新发展，要求大功率电源能够维持到新的探索边界。特别是，电推进由于其出色的质量效率型结构，它已被应用到各种星际探测任务中。但是，这需要数兆瓦功率的电源以维持合理的运行时间。如果采用低温上面级运输技术和电推进技术就可以得对电源功率的要求降到 1 MW 以下。对于 1 MW 以下的系统，太阳能电推进比核动力电源更有吸引力。它可在 NASA 的许多空间任务中得到应用，例如载人火星探测计划和机器人深空星际探测计划。在载人火星探测计划方面，Kerslake 和 Gefert[1] 利用 PV 技术设计了一种 1 MW 级的概念推进器（见图 23-6）。根据 NASA 的 GRC 计算程序估计，以氙气为推进剂的 Hall 推进器的航天器到达火星的时间大约是 230 天[2]。Kerslake 的研究结果总结如表 23-3 所示，从中可以看出，利用现有的 $CuInS_2$ 薄膜 PV 技术，可以设计一个 1 MW 级的电源系统，质量在 10 t 以下，太阳电池阵的展开面积为 5 800 m^2。这个设计的 EPS 包括一个 500 V 直流二次电源系统，有 16 路、8 个 100 kW_e 的推进器供能。因为推进器不在阴影期工作，对蓄电池的要求适中，约为 13 kW·h，能维持星上常规操作和负载运行就行了。500 V 的直流电直接驱动推进器，大大减轻了线缆和功率处理单元的质量，提高了系统效率。导线是以 Teflon 为绝缘层的铜线。NASA

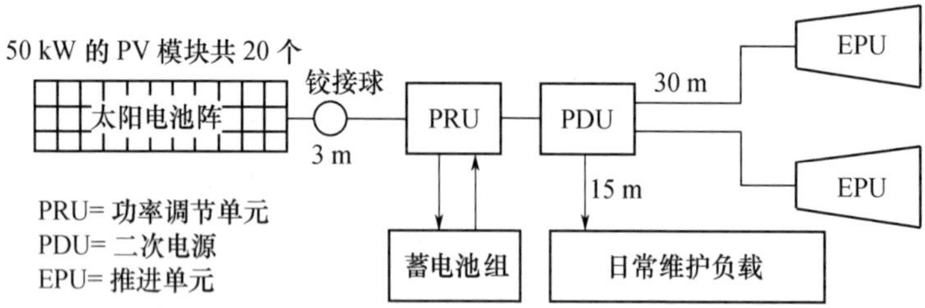

图 23-6　1 MW 级电推进电源系统框图

表 23-3　一种兆瓦级火星探测太阳能电推进系统列表

参数	ISS-Cr-Si	线性汇聚器	A-SiGe 薄膜	CuInS$_2$ 薄膜
BQL 功率/kW	1 270	950	1 150	1 050
EPS 质量/MT	46	21	12	10
PV 阵/m^2	14 000	3 500	9 000	5 800
电池/串	1 450	270	340	880
串	990	910	9500	2 370
电流密度/MeVcm^{-2}	1.0×10^{16}	2.2×10^{14}	5.9×10^{14}	5.9×10^{14}
电压密度/MeVcm^{-2}	2.6×10^{16}	3.7×10^{14}	1.3×10^{15}	1.3×10^{14}
最大漏电流/A	260	1	0	0

注：MT 为 1 000 kg。

有关空间等离子体在 500 V 直流工作电压下的数据一般用来估计寄生漏电流的大小。NASA 正在研发一种基于 600 V 硅和硅的碳化物技术的切换装置和电源远程控制器。

Kerslake 和 Gefert 研究的 PV 电池技术是：

1）ISS PV 电池采用 8 cm×8 cm 的晶体硅阵设计；

2）线性汇聚器基于 SCARLET 阵设计，用 2 cm×8 cm 的晶体三结 GaInP$_2$/GaAs/Ge 电池，工作光强度为 7.5 倍个太阳；

3）用薄膜三结 5 cm×5 cm 非晶形 a-SiGe 电池，接合在 2 mil 厚的聚合薄膜上；

4）将 5 cm×5 cm 的 CuInS$_2$ 薄膜电池接合在 2 mil 厚的聚合薄膜上。

在概念设计中，为了将薄膜电池与等离子体隔离，用 1.5 mil 厚的 FEP Teflon 将电池密封。PV 薄膜阵用可膨胀的纵向固化柱和横向挠性复合材料展开。为了减缓电池阵性能随时间的衰减，电池串都负接地，每 10 个太阳电池共用一个旁路二极管。线缆由多层薄铜板组成，产生 3% 的压降。PV 电池阵表面涂覆透明氧化铟锡，防止高轨道时的空间电荷堆积和电弧发生。

在另一个研究中，Bailey，Hepp 和 Raffaelle[3] 等人探讨了当前的工艺状况，提出了制造薄膜 PV 电池的技术发展问题，这对未来地球到月球或火星探测任务用到的太阳能－电推进系统至关重要。他们已经为火星太阳能电推进航天器进行概念设计，采用的是多结薄膜 PV 电池阵，可以扇形打开（见图 23－7）。研究表明，该结构需要 1 kW/kg 左右的比功率，是现有技术所能达到的 40～50 倍。

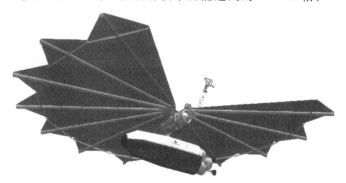

图 23－7　载人火星任务太阳能电推进概念航天器

23.6　太阳能热推进

这种推进方式利用聚光太阳能做动力。聚光器几何形状为一个正圆锥，与旋转轴对称的环形区域形成同轴抛物面，如图 23－8 所示。图中实线为轴对称抛物面，纵轴穿过聚光器底部 B 点。如果将

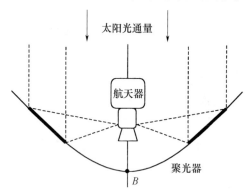

图 23－8　装有抛物面聚光器的太阳能聚光推进

推进器在抛物面焦点附近、靠近 B 点安装，则不论它与飞行方向相同或相反，发动机都会挡住入射光，并且，喷射羽流也会冲击聚光器，使其性能变差。Laug 和 Holmes[4] 已经对采用同轴聚光器提出了一种方案，即将抛物面的底部从对称轴去掉。太阳能热推进所需的聚光率为 10 000 : 1，这比太阳能 PV 推进所要求的高得多。这意味着要求的曲面精度公差很小，平均约 1 mm，与 15 GHz 的天线公差相当。

23.7　核动力推进

如果没有核动力，人类将不可能到达太阳系的外围空间。大多数现代航天器都依靠化学燃料火箭到达某一轨道，用太阳能板为星载设备提供电能。但在远离太阳时，太阳能板的供电能力受到限制，并且其机械强度变差。在过去的 50 年里，NASA 一直以同一种方式进行星际科学研究，即加速 5～10 min，然后关机，滑行。但这对于深空探测并不是一个高效的手段。对于化学燃料推进，人们已经到达了其推进能力所能触及的极限。虽然已有几个探测器飞离了太阳系，但它们却花了相当长的时间。为了使星际旅行速度更快，NASA 正在研究一种核动力火箭，它能使人们到达冥王星的时间缩短为现在的一半。

过去，NASA 一直在研究使用核动力的航天器。在 20 世纪 90 年代，由于政治原因，核动力话题无人喝彩，那些关于放射性同位素发电机和核裂变反应堆等的研发被束之高阁。但是现在，对它们的研究又重新恢复，并且获得项目资金。这项由 NASA 在 2002 年提出的核动力计划，估计 5 年之内的研发总投入将超过 10 亿美元。

放射性同位素推进的原理是：利用钚的放射性自然衰变产生的热量发电或使用非核氙工质产生推力。NASA 只有一种基本型放射性同位素发电机，但计划利用新资助研制一种更为先进的核反应堆动力系统。拟议中的系统将由常规化学燃料火箭发射一架装备有核动力器件的航天器；到达距离地球一定的安全距离后，航天器与火箭分离，启动反应堆，开始执行任务。毫无疑问，这种方案的主要障碍就是安全问题。

任何航天器系统都必须在最坏情况下能够生存，如火箭在发射架上爆炸等。因此，为了增加安全性，航天器上所有的核硬件设施在发射时都必须处于休眠状态。根据 NASA 的轨道空间碎片指导原则，为了防止有害物质留在近地球轨道上，航天器离地球 2 500 km 时才将反应堆启动。

在不久的将来，将会出现核动力的航天器。很可能将于 2009 年发射的 Mars Smart Lander 将成为该系统的第 1 个受惠者。有了核动力，推进器可以工作数年，而不仅仅是几个月。在火星上，由于火星大气中的粉尘会覆盖太阳能板，太阳能电源寿命仅有数个月。

23.8　微波束推进

航天器的电能一般都是在航天器上产生。但 NASA 正在研究一种新的替代方法：在另一颗卫星上产生大量的电能，再以微波束传递给客户卫星，去除了客户卫星的电源质量。NASA 对这种系统的兴趣在于它能缩短深空任务时间，如载人火星探测等。

Lindberry 和 Chapman[5] 研究的重点集中在利用以微波束为动力的 MHD 推进器，它可将化学燃料火箭发动机的比冲从 450 s 提高到 2 500～4 000 s，相应的推力从 300 N 提高至 400 N，加速度从 0.002 m/s^2 提高到 0.02 m/s^2。没有任何一种完全的电推进或化学燃料推进系统能单独达到这种性能，不过它需要强磁场。超导体磁技术已经很成熟，被地面大量用于产生 10～20 T 的强磁场。传统的液氦超导体（<10 K）已经被新的高温超导体（约 100 K）所取代。室温超导体也初露端倪，也许可从 NASA 的概念研究中找到。主要的设计挑战也许是磁线圈需要承受 1 000 MA/m^2 的电流密度、相应的电极腐蚀以及机械受力结构限制。在如此大的电流下器件的温度控制也是一个难题。

据估计，MHD 推进器的效率将达到 80%～90%，但其质量仅占系统的 2%，剩余 98% 的质量将主要用于安装硅整流二极管微波接收天线。因此，设计一个轻质量的天线成了应用此概念的关键。

该系统考虑的微波频率在 3～300 GHz 之间，相应的波长为 0.10～0.001 m。Brandhorst（以前引用过）考虑了微波束和激光束 2 种传递方式。由于在轨天线口径的限制，微波方案被放弃了。对于激光方式，仅考察了 10.6 μm 和 1.06 μm 两种波长方案。10.6 μm 方案的能量转换系统或者为热能发电机，或者为热能 PV 电源。对于 1.06 μm 的激光，合适的能量转换应该是 PV 电源直接能带隙，它的转换效率约为 50%，非常出色。

利用微波能的电热推进是另外一个已在研究的概念[6]。

第 26 章和第 27 章将对微波束和超导能的存储作进一步的讨论。

23.9　绳推进

目前正在研究一种有广泛应用前途的空间绳，例如用于电力推进、动量转换、卫星编队、遥感和空间建筑等。2004 年，NASA 的马歇尔空间中心计划测试一条太空绳，它能被动地使卫星脱离轨道并返回地球。计划中的系统拟采用 5 km 的裸线加上一条 10 km 的特制绝缘绳连在 Delta II 的上面级助推器上，为轨道衰减产生约 0.4 N 的阻力。本试验将采用裸线作为集流器，代替 TSS－1 任务中用到的末端质量收集器和绝缘绳。

绳推进是一种全新系统，不需要工质，原理上属于电动力，用一根长导线在地球磁场中运动产生推进电能。NASA 已经在空间对此做了几次试验。如果将来这种方式被证明是成功的话，那么它便可以实现卫星变轨，甚至为外层星球探测任务供能。

按照它的工作原理[7-8]，空间中悬浮电子将会沿着一条长导体流动，形成电流。一条载有电流 I 的导体在强度为 B 的磁场中运动时，在垂直于 I 和 B 的方向上每单位长度将产生 $I \times B$ 的机械力。这个力，也就是通常所说的洛仑兹力，可以作为升轨或降轨的动力，大小和方向取决于电流是流向地球，还是远离地球（见图 23－9）。

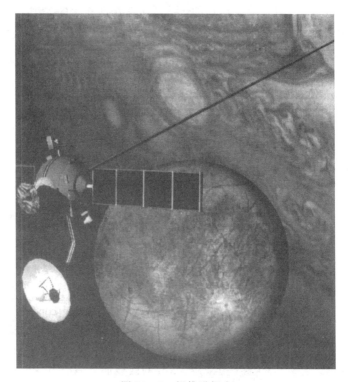

图 23－9　绳推进概念

　　绳导体同样可用于发电。在模拟的地球低轨道等离子体环境中，使用一个大型高电压结构的理论和实验工作表明，在这种结构和周围电离层中的等离子体之间能耦合丰富的电流。如果在地球磁场中运动的长导电绳中的感应电势 $V \times B$ 能够驱动负电流流经星上负载，用轨道能产生电能，那么就可以把具有长导电绳的卫星系统当作发电机。NASA 的绳发电概念就是利用地球轨道上导电绳的电力特征为各种应用提供电能。比起传统的电源，它有几个优点。就燃料的利用率而言，它的效率是燃料电池的 2.5～3 倍；比起太阳电池阵它不受白天黑夜的限制。产生功率的大小取决于绳的长度。据估计，一条长 100 km 的导电绳通过 5 A 的电流时能产生 80 kW 的功率。

扣除阻力和其他损失，系统工作时的净效率会达到 75%。

自 20 世纪 60 年代以来，就有了这个概念。1993 年，NASA 在等离子发电机任务中，所用的导电绳装有中空阴极末端质量，用以收集电子。1996 年，NASA 在飞行任务中将另一条长 20 km、直径 2.5 mm 的导电绳，搭在航天飞机轨道器和一颗重约 500 kg 的卫星之间，星上装有意大利空间局提供的科学设备。这套绳系卫星发电系统（TSS）产生的功率超过 2 kW，电流为 1 A。虽然试验没有完全成功，但它为以后向空间电荷索取能量这种独特概念的研究和开发提供了宝贵的数据。

对于绳发电系统来说，最关键的就是能够获得的绳材料有足够的强度、电导率、绝缘性能和具有抵抗不良空间环境如宇宙辐射影响的能力。即便是有这样的材料，为了正确理解这项发电技术，近期对大量的设计问题仍然需要做大量的研究工作。这些研究中包括大电压技术的进展和能量处理设备。再者，它们也是现象学和设计所面临的基本问题，因此，必须给予深入研究，它们是：

1）等离子体与电力的相互作用影响回流产生的损失；

2）高压电子元器件和绝缘材料；

3）空心阴极射线管电流发射技术；

4）绳直流阻抗控制器技术；

5）被动绳控制技术。

对绳发电系统研究的主要焦点是等离子体对发电的作用，但也考虑作为推力源和超低频天线系统（ELF）时等离子体的影响。作为发电机或者电动机的绳系卫星系统概念，设想的是从系统的一端发射电子，从另一端收集补偿电流。这种设想已经考虑了磁场对带电粒子收集的影响，并且表明这种影响很大。对于复杂几何形状的物体和成熟的球形探针分析理论，可以用计算机程序计算特定的带电粒子收集情况，两种方法都可用于非磁化等离子体。在没有等离子体接触器或大面积收集器帮助的情况下，静态等离子体理论认为，磁场的影响将把最初的电力绳产生的有效功率限制在约 1 kW 附近。

由于等离子体还可能出现紊流，因此这种估计也许较为悲观。不管怎样，已知的不确定性清楚地告诉人们，还需要对磁化等离子体的成果更好地理会研究，包括对电子束穿过等离子体产生的扰动等。

第 1 次电力绳实验将涉及到电子束。在地磁场中运动产生的电磁力（EMF）将被用于电子枪操作，电子枪从航天飞机上向周围等离子体发射电子束。电子枪阴极产生的部分电子可能不会脱离航天器，而是漏到了阳极（航天器的接地），产生负电势堆积。该堆积电势是漏电流与中和电流比值的敏感函数，针对等离子体中随机离子对中和过程的影响情况，目前正在对这种电势进行研究。

估计漏电流对航天飞机电势的影响时忽略了电子束和周围等离子体的相互影响。实验中经常观察到周围等离子体的强列扰动，但迄今为止的实验结果却并没有得到因电子发射影响航天器电势大小的确定结论。航天飞机和空天实验室 1 号的实验显示，注入等离子体羽流并同时注入电子束，能将航天器的堆积电荷中和。这倾向可证明将羽流作为等离子体接触器的有效性。离子接触器是一个术语，是在人们期望把产生等离子体的航天器作为导体，接触到比其几何面积大很多的有效环境等离子体区域。NASA 所形成的研究理论表明，等离子体接触器不仅大大增强了离子收集度，而且充当着向空间等离子体注入电流的有效电流源。但是这种论断的理论基础，就像用经验判断一样，并不适合精准的预测，两者都需要做进一步的完善。

由于在轨运行时，负载电流的脉动、感应电压和等离子体性能的起伏等因素的影响，绳发电系统随时间而变化。对这种变化的幅度也已进行了研究，利用把系统视为终端负载和分配 RC 线路的方法确定了影响的因素。虽然系统时变很大，但相应的时间常数很小，这也允许系统采用准静态方式做出反应。后一个结论同样与类似 ELF 天线功能的系统中的电子枪电流脉动有关。

当先前的研究表明，与真空中调制天线相比，导电绳是一种有效的 ELF 波发电机，并且这种波与地球电离层空洞耦合很小，也许导电绳系统当然就成为一种有用的电源。

比起欧姆电阻，绳的辐射波阻很小。不仅 ELF 频率范围内的波阻小，绳运动产生的其他波形的波阻也小。这就意味着辐射波阻对于计算绳的时变电流并不重要。尽管许多与电离层的电波产生和电流终止等相关问题没有答案，但人们仍无确凿证据证明这些问题将深刻影响系统的电学响应。

其他的因素还有诸如绳磁场使离子偏转产生的阻力，绳扭结的机电稳定性等，这 2 种情况产生的物理影响都不重要。

如图 23－10 所示，Johnson[8] 描述的绳系统工作原理如下：

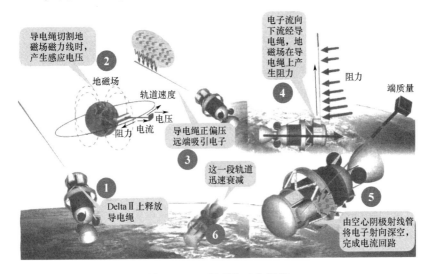

图 23－10　绳系统工作原理

1）与航天器搭接的导电绳在地磁场中运动产生的电压 $e=BLV$。

2）空间电子吸引到了绳远端部正偏压处。

3）电子沿绳移动成电流。

4）载流绳在地磁场中运动产生阻力 $F=BIL$，使航天器降轨。

5）在近绳端的空心阴极管向空间发射电子，形成电流回路。

当类似太阳电池阵这样的电源对绳施加高于绳本身产生的电压使电流反向时，产生的力也反向，此时与之搭接的航天器将升轨。

导电绳本身形成了独特的电路，对此，NASA 于 1993 年进行了空间等离子体发电机演示飞行，1992 年及 1996 年进行了系绳卫星系统的演示飞行。这些任务中，从在轨运行的航天器上拉出一条长导电绳，能产生数千瓦的功率。航天器和绳都以 7～8 km/s 的速度穿过电离层。这样，一条数公里长的铝线从远离航天器的一端的等离子体吸收电子，再将它们以电流形式送到靠近航天器的一端。用一个特制的装置，即空心阴极管，再将电子射入空间，通过等离子体形成回路。

一般情况下，在均匀强磁场中，一个载流的闭合回路所受的合外力为零。因为回路两边的电流反向流动，抵消了磁场感应力。但由于绳系并没有和空间等离子体机械连接，作用在空间等离子体电流上的磁感应力并不能抵消绳上的磁感应力，因此，绳的合外力不为零。

当绳切割地磁场磁力线时，其近地端偏压为负，远地端为正。这种极性是洛仑兹力在绳上作用的结果。因此，自然向上流动的电流是由于远端绳吸收电离层电子（负电荷），在近端绳借助空心阴极管向等离子体射出电子形成的（见上述第 3）～5）步）。空心阴极管极为重要，没有它，绳中的电荷分布很快就会达到平衡，因而不会产生电流。地磁场对载流绳施加的是一种阻力，降低了绳和航天器的速度，从而使轨道高度快速降低，最终再入地球大气层（离轨操作）。

绳电力系统的最大优点是它不用星上能量。如果用绳系提升轨道，就必须将其电流反向，用一个小的 PV 电源就可以做到这点。

近期绳推进系统的应用领域如下。

23.9.1　空间碎片清理

在过去的几十年里，地球周围的空间积累大量的空间垃圾，这些碎片要用几年甚至 1 个世纪才能从轨道脱离。构成危险的就是那些老卫星、火箭残骸和空间旅行者丢下的垃圾，它们很有可能撞上在轨工作卫星、航天飞机和空间站。例如，ISS 每年就需要数次机动操作以躲避空间垃圾的撞击，每次都要消耗宝贵的燃料。NASA 和 ESA 已建议有关国家政府，要求以后发射的航天器在其任务寿命结束时能够自行脱离轨道。为了实现这个目标，卫星必须多携带 25% 的其本身质量的燃料。而用绳系统固有特点的降轨操作，质量效率更高，可靠性更大。绳系统比传统的推进器更轻巧、更紧凑，仅占卫星总质量的 2%；它也没有需要在数年内保持工作状态及密封状态的各种复杂的阀门、管道和电路。在卫星寿命结束时，将系绳展开便可开始离轨操作。如果一颗卫星自然离轨需要一年的话，利用绳系统仅需几天。

23.9.2　轨道转移航天器

将导电绳系在不载人的空间转移航天器可以将卫星送入更高的轨道。这个过程首先要把转移航天器发射到近地轨道上，再由转移航天器将卫星转移到一个新的轨道高度和新的轨道倾角的轨道上。完成任务后转移航天器降低其轨道高度，再与另外一颗卫星交会，重复以上过程。可以设想，这样的轨道安排可以实现，而且不需要推进剂，因而这种拖动方式的成本较低。由于等离子体的密度距地球越远越小，而高度低于 250 km 的轨道大气阻力非常明显，因此，这种方式只能在 250～2 500 km 的范围内实施。

23.9.3　保持空间站轨道高度

据估计，由于大气阻力的作用，ISS 的轨道高度每周都要降低数千米，因此，ISS 每年需要从地球上补充 0.5～1.5 t 的推进燃料用于保持轨道高度。用绳系统之后，ISS 便可彻底摆脱对燃料的依赖。由于大气在空间站上施加的阻力达到 1 N，因而 NASA 设计了一个10 km 长，0.6 mm×10 mm 的铝带绳，再配一个功率不到 10 kW 的太阳电池阵将绳中电流反向，产生 0.5～0.8 N 的推力，用于提升轨道。这个绳系统实际用于 ISS 之前，仍有许多工作有待研究。例如，万一出现微流星体或空间碎片割断了绳系统的情况，则需要一种机制确保它不会缠住 ISS，损坏关键器件。

23.9.4　外层空间行星探测

绳系统技术或许可以用于驱动航天器探测外层空间的行星。木星就存在着非常适合绳系统工作的环境，它的磁场很强，并且它的质量能够支撑大的轨道速度。现有的木星探测器使用 RTG 电源，但一般可用功率低于 300 W。理论上，绳系统可以为星载设备供电，同时产生推力。对于靠近木星的圆轨道，经计算绳系统产生的推力可达50 N，功率可达 1 MW。这个功率水平可以驱动大功率设备和雷达，但它同时也意味着要解决大功率转换、能量耗散和绳过载等技术问题。

参 考 文 献

〔1〕 KERSLAKE T W, GEFERT L P. Solar power system analysis for electric propulsion missions: proceedings of the 34th Intersociety Energy Conversion Engineering Conference, SAE, Paper No. 2449, 1999.

〔2〕 BRANDHORST H W. Power without wires: a solar electric propulsion concept for space exploration. IEEE Aerospace and Electronic System, Voltage. 2001 16(2):3—7.

〔3〕 BAILEY S G, HEPP A F, RAFFAELLE R P. Thin film photovoltaic for space applications: proceedings of the 36th Intersociety Energy Conversion Engineering Conference, ASME, Paper No. AT—36, 2001.

〔4〕 LAUG K K, HOLMES M R. Paraboloidal thin film inflatable concentrators and their use for power applications: proceedings for the 34th Intersociety Energy Conversion Engineering Conference, SAE, Paper No. 2552, 1999.

〔5〕 LINEBERRY J T, CHAPMAN J N. MHD Augmentation of rocket engines for space propulsion: proceedings of the 35th Intersociety Energy Conversion Engineering Conference, AIAA, Paper No. 3056, 2000.

〔6〕 POWER J L. Microwave electrothermal propulsion for space. IEEE Transactions, on Propulsion in Space, 1992 40(6).

〔7〕 COSMO M L, LORENZINI E G. Tethers in Space Handbook. NASA Handbook, 1997 (11).

〔8〕 JOHNSON L. The tether solution. IEEE Spectrum, 2000(7):38—43.

第 24 章　燃料电池

24.1　简　介

　　燃料电池一般用作为空间任务中的过渡电源，最早应用于月球车。现在它作为常规电源，装备在 NASA 的航天飞机机群上（STS 轨道器），用于向 ISS 运送人员和物资，执行其他航天服务任务[1]。燃料电池与蓄电池类似，都是将化学能直接转化为电能。不同的是，它的功率不会下降，也不需要充电。只要给它供给燃料，它就源源不断地输出电能。也有人称之为"燃气蓄电池"，典型的燃气就是氢气或富含氢气的混合物和氧化剂。

　　燃料电池一般用在数天或数周的空间任务中，这种情况下使用蓄电池不切实际。燃料电池也用作轨道转移航天器的辅助电源。配有电解液装置的可再生燃料电池，对于需要存储大能量的近地轨道卫星来讲，在节约质量方面表现出巨大的吸引力。它也是 ISS 上替代蓄电池组的最有力的候选者。

　　燃料电池的工作原理就是电解水的逆过程。电解水时，电流在水中流经两个电极，产生氢气和氧气。而在燃料电池中，氢气和氧气发生化合反应产生电流和水，化学能直接转化为电能。由于反应过程是绝热的，其转化效率不遵循 Carnot 效率。这与许多蒸汽机或内燃机的"化学能－热能－机械能－电能"的能量转换方式不同，它跳过了传统动力系统中的燃烧环节，最大限度地将燃料中的自由化学能直接转化为电能。因此，燃料电池转换效率约是热动力转换方式的 2 倍。在一些燃料电池的设计中，其效率高达 65%，而为地面电站研制的固体金属氧化物燃料电池的效率更高，在 75%～80% 之间。相比热力发电机，它没有运动部件，并且可靠性高都是其显著特点。

24.2　燃料电池的电化学原理

燃料电池由液体或固体电解质和被电解质分开的正极和负极组成。两电极通过外部负载电路进行电连接，如图 24-1 所示。氢气或富含氢气的混合物通入正极，氢燃料与氧气在负极区结合，但氢气却不像在内燃机中那样需要燃烧，而是分离成氢离子（H^+）和电子（e^-），通过电化学反应产生电流。若燃料为纯氢气，生成的水和热仅是反应的副产物。如用空气、乙醇或甲醇代替纯氢，就如地面电站所用的燃料电池那样，那么副产物中还会有二氧化碳、一氧化碳、碳氢化合物和氮氧化物等，当然这些可以忽略不计。

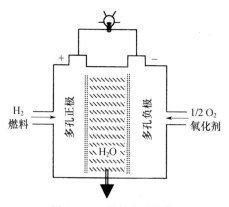

图 24-1　燃料电池结构

氢氧燃料电池以氢气为燃料，以氧气为氧化剂，以水溶酸为电解质。其反应方程式为：$2H_2 + O_2 = 2H_2O$，当然反应过程要释放能量。有种燃料电池，其电子从正极流出进入外部电路，对负载做功后流入负极。氢离子则从电解质中迁向负极，形成回路。在负极表面，氢离子与氧气及外部电路流入的电子作用生成水。迁移离子的类型和迁移方向由电解质的性质决定。

燃料电池中主要部件及其功能如下：

1）正极（燃料极）。为燃料和电解质提供接触面，催化燃料氧化反应,将电子从反应区导向外部电路。

2)负极(氧化剂极)。为氧气和电解质提供接触面,催化氧气的还原反应,导入外部电路电子。

3)电解质。传递燃料和氧化剂与电极反应的某类离子,阻止电子直接连通形成短路。

4)其他部件。密封燃料电池、提供气体贮箱、将燃料电池单体隔离等必要的部件。

因此,燃料电池是不需要更换电极或电解质就能通过化学反应产生电能的静态电化学装置。这一点与电化学蓄电池不同。与传统的蓄电池不同,燃料电池没有电能储存能力,必须对其工作过程源源不断地供给反应物,并将生成物转移走。

24.3　电性能

燃料电池本质上是一个具有内阻的电压源。反应进行时,两电极之间出现电势差。燃料电池的理论电势为 1.25 V,与 NiCd 和 NiH$_2$ 蓄电池匹配。与普通单体蓄电池一样,使用石墨板将燃料电池进行串并联组合可以满足要求的输出电压和电流。一旦电流流出,各种损失将造成电压急剧下降。因为主要的电极损失机理为欧姆损失,因此当电流增大时输出电压继续下降。压降为

$$V_{drop} = \alpha + \beta \ln J \qquad (24-1)$$

式中　J——电极表面的电流密度;

　　　α,β——常数,其值由温度和电极表面状况决定。

氢氧燃料电池正负极之间 1.25 V 的理论电压差是由生成物、燃料和氧化剂之间的自由能之差决定的。反应方式不同,燃料电池中的电压就不一样。通常用电极电压与电极表面电流密度之间的关系曲线来表征燃料电池的电性能,即所谓的极化曲线或者 $V-I$ 曲线,如图 24-2 所示。理想情况下,单体 H$_2$-O$_2$ 燃料电池在环境温度下可以产生 1.25 V 的直流电压,但中间不可逆反应产生的离子和副产物会

降低电池电压，同时开路电压也会下降。在带载情况下，电池内各种不可逆的极化反应也会进一步降低电压，例如：

　　1）电阻极化。即电解质和电极的电阻极化。

　　2）浓差极化。即电解质中靠近电极表面的生成物和离子的沉积与所消耗离子和反应物的分解。

　　3）活化极化。即反应中燃料和氧化剂在电极表面的钝化。

　　4）活化极化将导致反应过程中的能量损失。

　　5）电池中所有的欧姆阻抗，包括电极、集流器、接触器和电解质的电阻等。

　　6）浓差极化在物质迁移时也会引起能量损失。

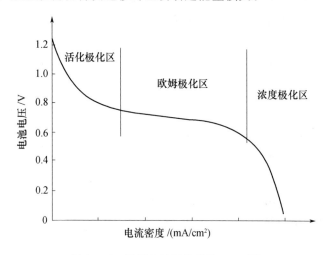

图 24-2　燃料电池极化曲线 $V-I$ 图

　　实际上上述极化作用的综合结果就是，燃料电池的电流密度在 $100\sim400$ mA/cm^2 之间，直流电压在 $0.5\sim1.0$ V 之间。燃料电池的性能也可通过电池升温或增加反应物的部分压力来改善。通过升温或增压提高电池性能与材料和硬件面临的苛刻工作环境之间存在某种平衡。

　　燃料电池实际的工作范围受欧姆阻抗的限制。在工作区内，除了平均放电电压稍低外，其 $V-I$ 特性曲线与蓄电池十分相似，压降

与电流的增加及时间呈近似线性关系，如图 24－3 所示[2]。对于任意时间，$V-I$ 的关系可以表示为

$$V = V_0 - kI \qquad (24-2)$$

式中　V_0——开路电压；

　　　k——常数。

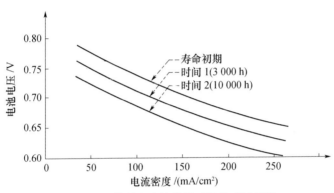

图 24－3　燃料电池性能随时间的衰减情况

运行时间越长，k 值越大，V_0 越小。任意工作点上的功率为

$$P = VI = (V_0 - kI)(V_0 - V)/k \qquad (24-3)$$

当 $dP/dI = 0$ 时，功率达到最大，此时 $V = V_0/2$，可得

$$P_{max} = \frac{V_0^2}{4k} \qquad (24-4)$$

与 PV 电池不同，燃料电池不以"输入能量"的方式工作（否则就不工作），而是用星上自带燃料来发电。正因如此，除非到了 EOL，它一般不以最大功率状态工作，而是在 EOL 之前一直以最大燃料效率状态工作。

由于 V_0 随时间而降低，P_{max} 也随时间衰减。开路电压与时间的关系可以表示为

$$V_0(t) = V_0(0) - K_0 h \qquad (24-5)$$

式中　h——燃料电池的工时数（h）。

借助燃料电池和负载之间的电压调制变换器，可以按电压衰减到要

求值以下，或者最大功率降低到要求的输出功率以下所用的时间，来定义燃料电池的寿命。也可以用 V_0 与时间关系曲线求得电池寿命。燃料电池的预期寿命如图 24—4[2] 所示。

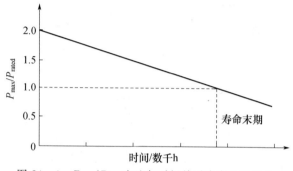

图 24—4　P_{max}/P_{rated} 之比与时间关系决定电池寿命

影响燃料电池电输出的瞬态性能[3]的因素包括电化学、热学与物质流等。其中最感兴趣的是电池的电性能对负载变化的响应。按最坏情况所做的设计，其性能计算中同时假定反应物质流速恒定，注入温度恒定。

24.4　燃料电池种类

燃料电池一般按其所使用的燃料和电极材料的类型进行分类。未来航天用燃料电池必将利用以先进技术经过大量地面试验的商用燃料电池技术。现将当今各种燃料电池简介如下。

固体聚合物电解质（SPE）电池，早期用于为期不到一周的载人探测任务中。从那以后，2 种燃料电池技术并行发展：即双子星任务使用的质子交换薄膜技术（PEM）和阿波罗探月使用的碱性电池技术。经过改进的水溶碱性技术用在了 NASA 的航天飞机上。联合开发中心最近为 NASA 研制了一种轻质碱性燃料电池组，它能以推进剂级别的 H_2 和 O_2 为燃料，对平均负载 2.2 kW 的航天器提供 3.5 kW 的峰值功率。标准的航天飞机燃料电池的比功率为 110 W/kg，轻质电池组约为 150 W/kg。

　　大功率航天飞机燃料电池组采用专用低温 H_2 和 O_2，设计的峰值功率为 12 kW，承受的短暂过载 15 kW，出于电池寿命考虑，平均负载功率不高于 4.5 kW。如今，平均负载功率已提高到 7 kW。航天飞机上没有一般的蓄电池，发射前由地面供给启动电源，之后使用燃料电池。每架航天飞机有 3 个燃料电池，电源电压为直流 30～36 V。电源部分对直流负载供电，部分被转化为 400 Hz 的交流电用于类似飞机的设备负载。电池的干质量为 118 kg，输出功率为 12～15 kW，不包括功率调节器和供气器件质量，但包括电池堆和附件质量时的比功率为 100～120 W/kg。虽然供电启动时间为 10～20 min，关闭时间很快，但整套系统仍需要约 2 小时的预热时间才能加载。以额定功率条件工作时，所设计的航天飞机燃料电池的寿命为 5 000 h。如果利用新技术，寿命有望提高到 20 000 h，并具有更大的功率。

　　航天飞机上所用的碱性燃料电池利用氢气氧气发电，其副产物为水。氧气通过烧结镍质阴极进入电池，经催化生成 OH^- 离子，然后送入电池中的 KOH 电解液中。离子通过碱性电解液流向正极，在正极与氢原子化合生成水分子，释放电子并向外电路负载供电。1 kg 冷冻 H_2 和 8 kg 的 O_2 作用能释放约 34 000 W·h 的电能，除去燃料贮箱和其他系统支持设备的质量，这相当于比能量为 3 800 W·h/kg，能量的转换效率达到 50%，副产物水可以供乘员使用。

　　现在人们发现 PEM（质子交换膜）技术更适合航天应用。NASA 的 Glenn 研究中心一直致力于为多种用途研究开发 PEM 和再生燃料电池，包括运载发射、行星探测和星际探测、行星表面发电、飞机推进及地面应用等。对于航天用电池，PEM 技术可以强化安全性、延长寿命、减轻质量、增加可靠性、增大峰值功率和匹配推进剂燃料，甚至具有降低成本的潜力。2000 年[4]，对一款 5.25 kW 的 PEM 燃料型电池原型机进行了试验。NASA[5-6] 对 PEM 的近期目标是，与碱性燃料电池相比，在同样的体积和质量条件下，其功率提高 2 倍，寿命增加 3 倍，峰值功率与标称功率之比达到 6。对于载人航天任务上述指标还有待进一步改进。

表 24-1 对航天用各种燃料电池的性能进行了比较。与 PV 电池阵相比，燃料电池的比功率更高；不依赖于阳光，能不分昼夜地提供相同的功率是其另一大优势。但其缺点是需要航天器自带燃料。

表 24-1　各种燃料电池性能对比

电池种类	比功率/（W/kg）	寿命/h
碱性燃料电池	100～150	约 50 000
固体聚合物燃料电池	100～150	约 50 000
航天飞机用碱性电池	300～400	3 000～5 000
正在研发的轻质电池	600～700	TBD

24.5　可再生燃料电池

上述各种燃料电池能量转换的方式都相同：将燃料转换为电能。它们没有设计成可充电的工作方式。为实现燃料电池的再充电，需要电解装置将水电解为氢气和氧气。电解装置通常与燃料电池组分开布置，它们不能同时工作。短期空间任务的贮能用氢氧可再生燃料电池（RFC）已经研制出来了，但还未投入实际应用。国际空间站曾考虑过使用 RFC，但因其再生效率不佳而被 NiH_2 蓄电池取代了。然而，RFC 在周期长、功率大的月球或火星载人探测任务中会发挥它的作用。它可以利用太阳能为独立电解装置提供电力，产生氢气和氧气。这种优势不仅表现在存储能量上，也表现在生命支持和辅助推力上。

RFC 以氢氧质子交换膜燃料电池技术和电解技术为基础。燃料堆由若干单体电池组成，每块单体电池都有一定的活性区，工作压力 60 psi（1 psi=$6.89×10^3$ Pa），温度 80 ℃，标称电流密和度 50 A/m^2。单体电池以串联和并联连接，配有旁路二极管。电解装置堆也由许多有一定活性区的电池组成，工作压力 315 psi，标称电流密度 20 A/m^2。氢和氧反应物在 3 000 psi 压力下以气态存储，水在 14.7 psi 下存储。氢气存储在 Kevlar 贮箱内，箱内有一层 10 mil 的钛质衬垫以防气体渗漏。氧气和水也可用同样的贮箱。燃料电池的温度用水介质散热器维持。电解装置的工作效率达到 90%，燃料电池效率达到 60%，RFC 的总效率就能达到 54%，预估寿命能达到 10 000 h。

　　RFC 的峰值功率性能很好，约为基础功率的 10 倍。这对于提供脉冲式功率很有帮助。对于 GEO，RFC 的最大缺点是外围处理流体的泵和管件等在长任务期中使用的可靠性问题，而采用冗余设计又会大大增加系统质量。除了可靠性问题以外，燃料电池的技术已经相当成熟。它或许在为期 5 年的 LEO 任务中能得到应用。对于 LEO，它的 5～8 W·h/kg 的比能量和 60%～70% 的循环效率相当合理。因为它与蓄电池相比效率较低，因此需要较大的充电太阳电池阵和冷却系统。对于大功率 GEO 应用，质量优化后的 RFC 电池比能量为 20～35 W·h/kg。之所以比能量较高，是因为 GEO 上可用的充电时间较长，所需的电解装置较小。然而，比能量对各种温度和电设计的要求很敏感。

　　质子能源系统公司[7] 正为 LEO 和 GEO 研发 1～100 kW 的 RFC，已经测得的直流－直流的循环效率为 25%～30%。虽然效率很低，但其比能量和比功率却比蓄电池要高。若以电池堆的形式计算，再加上 10% 的氢气存储质量，比能量和比功率分别达到 300～400 W·h/kg 和 70～100 W/kg 是可能的。其比能量可与 Li 电池的 200 W·h/kg 相比较。

24.6　空间移民基地用 RFC

　　当人类对空间开发不断深入，开始向月球或者火星上移民时，就需要能持续数十年的发电系统。小型核电系统可以为星际任务和空间移民提供长期电源。然而采用大型核电站，空间生命支持系统提供所需的大量电力，亟待解决有关的系统问题。这些问题就是系统的安全问题和各种居住功能的系统集成问题。这种情况下，可再生燃料电池就表现出它的优越性，它恰好在紧急情况或不可预测情况发生时，能够提供生命所需的氧气和水。图 24－5 简单描绘了这种电源系统结构，包括：

  1）白天周期（相当于大约 14 个地球日）用 PV 发电；

  2）电解装置用太阳电池阵的直流电源将水电解为氢气和氧气，释放少量热量；

  3）夜周期（相当于大约 14 个地球日）中，燃料电池堆将氢气和氧气转变成电和水，再释放少量热量；

  4）纯水贮箱；

  5）高压氢气和氧气储箱；

  6）自动控制。

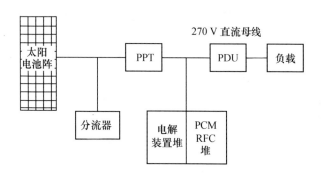

图 24－5　人类空间移民电力系统结构

Voecks[8]预研了 25 kW 的月球生活基地电力系统，并对应用 PEM 技术的 KOH 碱性电池分别使用电解装置和燃料电池的情况做了比较，两种情况下的效率都为 65％。研究表明 PEM 技术的明显优势在于：

  1）PEM 燃料电池和电解装置要求的压力控制复杂度低；

  2）水溶 KOH 碱性电解质的存储比复合膜技术要难得多。

尽管在某些方面月球上使用 RFC 比地球上使用还简单，但对环境因素的要求十分迫切。月球上需要设备存储水、氢气和氧气，在地球上却不需要存储氧气，因为空气中有大量的氧气可以直接通入阴极。PV 电池的工作日程在月球上更易控制，因为一个阴历月中的光照期和阴影期几乎相等（相当于地球上的 29 天、12 小时、24 分、2.9 秒）。而在地球上，季节变化和云雾在很大程度上影响了太阳光照。

24.7　卫星用燃料电池

RFC 或许有朝一日能够替代现有卫星上使用的蓄电池，但仍需等待一些时日，因为即便是目前效率最优的 RFC，其循环总效率也比蓄电池低很多（见表 24-2）。不仅如此，RFC 中使用的散热器和加热管就其质量和与航天器的系统集成设计而言都是不容忽视的。为防止单体电池失效而采用的旁路二极管在这种情况下也不适用了。假设以天基雷达电源系统为例，仅对燃料电池能量存储装置的质量和体积（不包括与系统集成相关的质量）与 2 组蓄电池进行比较，初步估算的结果分别如图 24-6 和图 24-7 所示。其他假设条件是：任务期 5 年；任意轨道高度下的轨道倾角都是 90°；功率 20 kW；充、放电时间相等，因而负荷比为 50%；镉镍蓄电池的 DOD 为 25%，氢镍蓄电池为 35%。从图中可以看出，RFC 电源系统在 LEO 轨道上的质量较小，在中轨道上的质量与其他类型的相当，但在 2 种轨道上的体积都较大。对于 GEO 轨道，RFC 在任何情况下的质量都会非常大。

表 24-2　RFC 和蓄电池的循环效率

类型	循环效率/%
钙镍蓄电池	70～80
氢镍蓄电池	75～85
氢氧 RFC：	
质量最小化设计	55～60
效率最优化设计	65～70

但随着技术的发展，RFC 或许能在大功率航天器上找到用武之地。Allen[9] 以 10 MW 脉冲电源的 LEO 轨道定向能武器平台为例，

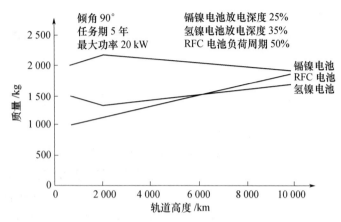

图 24-6　20 kW 的天基雷达电源能量存储设备质量的变化情况

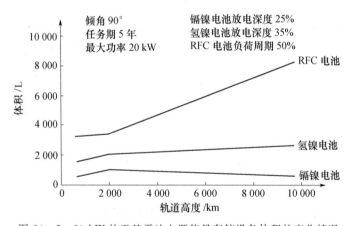

图 24-7　20 kW 的天基雷达电源能量存储设备体积的变化情况

报告了一种概念性设计,对各种电源系统做了比较,例如 RFC、热力发电机、动量轮和用 PV 充电的蓄电池组等。研究表明,利用 PV 电源充电的固体氧化物 RFC 在满足能量要求的条件下,质量最轻。Allen 的研究细节详见第 22 章。

24.8　商用燃料电池

在地面应用领域,燃料电池具有替代汽车、公交车和医用应急发电机的发动机的潜力，一些离网用电市场，包括军用市场，也会用到大型电池系统。美国把能源政策的重点放在了氢基能源经济领域。目前地面上的某些研究成果将来会有一天用在空间领域。

低温（250 ℃）燃料电池目前市场上可以买到，其电解液为磷酸。高温燃料电池的单位质量电能转换能力更高，但成本也高。固体氧化物、固体聚合物、熔融碳酸盐和质子交换膜等诸如此类的燃料电池技术目前正处在发展之中。美国的燃料电池商业化小组刚刚现场测试完一座规模 2 MW 的熔融碳酸盐直接转换燃料电池电站。德国汽车制造商 Daimler－Benz（奔驰）和加拿大的 Ballard 电力系统公司正在为汽车研制固体聚合物燃料电池，期望取代现有的电瓶汽车蓄电池。他们的目标是在 2005 年以前实现世界上第 1 辆燃料电池汽车面市。世界各大主要汽车制造商也在追加投资，争取在 2010 年推出各自的燃料电池汽车。

德国 Howaldtswerke－Deutsche Werft AG 公司声称已建造出 4 艘 212A 级燃料电池动力潜艇，动力系统不使用空气，无噪声，不排出废热。潜艇可载 27 人，排水量约 1 450 t，计划于 2004 年服役德国海军。深海救援船（DSRV）一般配备的 20～35 kW 大型碱性燃料电池已经完成制造。

目前，世界上正在广泛研究的是设计不同，但电解质、电极和互联片的材料都相同的固体氧化物燃料电池。至今美国的西屋－西门子公司和日本的三菱重工开发的管状结构燃料电池最为成功。这种形状的电池的基本器件是 2 根多孔电极，中间由高浓度氧离子发生电极隔开，所用陶瓷管的工作温度为 1 000 ℃。电池就是由许许多多这样的管子组成的，主要用于兆瓦级的循环燃汽轮机和燃料电池复合发电厂，发电能力 60 MW，每 1 000 h 工作时间电池电压衰减小于 0.1%，工作寿命数万小时。电池原型机测试过程中，热力循环超过 1 000 h，没有发现性能衰减现象，运行 12 000 h，性能衰减小于 1%。

参 考 文 献

[1]　OMAN H. Fuel cells power for aerospace vehicles. IEEE Aerospace and Electronics System Magazine, 2002 17(2): 35—41.

[2]　BABASAKI T, TAKE T, YAMASHITA T. Diagnosis of fuel cell deterioration using fuel cell current—voltage characteristics : proceedings of the 34th Intersociety Energy Conversion Engineering Conference, SAE, Paper No. 01—2575, 1999.

[3]　HALL D J, COLCLASER RG. Transient modeling and simulation of tubular solid oxide fuel cell. IEEE Power Engineering Review, 1998(7).

[4]　PEREZ—DAVIS M E, et al. Energy storage for aerospace applications: proceedings of the 36th Intersociety Energy Conversion Engineering Conference, ASME, Vol. I, 2001:85—89.

[5]　HOBERECHT M, REAVES W. PEM fuel cell status and remaining challenges for manned space flight applications:proceedings of the 1st International Energy Conversion Engineering Conference, AIAA, Paper No. 5963, 2003.

[6]　BURKE K. Fuel cells for space science applications:proceedings of the 1st International Energy Conversion Engineering Conference, AIAA, Paper No. 5938, 2003.

[7]　BARBIR F, DALTON L, MOLTER T. Regenerative fuel cells for energy storage—Efficiency and weight trade off:proceedings of the 1st International Energy Conversion Engineering Conference, AIAA, Paper No. , 5937, 2003.

[8]　VOECKS G E, et al. Operation of the 25 kW NASA Lewis Research Center Solar Regenerative Fuel Cell Testbed Facility. NASA Technical Report No. 97295, 1997.

[9]　ALLEN D M. Multi—megawatts specifications power technology comparison:proceedings of the 36th Intersociety Energy Conversion Engineering Conference, ASME, Vol. I, 2001 :243—249.

第 25 章　飞轮储能系统

25.1　简　介

　　飞轮能将动能以转动惯量的形式存储。借助电磁电机以发电机工作模式将存储在飞轮中的动能转化为电能。利用同一台电机的工作模式可让飞轮旋转，也就是充能。飞轮系统的循环总效率为85％～90％，比电化学电池的 70％～75％要高。飞轮储能系统是一个较老的概念，已经开发出了多个商业应用领域，如汽车、电站的负荷平衡和不间断电源（UPS）等。目前，市场上使用飞轮电池的UPS 系统的成本为 300～500 美元/千瓦时，空间用氢镍电池的成本为80 000～100 000美元/千瓦时。NASA 和其工业合作者正在致力于发展飞轮储能系统以取代航天器上的蓄电池组[1-4]。有一种系统已经计划于 2006 年在 ISS 上进行飞行试验。据估计，与蓄电池相比，飞轮储能系统可以将 DOD 和寿命提高 2 倍。集成能量和动量的存储飞轮系统的优点更多。

　　下列各项技术的发展使得飞轮系统比以往任何时候都更具吸引力：

　　1）先进的高强度轻质纤维制造技术。例如，最大拉伸强度为$1 \times 10^6 \ \text{lb/in}^2$ 的材料已经面市。

　　2）合成树脂纤维转子的设计和制造工艺得到了改善[5]，对其性能表现的认识有了长足进步。

　　3）高速磁悬浮轴承[6-8]投入使用，转子和定子之间无机械接触，实现了零摩擦，且自身衰减率可忽略不计。

　　把上述几种技术优势结合在一起，能够设计出转速达到100 000 r/min的飞轮，其比能量比电化学蓄电池要高得多[9]。

蓄电池的性能对许多因素很敏感，且与这些因素都是非线性关系，因此，对其设计、分析和制造都很耗时。不仅如此，蓄电池的DOD 被束缚在远低于其满容量的某一特定值。LEO 卫星的 DOD 一般为 30%～35%，而电池却经常是电源系统中质量最大的部分。飞轮系统取代蓄电池的主要优点如下：

1) 比能量很高，因而质量和体积都较小；

2) 放电深度大，即便是在 LEO 轨道也高达 90%，降低了 W·h 额定值和质量；

3) 硬件制造成本和发射成本较低；

4) 对温度不敏感，因此热控系统的质量和成本降低；

5) 能量的存储和释放控制方便，因为能量存储仅依赖于飞轮转速；

6) 充能与释放能量的比率对寿命没有影响；

7) 任务期内储能能力不衰减；

8) 任务期内不会失压；

9) 无须涓流充电；

10) 工程设计和分析时间较短；

11) 在充/放能循环中周期寿命更长；

12) 给定输出电压和电流时，设计上具有灵活性；

13) 功率质量更好，因为可以把电机设计得比蓄电池更硬；

14) 与跟踪太阳电池阵的峰值功率匹配性好；

15) 峰值功率与平均功率之比的比值高（LEO 轨道上的通信卫星在飞过用户密集区时需要更大的功率）。

无论是地面还是空间应用，上述优点具有让飞轮系统在任务期内成为输出单位 W·h 能量中成本最低的储能系统。但是它也有以下缺点：

1) 由于使用电机，因而输出阻抗高（类似全母线调节中的 PRU 变换器）；

2) 可靠性低，一个故障就能导致其严重丧失供电能力；

3) 转速大于 50 000 r/min 时，安全问题非常重要；

4) 姿态控制时对航天器整体承受震动和瞬时力矩的能力要求高；

5）没有发射和上升电源，因为飞轮在发射阶段不能转动；

6）须承受姿态控制时的陀螺力矩。

25.2　光电飞轮动力系统

由太阳电池阵发电和储能飞轮组成的电源系统功能框图如图25－1所示，系统采用多数大功率卫星通用的直接能量传递全调节母线，只是用飞轮代替了蓄电池。电机与飞轮轴相连，可以以发电机和电动机2种模式工作。电机将机械能转化为电能或将电能转化为机械能。目前的几种电动机—发电机模式设计中，无刷直流电机最适合飞轮系统。运行期间，PV电池阵光照期为负载供电，并让电机以电动机模式对飞轮充能（转动飞轮）；阴影期间，飞轮减速并把动能馈入电机，电机将机械能转换成电能为负载供电。母线电压敏感电子装置监控电压，将其与参考电压进行比较，然后将误差电压信号放大后传给模式控制器。模式控制器激活电压控制单元（PRU）的升压变换器或降压变换器，也根据要求在光照期或阴影期控制充能（电动机）、放能（发电机）和分流模式。

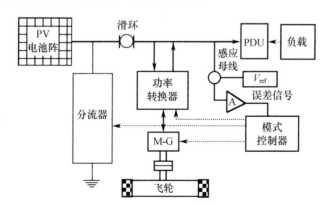

图 25－1　用飞轮储能的航天器电源系统结构

电机电压与飞轮转速线性相关，因而变化范围很大。PRU中的充、放电变换器为变化很大的电机电压和严格调节的母线电压之间提供接口。PRU 中的变换器，可以根据 1～3 倍的输入电压进行设计，这就与电机转速的变化范围一致，即转子的最低转速为最高转速的 1/3。因为存储的能量大小与转速的平方成正比，因此，飞轮低转速时的充能状态可以低至 10%，这意味着 90% 的能量可以被释放出来，不存在电源电子器件或者其他系统部件的设计困难。

　　合成材料转子的疲劳寿命限制了飞轮所能承受的充、放能循环数。经验表明，聚合纤维合成材料的疲劳寿命一般比固体金属材料的长（见图 25-2）。因此，设计合理的飞轮的工作寿命比蓄电池的寿命长得多，放电深度深得多。对现已制造的由复合纤维转子制成的飞轮，已经进行了超过 10 000 次循环的全充、放能测试[10]。

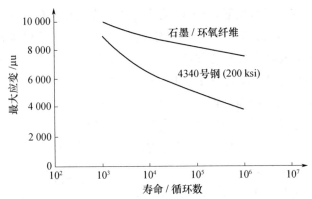

图 25-2　石墨环氧纤维与不锈钢的疲劳寿命比较

25.3　飞轮系统部件

　　飞轮组件的主要部件归纳如下：

　　1）转子轮辋，用于存储能量；

　　2）转子辐条，连接辋与轴；

　　3）用于在轨运行的磁悬浮轴承；

　　4）机械轴承，用于紧急情况、发射阶段、大扭转率；

　　5）电机（无刷直流电动机—发电机）；

6）嵌在飞轮中的敏感器，用于测量位置、振动、温度等物理参量和任务期各阶段飞轮的健康状况。

现对各种部件简述如下。

25.3.1　转子轮辋

转子轮辋是飞轮存储能量最关键的部件之一，由高强度树脂纤维编制而成。纤维沿轮辋周向分布，以抵抗离心力。离轴心越远离心力越大。对于 2 轮辋经济性设计，外辋由高强度合成纤维制成，内辋采用低成本复合纤维制成，如图 25－3 所示。

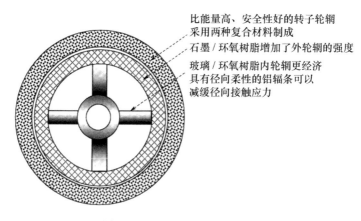

比能量高、安全性好的转子轮辋采用两种复合材料制成

石墨／环氧树脂增加了外轮辋的强度

玻璃／环氧树脂内轮辋更经济

具有径向柔性的铝辐条可以减缓径向接触应力

图 25－3　两轮辋飞轮转子设计

25.3.2　辐　条

辐条是转子的支撑，可调节径向机械应力和/或热弹性应力，也由合成树脂纤维制成。纤维按一定的合理的角度分布，以承受多维应力。

25.3.3　磁悬浮轴承

传统机械轴承的极限转速低于 50 000 r/min，高速转动时，摩擦力增大，振动加强。要达到 100 000 r/min 的转速，只有采用磁悬浮轴承，它无机械性接触，因而无摩擦力。气动损失在真空运行时可以忽略不计。转子绕执行机构线圈旋转时，金属部件内会因低通量脉冲产生小电磁损失。但是这种损失与机械轴承的摩擦损失相比就微乎其微了。

　　磁悬浮轴承利用被动的磁场力和/或主动的电力能将转轴悬浮起来并控制转轴的位置。被动设计采用类似磁极的永磁体产生的斥力将轴和轴承保持分离。主动的磁悬浮轴承的结构各种各样，使用永磁体和动态电流执行机构达到所需的约束效果。一个刚体具有 6 个自由度，轴承中的转子只保留 5 个自由度，留下 1 个自由度旋转。图 25－4 所示的是各种结构中的一种。图中的执行线圈提供水平约束，线圈中电流的大小由控制转子位置的反馈回路控制，永磁体产生磁浮力支撑转轴。在转子下落时，偏置永磁体为转轴的稳定提供帮助。电磁线圈主要起稳定和控制作用。控制线圈的负荷周期不大，每个轴只需 1 个伺服控制回路。伺服线圈按需要提供主动恢复力将轴稳定在中央位置。主动反馈回路中使用了位置和速度传感器。线圈中的电流变化将轴保持在气隙中央。

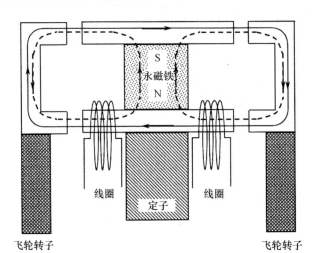

- 永磁铁线路的被动变化最小
- 永磁铁和控制线圈安排在定子上(无向心应力)
- 控制电磁铁产生平行控制磁通量
- 反馈控制系统为控制线圈提供动力

图 25－4　一种磁悬浮轴承结构

25.3.4　降落机械轴承

这种轴承使用的场合是：磁悬浮轴承还未激活，航天器以大 g 机动并遇到冲击，或者磁悬浮轴承失效等。它们可以是滚珠轴承、滚柱轴承或者是两者的组合轴承。在转速为 30 000 r/min 时工作持续的时间较长（见图 25－5），但在磁轴承失效时偶尔也能承受更高的转速。

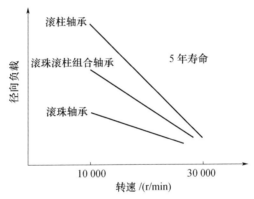

图 25－5　滚珠轴承和滚柱轴承径向载荷和转速约束的关系

25.3.5　电　机

电机作为发电机或电动机将机械能转化为电能或将电能转化为机械能。目前的几种电动机—发电机模式设计中，无刷直流电机最适合空间应用的飞轮系统。

25.3.6　敏感器

敏感器有各种各样，有些镶嵌在飞轮中，用以测量位置、振动和温度等物理参量，监控各种工作状态下飞轮的健康情况，也用于检测系统故障，根据需要决定是否关闭系统。

各种敏感器和轴承在飞轮组件中的布局如图 25－6 所示。在另一种布局中，转子朝外，径向安装，如图 25－7 所示。这种径向布局的体积小，而且，由于存在径向弹力，使转子和辐条连接处的热弹性应力或旋转应力最小化。图 25－8 所示的是 NASA 飞轮系统组件的一种概念。除此之外，还有预应力转子、张力匹配转子和质量负荷设计等，都可以使应力最小化[11]。

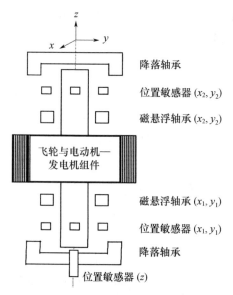

图 25－6　飞轮敏感器和轴承分布

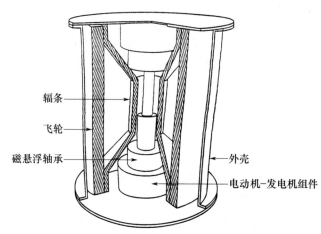

图 25－7　应力缓冲辐条飞轮部件及其组装

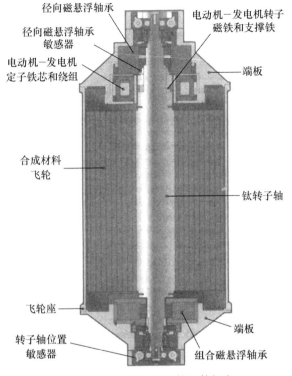

径向磁悬浮轴承

径向磁悬浮轴承
敏感器

电动机—发电机
定子铁芯和绕组

电动机—发电机转子
磁铁和支撑铁

端板

合成材料
飞轮

钛转子轴

飞轮座

端板

转子轴位置
敏感器

组合磁悬浮轴承

图 25—8　NASA 的飞轮组件概念

25.4　功率和动量管理电子器件

　　虽然这些器件不属于飞轮组件的一部分，但却是飞轮系统的重要组成部分。它们与飞轮分开，独立装盒；监测母线电压，在给定的时间按飞轮转速升降母线电压使之与电动机—发电机电压匹配；为电动机—发电机和全调节母线电压之间提供总接口。它们也包含充、放电变换器，具有功率管理功能、动量管理功能及相应的遥测和指令功能等；在光照和阴影期根据需要控制充能（电动机）模式、放能（发电机）模式和分流模式。另外，姿态控制系统发出指令后它们还能控制力矩。

25.5 能量和应力的关系

转动惯量为 J，以角速度 Ω 旋转的飞轮具有的动能为

$$E = \frac{1}{2}J\omega^2 \qquad (25-1)$$

转子的离心力受到周向应力的阻止作用，最外沿的纤维承受应力最大。这个应力不应超过约束允许值。应力分析可以说明，外沿最大应力与其线速度成正比。出于这个原因，同种材料组成的、直径增加 1 倍的飞轮，若要外沿线速度保持不变，则其转速就应减小一半。以 V_{tipmax} 定义外沿速度约束，R_i 为内径，R_o 为外径，那么，单位飞轮质量可存储的能量为

$$E_{\max} = \frac{1}{4}V_{\text{tipmax}}^2\left[1 + \left(\frac{R_i}{R_o}\right)^2\right] \qquad (25-2)$$

由于 R_i/R_o 比值总是小于 1，式（25−2）清楚地表明，V_{tipmax} 一定时，R_i/R_o 接近于 1 的薄型飞轮具有的存储比能量最大。现代合成纤维转子的最大设计线速度为 1 150 m/s，无预加载时的瞬时速度可达 1 500 m/s。一个直径 30 cm（12 in）的转子的转速为 100 000 r/min 时，其边沿线速度可达 1 500 m/s。因此，一个转速为 100 000 r/min 的飞轮，其直径必须小于 25 cm。

质量为 M，平均半径为 R 的薄壁飞轮，其转动惯量为 $J = MR^2$。因此可将式（25−1）改写为

$$E = \frac{1}{2}MR^2\omega^2 \qquad (25-3)$$

只有比能量是电源设计中最重要参数。以单位质量包含的 W·h 表示比能量，以 E_1 表示，即式（25−3）两边同除以 M 得

$$E_1 = \frac{1}{2}R^2\omega^2 \qquad (25-4)$$

若飞轮的质量密度为 ρ，则其外沿纤维的周向应力 σ 为

$$\sigma = \rho R^2\omega^2 \qquad (25-5)$$

综合式（25−4）和式（25−5）得到比能量

$$E_1 = \frac{1}{2}\left(\frac{\sigma_{\max}}{\rho}\right) \tag{25-6}$$

这样，飞轮的比能量与 $\frac{\sigma_{\max}}{\rho}$ 成正比。显然，要想提高比能量，就

要采用抗拉强度高而质量密度小的材料，使 $\frac{\sigma_{ult}}{\rho}$ 最大。从这个角度说，

合成纤维材料好于多数金属材料，这就是目前正在试验的、有潜在用途的飞轮基本上都采用合成纤维材料的原因。图 25－9 显示了不同材质轮辋的比能量。从图中可以看出，合成纤维飞轮的比能量远远高于金属材料的比能量，而融凝硅纤维的理论比能量是现有最先进技术制造的氢镍蓄电池的 20 倍。虽然飞轮的造价比蓄电池高得多，但飞轮的高比能量储能性能对空间应用具有吸引力。

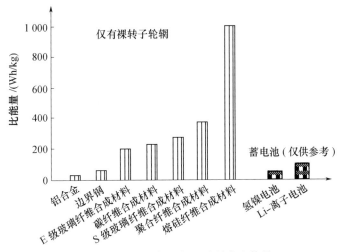

图 25－9　飞轮轮辋材料理论最大比能量

图 25－10 所示的是 10 kW·h 级的、由多种纤维合成材料制成的飞轮的初步设计性能，与式（25－6）得出的结果相同，即比能量

和 $\frac{\sigma_{ult}}{\rho}$ 成正比，最大周向应力保持在极限抗拉强度的 2/3 倍。目前，转速为

60 000 r/min，比能量为 90～120 W·h/kg 的转子（轮辋＋辐条）已经完成了演示。

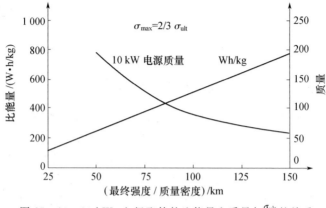

图 25－10　　10 kW·h 级飞轮的比能量和质量与 $\dfrac{\sigma_{ult}}{\rho}$ 的关系

25.6　飞轮的应用举例

出于寿命周期的考虑，LEO 轨道卫星的蓄电池的放电深度较低，因而电池非常笨重。利用飞轮储能系统后也许能获益多多。Patel[12] 以 NASA 戈达德空间飞行中心的 EOS－AM 卫星为例，评价了用等效飞轮代替蓄电池带来的优点。他采用目标设计方法，以合理的可能性为前提。表 25－1 列出了以氢镍蓄电池为电源的系统性能需求和关键的设计参数。

表 25－1　EOS－AM 卫星用氢镍蓄电池电源的系统性能需求和关键设计参数

参数	需求
航天器寿命	5 a
阴影期负载功率	2 530 W
光照期负载功率	2 530 W
轨道周期	1.65 h
阴影持续时间	38 min
母线电压	120 V
储能蓄电池组	两组 54 个 50 A·h 单体镍氢电池
放电深度	30%（最大）
滑环之后的太阳电池阵输出	5 000 W

　　系统估计的第 1 项任务就是分析 1 个轨道周期的能量平衡。本例采用飞轮系统，以扩展列表形式进行分析，如图 25－11 所示。通过分析决定器件的额定值，见图的下半部分。值得一提的是，PV－飞轮组合需要的太阳电池阵输出功率为 4 662 W，比 PV－蓄电池组合需要的功率 5 000 W 低，其原因是带有电动机－发电机的飞轮系统的总循环效率比蓄电池系统高，所需的 PV 面积比蓄电池的减小 6.75%。这是除减小储能系统质量以外所带来的另一个显著优点。

　　按图 25－11 推导出的额定值是对整个电源系统而言的，对每个具体部件的额定值还应至少加上 20% 的裕度。随后，在设定性能参数后，就可以估计系统的质量和体积。假定：

　　1）3 个飞轮相同，2 个相向旋转，1 个备份。飞轮的数目也可能多于 3 个，视具体任务设计情况而定。

　　2）转子最大转速为 100 000 r/min（边沿线速度小于 1.0～1.2 km/s）。

　　3）合成树脂纤维最大抗拉强度为 300 000 psi。

　　4）飞轮最外沿周向应力最大允许值为 200 000 psi。

　　5）转子长度与直径（length－diameter）之比为 0.75，它是影响震动和转速性能的关键。

　　6）阴影末期的最低转速为最大转速的 35%，这样，最大放能深度可达 88%。

　　7）PRU 中的充、放电变换器效率各为 94%。

　　8）电动机－发电机或发电机－电动机 2 种模式下的效率都为 95%。

　　表 25－2 列出了分别采用氢镍蓄电池和飞轮系统时各种器件质量的估算值。表 25－3 汇总了 2 种情况下的总质量和总体积。表 25－4 对两者的差异进行了比较。结果表明：对于负载功率为 2 500 W 的 LEO 轨道卫星，采用飞轮系统比采用蓄电池可减少质量 458 lb（35%）、体积 13.8 ft^3（55%）、太阳电池阵面积 32 ft^2（6.7%）。虽然这个阶段还无法预计采用飞轮系统的成本优势，但在硬件和发射费用方面可以预期每航天器可以节约数百万美元。

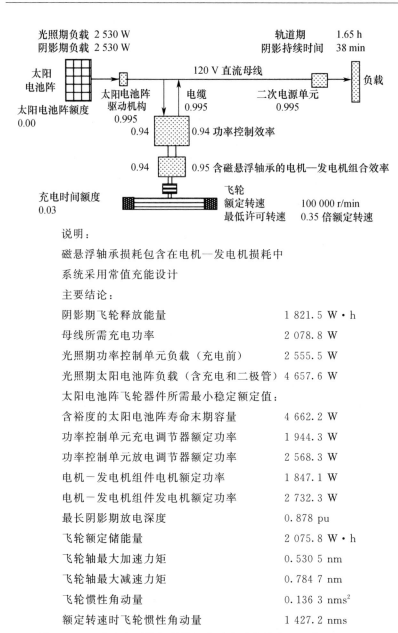

图 25－11　为确定系统部件等级的动力系统结构以及能量平衡分析

说明：

磁悬浮轴承损耗包含在电机—发电机损耗中

系统采用常值充能设计

主要结论：

阴影期飞轮释放能量	1 821.5 W·h
母线所需充电功率	2 078.8 W
光照期功率控制单元负载（充电前）	2 555.5 W
光照期太阳电池阵负载（含充电和二极管）	4 657.6 W
太阳电池阵飞轮器件所需最小稳定额定值：	
含裕度的太阳电池阵寿命末期容量	4 662.2 W
功率控制单元充电调节器额定功率	1 944.3 W
功率控制单元放电调节器额定功率	2 568.3 W
电机—发电机组件电机额定功率	1 847.1 W
电机—发电机组件发电机额定功率	2 732.3 W
最长阴影期放电深度	0.878 pu
飞轮额定储能量	2 075.8 W·h
飞轮轴最大加速力矩	0.530 5 nm
飞轮轴最大减速力矩	0.784 7 nm
飞轮惯性角动量	0.136 3 nms²
额定转速时飞轮惯性角动量	1 427.2 nms

表 25—2　分别采用氢镍蓄电池和飞轮时 EPS 器件质量 （lb）

器件	采用氢镍蓄电池	采用飞轮
太阳电池阵组件	396	370
太阳电池阵驱动器	15	15
蓄电池电源组件	310	
六角框蓄电池组件	316	
蓄电池功率调节器	47	
顺序分流单元	98	90
二次电源	102	102
电源切换单元	14	14
转子轮辋		45
辐条		10
电动机－发电机		10
电源控制电子器件		80
磁悬浮轴承		18
磁悬浮轴承电子器件		10
磁悬浮轴承敏感器		5
降落轴承		10
电源附加器件		5
轴 （钢质）		15
轴套		20
发射段蓄电池 （初始）		21
EPS 总质量	1 298	840

表 25—3　分别采用氢镍蓄电池和飞轮时 EPS 的总质量和总体

设计参数	采用氢镍蓄电池	采用飞轮
EPS 质量	1 298 lb	840 lb
EPS 体积	23.4 ft³	10.8 ft³
太阳电池阵面积	483 ft²	449 ft²

表 25－4　　EPS 采用飞轮的优势

优势项目	与蓄电池相比
质量减少	458 lb（35%）
体积减少	13.8 ft³（55%）
太阳电池阵面积减少	32 ft²（6.7%）

25.7　能量动量集成存储

　　姿态控制系统要求的动量存储和控制一般采用动量轮或反作用轮来实现。卫星姿态控制系统所需动量和电源系统所需存储能量，可采用能同时提供这 2 种功能的飞轮实现，这将使系统节约很多器件[13-15]。在集成能量动量存储系统（IEMS），每个轴至少配置 1 个能量动量轮用以控制该轴的动量，同时存储相应的能量（见图 25－12）。在每个轴上多加 1 个飞轮，在存储所需能量和动量的同时可以多出 1 个自由度。另外，还必须在多轴万向节处斜置 1 个飞轮，作为备份。这样，一个典型的单容错 IEMS 系统至少需要 7 个能量－动量轮。

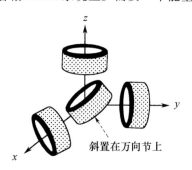

图 25－12　能量－动量轮在 3 轴上的位置

25.7.1　能量和动量的关系

　　设飞轮的转动惯为 J，角速度为 ω，则其存储的能量为 $E = \frac{1}{2}J\omega^2$，式中 E 为标量。同时，它也存储动量 $\boldsymbol{M} = J\omega$，式中 $\boldsymbol{M}$ 为矢

量。如果 2 个飞轮在同一给定轴上旋转，各自具有的惯量分别为 J_1，J_2；角速度为 ω_1，ω_2；那么，其存储的总能量为

$$E = \frac{1}{2}(J_1\omega_1^2 + J_2\omega_2^2) \qquad (25-7)$$

E 为标量，表示 ω_1 和 ω_2 平面内的椭圆方程。2 个飞轮的总动量为

$$\boldsymbol{M} = J_1\omega_1 + J_1\omega_2$$

整理可得

$$\omega_2 = \frac{\boldsymbol{M}}{J_2} - \frac{J_1}{J_2}\omega_1 \qquad (25-8)$$

ω_2 为矢量值，表示斜率为 $-J_1/J_2$，在 ω_2 轴上截距为 $\boldsymbol{M}/J_2$ 的直线。图 25-13 所示的是 1 对 2 个不同飞轮形成的恒定能量椭圆和恒定惯量直线。达到特定能量水平而又同时满足惯量水平要求的 2 个不同飞轮，要么工作在交点 p_1，要么工作在 p_2。这 2 个工作点都是动态稳定的，因此，系统实际上可以工作在最接近前一工作点的任意点上。

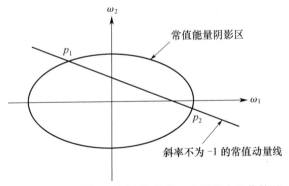

图 25-13 同轴上不同飞轮能量－动量组合工作情况

如果每个轴上的飞轮完全相同，转动惯量都是 J，那么总的存储能量为

$$E = \frac{1}{2}J\omega_1^2 + \frac{1}{2}J\omega_2^2 \qquad (25-9)$$

整理后得

$$\omega_1^2 + \omega_2^2 = \frac{2E}{J} \qquad (25-10)$$

它表示一个半径为 $\sqrt{\dfrac{2E}{J}}$ 的圆，每个轴上 2 个飞轮的总惯量为

$$\boldsymbol{M} = J\omega_1 + J\omega_2 = J(\omega_1 + \omega_2) \qquad (25-11)$$

整理后得

$$\omega_2 = \frac{\boldsymbol{M}}{J} - \omega_1 \qquad (25-12)$$

它是一条斜率为 -1，在 ω_2 轴上截距为 $\boldsymbol{M}/J$ 的线。因此，同轴上 2 个飞轮相同时，恒定能椭圆变为一个圆，恒定惯量直线的斜率变为 -1。

25.7.2　能量释放约束条件

因为航天器不释放动量就不可能释放能量，因此，最大能量释放深度受到给定轴上所需求的最小动量的限制。下面对这种约束进行分析[14]。

当动量线靠近或者远离原点时，1 对相同的飞轮，如果必须保持一定的能量水平，又要为适应姿态控制而改变其动量，则其必须能在圆周上任意点工作，如图 25-14 所示。另一方面，如果要求系统释放能量而不释放动量，则飞轮的转速必须改变以压缩能量圆，动量线如图 25-15 所示。任务对能量释放的约束和满足存储动量的要求，使得动量线在最大释能深度处与能量圆相切。换句话说，最小能量圆的半径必须等于阴影末期的需求动量。这对能量—动量轮系统提出了要求，即

$$\sqrt{\frac{2E_{\min}}{J}} > \boldsymbol{M} \quad \text{或} \quad E_{\min} > \frac{1}{2}J\boldsymbol{M}^2 \qquad (25-13)$$

在所有航天器的工作模式中，最小能量圆的半径必须大于动量线到原点的距离。圆和直线有 2 个相交的工作点，工作点受到图 25-15 所示的与最小能量圆相切的切线的制约。因此，可能的最大释能深度（DOD）为

$$\mathrm{DOD}_{\max} = 1 - \frac{E_{\min}}{E_{\max}} \qquad (25-14)$$

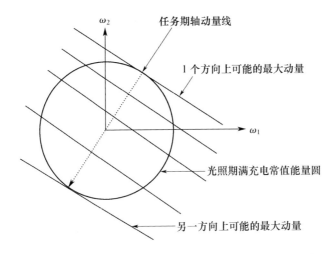

图 25－14　光照期每个轴上飞轮相同时的能量－动量轮运行情况

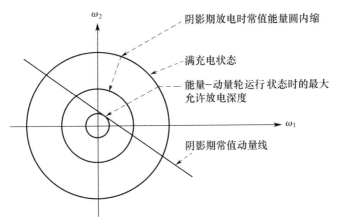

图 25－15　阴影期每个轴上飞轮相同时的能量－动量轮运行情况

从能量－动量轮工作点的角度来看，这是最大释能深度的上限。因此，在阴影末期，每个轴上的最小能量圆都不能小于与所要求的动量线相切的圆。这就确定了能量－动量轮系统的最大释能深度。

25.8　能量－动量轮举例

仍以 EOS－AM 卫星的电源系统为例，估计采用 IEMS[15] 替代蓄电池和动量轮后的潜在优势。影响 IEMS 综合估计的初始设计参数如下：

1）按图 25－11 推导出来的电源系统额定值是就整个 EPS 而言的，包括了所有工作的飞轮组合。每个飞轮、电动机－发电机、电源和动量控制电子器件（PMME）等的额定值都由卫星采用的电源结构布局决定。

2）如果要求飞轮仅用于能量存储，动量为零，则每个轴上必须装 2 个反向旋转飞轮。加上 1 个飞轮做备份，每轴共 3 个。因此，每个飞轮需承担系统 50％的额定值。

3）但在 IEMS 结构中，3 个轴上的每个轴都需要 1 个飞轮用于动量控制，在动量允许的限度内存储部分能量；加上存储所需剩余能量的 1 个飞轮和 1 备份，理论上一共需要 5 个飞轮。在估计 IEMS 的质量和体积时，每个飞轮承担系统 25％的额定值。这个研究中没有考虑动量约束条件。

4）假设所有飞轮都大小相同，但也承认某些卫星出于操作考虑要求使用异形飞轮。

5）对按图 25－11 推导出来的所有部件额定值至少增加 25％的裕度。

6）对转子主要围绕 3 个关键设计参数进行考虑：a）周向应力；b）合成树脂纤维的极限抗拉强度；c）影响震动模式和临界转速的长径比。取周向应力与极限抗拉强度的比值为 0.7，取长径比为 0.75，则选择转子的转速为 100 000 r/min。这个转速是可以达到的。Chen 等人[16]曾报道了一种磁悬浮轴承支撑的环氧树脂纤维飞轮，容量 100 W·h，转速 200 000 r/min，外沿周向应力 150 000 psi。

7）取辐条质量为轮辋质量的 20％，这是目前可得到的最好估计。

8）电动机－发电机与母线之间的总接口由 PMME 提供，包括充能、放能变换器，功率控制器，动量控制器，以及相关的遥测和指令功能。

25.8.1　入轨和发射电源

IEMS 的一个潜在设计问题是，在航天器的发射和入轨阶段，可用飞轮供电,也可不用飞轮供电。这个问题必须与航天器主承包商协商解决。保守的方法是,假定在太阳电池阵展开之前飞轮不旋转。展开后,第 1 件事就是使飞轮全速转动(达到 100% 的充能状态),其次,飞船在每个轨道周期内都应达到能量平衡。

　　为发射和入轨段提供电源的另一个有效手段就是采用初始蓄电池。在可供选择的蓄电池中,锂氟化碳(LiCFx)电池具有较高的比能量,并且飞行时间很长。可用的 LiCFx 电池单体安·时数仅有若干个。2 组主蓄电池组,每组由 24 个容量共 40 A·h 的 LiCFx 单体电池组成,才与 EOS－AM 满充电蓄电池的容量相当,同时可和 120 V 母线匹配。这种电池的质量(包括所有蓄电池硬件)已在 IEMS 设计中做了估计,以和现有 EPS 对比。

25.8.2　用 IEMS 代替蓄电池组和反作用轮

　　以上述设计参数和假设条件为基础,Patel[15] 以 EOS－AM 卫星为例对 IEMS 电源系统各部件的质量和体积进行了估计,并与现存的和未来的蓄电池做了比较,结果汇总如表 25－5 所示。

表 25－5　EOS－AM 卫星用 IEMS 与蓄电池组质量(kg)的对比

器件	氢镍蓄电池电源	未来蓄电池电源	IEMS 电源
太阳电池阵	180	180	167
太阳电池阵驱动器	6.7	6.7	6.7
电源蓄电池组件	140	76	
六角框蓄电池组件	144	77.5	
蓄电池功率调节器	21.5	21.5	
顺序分流单元	44.6	44.6	41.5
功率调节单元	46.5	46.5	46.5
开关和熔断器件	6.5	6.5	6.5
反作用轮	57.5	51.7	功能含在飞轮里
轮辋			16.8
辐条			3.6
电动机－发电机			3.8
电能和动量管理器			37.3
磁悬浮轴承			11.5
磁悬浮轴承电子器件			5.7

续表

器件	氢镍蓄电池电源	未来蓄电池电源	IEMS 电源
磁悬浮轴承敏感器			4.5
降落轴承			5.7
电源附加器件			4.5
轴（钢质）			7.6
轴套			11.2
发射段蓄电池（初始）			9.6
总质量	647.3	511	390
总体积	780 L	550 L	315 L
太阳电池阵面积	44.8 m²	44.8 m²	41.6 m²

注：为了方便比较，表中给出总体积和太阳电池阵面积。

　　各种新型二次电池技术正处在发展之中。喷气推进实验室最近评估了约 45 种主要和次要的提高电池比能量技术的进展状况。该研究把锂离子电池作为未来空间最有前途的技术。NASA/JPL 的电池研发项目计划在 5～7 年内实现下列目标：

　　1）将单体电池比能量从现在的 50 W·h/kg 提高到 100 W·h/kg；

　　2）将现在 LEO 卫星的允许放电深度从 30% 提高到 50%。

　　为了达到这个目标，NASA 并行实施了若干电池研发计划。很难预计具体哪一种将会接近设定目标。即便未来 5～7 年在实验室里实现了目标，只有完成耗时的寿命试验后并将实际飞行数据累积到一定程度，电源设计师们才可应用这种技术。按照经验，还得再等 5 年才能进入实际应用。

　　如果无法确定未来 5～7 年里哪一种技术会满足飞行要求，人们一般假定 5～7 年后进入设计阶段的单体电池的比能量为 75 W·h/kg，在 LEO 轨道上放电深度为 40%，任务期 10 年。这样调整后，未来蓄电池的质量和体积几乎可以缩小到现在的一半。由于 IEMS 将一定会使用这些改进的蓄电池，因此，目前的研究中涵盖了对采用未来电池技术的 EOS—AM 电源的估计。对现有反作用轮来说，其技术已基本成熟，改进的余地不会太大，所以假定其质量和体积在未来 5 年减少 10%。

25.8.3　目标设计举例总结

表 25－5 的下面部分说明了在 LEO 轨道上，1 颗负载 2 500 W 的卫星采用 IEMS 所带来的好处。从表中可见，与现有的电池技术相比，采用 IEMS 可以节省 40％的质量、60％的体积和 7％的太阳电池阵面积；与未来电池技术相比，采用 IEMS 可以节省 24％的质量、43％的体积和 7％的太阳电池阵面积。虽然表中没有说明采用 IEMS 所带来的成本收益，但潜在的硬件和发射成本的减少使每颗卫星可节约数百万美元。

25.9　电机的选择

下面将考察各种电机在飞轮能量动量存储系统的适用情况。

25.9.1　同步电机

同步电机又进一步分为：1）励磁电机（无刷），2）永磁电机（无刷），3）磁阻电机（无需励磁）。在这 3 种电机之中，磁阻电机虽然最简单最便宜，但因它只能以电动机的方式工作，因而不适合飞轮系统。飞轮系统需要双向转换能量（电动机模式和发电机模式）。励磁电机因在任何结构中都有滑环和电刷也不适用。同步永磁电机在各个方面都得到了广泛应用。Chen 等人[16]报道了一种小型 100 W、双极、15 kHz、辐射冷却、无刷的永磁同步电机设计，与磁悬浮轴承配套，飞轮转速 200 000/min。由于具有较高的磁力强度，钕－铁－硼永磁体在这种电机设计中经常采用。它抗压，但不抗拉，因此设计时也尽量减小拉应力。

若以 f 表示频率，以 P 表示磁极数，则电机转速为

$$转速 = \frac{120f}{P} \qquad (25-15)$$

在释放能量模式下，输出电压和频率大小直接和飞轮转速成正比。

在充能模式下，提高频率和电压就能提高转子转速，这样可保持 V/f 为常数，这对避免磁芯饱和是必需的，这就是开环速度控制方式。

按照电力学原理，如果负载角超过同步和瞬时电抗决定的最大允许值，永磁（PM）同步电机将变得不稳定。这在加速和减速过程中负载摆动或频率突变时可能发生。用作备份或提升容量的 2 台并行工作电机，负载摆动或负载分布不均时也可能变得不稳定。由于这些操作复杂性，永磁同步电机可能不适合负载变化范围大的情况。

为了提高空间应用的可靠性，并行工作的电机常常多于 2 台，这时仅仅保持开环控制回路中的 V/f 恒定是不够的，还需要所有运行电机同步。因此，所有电机的转速必须保持精确不变，否则就会不同步。并行工作电机之间的同步是通过闭环电路控制的，敏感器测量轴位，将测量数据反馈到控制器，控制器处理数据后再发出指令控制频率，进而控制速度。通过激励绕组，使绕组的磁轴与永磁体极轴重合便可实现这种控制，基本上使电机达到同步。

功率变换器将交流可变电压、可变频率转换成直流电，反之亦然。为了使 PWM 变换器产生的谐振最小化，一般在变换器和直流母线之间加装 L－C 滤波器。3 相电机绕组按星型连接，不接地，这样便自动消除了所有 3 相之间的谐振。

在充能过程中，直流母线和飞轮之间的能量传递可以通过能量递减、恒定功率或恒定电流等方式完成。前两种模式的起始电流较大，因此要求电机具有短时高额定值工作能力。第 3 种模式又可分为大电流、中电流和小电流模式，这样可能会有较高的质量效率。

电学上，同步电机可以用电动势源串连 1 个电阻和 1 个电抗表示，如图 25－16（a）所示。内部感生电动势和端电压的关系分别按发电机模式和电动机模式如图 25－16（b）和（c）所示。从图表中得出传递功率[17]为

$$P = P_{\max} \sin\delta \qquad (25-16)$$

式中　$P_{\max} = E_{\mathrm{f}} V_{\mathrm{t}} / X$；

　　　E_{f}——内场激励电势（emf）；

V_t——端电压；

X——同步阻抗；

δ——功率角。

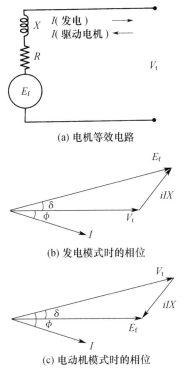

(a) 电机等效电路

(b) 发电模式时的相位

(c) 电动机模式时的相位

图 25-16　同步电机等效电路和相位图

　　物理上，δ 表示电机定子相位线圈磁轴和转子磁场之间的夹角。功率传递取决于端电压、内部感生电动势和同步阻抗的倒数。通常为电机选择低同步阻抗（为安培电阻和漏磁阻抗之和）可以提高传递效率。无铁电机的电抗较小。

25.9.2　感应电机

　　感应电机都是无刷直流电机。在地面应用中，由于它结构简单、造价低和坚固耐用而被广泛用做电动机。理论上在进相运行时，它可作为发电机使用。但在运行条件变化时，它的电力稳定问题变得很棘手，而且，它的比能量很低。通过改变频率或改变电压都可以改变其转速，但后者的调速效率很低，因为转子的滑动频率较高时会产生损失。总之，这种电机在空间应用中不适合与飞轮组合。

25.9.3　直流电机

直流电机有 2 种形式：励磁电机和永磁电机（有刷或无刷）。通过改变施加电压就可调节其速度。当反向电动势和电枢的欧姆压降 IR 之和等于施加的端电压时，转速度就可表示为

$$\text{speed} = \frac{V_t - I_a R_a}{K_e} \qquad (25-17)$$

式中　V_t——施加的端电压；

I_a——电枢电流；

R_a——电枢电阻；

K_e——电机电磁常数。

直流电机在负载摆动或电压波动时具有内在稳定性。如果转子为永磁体，它便是无刷型电机，而且转子没有任何 I^2R 损耗（只存在寄生磁通量脉冲产生的涡流和磁滞损耗）。

因此，永磁直流电机和永磁同步电机成了空间飞轮技术采用的唯一两个候选者。两种电机十分相似，它们有着相同的比能量，在效率或者冷却要求上都没有太大的差别。如果不从控制方法加以区分的话，很难将两者区分开来。同步电机的转速只能通过频率控制，而直流电机的转速却是通过电压控制的。因此，两种电机的最大不同之处在于其控制转速的方法，控制方法不同，其电源电路的设计就不一样。

作为当今动量轮和反作用轮的传承电机，永磁直流电机也许是非重复成本中的最低者。另外，它还具有所需的空间用性能特征。

由于直流电机的转速由电压控制，其转速－力矩－电流之间呈线性关系，因此，与同步电机相比，它的功率器件和控制器件较为简单，质量也轻。出于这方面的考虑，永磁无刷直流电机成为与飞轮进

行机电能量转换的最佳候选者。因此，把永磁直流电机用于空间飞轮
技术的呼声很高。进一步选择永磁直流电机时，就要考虑所谓的轴向
气隙还是径向气隙。结合飞轮的几何外形，传统的径向气隙电机的自
然适配性较好，并且可以依据不同的功率水平按比例放大和缩小。

25.10 电动机－发电机设计问题

25.10.1 电机机构问题

对设计有利的永磁直流电机结构应当是采用无铁电枢、双绞线、
碳/石墨复合绕轴的电机，它无铁损，能把趋肤效应和邻近效应降到
最低，可以改善线圈的热传导率。吸取当代工业为飞机、潜艇和超导
发电机设计高频率电机的经验，利用双绞线、无铁电枢和石墨绕轴的
结构是最基本的途径。但是，完全开发出高速、高效和全传导冷却的
发电机－电动机模式的电机所面临的挑战依然存在。如果采用无铁
气隙电枢和双绞线结构，据估计，空间用 1 kW、20 kHz 的电机的质
量约 1.5 kg；5 kW 两极 PM 电机在转速 3 600 r/min 时质量约
4～6 kg/kW，在 12 000 r/min 时约 2～3 kg/kW，100 000 r/min 时
约 0.4～0.6 kg/kW。电机质量按下式计算

$$\text{mass} = \left(\frac{\text{kW}}{\text{speed}} \right)^{a} \qquad (25-18)$$

指数 a 在 1～5 kW 时取值 0.5，100～1 000 kW 取 0.7。

25.10.2 恒定扭矩与恒定能量设计

在电动机－发电机（M－G）的模式设计中，一种途径是传递恒
定扭矩，另一种途径是传递恒定能量。表 25－6 所示的是恒定能量设
计模式，它的额定值是恒定力矩模式的 3 倍。此外，在应用恒定力矩
模式时，以最小转速传递给飞轮的能量只有 1/3，其余 2/3 必须传给
分流器。虽然恒定扭矩模式能优化电机性能，但却使整个卫星电源系
统的总体性能降低。恒定能量 M－G 设计减少的太阳电池阵质量是

M-G 增加的质量的数倍。在其他任务中,恒定能量设计也呈现出相似的优点,因此,在空间太阳电池阵－飞轮组合电源系统中,它更受青睐。

表 25-6　电动－发电机在 1/3 满转速时的性能

性能参数	恒定转矩设计	恒定能量设计
电压/%	33	33
电流/%	100	300
功率/%	33	100
电枢损失	100	900
涡流损失/%	10	10
M-G 等级/%	100	300

M-G 恒定能量设计的关键问题是,定子绕组处于最小转速时电枢的 I^2R 损耗很高（是恒定扭矩的 9 倍）。由于空间电机只能通过热传导散热,因而去除如此大的能量成为一个重要的设计问题,这是地面同行不会遇到的。空间电机也许要求用散热管冷却,但是,把散热管置于极高频磁场（100 000 r/min）中本身就又增加了新的设计问题。出于这个原因,地面上的 M-G 模式一般都不适合空间用。根本的原因是,空间中除了为飞轮充能以外的能量都要耗费掉,这一点与地面的汽车或 UPS 电源不一样。两种应用领域在系统级的运行差异导致 M-G 的设计有很大的不同。

25.11　磁悬浮轴承设计问题

高速飞轮中,传统的滚柱轴承具有较大的传递振动和阻力扭矩,导致自身能耗较大。磁悬浮轴承无需接触就能将转轴悬浮起来,大大减少了阻力扭矩和振动。这种轴承在俄罗斯的和平号（MIR）空间站上已经运转多年。但是,磁悬浮轴承的设计难点在于敏感器和复杂的控制系统方面。

主动控制轴承需要复杂的控制系统。控制电流与气隙面积的平方成正比。而被动控制磁悬浮轴承具有较高的效率和可靠性,但通常来说，它的系统刚性和阻尼都较低。典型的 60 000 r/min 被动轴承径向刚度约为 1 800 lb/in，模态阻尼为 5%。Earnshaw 的理论说明，在所有遵循拉普拉斯方程的倒数平方系统中，例如在磁场中，不存在仅仅使用永磁体的静磁场力就能形成 3 维完全稳定的被动磁悬浮轴承。但是，这个理论对于主动反馈控制系统、时变场、铁流体和超导体不成立。在磁悬浮轴承上，主动反馈控制系统用得最多。转速以及飞轮的比能量随着极惯量与横向转动惯量的比值（I_p/I_t）的增加而增加。这个比值也会使动量产生很大改变以便于对姿态进行有效控制。对于稳定的主动控制磁悬浮轴承设计来讲，I_p/I_t 比值最好是小于 0.8 或者大于 1.2，尽管在 60 000 r/min 的设计中用到过比值为 1.0 的系统[7]。

　　设计磁悬浮轴承的概念可能会有多种，只有在每种概念的设计成熟、资料充分，并对性能、成本、技术和进度风险都优化权衡之后，才能比较它们的优劣。不管哪种设计，都必须具备以下性能品质：

　　1）涡电流和磁滞损失小；

　　2）在 5 个自由度上有足够的恢复力；

　　3）弹性系数（包括平移和旋转）应确保机械稳定性，避免出现共振；

　　4）电子控制回路稳定；

　　5）足够的动态阻尼能够缓冲干扰。

　　下面对现行的一些设计概念进行比较分析。

25.11.1　低速轴承

　　德国的 Teldix 公司以及其他公司在其生产的动量轮中使用磁悬浮轴承已有数年，飞轮转速在 3 000～6 000 r/min 之间。在这种设计中，磁通量穿过定子极靴，经磁反馈环到达转子。极靴和磁反馈回路之间的磁阻力锁提供垂直方向的约束。控制线圈是分段的，高速转动时将承受额外的磁阻力，因而不适宜飞轮储能。

25.11.2　高速轴承

在单极和其他设计概念中，其中之一就是用 PM 进行被动约束，用线圈进行主动控制的模式，如图 25-4 所示。然而由于线圈是分段的，因而转轴中有可能产生磁脉冲通量，进而出现磁阻。在超过 60 000 r/min 时，转速会受到阻力损失的限制。人们可以使用薄迭片结构来减少磁阻，但那样又会产生噪声和振动。速度接近 100 000 r/min 时，这个问题需要得到圆满的解决。

目前市场上有其他几种结构形态的磁悬浮轴承，也许适用于高速运转。不管选用哪种构形，磁悬浮轴承的机电设计细节阶段都需要完成以下任务：

1）磁悬浮轴承必须限制在 5 个自由度以内（除非需要自由转动）。使用压力法和/或能量法从有限元电磁通量图中计算出 5 个自由度上（3 个平移自由度和 2 个旋转自由度）的恢复力和弹性常数。在自由空间，单位面积上的磁压和单位体积存储的磁能为 $B^2/2\mu_0$。单位位移上的能量变化就是压力，单位位移上的压力就是弹性常数。这样就得到了线性位移时的平移弹性常数和转动位移时的扭转弹性常数。正弹性常数自然可以使系统在该方向保持稳定，而负弹性常数需要配备反馈控制线路稳定系统。

2）上述弹簧常数，连同动态阻尼、质量惯性和角量惯性常数，可用来为转子-轴承系统建立完整的机电模型。

3）计算共振频率（惯性运行时的弹性常数的平方根），且与系统励磁频率保持距离。

4）然后，建立反馈控制系统模型，用模型研究动态机电响应和稳定性。按需要调整增益和阻尼，微调设计性能。

5）利用有限元通量图计算额定转速下的磁阻。高速条件下存在的显著寄生损耗仍然会推翻所有的分析。因此，在这一设计阶段要使用工程判断法估计出磁损耗量，然后周密安排测试，区别涡流损耗（随速度平方变化）和磁滞损耗（随转速变化），以备后面的设计阶段使用。

25.12　飞轮系统控制器

旋转飞轮有 6 个自由度：2 个轴位置上的 x 坐标和 y 坐标共 4 个坐标确定轴的直线位移，z 方向上任一端 1 个坐标，1 个角坐标。对角坐标不加限制，剩下 5 个坐标必须由机械轴承或磁悬浮轴承加以限制。磁悬浮轴承依靠磁场引力和/或斥力工作，磁力可用带反馈控制系统的主动电磁铁或者被动永磁铁产生。典型的径向隙距为 0.25～0.50 mm，要求保持在 0.025 mm 之内。用敏感器在 5 个自由度上测量轴的位置，将放大误差信号并反馈给系统，用以改变电磁线圈电流，从而矫正系统响应。如图 25－6 所示。

涡流传感器一般用于磁悬浮轴承上，其应用的理论基础是法拉第电磁感应定律。任何线圈中的感应电压都与通过该线圈的磁通量的变化率成正比。在任一方向上轴位置的变化都会导致通过该方向气隙的磁通量按一定比例变化，涡流传感器检测这种变化并将其转换成感应电压信号。因此，传感器的灵敏度是以轴位置变化 1 μm 所感应的电压来衡量的。要提高灵敏度，就意味着要提高敏感器的工作频率。这样，涡流敏感器就需要 3 个主要组成部分：产生信号的射频振荡器；通过探头尖端辐射信号的敏感器；把反馈信号转化为可用格式的解调电路。把导电材料置于敏感器顶端附近可以在内部生成涡流，根据楞次（Lenz）定律，这种涡流将抵抗敏感器顶端的磁通量。因此，通过测量返回信号中磁感应强度的损耗，将其解调就可转换成电压信号。这种电压信号与敏感器顶端与固定于轴上的导体表面之间的间隙大小成比例。灵敏度在 10～15 mV/μm 之间的敏感器已经面市。面临的主要设计问题是控制系统和因敏感器距离太近而引发的电磁串扰。

图 25－17 所示的是简化的控制系统示意图。轴承控制程序产生轴承悬浮指令，经 PWM 放大器转换为驱动电流，然后传递到控制系统，由控制系统改变轴的位置。涡流敏感信号通过信号调制系统处

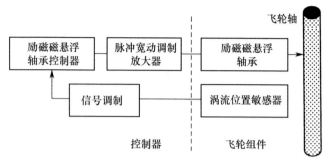

图 25—17 主动控制磁悬浮轴承的简化控制系统

理后馈入轴承控制器。模式控制器控制变换器脉冲的切换，如，充能、放能或闲置模式等。Truong，Wolff 和 Dravid[18] 等已经开发出飞轮模拟技术，系统包括 3 相永磁同步电动机—发电机和 3 相双向半桥式变换器（见图 25—18）。下面讨论的系统运行是从最小放电深度开始的。控制器把系统设定在充能状态，一开始，电动机以最大限度接受电流，随着电动机转速的增加，反电动势相应增加，电动机中电流下降；当转速达到最大值时，系统进入闲置状态，传递功率为零；直到飞轮接受指令进入放能模式之前，飞轮的转速保持不变。同步电机中的发电机模式，或者以最大约束条件设定，或者按恒定功率标准

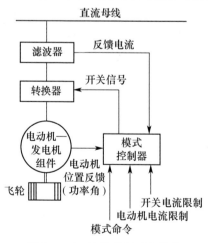

图 25—18 飞轮控制系统结构

为母线提供恒定电流。后一种方法也许更好。

　　NASA 的 Glenn 中心已经在飞轮的测试装置方面做了很多重要工作,含有速度和位置反馈控制的测试装置的演示操作也取得了成功[19]。演示中,用场定位算法将一台 4 极永磁同步电机控制在磁悬浮轴承上。

25.13　NASA 的飞轮计划

　　自从空间计划开始以来,飞轮动量存储器就已经运用于空间导航和姿态控制系统中。早在 20 世纪 90 年代初,Draper 实验室就将飞轮储能器与姿态控制系统相结合,建造了转速 30 000 r/min 的原型机并进行了试验(见图 25－19)。现在 NASA 的 Glenn 中心正在积极致力于这项研究,以便借此取代空间电源系统中的化学蓄电池。在目前的 NASA 设计中,飞轮转速最高为 60 000 r/min,最低 20 000 r/min,DOD 达到 90%。飞轮惯量由储能要求决定,最大转速由安全性和可靠性决定。摩擦和风阻损失可以忽略不计。电压和频率大小与飞轮转速成正比。相电流和相位角决定飞轮和母线之间能量传递的大小和方向。PWM 功率变换器控制实时电压和功率。转子功率角影响开关切换动作。电容滤波器加在变换器母线一边。采用串联感应滤波器降低相位线圈中的谐波电流。

　　NASA 和 AFRL 在 Honeywell 和 Lockheed Martin 公司的项目计划[13]的目标是:

　　1)比能量大于 200 W·h/kg;

　　2)循环寿命大于 75 000(原文如此);

　　3)循环效率大于 90%;

　　4)系统成本降低大于 25%。

　　NASA 的 Glenn 中心已经为 ISS 开发了飞轮蓄能系统(FESS)[20]。目前的 ISS 电源系统由太阳能电池阵和氢镍蓄电池组成。蓄电池的预期寿命为 5 年,但 ISS 的设计寿命却是 15 年。NASA 计划在 2006 年用已经飞行验证的 FESS 来替换 1 组蓄电池及充电、放电变

图 25-19　测试中的能量存储和姿态控制飞轮系统

换器。到那时，将用飞轮取代蓄电池，而不必对 ISS 进行改良。FESS 的预期寿命是 15 年（92 000 充能、放能循环，1 100 个启动、停止循环），这样，在 ISS 的任务期内，就无须再对电源系统进行任何替换。据 NASA 估计，以后因免于替换而节约的成本约为 1.5 亿美元。

　　ISS 的飞轮装置的设计特点如下[11, 20]（见图 25-20）：

　　1）转速 53 000～41 500 r/min，外沿线速度 916 m/s，DOD 39%（氢镍蓄电池 35%），转子与辐条界面之间的剪应力可以忽略不计；

　　2）任务期内 30 个这种循环的应急 DOD 89%；

　　3）比能量 27 W·h/kg，而氢镍蓄电池的比能量仅 10 W·h/kg；

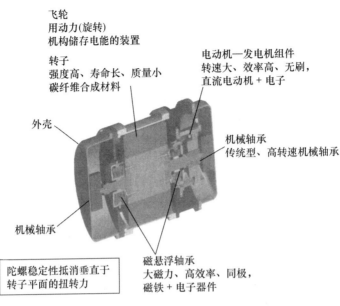

飞轮
用动力(旋转)
机构储存电能的装置

转子
强度高、寿命长、质量小
碳纤维合成材料

电动机—发电机组件
转速大、效率高、无刷，
直流电动机＋电子

外壳

机械轴承
传统型、高转速机械轴承

机械轴承

磁悬浮轴承
大磁力、高效率、同极，
磁铁＋电子器件

陀螺稳定性抵消垂直于
转子平面的扭转力

图 25－20　NASA 飞轮模型剖面图

4）径向和轴向磁悬浮轴承所处的真空压力为 10^{-6} torr，机械降落轴承；

5）2 个反向转子由碳纤维合成物组成，钛轴；

6）阴影期功率 4.1 kW，峰值功率 5.5 kW（与氢镍蓄电池比较）；

7）储能 5.5 kW·h，氢镍电池 4.6 kW·h；

8）循环效率 83％，氢镍电池 65％；

9）预期使用寿命 15 年，蓄电池 5 年；

10）飞轮直径 33 cm，长 48 cm，容量 5 kW·h，开始处于压缩状态（接近零应力运行）；

11）3 kW，4 极，3 相，永磁同步电机；

12）电源遥控器电压低于 6 V，确保机组人员安全；

13）每个 FESS 组件 0.9 m（宽）×0.85 m（长）×0.625 m（高），质量 205 kg；

14）每个飞轮组件都有标记便于查明故障；

15）载人飞行关键部件断裂设计寿命试验达到 60 年（4 个任务期寿命）；

16）极惯量与横向惯性矩的比率（$I_\mathrm{p}/I_\mathrm{t}$）为 0.43；

17）运行温度 22～82 ℃，主动冷却；

18）永久磁铁与同极磁悬浮轴承；

19）3 相交流永磁电动机—发电机；

20）飞轮支架，避免轨道碎片碰撞（不需密封，对于转子而言空间本身即为真空）；

21）发射段飞轮不旋转；

22）试验转速达到 60 000 r/min 时，试验台上采用含水安全封闭措施。

技术成熟的并经空间飞行验证的硬件中，飞轮系统的比能量约是氢镍电池的 5 倍。

参 考 文 献

〔1〕　NASA. Aerospace flywheel development program document. Web site http：//space－power. grc. nasa. gov/ppo/project/flywheel/May 15，2001.

〔2〕　HARRIS C. Flywheels for spacecraft energy storage and attitude control. in Flywheel Energy Storage Workshop，Oak Ridge，TN，National Technical Information Service，Washington，D. C. ，November 1995，Conference Records 9510242.

〔3〕　WEHMER. J. Spacecraft flywheel system requirements. in Flywheel Energy Storage Workshop，Oak Ridge，TN，National Technical Information Service，Washington，D. C. ，November 1995. Conference Records 9510242.

〔4〕　UHERKA K. Experimental test facility for flywheel energy storage utilizing superconducting magnetic bearings at the Argonne National laboratory. in Flywheel Energy Storage Workshop，Oak Ridge，TN，National Technical Information Service，Washington，D. C. ，November 1995，

Conference Records 9510242.

[5] MAASS D. Development in polar woven/RTM composite flywheel rotors. in Flywheel Energy Storage Workship, Oak Ridge National laboratory, TN, National Technical Information Service, Wahsington, D. C. , November 1995, Conference Records 9510242.

[6] SIEBERT M, et al. A passive magnetic bearing flywheel:proceedings of the 36th Intersociety Energy Conversion Engineering Conference, ASME, Paper No. 100－x, 2001.

[7] PALAZZOLO A R, BEACH R, et al. Magnetic Suspension for flywheel batteries:proceedings of the 36th Intersociety Energy Conversion Engineering Conference, ASME, Vol. 1, 2001:97－103.

[8] DEVER T P, PALAZZOLO A B, THOMAS E M, JANSEN R H. Evaluation and Implementation of Eddy Current Position Sensors in Magnetically Suspended Flywheel Systems:proceedings of the 36th Intersociety Energr, ASME, Vol. I, 2001:689－694.

[9] HARRIS C. Flywheels for spacecraft energy storage and attitude control. in Flywheel Energy Storage Workshop, Oak Ridge, TN, National Technical Information Service, Washington, D. C. , November 1999.

[10] Aerospace Flywheel Workshop Records. U. S. Air Force Research Laboratory and NASA Glenn Research Center, Cleveland, OH, October 1999.

[11] THOMSON R. Flywheel energy storage system:proceedings of the 35th Intersociety Energy Conversion Engineering Conference, AIAA, Paper No. 100－x, 2002.

[12] PATEL M R. Flywheel energy storage for spacecraft power system:proceedings of the 34th Intersociety Energy Conversion Engineering Conference, SAE, Paper Number 183, 1999.

[13] MCLALLIN K L, FAUSZ J, JANSOEN R H, BAUER R D. Aerospace flywheel development for IPACS applications:proceedings of the 36th Intersociety Energy Conversion Engineering Conference, ASME, vol. I 2001: 105－110.

[14] PATEL M R. Energy－momentum wheel for satellite power and attitude

control systems: proceedings of the 35th Intersociety Energy Conversion Engineering Conference, AIAA, Paper No. 200—x, 2000.

[15]　PATEL M R. Integrated energy—momentum wheels for spacecraft: proceedings of the 35th Intersociety Energy Conversion Engineering Conference, AIAA, Paper No. 200—x, 2002.

[16]　CHEN H, WALTER T, LEE N. Recent development of magnetic bearings for flywheel energy storage: proceedings of the 1st International Energy Conversion Engineering Conference, AIAA, Paper No. 6105, 2003.

[17]　SAY M G. Alternating Current Machines. New York: John Wiley & Sons, 1983.

[18]　TRUONG L V, WOIFF F J, DRAVIED N V. Simulation of flywheel energy storage system controls: proceedings of the 36th Intersociety Energy Conversion Engineering Conference, ASME, Paper No. 33—38, 2001.

[19]　KENNY B H, et al. Advanced motor control test facility for NASA GRC flywheel energy storage systems technology developments unit: proceedings of the 36th Intersociety Energy Conversion Engineering Conference, ASME, vol. 1, 2001:91—96.

[20]　GRANTLER J H, WIEGMANN B M, WAGNER R. Flywheel energy storage system for the International Space Station: proceedings of the 36th Intersociety Energy Conversion Engineering Conference, ASME, Vol. I, 2001:263—267.

第 26 章 空间超导

26.1 简 介

本章介绍的技术在地面上已经相当成熟,自然会在空间低温环境下有更好的表现。在空间中,导体普遍工作在液氮的温度下,人们期待新发现的高温超导体尽快进入空间应用。例如,它拥有储存数兆瓦能量的潜力,可以作为空间防御航天器的爆发电源系统。虽然仍存在一定的困难,但是,这些新材料在太空和地面应用中都有巨大的潜力,至少是对现有液氮超导技术的一种扩充。在航天器平台中,在选定的地方使用制冷剂来冷却新型超导体将是十分明智的。

磁场中的能量密度远高于电场中的能量密度。1 个标准大气压下的空气能够承受平均场强为 3.1 kV/mm 的电场。大多数液体在场强达到 10 kV/mm 时会分解。工作电压在 3.5 kV/mm 时,液体填充式电容器在两个极板间存储的能量密度为:$U = \varepsilon E^2/2 = (2 \times 8.88 \times 10^{-12}) \times (3.5 \times 10^6)/2 = 108 \text{ J/m}^3$,而在磁场中的能量密度为 $U = BH/2 = B^2/2\mu$。1 个空气冷却、电流强度为 1.5 A/mm 的铜线圈能够产生 2 T 的磁场,储存在线圈空心中的能量为 $U = 2^2/2 (4\pi \times 10^{-7}) = 1.6 \text{ MJ/m}^3$,这个能量密度要比电场中的高出 4 个数量级。超导线圈能够通过更大的电流,产生的能量密度与磁场密度的平方成正比。现在市面上的超导磁体,磁场强度在 5~15 T,适用空间为 0.01~1 L。磁场强度为 10 T 时,能量密度为 40 MJ/m³;磁场强度为 15 T 时,能量密度为 90 MJ/m³。

26.2 磁场储能

空气中或自由空间中储存在线圈磁场的能量为

$$U = B^2/2\mu$$

单位是 J/m³，或者表示为

$$U = I^2L/2 \qquad\qquad (26-1)$$

式中　U 的单位为 J；

　　　　B——线圈产生的磁场强度（T）；

　　　　μ——自由空间中磁导率（$4\pi \times 10^{-7}$ H/m）；

　　　　I——线圈中的电流（A）；

　　　　L——线圈电感（H）。

　　线圈电流 I 和电压 V 的关系为

$$V = RL + L\frac{\mathrm{d}I}{\mathrm{d}t} \qquad\qquad (26-2)$$

式中　R，L——分别是线圈的电阻和电感。

　　稳态时，能量存储在恒定直流电流中，式（26-2）右边的第 2 项为 0。需要的电压为 $V=RI$。线圈电阻取决于温度，图 26-1 所示的是一些导体的电阻与温度变化的关系。某些导体，当温度下降到一个非常低的值时，例如低于某个临界温度 T_{cr} 时，电阻将突然降为 0，这时线圈中的电压为 0，线圈中的电流将自由流通。该电路的时间常数 L/R 为无穷大，这意味着电流将会持续在线圈中流动。这时就认为线圈的电阻为 0，线圈达到了超导状态。能量在线圈中被冻结，并会一直储存下去。

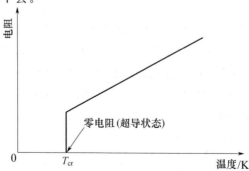

图 26-1　接近绝对零度时导体电阻与温度的关系

超导体需要一个很低的温度以达到临界超导状态。早期的超导体需要放在液氦中以便工作温度约为 4 K（几乎是绝对温度）；新近发现的高温超导体是新技术的突破，能够在 80 K 的液氮温度甚至超过 100 K 的情况下运行。新材料把临界温度提高到了 100 K，这允许人们使用液氮作为冷却剂。好处如下：

1）液氮要比液氦便宜许多；

2）热容量更大，这意味着用材更少；

3）能用便携式容器运输；

4）工作温度范围非常适合半导体器件，因而对半导体器件与超导体器件的混合电路很有吸引力。

虽然超导现象早在几十年前就发现了，但在 20 世纪 70 年代初才引起工业应用的兴趣。在美国，这方面的先驱是美国通用电气公司，西屋公司研究中心和美国威斯康星大学。到了 80 年代，美国能源部出资建造 1 座 8 kW·h 的超导储能系统，并与当地电网相连，电站由俄勒冈州波特兰市 Bonneville 电力公司管理。该系统演示了超过 1 百万个充、放电循环，满足了其电、磁和结构方面的性能要求。高达 5 000 MW·h 的大型公用超导储能系统已完成了概念设计。

在地面上，超导线圈适合长期储能，无需机电转换，因此具有较高的效率。美国超导公司生产的 4～6 MJ 的小体积超导线圈已经面市，威斯康星电力公司拥有 1 个巨大的超导环来稳定电网。高温超导体的出现有望加快这方面的研究和进展。

在公共电网中，可以在夜间存储电能，在用电高峰期释放能量，这样就可以消除用电限制，减少发电能力。磁悬轴承和磁悬浮列车已由实验室的原型机转变为商业应用。在医学上，使用超导仪器诊断人体软组织的误诊率更低，价格更便宜。

诸如通用电气、西屋电气、西门子和美国超导体公司等企业已经可以生产出高效率的发电机和电动机。超导发电机摒弃了所有磁钢，比功率提高了 4～5 倍（不包括低温损耗）。日本的东芝公司、GEC－Alsthom 公司、法国的电气公司等，目前都在致力于这方面的研究[1-2]。

　　改进后的超导体可用于计算机，取代连接晶体管和芯片的导线。这不但可以提高运算速度，而且同时减少了计算机的热功耗。半导体器件之间的超导互连线可使装置变小，从而提高电路运行速度。芯片上器件之间的互连片所需的临界电流密度约为 1 MA/cm²，印刷板电路上芯片之间的互连片所需的临界电流密度约为 100 000 A/cm²。

　　在空间领域，超导开关对某些特定的辐射非常敏感，这一点可以通过探测卫星的微弱红外辐射用来定位敌方卫星。在天基导弹防御武器系统中，需要高能瞬时脉冲驱动反导激光武器、粒子束和电磁大炮等，这时超导线圈作为能源储存系统就是最有潜力的选择。超导线圈切换到放电模式仅需 30 ms，而传统的发电机需要 15 min 的准备时间。国防部已经资助一些公用公司开发大型超导储能环。在正常使用情况下，超导环储存用电低峰时的剩余能量，供用电高峰时使用；但在遭受导弹攻击的紧急情况下，五角大楼能够立即把存储能量转用于国防需要。

　　空军应用方面，超导转换器技术也在研发之中，采用直流－直流变换器还是交流－直流转换器技术，取决于能源的类型。这种技术的转换效率高达 99%，伴随的比功率也很高，典型的大功率防御武器中的直流－直流变换器的比功率约为 1 kW/kg，交直流变换器的约为 5 kW/kg。这样的功率密度是传统变换器的 2 倍。

　　当然，超导储能有朝一日可能取代蓄电池，但那是以后的事了。

26.3　临界 I，B 和 T

　　温度、电流密度和磁场强度 3 个参数共同决定超导体何时精确达到零电阻。决定超导临界值的其中 2 个参数变化时，会导致另 1 个参数变化。例如，随着温度和磁场强度的增加，临界电流密度会下降。因此，超导电性在 3 维临界面之下出现，之上则会消失。3 维临界面对每一个超导体来说都是唯一的。在早期的超导体中，钛化铌（Nb-

Ti) 和锡化铌（NbSn）得到广泛使用。这 2 种材料的临界温度都在 9 K 左右，为了保留一定的裕度，需要用液氦冷却到 4 K。在 4 K 温度下，利用 NbTi 可得到的最大磁通密度为 9 T，NbSn 为 16 T。在磁通密度为 10 T 时，临界电流密度为 1 000 A/mm^2，这比传统的铜线圈磁通密度（5 A/mm^2）要高出好几个数量级。和 NbTi 相比，NbSn 的机械特性更弱、更脆，这增加了制造难度。

　　1986 年发现的高温超导体已经使 3 种超导材料面市，它们都由铋或钇铜化合物组成。图 26-2 说明了不同超导体对电流密度和磁场强度的要求。例如对钇钡铜氧化物，薄膜材料和用 AT&T 公司的熔融增长过程生产的疏松材料的临界温度都超过了 80 K——氮的液

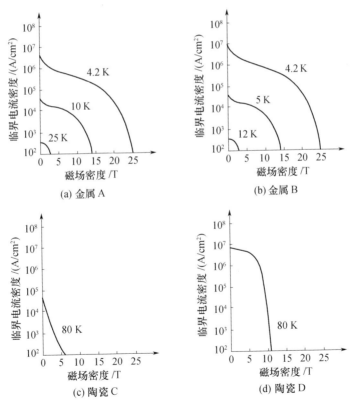

图 26-2　不同超导体的临界电流密度与磁场强度和温度的关系

化温度。早期超导体 NbTi 和 NbSn 的临界温度要低一些，这使得工作温度要达到 4 K——氦的液化温度。当金属（A 和 B）与陶瓷（C 和 D）分别在工作温度 4 K 和 80 K 时比较电流密度和磁场强度的关系，熔融结构的疏松陶瓷制品（C）的性能要稍差一些，但如果进行正常处理的话，就不会显现在图上。

　　超导线圈由一系列的铜或铝的细丝缠绕而成。在非超导状态，铜或铝的电阻要比新材料的低。因此，如果出现超导体偶尔过流，电流将不经陶瓷材料而转向金属材料，这就减少了电阻发热。美国能源部和国防部资助的这种发展计划的目的，就是开发一种导线截面过流能力达到 1 000 A/mm² 的导线，包括铜基和绝缘层在内。这个指标是传统线圈在标准压强下的 70～100 倍。在制造过程中，要把贵金属（如银）涂覆在易碎高温超导瓷材料表面，制成柔性导线。这种技术不仅适合于铋锶化合物粉基导线，而且也适用于下一代用钇钡铜氧化物制成的导线。现在，美国、欧洲、日本的许多公司正在致力后一种技术的研究。不同超导体对电流密度和磁场强度的要求如图 26－3 所示。

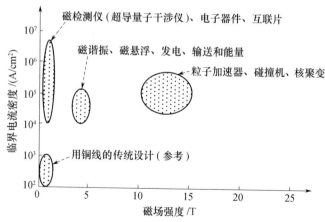

图 26－3　不同超导体的电流密度和磁场强度要求

26.4　磁心设计

在航天器上，磁铁线圈产生的强大磁场会影响姿态控制和其他敏感器件。环形线圈的设计消除了这一问题，因为这种线圈将磁通量限制在如图 26−4 所示的封闭环内。若环的外半径为 R，线圈匝数 N，线圈电流 I，则产生的内磁场强度 $B_\Phi = \mu_0 NI / (2\pi R)$，与 R 成反比。环形电流产生周向应力，周向电流在环形线圈之间产生斥力。周向机械应力在环周围的分布并不相同，这样产生的周向应力和弯曲应力都比较强。弯曲应力需要一个中心支撑结构。有了支撑之后，剩余应力会产生纯周向压力，这一应力由导体内部抗拉强度来抵消。超导线圈通常具有很高的预应力，以便冷却到低温工作点时不产生破坏性应力。但是，室温下储能时出现的机械裂纹和强行升温时的高温漂移现象值得注意。

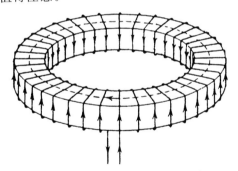

图 26−4　环形线圈的自限制磁场

26.5　系统结构

典型的超导储能系统的结构如图 26−5 所示。线圈由电源中的交流 - 直流变换器供电。在临界温度之下，超导体被完全充电后，短路发生了，这样超导线圈便成为了一个永磁体。变换器继续提供低电压，克服某些在常温下工作的电路元件产生的损耗。这样就保证了超导体中存在恒定的直流电流。在储能模式下，电流流过一个常闭开关。充电电源本身可以是一个超导直流发电机，例如法拉第磁盘。如图 26－5 所示，该系统的控制器主要有 3 个作用：

1）控制固态隔离开关；

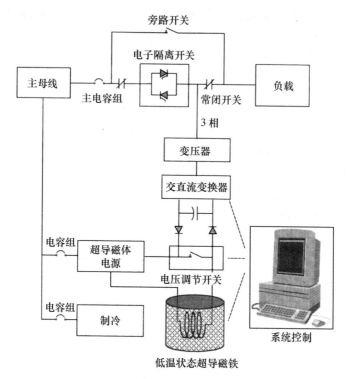

图 26－5　超导储能系统的结构

2）监控负载电压和电流；

3）给电压调节器提供接口，以控制直流电源流入、流出线圈。

　　如果控制器感知到线电压在下降，说明系统无法满足负载需求。电压调节器的开关 1 ms 之内就会接通。电流便从线圈流向电容器组，直到系统电压恢复到额定值。电容器组中的电能直接馈给负载，或者根据需要转变为交流后馈给。随着电容器电能的输出，母线电压会下降。开关再次接通，继续这一过程，给负载供电。所设计的系统应能存储足够的能量，在特定期间为负载供电。

超导储能和其他技术相比，优势如下：

1）充、放电循环效率非常高，可达 95%，比其他任何技术得到的效率都高；

2）充、放电的寿命周期长；

3）系统寿命长，可达 30 年；

4）充、放电次数非常少，对需要提供短时大功率有吸引力；

5）除了制冷部分外，整个主系统没有可移动的部件，提高了系统可靠性。

26.6　超低温

在超导储能系统中，主要的成本是保持整个系统处在临界低温之下。

NbTi 及其合金在高强磁场和强电流密度中是稳定的，不会淬火（即失去超导特性）。它们通常运行在温度为 4 K 的液态氦池中，因为在一个标准大气压下，液氦的沸点是 4 K。在 4 K 的时候，继续冷却已变得相当困难。从 4 K 到室温，即便是在理想的 Carnot 循环效率$(T_h - T_c) / T_h$之下，每弥补 1 W 的损失功率需要消耗 500 W 的制冷功率。因此，必须有合理的设计来控制与外电路接头处的热渗漏，因为这决定了制冷系统的成本和运行费用。

室温时，磁铁本身会有较大能量损耗，冷却时损失几乎没有。室温时传统的磁铁能量是超导体的 100 倍。因此，即使对液氦超导磁铁来说，交换也是极为有利的。新型材料的临界超导温度约为 100 K，由液氮来冷却，需要的制冷功率要比传统的低数个数量级。因此，世界上很多公司都已经开始开发液氮冷却超导体的应用领域。

铜基材料避免了局部过热和其后的超导淬火。同时，当线圈略微淬火后，正常电流会通过额外路径流动，避免了过度加热。在淬火过程中，储存的磁能转变为热能。一般情况下，由于振动引起的摩擦或其他原因，淬火往往从一个小热点开始，这个点与周围疏松物相比变得过热。热点的温度可用冷却液快速降低，避免局部燃烧。如果线圈淬火了，线圈中将可能感应出数百甚至上千伏的电压，这将会导致绕组间出现电弧放电。把外部限流电阻或者穿过磁铁的短路线圈切换到存储能量的感应传导部分，就能够提供淬火保护。

26.7　元件低温性能

电源系统中的半导体器件、电感器、变压器、电容器、电阻器和结构材料等元器件的性能在约 100 K 的低温下（接近液氮）和 100 ℃时有所不同。

26.7.1　半导体器件

半导体器件的电气性能主要由以下几个关键参数决定。

26.7.1.1　载流子迁移率

低温时半导体器件中的传导电子和空穴的移动规律明显与常温时不同，载流子的迁移率会增加，在 100 ～200 K 之间达到峰值（取决于掺杂浓度），是常温时的 2～3 倍。

26.7.1.2　掺杂原子的电离程度

在大约 125 K 的时候，掺杂原子的电离程度和传导原子开始减少。在 80 K 的时候，有效掺杂浓度会更低，且会影响传导过程。

26.7.1.3　少子寿命

俘获中心俘获空穴和传导电子的概率增加，少子的寿命就减少。对所有半导体器件来说，由于热感的作用，漏电流与温度成指数关系。因此温度下降时，漏电流也会迅速下降。击穿电压和漏电流类似，随温度的降低而降低，但速度不是很快，在温度为 80 K 的时候大约减少 10％。

26.7.1.4　PN 结型二极管

随着温度的降低，流动性减少，体电阻增加，但同时也增加偏置电压。在 80 K 的时候，偏置电压约为室温时的 2 倍（1.4 V 对 0.7 V）。低温度下由于少子寿命较短，反向恢复时间缩短。最终的结果就是，传导损耗增大，恢复时间加快。即便如此，PN 型二极管在 80 K 时的功能仍令人满意。

26.7.1.5　肖特基二极管

如 PN 结二极管一样，肖特基二极管的偏置电压也随温度的降低而增大。从室温降到 80 K，这个比率大约是 2：1。在肖特基二极管中，体电阻非常重要，它随温度的升高而减小。最终结果是仍然存在传导损耗，但不像 PN 结器件那么严重。

26.7.1.6　双极型晶体管

双极型晶体管的功能就是从基板发射区向集电区注入少子。电流增益取决于发射—基极结的注入效率和注入载流子的寿命。但当温度降低时，这两个因素都会受到负面影响，所以低温时晶体管的性能会下降。新一代晶体管不是在低温下使用的。因此，它们的性能在 80 K 时将会变得相当差。但是，人们可以设计出在低温下工作的器件。因此，随着低温电子器件市场的发展，这种器件将会出现。

26.7.1.7　功率 MOSFET

MOSFET 工作时，既不依靠穿过结的注入载流子，也不依靠少子的寿命。只要在源区有足够多的载流子，在门极施加电压，在漏极施加偏压时，漏电流就会存在。在传导电子（或空穴）的浓度降得很低（和初始浓度相比）之前，冻结在源区和漏区的载流子不会影响器件的性能。影响 MOSFET 性能的主要因素是载流子迁移率，迁移率在低温时会增加，因此，器件电阻减小了 1/2 到 2/3。正因为这个原因，MOSFET 在 80 K 时的实际性能要比室温时好一些。

26.7.2　磁　学

铁磁金属在低温时的性能普遍不佳，主要表现为通透性降低和损耗急剧放大。制成带状、片状或粉末状的镍铁合金的性能要好许多。几种磁性材料的饱和磁通密度在低温下会增大。增加的磁通密度对强直流电下的滤波电感来说非常有用。假如磁芯中的感应电动势是定值，涡流损耗 e^2/R 在低温时会增加，因为阻抗减小了。实际磁芯损耗的增加量十分有限。绕组导体中的欧姆损失会因电阻减小而急剧降低。即使线圈不是超导体，低温对它仍然有利。温度从 100 ℃ 降到 80 K，铜的电阻系数会减小到 1/13。

　　磁学中所用的一些绝缘材料的电介质强度很大。1 mil 的 Kapton 薄膜的电介质强度在室温时为 6 500 V/mil，在 80 K 时为 11 000 V/mil。低温时仪器的预期寿命也会显著增加。这些因素对高压电源变换器非常有利。但是，低温时绝缘薄膜会变脆，因此，需要避免突然的径向弯曲，并提供足够的机械支持。总的来说，在温度为 80 K （特别是线圈浸入液氮中） 时，系统的磁学性能得到了提高。

26.7.3　电　容

　　低温时，有些电容器可以使用，有些则不能。低温时薄膜和云母电容能够很好地保持电容值。固态钽金属电容在温度为 4 K 时也能很好地保持电容值。但是湿的钽金属电容由于在低温时的电容值改变很大，且有很高的寄生电阻而不能使用。对低温时薄膜电容的寄生电阻的数量关系没有更多的了解，仅仅知道电介质的耗散因子增加，金属薄片的电阻率下降。减小的寄生电阻加上增加的电介质热传导率会使低温下的额定电流增大。

26.7.4　电　阻

　　电阻仅仅在控制电路中使用，在主回路中不使用。许多金属的电阻在低温时会降低。在 80 K 时，使用金属薄膜电阻的性能已经绰绰有余。当用作精密分压器或其他类似用途时，金属的体电阻即使在温度为 10 K （液氦温度） 时也能满足要求。绕线式电阻器在低温时也工作得很好。但是，普遍使用的碳化合物电阻器不适合在低温下工作。因为它的温度系数非常大，在温度周期变化时有很大的滞后现象。

26.7.5　结构材料

包括磁不锈钢在内的材料,在低温时都会变脆。在液氦的温度下,无磁不锈钢仍有一定的韧性。像 Kapton,KelF 和玻璃环氧树脂这类绝缘材料在延展时就会断裂。树脂冷却时会接近玻璃的转变温度,低于这一温度它们就会变脆。

绝大多数电源变换器中使用的材料热导率都会随着温度的降低而升高。例如,在温度由室温降到 8 K 后,硅的热导率升高了 10 倍。提高功率密度的一个巨大障碍就是如何使电子元器件上产生的热量散发出去。如果器件处于沸液氮中,热传导将是非常有效的。功率变换电路工作在 80 K 时会减少总损耗,提高热传递效率。因此,用这个方法来提高功率密度不会存在技术问题。

总结本节,低温功率器件可以设计在液氮温度下运行。许多情形下,工作性能优于室温时的工作性能。由于 80 K 的高温超导体已经研制成功,研制出超过现有性能的高效、紧凑型电源变换器已成为可能。

参 考 文 献

〔1〕 DEWINKEL C C,LAMOPREE J D. Storing power for critical loads. IEEE Spectrum,1993 (b):38-42.

〔2〕 BALACHANDRAN U. Super power,progress in developing the new superconductors. IEEE Spectrum,1997 (7):18-25.

第 27 章　微波束能量卫星

27.1　简　介

传统的空间电源系统使用太阳能电池阵和蓄电池为每颗卫星供电。曾有一段时间，中央式大型能源卫星的概念也吸引到 NASA 的孵化资金。这个概念如图 27－1 所示，1 颗高能量卫星将产生巨大能量，然后由激光或微波束传递给其他卫星。由能源卫星产生的能量波束对航天器实施电力推进的原理已在第 23.8 节讨论过。能量波束同样可用于任何地球偏远地区或海洋中的救援行动。中央式能源卫星的优点如下：

1）在用户航天器上用极小功率接收天线取代太阳电池阵；

2）通过适当设定用户卫星与能量卫星角度，就能不必使用蓄电池，避免卫星之间的阴影现象；

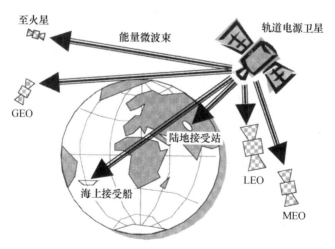

图 27－1　中央高能卫星向多颗卫星输能示意图

3）延长采用太阳电池阵 - 蓄电池电源的卫星寿命；

4）按需提供高能峰值功率，如对电推进，从而大大地减少机载燃料的质量；

5）用户星对能量星定向可能比对太阳定向简单。

能量星传送能量给用户星有 2 种方式：微波传送和激光传送。

27.2　微　波

微波在空间传送能源的效率为[1]

$$\eta = 1 - \exp(-A_t A_r / d^2 \lambda^2) \qquad (27-1)$$

式中　η——接收天线接收到的能量；

　　　A_t，A_r——分别为发射机和接收机天线的面积；

　　　d——发射器和接收器之间的距离；

　　　λ——微波能源波束的波长。

能量卫星和用户卫星之间的距离可能会发生变化。微波传输的距离越短，传输效率也许越高。目前研究的系统[2]频率是 3～300 GHz，相应的波长 100～1 mm。

2003 年，NASA 所资助的实验项目是从 Golclstone 的 100 m 天线向 800 km 高的空间帆用微波束传递能量。Goldstone 的可摆动碟型天线辐射的能量约 500 000 W。不过，由于空间帆处在辐射范围之外，估计只能接收到 1 700 W，剩余能量产生的微波压力使空间帆以 $10^{-7}g$ 加速，并且演示了将波能传递给另一个航天器的原理。空间帆的加速度只受波能的影响，而不受波频率的影响。在另一项实验中，JPL 和加州大学在真空室中用 10 kW，7 GHz 的微波束产生的功率密度为 1 kW/cm²，将帆表面加热至 2 000 K。

微波发射机的发展历史远比激光的长，而且更有效率，建设成本也小得多。微波不像激光那样会破坏接收表面，在空气中不折光。然而，对于同样的聚焦要求，微波需较大的天线。

27.3　激　光

激光在 10 000～50 000 km 范围内的传送效率更高[3]。激光系统包括 3 个部分：

1）首先，将能量星聚集的太阳能用固体激光发生器转化成激光束。其中包扩 1 个置于抛物面太阳能聚集器焦点的晶体。

2）其次，将单色激光用适当大小的光镜聚成激光束。激光波长 1.06 μm，转换效率 20%～25%。含能激光束再以 80%～90% 的效率将能量传送给用户星或地球救援点。

3）最后，用传统光伏电池将接收到的能量转换成电力。激光光照下，光伏电池的转换效率为 50% 左右，硅光伏电池的最大输出功率 3 000 W/m^2（太阳自然辐射时仅为 300 W/m^2）。这样用户星所需要的太阳电池阵面积大大减少，而且，通过避免能量星对用户星造成的阴影，就可去除蓄电池。

一旦能量卫星开发成功，用户卫星的质量就会更轻、价格更便宜、发射成本更低。这也许会以少量的增量成本在地球轨道和星际空间开辟全新的任务模式。就像 19 世纪的铁路系统，一旦铁轨铺好，列车本身只是一项很小的开支。

27.4　面向地球的空基电源

受环境因素和化石能源枯竭的驱使，NASA 和美国能源部都资助过面向地球的空基发电项目。一般包含水分和污染物的地球空气等效质量密度是纯空气的 1.5 倍。空气质量密度为 1.5（AM 1.5 分），太阳垂直辐射到地球表面的光通量约 1 000 W/m^2。考虑到每天 12 h 的夜晚、太阳的季节变化、天气变化等因素，地面太阳能电池平均每天的发电量也就 6 kW · h/m^2 左右。地面上 400 MW 的电站，需要用效率为 20%、面积为 4 千万平方米的太阳电池阵才能满足。

若使储存的能量满足 5 天无光照消耗，需要以 80％的循环转换效率储存 60 000 MW·h 的电能。用空基发电系统便可把太阳电池阵面积减小到1/4，并按需提供波束能，不必储存能源。

太阳电池阵在 LEO 和 GEO 轨道与在地面时的性能归纳如表 27－1所示。可以看出，空间每平方米聚集的能量是地球上的若干倍；GEO 轨道比 LEO 轨道高出约 50 ％。过去的研究已经考虑过在约10 000 km高的中地球轨道上建立面向地面供电的能量卫星。

NASA 和美国能源部已经提出了雄心勃勃的计划，即用在 GEO 轨道部署的太阳能能量卫星 1 年 365 天 1 天 24 小时不间断地向地球供电。一项概念研究表明，若能量卫星的太阳电池阵面积为 146 km²，则其对地供电量相当于地面 10 个核电厂的总容量；这种能量星将用 1 km² 的天线向地面接收站以 2.4 GHz 的尖微波传递能量，然后地面站将能量转换成直流电，再将直流转换成功率 10 000 MW 频率 60 Hz 的交流电，最后并入电网供居民使用。主要的变换器将会用电感器或者超导体进行储能和升压。

在前述概念中，用高压变换器将接收的波能转换为 60 Hz 或 50 Hz民用电力。将吉瓦级的波能从空间传送到地面需要大规模的串并联变换器[5]。空间对空间的能量传送以数瓦特每平方米计算，而空间对地面的传输则以数百瓦特每平方米计算。然而，美国政府的条例规定，微波辐射不得超过 110 W/m²。因此，要么让政府修改条例，要么让政府特许在偏远地区设立接收站，再从那里将电能传送到用户集中区。这种高能波束的强度仍然比地面上太阳的自然光通量 1 000 W/m² 低许多。因此，它对人类不存在致癌风险，虽然有人心存疑虑。

表 27－1　地面、LEO 和 GEO 轨道上的太阳电池阵性能

参数	地面	LEO	GEO
空气质量密度	1.5 包括雾气和污染物等	0	0
太阳辐射量/（W/m²）	1 000 （全日照），500 （部分日照）	1 350	1 350

续表

参数	地面	LEO	GEO
有用光照/（h/d）	6（平均）	16	24
接收能量/（W·h/a）	1 643	7 884	11 826
发射和轨道维护费用	0	低	高

人们正在对一些创新性概念设想进行完善和研究，其中之一就是在空间聚集太阳能，利用微波束将能量传输到地球卫星，或者传到某一行星表面的航天器，或者传到中途执行星际任务的卫星。NASA 的空间能源开发研究技术计划正在对功率水平为 100 kW～1 200 MW 的电源系统进行考察。建立这样的系统包括以下部分：

1）需要大型对日定向太阳电池阵，产生的电压在 400～1 000 V；

2）空间旋转微波发射机，跟踪地面接收天线（整流）或整流站；

3）频率为 GHz 级的微波束，用固体能量变换器、磁控管或速调管；

4）太阳能聚光器与微波发射机之间铰接；

5）高压电缆；

6）空间直流电－微波能变换器，地面微波能－直流电转换器、直流－交流 50 Hz 或 60 Hz 变换器。

有人研究了从 GEO 轨道向地面电网提供 1 200 MW 电能的设想，得出下列估计：

1）太阳电池阵的聚光度达到 4～5，预期转换效率 39%，比功率 1 000 W/kg，550 W/m²，输出电压 1 000 V；

2）5.8 GHz 微波束，从发射机中心到边缘的高斯功率密度以 10 dB 锥化分布；

3）工作电压 80 V 的固体发射机和 1 000 V 的太阳电池阵；

4）太阳电池阵到 SSPC 的配电电压是 100 kV，所以配电线路两端都需要变换器，这大幅增加了系统质量，利用 6 000 V 的磁控管并将配电电压减到 6 000 V 就可除去变换器；

5）地面整流天线直径约 7 450 m；

6）整体无线能量传输效率约为 35%。

接入电网的 1 200 MW 电力系统，在空间需要的太阳电池阵面积 7 300 000 m^2，相当于 2 700 m×2 700 m 的正方形或直径约 3 000 m 的圆形面积。地面上整流天线的面积估计可达 44 000 000 m^2，或直径 7 500 m 的圆形面积。由于各器件的功率损失和联邦法律的限制，地面接收机的面积将约为太阳电池阵的 6 倍。

上述设想卫星的发射质量预计为 22 500～30 000 t，在轨运行质量为 17 000～22 000 t。为把每千瓦时的成本降到地面电网的水平，还需要进行大量的技术研发和演示验证工作[7-8]。

27.5　太阳能动力发电

可以用 2 种方法把上述方案中的太阳能转换成电能：

1）采用柔性太阳电池阵薄膜光伏电池；

2）在太阳能动力系统中，采用聚光器，Brayton，Stirling 和 Rankine 发动机驱动发电机。

2 种方案中，采用 Brayton 循环的太阳能热动力系统具有以下优点：

1）技术发展水平适中；

2）转换效率高；

3）不需要蓄电池，因为热能可以保存在工作流体中；

4）性能退化小，寿命期，维护费用低；

5）比能量高，减少了发射成本；

6）扩展性好，可扩展至数百兆瓦。

太阳能动力发电系统曾在第 21 章讨论过，并介绍了 20 世纪 80 年代中期为空间站研发和演示的太阳能动力发电系统。当时的重点是围绕 300 kW，3 相，460 V，20 kHz 的系统展开的。这里所关注的则是数百兆瓦功率水平的系统，所涉及的动力发电方案采用缩进

Fresnel 聚光器收集太阳能,用热能接收器、Brayton 循环汽轮机和发电机产生电力。废热通过散热器辐射到空间。

电机是 3 相同步发电机,工作频率 400 ~20 000 Hz。频率越高,系统磁场所需的材料质量越轻,如发电机和变压器等。这是因为电压一定时,低磁通量需要较高的工作频率。电源可以产生低电压(200~1 000 V),然后变压成高电压输送给发射天线 (5~25 kV)。另一种选择是,发电和输电都以约 15 kV 运行。

以这些早期工作为基础,NASA 的 Glenn 中心的 Mason[4] 研究了 10 MW 太阳能卫星的模型设计。模型研究中假定了运载火箭的运载能力 (< 20 000 kg) 和太阳能聚光器的尺寸 (直径<200 m)。表27-2是系统级的性能估计,也许会在数十年内实现。同时假定表27-3所列的一些新的使能技术可望在2015年~2020年间实现。1 座1.6 GW的空间电源也许可用 160 个这种模型按 40 × 4 的布局实现。据 Mason 估计,这种空间站将覆盖 9.5 km×0.65 km 的面积,质量将达到约 4 500 t。

Lynch[9] 曾提出了另一个方案,即在光伏电池中采用太阳塔式结构,如图 27-2 所示 。输送电压为 100 kV。图中的天线是微波发射天线。

表 27-2　10 MW 太阳能动力发电模型性能估计

参数	现状	近期目标	远期目标
系统比功率/（W/kg）	21	116	129
系统比面积/（W/m²）	283	389	450
Brayton 循环效率/%	39	42	47
光伏电池效率/%	30	33	35
聚光器面积/m²	24 800	22 300	20 800
聚光器直径/m	178	168	163
辐射器面积/m²	10 135	3 200	1 400

表 27-3　太阳能动力发电器件进展

器件	现状	近期目标	远期目标
聚光器	刚性板	刚性板	充气式
	铝涂层	银涂层	银涂层
	88％的反射	92％的反射	92％的反射
	10 kg/m²	2 kg/m²	0.2 kg/m²
电源系统	500 V,1 kHz	5 kV,1 kHz	10 kV,1 kHz
	3 相发电机	3 相发电机	3 相发电机
	60 ℃硅电子器件	150 ℃硅电子器件	300 ℃硅电子器件
	10 kV 二次电源	10 kV 二次电源	10 kV 二次电源
	100 m 线缆	100 m 线缆	100 m 线缆
	效率93％	效率93％	效率95％
	2 kg/kW	1 kg/kW	0.2 kg/kW

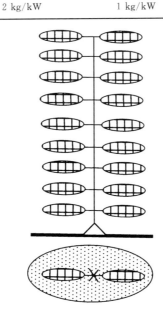

图 27-2　采用太阳塔结构的太阳能光伏电池

27.6　能量卫星的发展

空基太阳能发电站的倡议者们正在为其方案寻求更周到更科学的答案。但是，用极其巨大的太阳电池阵和聚光板在空间生产如此大的能量，用微波或激光束传输这种能量，最后在地面进行配送，这些都会非常地不经济，而且目前也可能不安全。现行的研究工作可能会找到答案，但可能需要几十年的时间。然而，这个概念激发了世界各地工程师们的想象力。这些研究工作都包括了兆瓦级的太阳能能量卫星和对其他航天器或地球传送能量的微波无线能量束。而且，实施这种设想的技术手段极具挑战性。据 NASA 估计，在首次把1 W的能量从 GEO 轨道的能量星传送出去之前，可能需要花费数百亿美元。实施的关键技术是：

1）低成本薄膜光伏电池、聚光器或高温太阳能动力发电设备；

2）高频能量波束进行无线能量传送；

3）高电压、大电流、高频功率变换器；

4）大型空间站的结构、组装和热设计；

5）对能量卫星的空间运输，机器人装配、维修和后勤服务；

6）解决对环境、政府管制以及安全等方面的顾虑；

7）解决复杂系统的集成问题。

要想使能量卫星的高能波束从空间传到地面更经济，配电站的配电频率为 60 Hz 时的成本每千瓦时应低于 5 美分。为了做到这一点，需要实现以下的性能指标：

1）比功率 1 kW/kg 的光伏电池效率达到 45%（约为现有水平的 40 倍）；

2）薄膜光伏电池气相沉积在聚合物基板上；

3）潜在的 PV 电池为：$CuInGaSe_2$，$CuInS_2$，CdTe 等，工作电压都在 300~500 V；

4）高温（400 ℃）聚合物基板，或者低温沉积法；